Kryptographie

Jürgen Fuß · Anna Vymazal

Kryptographie

Jürgen Fuß
Fakultät für Informatik, Kommunikation und
Medien
Research Center Hagenberg
Hagenberg im Mühlkreis, Österreich

Anna Vymazal
Fakultät für Informatik, Kommunikation und
Medien
Research Center Hagenberg
Hagenberg im Mühlkreis, Österreich

ISBN 978-3-662-70844-6   ISBN 978-3-662-70845-3   (eBook)
https://doi.org/10.1007/978-3-662-70845-3

Die Deutsche Nationalbibliothek verzeichnet diese Publikation in der Deutschen Nationalbibliografie; detaillierte bibliografische Daten sind im Internet über https://portal.dnb.de abrufbar.

© Der/die Herausgeber bzw. der/die Autor(en), exklusiv lizenziert an Springer-Verlag GmbH, DE, ein Teil von Springer Nature 2025

Das Werk einschließlich aller seiner Teile ist urheberrechtlich geschützt. Jede Verwertung, die nicht ausdrücklich vom Urheberrechtsgesetz zugelassen ist, bedarf der vorherigen Zustimmung des Verlags. Das gilt insbesondere für Vervielfältigungen, Bearbeitungen, Übersetzungen, Mikroverfilmungen und die Einspeicherung und Verarbeitung in elektronischen Systemen.
Die Wiedergabe von allgemein beschreibenden Bezeichnungen, Marken, Unternehmensnamen etc. in diesem Werk bedeutet nicht, dass diese frei durch jede Person benutzt werden dürfen. Die Berechtigung zur Benutzung unterliegt, auch ohne gesonderten Hinweis hierzu, den Regeln des Markenrechts. Die Rechte des/der jeweiligen Zeicheninhaber*in sind zu beachten.
Der Verlag, die Autor*innen und die Herausgeber*innen gehen davon aus, dass die Angaben und Informationen in diesem Werk zum Zeitpunkt der Veröffentlichung vollständig und korrekt sind. Weder der Verlag noch die Autor*innen oder die Herausgeber*innen übernehmen, ausdrücklich oder implizit, Gewähr für den Inhalt des Werkes, etwaige Fehler oder Äußerungen. Der Verlag bleibt im Hinblick auf geografische Zuordnungen und Gebietsbezeichnungen in veröffentlichten Karten und Institutionsadressen neutral.

Planung/Lektorat: Leonardo Milla
Springer Vieweg ist ein Imprint der eingetragenen Gesellschaft Springer-Verlag GmbH, DE und ist ein Teil von Springer Nature.
Die Anschrift der Gesellschaft ist: Heidelberger Platz 3, 14197 Berlin, Germany

Wenn Sie dieses Produkt entsorgen, geben Sie das Papier bitte zum Recycling.

Vorwort

Dieses Buch ist aus dem Wunsch heraus entstanden, unseren Studierenden die Inhalte einer zweiteiligen Lehrveranstaltung zum Thema Kryptographie in kompakter Form als Lehrbuch und Nachschlagewerk sowie zur individuellen Vertiefung zur Verfügung zu stellen. Die Auswahl der Inhalte orientiert sich daher an unseren persönlichen Präferenzen genauso wie an den Herausforderungen, denen wir im kryptographischen Bereich in Projekten mit den Studierenden begegnen.

Wir wollen in diesem Buch nicht nur kryptographische Verfahren beschreiben. Augenmerk liegt auch auf der Modellierung der erwarteten Sicherheitseigenschaften der Verfahren und der Szenarien, in denen diese Verfahren eingesetzt werden sollen. Diese Modellierung erfolgt in der Form von Spielen und erlaubt den Nachweis der Sicherheit von Verfahren durch Beweise (in vielen Fällen sogenannte Reduktionsbeweise) bzw. der Unsicherheit durch die Beschreibung einer Gewinnstrategie für Angreiferinnen in einem Spiel. Damit wollen wir hinführen zum Verständnis der modernen Behandlung von kryptographischen Verfahren.

Was den Aufbau des Buchs angeht, haben wir uns dafür entschieden, so weit wie möglich die kryptographischen Inhalte von den mathematischen Inhalten zu trennen. Die Kapitel in diesem Buch sind so geordnet, dass es möglich ist, sofort in die Kryptographie einzutauchen, ohne sich zuvor durch einen Berg mathematischer Grundlagen zu arbeiten. Gleichzeitig sollen aber diese Grundlagen so weit wie möglich in diesem Buch bereitgestellt und damit ein in sich abgeschlossenes Lehrbuch geboten werden. Wir hoffen, dass mit der Beschäftigung mit Kryptographie in den ersten Kapiteln auch das Interesse wächst, sich mit der darunterliegenden Mathematik zu beschäftigen.

Praktisch wird es in der Lehre zumeist – ausgenommen vielleicht in Kryptographiekursen für Mathematik-Studierende – so sein, dass die kryptographischen und (zumindest teilweise) die mathematischen Inhalte abwechselnd und je nach Bedarf behandelt werden. Für Lehrende wird dafür eine Reihe von Foliensätzen bereitgestellt, die – zusammen oder einzeln für ausgewählte Themen – als Grundlage für Lehrveranstaltungen benutzt werden können. Die Foliensätze orientieren sich dabei stark an den Inhalten im Buch, sodass eine direkte Zuordnung der Inhalte einfach möglich ist.

Da schwer zu sagen ist, auf welchem Niveau unsere Leserinnen und Leser in die Mathematik der Kryptographie einsteigen und wie tief sie eintauchen wollen (oder sollen), überlassen wir es ihnen selbst, bei Bedarf und/oder Interesse die entsprechenden Abschnitte des Buchs zu konsultieren. Die Kapitel, in denen es um kryptographische Verfahren geht, schließen Übungsaufgaben zur Vertiefung und Erprobung der Inhalte ab. In den mathematischen Kapiteln im letzten Teil des Buches wurde auf Übungsaufgaben verzichtet; der Schwerpunkt des Buches soll auf den kryptographischen Teilen liegen.

Dieses Buch ist in sechs Teile aufgeteilt. Die Teile I–V behandeln kryptographische Verfahren. In Teil VI werden die mathematischen Grundlagen zu den vorhergehenden Teilen entwickelt. Wir empfehlen, die Teile I–V dieses Buchs in der vorgegebenen Reihenfolge zu lesen.

In Teil I werden zunächst die sogenannten symmetrischen oder Secret-Key-Verfahren zur Sicherstellung der Vertraulichkeit – also das Thema Verschlüsselung – behandelt. Teil II stellt symmetrische Verfahren zur Sicherung der Integrität und Authentizität vor. In Teil III geht es um asymmetrische oder Public-Key-Verfahren zur Sicherstellung von Vertraulichkeit, Integrität, Authentizität und Verbindlichkeit. In den Teilen I–III steht die möglichst exakte Formulierung der Anforderungen an solche Verfahren und deren Überprüfung im Vordergrund. Neben der theoretischen Betrachtung wird auf konkrete Verfahren und aktuelle Standards eingegangen.

In den Teilen IV und V werden Public-Key-Verfahren detaillierter untersucht. Teil IV beschäftigt sich mit den traditionellen Verfahren RSA, Diffie-Hellman und den auf elliptischen Kurven basierenden Verfahren. Insbesondere wird auf die Erzeugung geeigneter Parameter und die Schlüsselerzeugung eingegangen. Weiterhin ist die effiziente Implementierung besonders bei Public-Key-Verfahren ein wichtiges Thema. Diese Teile sind naturgemäß mit mehr Mathematik verbunden. Aktuell verwendete Public-Key-Verfahren wie RSA, ECDSA, (EC)DH und die damit verbundenen mathematischen Probleme des Faktorisierens und der Berechnung diskreter Logarithmen werden in Teil IV behandelt. Teil V widmet sich vornehmlich den quantensicheren kryptographischen Verfahren, die als Standards vorliegen und daher besonders von praktischem Interesse sind.

Um den Lesefluss in den kryptographischen Teilen nicht zu stören, wurden die mathematischen Grundlagen, die an verschiedenen Stellen immer wieder benötigt werden, in Teil VI am Ende des Buchs gesammelt. Der mathematische Teil VI kann jederzeit bei Bedarf konsultiert werden. In den kryptographischen Teilen wird darauf hingewiesen, wenn Wissen aus Teil VI benötigt wird. In vielen Fällen werden größere Themenbereiche ohnehin bekannt sein. Wir haben bei der Zusammenstellung der mathematischen Grundlagen darauf geachtet, dass so weit wie möglich nur jene Themen berücksichtigt werden, die auch in den kryptographischen Teilen Anwendung finden. Gleichzeitig sollten die entsprechenden Resultate aber möglichst auch vollständig nachvollziehbar hergeleitet werden, damit so wenig zusätzliche Literatur bemüht werden muss wie möglich.

In den Sicherheitsdefinitionen in diesem Skriptum wird versucht, anhand von Spielen die relativ komplexen Sicherheitsanforderungen möglichst einfach handhabbar zu machen. Zu diesem Zweck werden kommunizierende Systeme und für Angriffe verwendete Systeme und Algorithmen personifiziert und Angriffsszenarien in Form von „Spielen" dargestellt. Bei den Teilnehmern und Teilnehmerinnen in solchen Spielen handelt es sich nicht um tatsächliche Personen, sondern um Rollen. Für die Beschreibung und die Vereinfachung war es dennoch erforderlich, diesen ein Geschlecht zuzuordnen. Hierbei wurden willkürlich männliche „Challenger" und weibliche „Angreiferinnen" gewählt. In Beispielen und manchen Protokollen werden Parteien mit Namen bezeichnet. Hier werden die in der einschlägigen Literatur üblichen Namen (Alice, Bob, Charlie, Eve, Mallory) verwendet.

Der Inhalt dieses Buch wurde klimafreundlich vollständig ohne Verwendung von Large Language Models erstellt.

Hagenberg im Mühlkreis, Österreich　　　　　　　　　　　　　　　　　　　Jürgen Fuß
Oktober, 2024　　　　　　　　　　　　　　　　　　　　　　　　　　　　　Anna Vymazal

Inhaltsverzeichnis

Teil I Secret-Key-Kryptographie

1 Das One-Time-Pad 3
   1.1   Verschlüsselung 4
   1.2   Das One-Time-Pad 5
   1.3   Perfect Secrecy 6
   1.4   Übungen 12
         1.4.1   Musterbeispiel 13

2 Zufallszahlen 15
   2.1   Vernachlässigbar klein 15
   2.2   Echte Zufallszahlen 17
   2.3   Pseudozufallszahlen 19
   2.4   Anforderungen an Zufallsbits 19
         2.4.1   Unvorhersagbarkeit 19
         2.4.2   Sicherheit 20
   2.5   Verfahren 25
   2.6   Übungen 26
         2.6.1   Musterbeispiel 26

3 Stromchiffren 31
   3.1   OTP + PRNG = Stromchiffre 31
   3.2   Semantische Sicherheit 32
   3.3   Semantische (Un-)Sicherheit nachweisen 33
         3.3.1   Unsicherheit nachweisen 33
         3.3.2   Sicherheit nachweisen: Reduktionsbeweise 34
   3.4   Semantische Sicherheit aus sicheren PRNG 36

	3.5	Verfahren	37
		3.5.1 ChaCha20	38
	3.6	Übungen	40
		3.6.1 Musterbeispiel	40
4	**Blockchiffren**		**43**
	4.1	PRF und PRP	44
	4.2	Sichere PRP und semantische Sicherheit	47
	4.3	Sichere PRNG aus sicheren PRF	49
	4.4	Verfahren	50
	4.5	Übungen	51
		4.5.1 Musterbeispiel	51
5	**Modes of Operation**		**55**
	5.1	Semantische Sicherheit für lange Nachrichten	56
		5.1.1 Electronic-Codebook-Mode (ECB)	56
		5.1.2 Deterministic-Counter (DetCTR)-Mode	56
	5.2	Chosen-Plaintext-Sicherheit (CPA-Sicherheit)	57
		5.2.1 (Randomized) Counter (CTR)-Mode	58
		5.2.2 Cipherblock-Chaining (CBC)-Mode	60
		5.2.3 Weitere Modes of Operation	62
	5.3	Padding	63
	5.4	Übungen	63
		5.4.1 Musterbeispiel	63

Teil II Hashfunktionen und Message-Authentication-Codes

6	**Hashfunktionen**		**69**
	6.1	Kollisionsresistenz	70
	6.2	Das Geburtstagsparadoxon	72
	6.3	Verfahren	76
		6.3.1 SHA-2	76
		6.3.2 SHA-3	77
	6.4	Merkle-Trees	78
		6.4.1 Erstellen eines Merkle-Tree	79
		6.4.2 Verifizieren eines Datensatzes	80
	6.5	Übungen	81
		6.5.1 Musterbeispiel	81
7	**Message-Authentication-Codes (MAC)**		**83**
	7.1	Message-Authentication	84
	7.2	MAC aus Blockchiffren	87
	7.3	MAC aus Hashfunktionen	88

	7.4	Carter-Wegman-MAC (CW-MAC)	89
	7.5	Übungen	91
		7.5.1 Musterbeispiel	91

8 Authenticated Encryption 95
8.1 Authenticated Encryption und CCA-Sicherheit 95
8.2 Konstruktionen für CCA-Sicherheit und Authenticated Encryption 98
8.2.1 Encrypt-then-MAC 98
8.2.2 Weitere Standards 99
8.2.3 Galois-Counter-Mode (GCM) 99
8.3 Übungen 100
8.3.1 Musterbeispiel 100

9 Schlüsselableitung 103
9.1 Aus gleichverteilten Schlüsseln 104
9.2 Aus nicht gleichverteilten Schlüsseln 104
9.3 Aus Passwörtern 105
9.3.1 Password-based Key-Derivation-Function 105
9.3.2 scrypt 105
9.3.3 Argon2 106
9.4 Übungen 106

Teil III Public-Key-Kryptographie

10 Public-Key-Verschlüsselung 109
10.1 CPA- und CCA-Sicherheit 110
10.2 Die RSA-Trapdoor-Permutation 111
10.2.1 Public-Key-Verschlüsselung mit RSA 112
10.3 Das KEM/DEM-Paradigma 116
10.4 Übungen 117

11 Digitale Signaturen 119
11.1 Existenzielle Unfälschbarkeit 120
11.2 RSA-Signaturen 120
11.2.1 Digitale Signaturen mit RSA 120
11.2.2 RSA-PSS 122
11.3 Übungen 123
11.3.1 Musterbeispiel 123

12 Key-Agreement 127
12.1 Ephemeral-Diffie-Hellman-Key-Agreement (DHE) 127
12.2 Sicherheit des Diffie-Hellman-Key-Agreements 129

12.3		DH mit Langzeitschlüsseln	131
	12.3.1	Static-ephemeral Diffie-Hellman	131
	12.3.2	Station-to-Station (STS)	132
	12.3.3	X3DH	133
	12.3.4	Diffie-Hellman-integrated-Encryption-System (DHIES)	134
12.4		Übungen	136

Teil IV RSA und DH unter der Lupe

13 Die RSA-Verfahren 139
   13.1 Aufwände beim RSA-Verfahren 140
      13.1.1 RSA-CRS 141
   13.2 RSA-Schlüsselerzeugung 143
      13.2.1 Probedivision 145
      13.2.2 Der Fermat-Test 146
      13.2.3 Der Miller-Rabin-Test 147
      13.2.4 Komplexität der Schlüsselerzeugung 150
   13.3 Angriffe auf RSA bei falscher Wahl der Schlüssel 151
      13.3.1 Wieners Attacke über Kettenbrüche 151
      13.3.2 Fermat-Faktorisierung 159
      13.3.3 Vom Private Key zur Faktorisierung 161
   13.4 Der BBS-Pseudozufallsgenerator 163
   13.5 Übungen 164

14 Auf diskreten Logarithmen basierende Verfahren 169
   14.1 Diffie-Hellman-Key-Agreement mit Gruppen 170
   14.2 Verfahren zur Berechnung diskreter Logarithmen 171
      14.2.1 Baby-Step-Giant-Step 171
      14.2.2 Pohlig-Hellman 174
      14.2.3 Der Index-Calculus-Algorithmus 175
   14.3 Auswahl der Domain-Parameter 179
   14.4 Schnorr-Signaturen 180
   14.5 Übungen 181

15 Elliptische Kurven 185
   15.1 Elliptische Kurven über $\mathbb{R}$ 186
   15.2 Elliptische Kurven modulo p 193
   15.3 Kryptographische Verfahren mit elliptischen Kurven ... 195
      15.3.1 Ephemeral-Diffie-Hellman-Key-Agreement mit elliptischen Kurven 195
      15.3.2 ECDSA 195
      15.3.3 EdDSA 198

	15.4	Schlüssellängen und Effizienz elliptischer Kurven	199
		15.4.1 Performancesteigerung	201
	15.5	Übungen	205

Teil V   Post-Quantum-Kryptographie

16 Post-Quantum-KEM und Post-Quantum-Signaturen 211
    16.1 AES 212
          16.1.1 MixColumns 212
          16.1.2 SubBytes 213
    16.2 Der Galois-Counter-Mode (GCM) 216
    16.3 Post-Quantum-Public-Key-Verfahren 216
          16.3.1 Das Closest-Vector-Problem und Module Learning with Errors 217
          16.3.2 Key-Encapsulation: ML-KEM 219
          16.3.3 Digitale Signaturen: ML-DSA 221
    16.4 Hashbasierte Signaturverfahren 223
          16.4.1 Lamport-Signaturen 223
          16.4.2 Winternitz-One-Time-Signatures (WOTS) 224
    16.5 Stateful Signatures 226
          16.5.1 Merkle-Signaturen 226
          16.5.2 Weitere Verbesserungen 227
    16.6 Stateless Signatures 228
          16.6.1 HORS und HORST 228
          16.6.2 Stateless Hash-Based Digital Signature Standard (SLH-DSA) 229
    16.7 Übungen 229

Teil VI   Mathematische Grundlagen

17 Wahrscheinlichkeit 233
    17.1 „Günstig durch möglich" 235
    17.2 „Nicht" (Gegenwahrscheinlichkeit) 237
    17.3 „Und" 237
    17.4 Bedingte Wahrscheinlichkeit 240

18 Rechnen mit Restklassen 243
    18.1 Der euklidische Algorithmus 244
    18.2 Restklassen 255
    18.3 Divisionen mit Restklassen 259
    18.4 Die eulersche φ-Funktion 264
    18.5 Der chinesische Restsatz 267

18.6	Potenzieren von Restklassen		272
18.7	Die Sätze von Fermat und Euler		276
18.8	Komplexität der Rechenoperationen		280
	18.8.1	Ganze Zahlen	281
	18.8.2	Restklassen	281
18.9	Faktorisieren		282
	18.9.1	Die Pollard-$(p-1)$-Methode	282
	18.9.2	Das quadratische Sieb	283
	18.9.3	Faktorisieren mit elliptischen Kurven	286

19 Polynome 289
   19.1 Rechnen mit Polynomen 289
   19.2 Polynome über $\mathbb{Z}_p$ 295
   19.3 Faktorisieren 298
   19.4 Endliche Körper 300

20 Abelsche Gruppen 305
   20.1 Rechenregeln in abelschen Gruppen 305
   20.2 Ordnungen 310

21 Vektoren und Matrizen 315
   21.1 Vektoren 315
   21.2 Matrizen 317
   21.3 Rechenregeln für Matrizen und Vektoren 321

Literaturverzeichnis 323

Stichwortverzeichnis 327

Interessenkonflikt

Die Autor*innen haben keine für den Inhalt dieses Manuskripts relevanten Interessenkonflikte.

Akronyme

AEAD	Authenticated Encryption with Associated Data
AES	Advanced Encryption Standard
CPA	Chosen-Plaintext-Attacke
CCA	Chosen-Ciphertext-Attacke
CCM	Counter with CBC-MAC
CBC	Cipherblock Chaining Mode
CDH	Computational Diffie-Hellman Problem
CMAC	CBC-Based MAC
CW-MAC	Carter-Wegman MAC
CTR	(Randomized) Counter Mode
DetCTR	Deterministic Counter Mode
DDH	Decisional Diffie-Hellman Problem
DEM	Data-Encapsulation Mechanism
DH	Diffie-Hellman Key Agreement
DHE	Ephemeral Diffie-Hellman Key Agreement
DLP	Diskretes Logarithmenproblem
ECB	Electronic Codebook Mode
ECDHE	Ephemeral Elliptic Curve Diffie-Hellman
ECDSA	Elliptic Curve Digital Signature Algorithm
ECM	Elliptic Curve Factorization Method
EU-CMA	Existentielle Unfälschbarkeit unter Chosen-Message-Attacken
FIPS	Federal Information Processing Standard
FLOPS	Floating Point Operations per Second
GCM	Galois Counter Mode
ggT	größter gemeinsamer Teiler
HKDF	HMAC-based Key Derivation Function
HMAC	Hash-based Message Authentication Code
HORS	Hash to Obtain a Random Subset
HORST	HORS with Trees

IPSec	IP Security
KDF	Key Derivation Function
KEM	Key-Encapsulation Mechanism
kgV	kleinstes gemeinsames Vielfache
LWE	Learning with Errors
MAC	Message Authentication Code
ML-DSA	Module-Lattice-Based Digital Signature Algorithm
ML-KEM	Module-Lattice-Based Key-Encapsulation Mechanism
MLWE	Module Learning with Errors
NIST	National Institute of Standards and Technology
OAEP	Optimal Asymmetric Encryption Padding
OTP	One-Time Pad
PBKDF	Password-based Key Derivation Function
PKCS	Public Key Cryptography Standard
PRF	Pseudo-Random Function
PRNG	Pseudo-Random Number Generator
PRP	Pseudo-Random Permutation
RFC	Request for Comments
RSA	Verfahren benannt nach Rivest, Shamir und Adleman
RSA-PSS	RSA Probabilistic Signature Scheme
SHA-2	Secure Hash Algorithm 2
SHA-3	Secure Hash Algorithm 3
SLH-DSA	Stateless Hash-Based Signature Algorithm
SSH	Secure Shell
SSL	Secure Sockets Layer
STS	Station-to-Station-Protokoll
TLS	Transport Layer Security
TRNG	True Random Number Generator
UTF-8	8-Bit Universal Coded Character Set Transformation Format
WOTS	Winternitz One-Time Signature
XMSS	Extended Merkle Signature Scheme
XOF	Extendable Output Function
$\text{Vort}_{\text{CCA}}[A, E]$	Vorteil der Angreiferin A auf die CCA-Sicherheit des Verschlüsselungsverfahrens E
$\text{Vort}_{\text{CI}}[A, E]$	Vorteil der Angreiferin A auf die Ciphertext Integrity des Verschlüsselungsverfahrens E
$\text{Vort}_{\text{CPA}}[A, E]$	Vorteil der Angreiferin A auf die CPA-Sicherheit des Verschlüsselungsverfahrens E
$\text{Vort}_{\text{EU-CMA}}[A, M]$	Vorteil der Angreiferin A auf die existentielle Unfälschbarkeit des MACs M unter Chosen-Message-Attacken
$\text{Vort}_{\text{EU-CMA}}[A, S]$	Vorteil der Angreiferin A auf die existentielle Unfälschbarkeit des Signaturverfahrens S unter Chosen-Message-Attacken

$\text{Vort}_{\text{CR}}[A, H]$	Vorteil der Angreiferin A auf die Kollisionsresistenz der Hashfunktion H
$\text{Vort}_{\text{PI}}[A, H]$	Vorteil der Angreiferin A auf die Einwegeigenschaft der Hashfunktion H
$\text{Vort}_{\text{PRF}}[A, F]$	Vorteil der Angreiferin A auf die Sicherheit der PRF F
$\text{Vort}_{\text{PRNG}}[A, G]$	Vorteil der Angreiferin A auf die Sicherheit des PRNG G
$\text{Vort}_{\text{PRP}}[A, E]$	Vorteil der Angreiferin A auf die Sicherheit der PRP E
$\text{Vort}_{\text{PS}}[A, E]$	Vorteil der Angreiferin A auf die Perfect Secrecy des Verschlüsselungsverfahrens E
$\text{Vort}_{\text{SEM}}[A, E]$	Vorteil der Angreiferin A auf die semantische Sicherheit des Verschlüsselungsverfahrens E
$\text{Vort}_{\text{SPI}}[A, H]$	Vorteil der Angreiferin A auf die schwache Kollisionsresistenz der Hashfunktion H
$\text{Vort}_{\text{UV}}[A, G]$	Vorteil der Angreiferin A auf die Unvorhersagbarkeit des PRNG G

Teil I
Secret-Key-Kryptographie

Das One-Time-Pad   1

> **Ziele**
>
> In diesem Kapitel lernst du,
>
> - was unter *Secret-Key-Verschlüsselung* bzw. *symmetrischer Verschlüsselung* verstanden wird,
> - wie das *One-Time-Pad* funktioniert,
> - unter welchen Umständen das One-Time-Pad *Sicherheit* bieten kann,
> - wie sich exakt beschreiben lässt, was Sicherheit in diesem Zusammenhang bedeutet,
> - wie sich die *Sicherheit* dieses Verfahrens auch *beweisen* lässt.

Für die Kapitel des ersten Teils dieses Buchs ist es von Vorteil, ein wenig Erfahrung mit der Berechnung von Wahrscheinlichkeiten zu haben. Das benötigte Vorwissen ist in Kap. 17 knapp zusammengefasst. Du kannst dich also entweder direkt ins Vergnügen stürzen und ggf. in Kap. 17 nachschlagen oder zunächst dort zu lesen beginnen und dann hier weiterlesen.

In diesem Buch wird oft mit Bitfolgen gearbeitet. Formal bietet es sich an, Bitfolgen der Länge $n \in \mathbb{N}$ als Tupel mit n Koordinaten, also als Elemente der Menge $\{0, 1\}^n$ zu beschreiben. Der einfacheren Lesbarkeit halber werden aber Tupel wie z. B. $(0, 1, 0, 0, 0, 0, 1, 0) \in \{0, 1\}^8$ kürzer als 01000010 geschrieben. Manchmal wird auch die Schreibweise 0b01000010 verwendet, um klarzumachen, dass es sich um eine Folge von Bits handelt. Alternativ – weil es kürzer ist – wird auch die hexadezimale Notation 0x42 verwendet. Schließlich – speziell ab Kap. 13 – werden Bitfolgen auch als die Binärdarstellungen ganzer Zahlen interpretiert, und umgekehrt. Die Länge einer Bitfolge b wird in diesem Buch mit $|b|$ bezeichnet.

Um die Sicherheit kryptographischer Verfahren sauber definieren und beweisen zu können, werden solche Verfahren und auch deren Sicherheit in der Regel zunächst mathematisch exakt beschrieben.

1.1 Verschlüsselung

▶ **Definition 1.1 (Symmetrisches Verschlüsselungsverfahren)** Ein *(symmetrisches) Verschlüsselungsverfahren* besteht aus drei endlichen Mengen K, M, C und zwei Algorithmen E, D. Dabei ist

- K die Menge aller möglichen *Schlüssel (Schlüsselraum)*,
- M die Menge aller möglichen *Klartexte (Klartextraum)*,
- C die Menge aller möglichen *Chiffrate (Chiffratraum)*.
- Die *Verschlüsselungsoperation*[1] $E : K \times M \rightsquigarrow C$ berechnet aus einem Schlüssel $k \in K$ und einem Klartext $m \in M$ das Chiffrat

$$c := E(k, m) \in C.$$

Um Schlüssel und Klartext einfacher unterscheidbar zu machen, schreiben wir statt $E(k, m)$ durchgehend $E_k(m)$.

- Die *Entschlüsselungsfunktion*[2] $D : K \times C \rightarrow M$ berechnet aus einem Schlüssel $k \in K$ und einem Chiffrat $c \in C$ den Klartext

$$m := D(k, c) \in M.$$

Auch hier schreiben wir statt $D(k, c)$ durchgehend $D_k(c)$.

Ein Verschlüsselungsverfahren ist *korrekt*, wenn für alle $m \in M$ und für alle $k \in K$

$$D_k(E_k(m)) = m$$

gilt.

---

[1] Es fällt auf, dass die Verschlüsselung als Operation und nicht als Funktion bezeichnet wird, und anstatt eines gewöhnlichen Pfeils ($\rightarrow$) wird ein wackeliger Pfeil ($\rightsquigarrow$) verwendet. Wir werden (später) erlauben, dass bei der Verschlüsselung zusätzlich zufällig gewählte Werte verwendet werden, die dafür sorgen, dass das Chiffrat zu einem Klartext immer anders aussieht (selbst wenn derselbe Schlüssel verwendet wird). In diesem Fall ist die Verschlüsselung dann mathematisch gesehen keine Funktion mehr.

[2] Beim Entschlüsseln handelt es sich immer um eine Funktion. Dasselbe Chiffrat ergibt beim Entschlüsseln mit demselben Schlüssel immer denselben Klartext.

Mit dem Adjektiv „symmetrisch" soll betont werden, dass für die Ver- und die Entschlüsselung derselbe Schlüssel k verwendet wird. Im Gegensatz dazu werden bei asymmetrischen (oder Public-Key-)Verfahren zwei verschiedene Schlüssel eingesetzt. Wir betrachten solche Verfahren ab Kap. 10.

Die Beschreibung der Verschlüsselungsoperation $E : K \times M \rightsquigarrow C$ enthält bereits alle Mengen K, M und C, und für ein korrektes Verfahren ist mit E auch die Verschlüsselungsfunktion D eindeutig bestimmt. Aus diesem Grund wird in diesem Buch die Verschlüsselungsoperation stellvertretend für alle Teile des Verfahrens verwendet, sofern nicht besondere Gründe dafür sprechen, diese explizit anzugeben.

1.2 Das One-Time-Pad

Das erste Beispiel eines symmetrischen Verschlüsselungsverfahrens, das wir betrachten, ist das *One-Time-Pad (OTP)*. Dieses Verfahren wurde im Jahr 1882 von Frank Miller „erfunden" und 1917 von Gilbert Vernam patentiert [7]. Beim OTP bestehen Klartexte, Chiffrate und Schlüssel aus einer Folge von Bits. Ist $n \in \mathbb{N}$ die Länge der Nachrichten, die verschlüsselt werden, dann sind

$$M = \{0,1\}^n, \ C = \{0,1\}^n \text{ und } K = \{0,1\}^n.$$

Die Verschlüsselung erfolgt in diesem Fall, indem Bit für Bit der Klartext mit dem Schlüssel mittels XOR (exklusives Oder, $\oplus$) verknüpft wird:

$$E_k(m) = m \oplus k.$$

Die Entschlüsselung ist bei diesem Verfahren recht einfach; es wird ein weiteres Mal verschlüsselt: Durch ein XOR mit denselben Schlüsselbits wird die Verschlüsselung rückgängig gemacht:

$$D_k(c) = c \oplus k.$$

Beispiel 1.2

Für die Nachricht

$$m = 110010 \quad \text{und den Schlüssel}$$
$$k = 101001 \quad \text{ergibt sich so das Chiffrat}$$
$$c = m \oplus k = 011011.$$

Beim Entschlüsseln ergibt sich aus dem Chiffrat

$$c = 011011 \quad \text{mit dem Schlüssel}$$
$$k = 101001 \quad \text{wieder der Klartext}$$
$$m = c \oplus k = 110010.$$

◀

Tatsächlich ergibt sich nach der Entschlüsselung (mit dem richtigen Schlüssel) stets der korrekte Klartext, denn

$$D_k(E_k(m)) = D_k(m \oplus k) = (m \oplus k) \oplus k = m \oplus (k \oplus k) = m \oplus 00\cdots 0 = m.$$

1.3 Perfect Secrecy

▶ **Definition 1.3** In dieser Veranstaltung verwenden wir die Notation $x \xleftarrow{R} X$, um auszudrücken, dass x zufällig aus der Menge X ausgewählt wird und jedes x dieselbe Chance hat, ausgewählt zu werden. Man spricht in so einem Fall davon, dass x *zufällig und gleichverteilt* aus X gewählt wird.

Neben der Korrektheit eines Verschlüsselungsverfahrens erwartet man sich aber vor allem dessen Sicherheit. Idealerweise wird so verschlüsselt, dass sich hinter einem Chiffrat (abhängig vom Schlüssel) jeder beliebige Klartext verstecken könnte, dass das Chiffrat also keinerlei Information über den Klartext preisgibt. Claude Shannon hat 1949 mit seinen Arbeiten zur Informationstheorie gezeigt, wie man das Konzept der „Information" mathematisch exakt fassen kann und anhand des OTP auch demonstriert, wie die Sicherheit eines Verschlüsselungsverfahrens auf diese Art und Weise bewiesen werden kann [62].

▶ **Definition 1.4 (Perfect Secrecy)** Ein Verschlüsselungsverfahren hat *Perfect Secrecy*, wenn für jedes Paar $m_0, m_1 \in M$ derselben Länge ($|m_0| = |m_1|$) und für jedes $c \in C$ gilt

$$\Pr_{k \xleftarrow{R} K}[E_k(m_0) = c] = \Pr_{k \xleftarrow{R} K}[E_k(m_1) = c].$$

1.3 Perfect Secrecy

Mit anderen Worten: Zu einem Chiffrat c passt jeder Klartext mit der gleichen Wahrscheinlichkeit. Im Chiffrat steckt keine Information über den Klartext, wenn der Schlüssel nicht bekannt ist.[3]

Das OTP hat die Eigenschaft der Perfect Secrecy: Zu einem Chiffrat

$$c := c_1 c_2 \ldots c_n$$

passt ein beliebiger Klartext

$$m := m_1 m_2 \ldots m_n,$$

wenn als Schlüssel

$$k := k_1 k_2 \ldots k_n$$

gewählt wurde, wobei $k_i = m_i \oplus c_i$ für jedes $i \in \{1, \ldots, n\}$, denn dann ist

$$m_i \oplus k_i = m_i \oplus m_i \oplus c_i = 0 \oplus c_i = c_i \text{ für jedes } i \in \{1, \ldots, n\}.$$

Die Wahrscheinlichkeit, dass zufällig genau dieser eine Schlüssel gewählt wurde, ist für jeden Klartext gleich, nämlich $1/2^n$.

Shannons Resultat zur Perfect Secrecy des OTP ist zunächst beeindruckend. Shannon selbst liefert in seiner Arbeit [62] jedoch schon ein paar „Abers".

1. Das OTP braucht Schlüssel, die so lang sind wie die Klartexte. Tatsächlich – zeigt Shannon – werden, um Perfect Secrecy zu erreichen, ganz gleich, welches Verfahren eingesetzt wird, immer Schlüssel benötigt, die mindestens so lang sind wie die zu verschlüsselnden Nachrichten.
2. Ist zu einem Chiffrat c der dazugehörige Klartext m bekannt, dann ist der verwendete Schlüssel $k := m \oplus c$ bekannt. Schlüssel können aus diesem Grund nicht mehr als 1-mal verwendet werden. Das Bekanntwerden eines Klartexts würde sich auf die Vertraulichkeit eines anderen auswirken.

---

[3] In Definition 1.4 fällt die Einschränkung auf, dass nur Klartexte derselben Länge nicht unterschieden werden können. Shannon hatte bereits erkannt, dass lange Klartexte durch Verschlüsselung nicht beliebig kurz werden können; es würde Information verloren gehen. Will man vermeiden, dass die Chiffrate sehr kurzer von den Chiffraten sehr langer Klartexte unterschieden werden können, müsste man sehr kurze Klartexte zu sehr langen Chiffraten verschlüsseln. Und selbst dann wären noch längere Klartexte wieder in Gefahr.

3. Wird 2-mal der gleiche Schlüssel k verwendet, um zwei verschiedene Klartexte m und m' in die Chiffrate c und c' zu verschlüsseln, dann ist

$$c \oplus c' = (m \oplus k) \oplus (m' \oplus k) = m \oplus m' \oplus k \oplus k = m \oplus m'.$$

So lässt sich aus den Chiffraten allein z. B. erkennen, an welchen Stellen sich die Klartexte unterscheiden. Die Perfect Secrecy geht verloren, wenn Schlüssel ein 2. Mal verwendet werden.

4. Wird in einem Chiffrat das i-te Bit geändert, so führt das bei der Entschlüsselung dazu, dass sich das i-te Bit – und nur dieses Bit – im Klartext ändert. Das OTP bietet keinen Schutz vor aktiven Angriffen, bei denen Chiffrate verändert werden. Das OTP bietet keinen Integritätsschutz.

Abschließend soll die Perfect Secrecy noch auf eine andere Art beschrieben werden. Beschreibungen von Sicherheitseigenschaften werden in diesem Buch noch an vielen Stellen auftauchen, und in allen Fällen wird dazu eine spielbasierte Beschreibung wie diese verwendet.

▶ **Definition 1.5** Das Verschlüsselungsverfahren (K, M, C, E, D) hat die Eigenschaft der *Perfect Secrecy*, wenn für jede Angreiferin A der Vorteil $\text{Vort}_{PS}[A, E]$ im Spiel in Abb. 1.1 gleich 0 ist.

Im Spiel in Abb. 1.1 wählt der Challenger zunächst zufällig ein Bit b und einen Schlüssel k. A darf zwei beliebige Nachrichten m_0 und m_1 auswählen und schickt diese dem Challenger. Eine der beiden Nachrichten (Bit b sagt, welche) wird verschlüsselt; A erhält das Chiffrat. Die Aufgabe der Angreiferin ist nun, zu erkennen, wenn $b = 1$ verwendet – also der Klartext m_1 verschlüsselt – wurde.

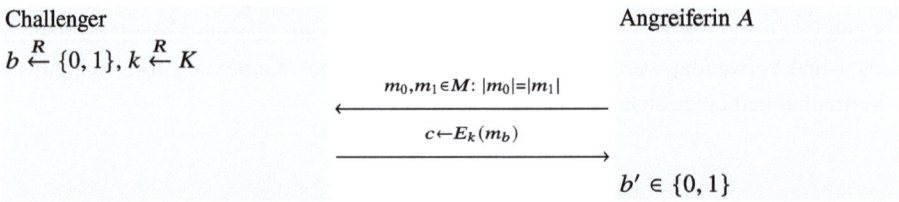

M.a.W.: Die Angreiferin darf zwei Klartexte m_0 und m_1 derselben Länge auswählen. Der Challenger wählt zufällig einen der Klartexte und schickt dessen Chiffrat. Die Angreiferin tippt, ob m_0 ($b' = 0$) oder m_1 ($b' = 1$) verschlüsselt wurde. $\text{Vort}_{PS}[A, E]$ ist 0, wenn sie nur raten kann; umso höher, umso besser sie tippt.

Abb. 1.1 Das Spiel zur Perfect Secrecy

1.3 Perfect Secrecy

- Der Ausdruck $\Pr_{k \xleftarrow{R} K} [b' = 1 \,|\, b = 1]$ in der Definition des Vorteils der Angreiferin ist dabei zu lesen als die Wahrscheinlichkeit, dass sie bei zufällig ausgewähltem k auf $b' = 1$ tippt, wenn $b = 1$ war (also, wenn m_1 verschlüsselt wurde).
- Der Ausdruck $\Pr_{k \xleftarrow{R} K} [b' = 1 \,|\, b = 0]$ steht dann entsprechend für die Wahrscheinlichkeit, dass die Angreiferin auf $b' = 1$ tippt, wenn $b = 0$ war (also, wenn eigentlich m_0 verschlüsselt wurde).

Das Verhalten der Angreiferin – also die Wahrscheinlichkeit auf $b' = 1$ zu tippen – sollte sich in den beiden Fällen nicht unterscheiden; dann ist auch $\text{Vort}_{\text{PS}}[A, E] = 0$. Damit ist modelliert:

- Für die Angreiferin könnten die Chiffrate von bestimmten Klartexten einfacher zu unterscheiden sein. Sie darf sich den einfachsten Fall aussuchen.
- Die Angreiferin sieht nur *ein* Chiffrat. Schlüssel werden nur einmal verwendet, daher können Angreiferinnen auch nur ein einziges Chiffrat sehen, das mit einem Schlüssel erstellt wurde.
- Kann eine Angreiferin Teile des Klartexts aus einem Chiffrat rekonstruieren, so kann sie dieses Spiel gewinnen, indem sie zwei Klartexte m_0 und m_1 wählt, die sich genau in diesen Teilen unterscheiden.
- Kann eine Angreiferin irgendeine Information über den Klartext aus einem Chiffrat gewinnen, so kann sie dieses Spiel gewinnen, indem sie zwei Klartexte m_0 und m_1 wählt, die sich genau in dieser Information unterscheiden.
- Eine Angreiferin muss nicht perfekt in diesem Spiel sein. Es reicht, beim Spiel besser als beim einfachen Raten zu sein. Ihr Vorteil muss nur größer als 0 sein.

Diese Modellierung der Sicherheit beschreibt somit etwas „lebensnäher", in welchen Angriffsszenarien welche Art von Schutz geboten wird. Darüber hinaus wird sich herausstellen, dass sich mit dieser alternativen Definition die Perfect Secrecy oftmals einfacher nachweisen lässt oder einfacher nachgewiesen werden kann, dass ein Verschlüsselungsverfahren diese Eigenschaft nicht besitzt.

Tatsächlich ist $\text{Vort}_{\text{PS}}[A, E] = 0$, wenn $\Pr_{k \xleftarrow{R} K} [b' = b] = 0{,}5$ ist, denn

$$\Pr_{k \xleftarrow{R} K} [b' = b] = \Pr_{k \xleftarrow{R} K} [b' = 0 \,|\, b = 0] \cdot \Pr[b = 0] \quad (1.1)$$

$$+ \Pr_{k \xleftarrow{R} K} [b' = 1 \,|\, b = 1] \cdot \Pr[b = 1]$$

$$= \Pr_{k \xleftarrow{R} K} [b' = 0 \,|\, b = 0] \cdot \frac{1}{2} + \Pr_{k \xleftarrow{R} K} [b' = 1 \,|\, b = 1] \cdot \frac{1}{2}$$

$$= \frac{1}{2} \cdot \left(\Pr_{k \xleftarrow{R} K} [b' = 0 \mid b = 0] + \Pr_{k \xleftarrow{R} K} [b' = 1 \mid b = 1] \right)$$

$$= \frac{1}{2} \cdot \left(1 - \Pr_{k \xleftarrow{R} K} [b' = 1 \mid b = 0] + \Pr_{k \xleftarrow{R} K} [b' = 1 \mid b = 1] \right)$$

$$= \frac{1}{2} \cdot \left(1 - \underbrace{\left(\Pr_{k \xleftarrow{R} K} [b' = 1 \mid b = 0] - \Pr_{k \xleftarrow{R} K} [b' = 1 \mid b = 1] \right)}_{= -\,\mathrm{Vort_{PS}}[A,E]} \right).$$

$$\Pr_{k \xleftarrow{R} K} [b' = b] = \frac{1 + \mathrm{Vort_{PS}}[A, E]}{2} \quad \text{bzw.} \tag{1.2}$$

$$\mathrm{Vort_{PS}}[A, E] = 2 \cdot \Pr_{k \xleftarrow{R} K} [b' = b] - 1. \tag{1.3}$$

Es geht also hier darum, richtig zu „raten", was b ist. Praktisch erweist sich $\mathrm{Vort_{PS}}[A, E]$ als einfacher zu handhaben; die Fälle $b = 0$ und $b = 1$ können hier unabhängig voneinander betrachtet werden. Dennoch werden wir manchmal lieber mit $\Pr_{k \xleftarrow{R} K} [b' = b]$ arbeiten. Die Gl. (1.2) und (1.3) erlauben es, schnell zwischen den beiden Varianten zu wechseln.

Weiterhin gibt es stets eine Angreiferin, deren Vorteil nicht negativ ist. Sei A eine Angreiferin, deren Vorteil $\mathrm{Vort_{PS}}[A, E]$ negativ ist. Weiterhin sei A' jene Angreiferin, die stets genau umgekehrt tippt wie A. Wenn also b' der Tipp von A ist, dann ist $b'' := 1 - b'$ der Tipp von A'. Dann ist

$$\mathrm{Vort_{PS}}[A', E] = \Pr_{k \xleftarrow{R} K} [b'' = 1 \mid b = 1] - \Pr_{k \xleftarrow{R} K} [b'' = 1 \mid b = 0]$$

$$= \Pr_{k \xleftarrow{R} K} [b' = 0 \mid b = 1] - \Pr_{k \xleftarrow{R} K} [b' = 0 \mid b = 0]$$

$$= \left(1 - \Pr_{k \xleftarrow{R} K} [b' = 1 \mid b = 1] \right) - \left(1 - \Pr_{k \xleftarrow{R} K} [b' = 1 \mid b = 0] \right)$$

$$= - \Pr_{k \xleftarrow{R} K} [b' = 1 \mid b = 1] + \Pr_{k \xleftarrow{R} K} [b' = 1 \mid b = 0]$$

$$= - \mathrm{Vort_{PS}}[A, E]$$

positiv.

Aus diesem Grund werden wir – und auch in weiteren Spielen in den folgenden Kapiteln – stets davon ausgehen, dass wir es mit einer Angreiferin mit nicht negativem Vorteil zu tun haben.

1.3 Perfect Secrecy

Der Beweis für das abschließende Theorem 1.6 ist etwas mühsam und kann beim ersten Lesen gerne übersprungen und bei Bedarf nachgelesen werden.

Theorem 1.6 *Die Definitionen 1.4 und 1.5 sind äquivalent.*

Beweis Zunächst zeigen wir, dass ein Verschlüsselungsverfahren (K, M, C, E, D), welches die Eigenschaft der Perfect Secrecy nach Definition 1.4 hat, auch die Eigenschaft der Perfect Secrecy nach Definition 1.5 hat.

In Spiel 1.1 wählt die Angreiferin zwei gleich lange Klartexte m_0 und m_1. Der Challenger wählt einen Schlüssel k zufällig und entscheidet sich zufällig für ein Bit b. Die Angreiferin erhält vom Challenger das Chiffrat $c := E_k(m_b)$.

Der Vorteil einer Angreiferin A ist

$$\text{Vort}_{PS}[A, E] = \Pr_{k \xleftarrow{R} K}\left[b' = 1 \mid b = 1\right] - \Pr_{k \xleftarrow{R} K}\left[b' = 1 \mid b = 0\right].$$

Um ihre Entscheidung ($b' = 0$ oder $b' = 1$) zu treffen hat A nur m_0, m_1 und c zur Verfügung. Den gesamten Prozess können wir uns vorstellen als:

- Ein Schlüssel k wird zufällig gewählt und damit ein Chiffrat c erstellt.
- Die Angreiferin entscheidet sich abhängig von c für $b' = 0$ oder $b' = 1$.

Dann ist

$$\Pr_{k \xleftarrow{R} K}\left[b' = 1 \mid b = 1\right] =$$

$$= \Pr\left[b' = 1 \mid \text{Klartexte sind } m_0 \text{ und } m_1 \text{ und Chiffrat ist } c\right]$$

$$\cdot \Pr_{k \xleftarrow{R} K}\left[E_k(m_1) = c\right].$$

Die erste Wahrscheinlichkeit ist dabei nicht von k abhängig, da die Angreiferin diese Entscheidung alleine auf Basis von c, m_0 und m_1 trifft.

Analog dazu ist

$$\Pr_{k \xleftarrow{R} K}\left[b' = 1 \mid b = 0\right] =$$

$$= \Pr\left[b' = 1 \mid \text{Klartexte sind } m_0 \text{ und } m_1 \text{ und Chiffrat ist } c\right]$$

$$\cdot \Pr_{k \xleftarrow{R} K}\left[E_k(m_0) = c\right].$$

Hat E die Eigenschaft der Perfect Secrecy nach Definition 1.4, so ist

$$\Pr_{k \xleftarrow{R} K}[E_k(m_1) = c] = \Pr_{k \xleftarrow{R} K}[E_k(m_0) = c],$$

und somit ist

$$\text{Vort}_{\text{PS}}[A, E] = \Pr_{k \xleftarrow{R} K}[b' = 1 \,|\, b = 1] - \Pr_{k \xleftarrow{R} K}[b' = 1 \,|\, b = 0] = 0.$$

Nun zeigen wir, dass umgekehrt ein Verschlüsselungsverfahren (K, M, C, E, D), welches die Eigenschaft der Perfect Secrecy nach Definition 1.4 nicht hat, auch die Eigenschaft der Perfect Secrecy nach Definition 1.5 nicht hat.

Dann gibt es also zumindest ein Paar (m_0, m_1) und ein Chiffrat c, sodass

$$\Pr_{k \xleftarrow{R} K}[E_k(m_1) = c] > \Pr_{k \xleftarrow{R} K}[E_k(m_0) = c].$$

Es sei nun A eine Angreiferin in Spiel 1.1, die genau diese Klartexte m_0 und m_1 und dieses Chiffrat c wählt. Sie schickt m_0 und m_1 an den Challenger. Die Antwort des Challengers ist $E_k(m_b)$. Ist die Antwort des Challengers gleich c, so tippt sie $b' = 1$, andernfalls $b' = 0$. Damit sind

$$\Pr_{k \xleftarrow{R} K}[b' = 1 \,|\, b = 1] = \Pr_{k \xleftarrow{R} K}[E_k(m_1) = c] \quad \text{und}$$

$$\Pr_{k \xleftarrow{R} K}[b' = 1 \,|\, b = 0] = \Pr_{k \xleftarrow{R} K}[E_k(m_0) = c].$$

Somit ist

$$\begin{aligned}\text{Vort}_{\text{PS}}[A, E] &= \Pr_{k \xleftarrow{R} K}[b' = 1 \,|\, b = 1] - \Pr_{k \xleftarrow{R} K}[b' = 1 \,|\, b = 0] \\ &= \Pr_{k \xleftarrow{R} K}[E_k(m_1) = c] - \Pr_{k \xleftarrow{R} K}[E_k(m_0) = c] > 0.\end{aligned}$$

$\square$

1.4 Übungen

Alle Nachrichten in diesen Übungsbeispielen sind mit der Zeichencodierung UTF-8 codiert bzw. zu codieren. Zum Lösen der Übungen kannst du gerne praktische Tools wie Cyberchef[4] oder Cryptii[5] verwenden. Du musst also nicht programmieren (darfst aber natürlich gerne).

---

[4] https://gchq.github.io/CyberChef/.
[5] https://cryptii.com/.

1.4 Übungen

1.4.1 Musterbeispiel

Du hast die Nachricht m und ihre OTP-Verschlüsselung c vorliegen.

$$m = \text{Hello\_World!}$$
$$c = \text{0x 6a 52 52 07 35 27 a8 37 aa 1d 85 b8}$$

Wie lautet der verwendete Schlüssel?

$$m = \text{0x 48 65 6c 6c 6f 20 57 6f 72 6c 64 21}$$
$$c = \text{0x 6a 52 52 07 35 27 a8 37 aa 1d 85 b8}$$
$$m \oplus c = \text{0x 22 37 3e 6b 5a 07 ff 58 d8 71 e1 99}$$

Das ist der Schlüssel, denn

$$m \oplus c = m \oplus (m \oplus k) = (m \oplus m) \oplus k = k.$$

Übungsaufgaben

1. Du hast folgende OTP-Verschlüsselung c vorliegen.
   c = 0x 7c 5d 71 b4 1d b7 15 ba 88 0b 55 b3 e5 f4 53 bc 52 5b 20 3b 22 f4 b0 e4
   Wie lautet der verwendete Schlüssel, wenn c das OTP-Chiffrat von m_1 ist? Und wie lautet der Schlüssel, wenn c das OTP-Chiffrat von m_2 ist?

   $$m_1 = \text{Ich\_liebe\_meinen\_Kanzler}$$
   $$m_2 = \text{Ich\_liebe\_kleine\_Katzen!}$$

2. Ein deutscher Text wurde mit dem OTP zum Chiffrat c verschlüsselt. Als Schlüssel wurde aus den Versen des ersten Kapitels des Buches Genesis aus der revidierten Einheitsübersetzung 2016[6] zufällig ein Vers gewählt. Ermittle den Klartext.
   c = 0x 09 08 1a 1a 45 53 3d 13 08 43 01 53 33 4f 10 11 48 00 1b 08 1d 07 11 52 55 18 1c 52 2f 00 07 52

3. Statt XOR möchten wir nun eine andere Verschlüsselungsoperation für das OTP verwenden und entscheiden uns für ein bitweises AND. Ist das eine gute Idee?

---

[6] https://www.bibelwerk.at/bibelausgaben/revidierte-einheitsuebersetzung.

Verschlüssle testweise die Nachricht m mit dem Schlüssel k. Versuche nun, das Ergebnis wieder zu entschlüsseln. Was fällt dir auf?

$$m = \texttt{Hallo}$$

$$k = \texttt{0x df b1 d0 c9 b2}$$

4. Wir verschlüsseln einen Klartext doppelt mit dem OTP. Erreichen wir dadurch doppelte Sicherheit, gleiche Sicherheit oder weniger Sicherheit als mit dem herkömmlichen OTP, ...
   a. ...wenn wir zwei voneinander unabhängige zufällige Schlüssel verwenden?
   b. ...wenn wir zweimal denselben Schlüssel verwenden?
5. Zwei Befehle aus unten stehendem Befehlsverzeichnis wurden mit OTP unter Verwendung desselben Schlüssels zu den Chiffraten c_1 und c_2 verschlüsselt.

$$c_1 = \texttt{0x f6 c7 f8 2a}$$

$$c_2 = \texttt{0x e8 c1 e0 28}$$

Befehlsverzeichnis: `stop`, `kiss`, `jump`, `work`, `send`, `turn`, `beat`, `kick`, `swim`, `sing`, `talk`, `wait`, `walk`, `halt`, `hide`, `call`, `hope`, `move`, `bite`, `pull`
   a. Wie lauten die beiden Befehle?
   b. Welcher Schlüssel wurde verwendet?

Rückblick

In diesem Kapitel hast du das *OTP* kennengelernt. Du weißt, wie man damit Klartexte ver- und Chiffrate wieder entschlüsseln kann. Du kannst die Sicherheit dieses Verfahrens, die *Perfect Secrecy*, beschreiben. Du kennst aber auch die *Grenzen* dieses Verfahrens, insbesondere, dass Schlüssel nur einmal verwendet werden dürfen, und hast erkannt, dass Verschlüsselungsverfahren nicht notwendigerweise auch die Integrität der verschlüsselten Daten sicherstellen können.

Zufallszahlen 2

> **Ziele**
>
> In diesem Kapitel lernst du,
>
> - was der Unterschied zwischen „echten" und *„Pseudozufallszahlen"* ist,
> - wie sich mit einem Pseudozufallsgenerator Bits erzeugen lassen, die sich von zufälligen Bits nicht *unterscheiden* lassen,
> - wie sich die *Sicherheit* eines *Pseudozufallsgenerators* mithilfe eines *Spiels* formal beschreiben lässt,
> - wie die Sicherheit und die *Vorhersagbarkeit* von Zufallsgeneratoren zusammenhängen und wie sich diese Begriffe definieren (und damit überprüfen) lassen,
> - wie sich mithilfe von *Reduktionsbeweisen* die Sicherheit eines Verfahrens aus der Sicherheit eines anderen Verfahrens ableiten lässt.

2.1 Vernachlässigbar klein

Gelingt ein Angriff mit geringer Wahrscheinlichkeit, so sind viele Angriffsversuche nötig, um zum Erfolg zu kommen: bei einer Wahrscheinlichkeit von $1/x$ im Durchschnitt x Versuche.

Um zu beantworten, was *vernachlässigbar kleine* Wahrscheinlichkeiten sind, stellt sich somit die Frage, wie viele Versuche einfach zu viele wären, um einen erfolgreichen Angriff tatsächlich auszuführen.

Wir beschreiben die Sicherheit gerne in Bits. Bei einem zufällig gewählten Schlüssel mit n Bits, gibt es 2^n mögliche Schlüssel. Zufällig den richtigen zu erwischen, gelingt mit einer Wahrscheinlichkeit von $1/2^n$. Beim Durchprobieren müssen im Schnitt 2^n Schlüssel probiert werden (die Hälfte davon, also 2^{n-1}, wenn kein Schlüssel ein zweites Mal probiert wird, wenn man sich also merkt, welche Schlüssel schon probiert wurden).

Welche Potenz 2^n ist zu groß, um so viele Möglichkeiten auszuprobieren? Wir vereinfachen und nehmen an, dass ein Versuch eine einfache Operation auf einem Computer ist. So können wir einfach nachschauen, wie viele Floating-Point-Operations per Second (FLOPS) wir benötigen. TOP500-Listen[1] zeigen die Leistung der 500 schnellsten Rechner der Welt. Sie liegt (für alle zusammen) im Jahr 2024 bei knapp unter 10 Trillionen FLOPS.[2] Als Potenz von 2 ist das etwa 2^{63}. Natürlich muss ein Angriff nicht in 1 s erledigt sein. Wir sehen uns längere Zeiträume an: In 10 Jahren vergehen $60 \cdot 60 \cdot 24 \cdot 365 \cdot 10$ Sekunden.[3] Das sind ungefähr 300 Mio. s, also ca. 2^{28} s. Ein Aufwand von $2^{63} \cdot 2^{28} = 2^{91}$ scheint damit nicht gänzlich unrealistisch (wenn auch sicher teuer). Neben den 500 schnellsten Rechnern gibt es eine Unzahl weiterer Computer. Ein modernes Notebook hat auch eine Leistung von 2^{40} FLOPS. Das bedeutet aber auch, dass erst eine Million davon so schnell wie die 500 schnellsten Rechner sind.

Um wirklich sicherzugehen, beginnt man heutzutage ab 2^{120} von ausreichend hohem Aufwand zu sprechen. Für Hochsicherheitsanwendungen erhöht man noch einmal auf 2^{250}. Als praktisch für viele Anwendungen erweisen sich die Zahlen 2^{128} bzw. 2^{256}, einfach weil 128 und 256 Potenzen von 2 sind.

Für Wahrscheinlichkeiten bedeutet dies (und wir wählen hier bewusst eine recht unverbindliche Definition):

▶ **Definition 2.1** Die Wahrscheinlichkeit p für ein Ereignis ist – je nach Sicherheitsanforderung – *vernachlässigbar klein*, wenn das Ereignis praktisch nie auftritt.

Praktisch sollen Angriffe auf kryptographische Verfahren nur mit einer Wahrscheinlichkeit gelingen, die vernachlässigbar klein ist. Diese Wahrscheinlichkeiten sollten sich dann im Bereich von $p \leq 2^{-128}$ (hohes Sicherheitsniveau) oder $p \leq 2^{-256}$ (sehr hohes Sicherheitsniveau) bewegen.

Allgemeiner ist eine Zahl $x \in \mathbb{R}$ (die auch negativ sein darf) *vernachlässigbar klein*, wenn $|x| \leq 2^{-128}$ (hohes Sicherheitsniveau) oder $|x| \leq 2^{-256}$ (sehr hohes Sicherheitsniveau). Die allgemeinere zweite Definition wird sich als nützlich herausstellen, wenn zwei Wahrscheinlichkeiten miteinander verglichen werden sollen, wenn es also um deren Differenz geht.

Eine allzu genaue Festlegung wollen wir hier nicht vornehmen. Wir werden in den folgenden Kapiteln oft davon ausgehen, dass ein kleines Vielfaches einer vernachlässigbar kleinen Zahl ebenfalls wieder vernachlässigbar klein ist; insofern wären, wenn 2^{-128}

---

[1] Siehe https://top500.org.
[2] 1 Trillion = 1 Milliarde Milliarden, also 10^{18}. Im englischen Sprachraum wird „trillion" oft wie im US-Amerikanischen für die deutsche „Billion", also für 10^{12} verwendet. Das ist hier nicht gemeint.
[3] Schaltjahre wurden hier nicht berücksichtigt.

vernachlässigbar klein ist, auch 2^{-127} oder auch 2^{-120} vernachlässigbar klein. Man verlässt sich dann darauf, dass diese Grenzen mit genug „Sicherheitsreserve" gewählt worden sind. Die Sicherheitsreserve zwischen 2^{-128} und 2^{-91} aus den Überlegungen zuvor betrüge bspw. über 130 Mrd.

Beispiel 2.2

- Die Wahrscheinlichkeit für einen Sechser beim österreichischen „Lotto 6 aus 45" liegt bei ca. 1:8 Mio., ist also ca. 2^{-23}. Diese Wahrscheinlichkeit ist nicht vernachlässigbar klein. Tatsächlich ereignet sich so etwas auch regelmäßig. Das Interesse für das Lottospielen würde auch schnell abnehmen, wenn nie jemand gewänne.
- Die Wahrscheinlichkeit, mit 10 Würfeln (D6) 10 Sechsen zu würfeln, ist ca. 2^{-26} – nicht vernachlässigbar klein.
- Die Wahrscheinlichkeit, mit zehn 20-seitigen Würfeln (D20) zehn Einsen zu würfeln, ist ca. 2^{-43} – nicht vernachlässigbar klein, auch wenn ich das noch nie geschafft habe.
- Die Wahrscheinlichkeit, einen 128-Bit-langen zufällig gewählten Schlüssel zu erraten, ist 2^{-128}. Diese Wahrscheinlichkeit ist vernachlässigbar klein (für hohes, aber nicht für sehr hohes Sicherheitsniveau).
- Die Wahrscheinlichkeit, dass alle 20 Schülerinnen und Schüler einer Klasse am selben Tag Geburtstag haben, ist (bei Vernachlässigung von Schaltjahren und unter der Annahme, dass Geburtstage sich gleichmäßig über das Jahr verteilen)

$$1 \cdot \underbrace{1/365 \cdot 1/365 \cdots 1/365}_{19\text{-mal}} \approx \frac{1}{2^{162}},$$

also vernachlässigbar klein.

◂

2.2 Echte Zufallszahlen

Um Zufallszahlen (Zufallsbits) zu erzeugen, werden Hardwarekomponenten benutzt, die zufälliges Verhalten zeigen, z. B.:

- Klassische physikalische Eigenschaften:
  - thermales Rauschen (Johnson-Nyquist-Noise) durch einen Widerstand,
  - „Zener-Effekt" einer Zener-Diode in Sperrrichtung,

- „Clock-Drift". RDRAND auf Intel-Chips verwendet seit 2015 diesen zufälligen Effekt.[4]
- Quanteneigenschaften:
  - radioaktiver Zerfall,
  - Photon an semitransparentem Spiegel,
  - Tunneleffekt von Elektronen in einem Transistor.

In der Regel ist die Erzeugung auf diese Art aufwendig, teuer und möglicherweise von außen beeinflussbar. Die durch Hardware erzeugten Bits sind zwar zufällig, in der Regel aber nicht gleichverteilt in $\{0, 1\}$ (*biased*, unausgewogen) und/oder nicht unabhängig voneinander (*korreliert*). *Software-Whitening* versucht diese unerwünschten Eigenschaften durch Software-Nachbearbeitung der „rohen" Zufallsbits zu reduzieren. Dazu gehören Verfahren wie *Debiasing* und *Decorrelation*.

Beispiel 2.3

Als ein Beispiel für Debiasing wird hier eine Methode vorgestellt: Hier betrachtet man jeweils zwei aufeinanderfolgende Bits.

- Sind beide gleich, so wirf sie weg.
- Sind die Bits verschieden, dann wirf nur das zweite weg.

Ein Beispiel:

Biased	00	01	01	10	11	11	01	10
Debiased	–	0	0	1	–	–	0	1

Treten 0 mit Wahrscheinlichkeit p und 1 mit Wahrscheinlichkeit $1 - p$ auf, dann ist

- die Wahrscheinlichkeit für 01 gleich $p \cdot (1 - p)$ und
- die Wahrscheinlichkeit für 10 gleich $(1 - p) \cdot p$.

Die resultierenden übrig bleibenden Bits treten daher gleich wahrscheinlich auf. Allerdings wird bei diesem Verfahren die Zahl der Bits auf weniger als die Hälfte reduziert. ◂

Kombinationen von Hardwaregeneratoren mit Methoden zum Debiasing und zur Decorrelation werden auch als *True-Random-Number-Generators (TRNG)* bezeichnet.

---

[4] Siehe https://www.rambus.com/wp-content/uploads/2015/08/Intel_TRNG_Report_20120312.pdf.

2.3 Pseudozufallszahlen

▶ **Definition 2.4 (Pseudo-Random Number-Generator)** Seien $n \in \mathbb{N}$ und K eine Menge von Schlüsseln. Ein *Pseudo-Random Number-Generator (PRNG)* ist eine Funktion

$$G : K \to \{0, 1\}^n.$$

Der Schlüssel k aus der Menge K, der verwendet wird, um n pseudozufällige Bits in $\{0, 1\}^n$ zu erzeugen, wird oft auch als *Seed* bezeichnet.

Beachte aber: Für denselben Seed erzeugt ein PRNG denselben Output. Der Output ist deterministisch – er hängt allein vom Seed ab. Ist der Seed zufällig gewählt und nicht bekannt, dann soll der Output des PRNG aber wie zufällige Bits aussehen.

Damit die von einem PRNG erzeugten Bits wirklich wie zufällige aussehen, sollten sie z. B.

- unbiased sein – 0 und 1 kommen ungefähr gleich häufig vor,
- unvorhersagbar sein – kennt man ein paar der Bits, sollte es nicht möglich sein, weitere Bits vorherzusagen,
- keine Muster oder Wiederholungen zeigen (außer zufällig entstandene).

2.4 Anforderungen an Zufallsbits

2.4.1 Unvorhersagbarkeit

Für die Definition der Unvorhersagbarkeit einer Bitfolge bedient man sich in der Regel eines Spiels, wie es in Abb. 2.1 zu sehen ist. Solche Spiele werden in diesem Buch immer wieder auftauchen. Es ist die einfachste Möglichkeit, die Sicherheit verschiedenster kryptographischer Verfahren zu beschreiben und nachzuweisen.

Ziel eines Angriffs ist es, wenigstens 1 Bit des Outputs des Generators korrekt vorherzusagen. Handelt es sich um wirklich zufällige Bits, so gelingt dies bei jedem Bit mit Wahrscheinlichkeit $1/2$. Sollte sich diese Wahrscheinlichkeit wenigstens für eines der Bits erhöhen lassen, zeigt der Generator eine Schwäche in Bezug auf seine Vorhersagbarkeit.

Handelt es sich um zufällige Bits, so stellt es kein Problem dar, wenn eine Reihe von Bits beobachtet werden kann; die Chance, weitere Bits korrekt vorherzusagen, steigt dadurch nicht. Wie wir beim OTP gesehen haben, können aus Chiffraten und dazugehörigen Klartexten die verwendeten Schlüsselbits rekonstruiert werden. Sind Teile eines Klartexts bekannt, so auch die verwendeten Schlüsselbits. Es ist daher naheliegend, von guten PRNG zu erwarten, dass die Vorhersagewahrscheinlichkeit von Bits bei $1/2$ bleibt, selbst wenn andere Bits bekannt sind. Das Spiel in Abb. 2.1 beschreibt so ein Szenario.

Es seien K eine Menge von Schlüsseln (Seeds), $n \in \mathbb{N}$ und $G : K \to \{0, 1\}^n$ ein PRNG.

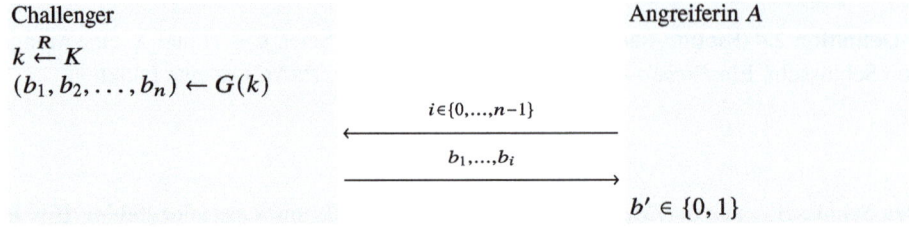

$$\text{Vort}_{UV}[A, G] := \Pr_{k \xleftarrow{R} K} [b' = b_{i+1}] - 1/2$$

M.a.W.: Die Angreiferin darf sich i Bits zeigen lassen und versucht, das nächste Bit b_{i+1} vorherzusagen, nachdem sie i Bits gesehen hat. Ihr Vorteil $\text{Vort}_{UV}[A, G]$ ist 0, wenn sie nur raten kann, umso höher, umso besser sie tippt.

Abb. 2.1 Das Spiel zur Unvorhersagbarkeit eines PRNG

▶ **Definition 2.5 (Unvorhersagbarer PRNG)** Es seien K eine Menge von Schlüsseln (Seeds), $n \in \mathbb{N}$ und $G : K \to \{0, 1\}^n$ ein PRNG. Der PRNG G ist *unvorhersagbar*, wenn für jede Angreiferin A im Spiel in Abb. 2.1 der Vorteil $\text{Vort}_{UV}[A, G]$ vernachlässigbar klein ist.

2.4.2 Sicherheit

Neben der Unvorhersagbarkeit hatten wir bereits andere Anforderungen an zufällige Bitfolgen formuliert. Eine alternative Definition der Sicherheit eines PRNG zielt darauf, dass sich der Output des PRNG von wirklich zufälligen Bits auf *keine* Art unterscheiden lässt.

▶ **Definition 2.6 (Sicherer PRNG)** Es sei K eine Menge von Schlüsseln (Seeds), $n \in \mathbb{N}$ und $G : K \to \{0, 1\}^n$ ein PRNG.

Der PRNG G ist *sicher*, wenn für jede Angreiferin A im Spiel in Abb. 2.2 der Vorteil $\text{Vort}_{PRNG}[A, G]$ vernachlässigbar klein ist.

- Der Ausdruck $\Pr_{k \xleftarrow{R} K} [b' = 1 \mid b = 1]$ ist dabei zu lesen als die Wahrscheinlichkeit, bei zufällig ausgewähltem k auf $b' = 1$ zu tippen, wenn $b = 1$ war (also, wenn Output des PRNG zu sehen war).
- Entsprechend steht der Ausdruck $\Pr[b' = 1 \mid b = 0]$ für die Wahrscheinlichkeit, auf $b' = 1$ zu tippen, wenn $b = 0$ war (also, wenn es zufällige Bits waren, die mit dem PRNG gar nichts zu tun haben).

2.4 Anforderungen an Zufallsbits

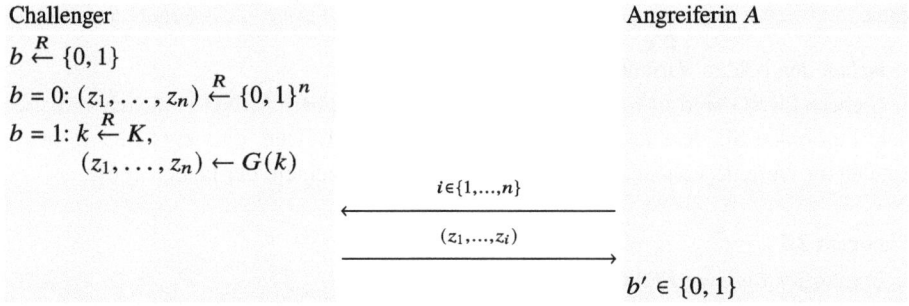

$$\text{Vort}_{\text{PRNG}}[A, G] := \Pr_{k \stackrel{R}{\leftarrow} K} [b' = 1 \mid b = 1] - \Pr[b' = 1 \mid b = 0]$$

M.a.W.: Der Challenger entscheidet zufällig, ob er zufällige Bits schickt ($b = 0$) oder den Output des PRNG für einen zufälligen Seed ($b = 1$). Die Angreiferin sagt, wie viele der Bits sie sehen möchte und der Challenger schickt diese. Die Angreiferin tippt, ob zufällige Bits ($b' = 0$) oder Output des PRNG ($b' = 1$) geschickt wurden. $\text{Vort}_{\text{PRNG}}[A, G]$ ist 0, wenn sie nur raten kann; umso höher, umso besser sie tippt.

Abb. 2.2 Spiel zur Sicherheit eines PRNG

Das Verhalten der Angreiferin – also die Wahrscheinlichkeit auf $b' = 1$ zu tippen – sollte sich in den beiden Fällen möglichst nicht unterscheiden; dann ist auch $\text{Vort}_{\text{PRNG}}[A, G]$ vernachlässigbar klein.

Der Vorteil

$$\text{Vort}_{\text{PRNG}}[A, G] = \Pr_{k \stackrel{R}{\leftarrow} K} [b' = 1 \mid b = 1] - \Pr[b' = 1 \mid b = 0]$$

sieht auf den ersten Blick etwas umständlich aus. Natürlicher scheint, zu prüfen, ob die Wahrscheinlichkeit, dass A richtig tippt – also $\Pr_{k \stackrel{R}{\leftarrow} K}[b' = b]$ –, nahe bei 50 % liegt.

Analog zur Perfect Secrecy (Gl. (1.2) und (1.3)) lassen sich auch hier für den Vorteil die Beziehungen

$$\Pr_{k \stackrel{R}{\leftarrow} K}[b' = b] = \frac{1 + \text{Vort}_{\text{PRNG}}[A, G]}{2} \quad \text{und} \quad (2.1)$$

$$\text{Vort}_{\text{PRNG}}[A, G] = 2 \cdot \Pr_{k \stackrel{R}{\leftarrow} K}[b' = b] - 1 \quad (2.2)$$

herleiten. Es geht also auch hier darum, richtig zu „raten", was b ist.

Praktisch erweist sich $\text{Vort}_{\text{PRNG}}[A, G]$ oftmals als einfacher zu handhaben; die Fälle $b = 0$ und $b = 1$ können hier unabhängig voneinander betrachtet werden. Darüber hinaus können wir so von vernachlässigbar kleinem Vorteil sprechen, was etwas bequemer ist als „vernachlässigbar wenig von 50 % entfernt" sagen zu müssen. Dennoch werden wir manchmal lieber mit $\Pr_{k \xleftarrow{R} K}[b' = b]$ arbeiten. Die Gl. (2.1) und (2.2) erlauben es, schnell zwischen den beiden Varianten zu wechseln.

Sichere PRNG sind unvorhersagbar, und unvorhersagbare PRNG sind sicher. So sehr sich die beiden Spiele unterscheiden – es lässt sich beweisen, dass entweder in beiden Spielen die Vorteile vernachlässigbar klein sind oder in keinem der beiden [66]:

Theorem 2.7
1. *Ein vorhersagbarer PRNG ist unsicher.*
2. *Ein unvorhersagbarer PRNG ist sicher.*

Beweis
1. Angenommen, der PRNG G ist vorhersagbar.

   Es sei k ein zufällig gewählter Seed und $b_1, b_2, \ldots, b_n$ seien die von G erzeugten Bits. Dann gibt es eine Zahl $i \in \{0, \ldots, n-1\}$ und eine Angreiferin A', die aus den ersten i Bits $b_1, b_2, \ldots, b_i$ eine Vorhersage für das $(i+1)$-te Bit machen kann, sodass

$$\text{Vort}_{UV}[A', G] = \Pr_{k \xleftarrow{R} K}[b' = b_{i+1}] - \frac{1}{2}$$

nicht vernachlässigbar klein ist. Wir überlegen nun, wie eine Angreiferin A das Spiel in Abb. 2.2 gewinnen kann, wenn ihr Angreiferin A' hilft.

Die Angreiferin A' sagt A, wie viele Bits (i) sie für ihre Vorhersage benötigt. A verlangt $i+1$ Bits $b_1, b_2, \ldots, b_{i+1}$ vom Challenger und schickt A' die Bits $b_1, b_2, \ldots, b_i$. Die Angreiferin A' macht eine Vorhersage für das $(i+1)$-te Bit. Angreiferin A prüft, ob die Vorhersage von A' korrekt war. Stimmt die Vorhersage, so tippt sie auf den PRNG G ($b' = 1$), andernfalls auf eine zufällige Bitfolge ($b' = 0$). Ihr Vorteil ist

$$\text{Vort}_{PRNG}[A, G] = \Pr_{k \xleftarrow{R} K}[b' = 1 \mid b = 1] - \Pr[b' = 1 \mid b = 0]$$

$$= (\text{Vort}_{UV}[A', G] + 1/2) - 1/2$$

$$= \text{Vort}_{UV}[A', G],$$

denn im ersten Fall ($b = 1$) kann A' mit ihrem Vorteil vorhersagen. Im zweiten Fall ($b = 0$) ist das Bit b_{i+1} zufällig und von den ebenfalls zufälligen Bits $b_1, b_2, \ldots, b_i$ unabhängig. Die Wahrscheinlichkeit, richtig zu raten ist also auf jeden Fall genau 1/2.
2. Der Beweis der zweiten Aussage ist formal etwas mühsam. Er kann in [66] nachgelesen werden. □

Praktisch bedeutet dies, dass zum Nachweis der Sicherheit/Unvorhersagbarkeit oder Unsicherheit/Vorhersagbarkeit jenes Spiel benutzt werden kann, wo dies am einfachsten

2.4 Anforderungen an Zufallsbits

möglich ist. Häufig wird versucht, mit den Spielen zur Sicherheit eines PRNG nachzuweisen, dass ein PRNG nicht sicher ist (Vorteil ist nicht vernachlässigbar klein). Die folgenden Beispiele zeigen dies.

Beispiel 2.8

Angenommen, ein PRNG G erzeugt mit Wahrscheinlichkeit 0,55 eine Bitfolge $b_1 b_2 \ldots b_n$, bei der $b_1 = b_2$ ist.

Der Challenger wählt (wirklich) zufällig ein Bit b. Die Angreiferin A wählt $i = 2$. Ist $b = 0$, so sendet der Challenger zwei zufällige Bits b_1, b_2. Ist $b = 1$, so sendet der Challenger zwei Bits b_1, b_2 die mit Wahrscheinlichkeit 0,55 gleich sind. Die Angreiferin wählt

$$b' = \begin{cases} 1, & \text{wenn } b_1 = b_2, \\ 0, & \text{sonst.} \end{cases}$$

Dann ist

$$\text{Vort}_{\text{PRNG}}[A, G] = \Pr_{k \xleftarrow{R} K} [b' = 1 \mid b = 1] - \Pr[b' = 1 \mid b = 0]$$

$$= \underbrace{\Pr_{k \xleftarrow{R} K} [b_1 = b_2 \mid b = 1]}_{\text{Output von } G} - \underbrace{\Pr[b_1 = b_2 \mid b = 0]}_{\text{zufällige Bits}}$$

$$= 0{,}55 - 0{,}5$$

$$= 0{,}05.$$

◀

Beispiel 2.9

Es sei G ein sicherer PRNG. Ist der PRNG

$$G'(k) := G(k) \parallel 1$$

(eine 1 an den Output anhängen) dann auch sicher?

Nein, das letzte Bit ist vorhersagbar. Angreiferin A lässt sich alle Bits außer dem letzten geben und tippt für das letzte Bit auf 1 ($b' = 1$). Das letzte Bit hat mit Wahrscheinlichkeit 1 den Wert 1, daher ist

$$\text{Vort}_{\text{UV}}[A, G'] = \Pr_{k \xleftarrow{R} K} [b' = 1] - \frac{1}{2} = 1 - 0{,}5 = 0{,}5.$$

◀

Sehr oft steht man vor dem Problem, dass ein sicheres Verfahren eingesetzt wird, aber nicht genau in der Form, wie es ursprünglich beschrieben wurde. In so einem Fall ist es erforderlich, nachzuweisen, dass keine Sicherheit verloren gegangen ist. *Reduktionsbeweise* erlauben genau das. Mit ihnen lässt sich beispielsweise nachweisen, dass ein modifizierter PRNG G' sicher ist, wenn der ursprüngliche PRNG G sicher war. Kürzer:

$$G \text{ ist sicher} \implies G' \text{ ist sicher}.$$

Logisch ist diese Aussage dieselbe wie

$$G' \text{ ist nicht sicher} \implies G \text{ ist nicht sicher}.$$

Und so argumentiert man üblicherweise auch in Reduktionsbeweisen. Es wird angenommen, dass der modifizierte PRNG G' unsicher ist, und gezeigt, dass in diesem Fall auch der ursprüngliche PRNG G unsicher wäre. Ein Beweis dieser Art ist bei Theorem 2.7 bereits aufgetaucht.

Beispiel 2.10

Es sei G ein sicherer PRNG. Ist der PRNG

$$G'(k) := G(k) \oplus 11 \cdots 1$$

(alle Bits „toggeln") dann auch sicher?

Wir weisen nach: Ist G' unsicher, dann ist auch G unsicher.

Ist G' unsicher, dann gibt es eine Angreiferin A', die eine Strategie kennt, um das Spiel in Abb. 2.2 zur Sicherheit von G' mit nicht vernachlässigbar großem Vorteil zu gewinnen. Wir überlegen nun, wie eine Angreiferin A diese Angreiferin A' einsetzen kann, um das Spiel in Abb. 2.2 zu gewinnen.

Dazu übernimmt A die Rolle des Challengers im Spiel mit der Angreiferin A'. Das Diagramm in Abb. 2.3 illustriert den Angriff.

Die Angreiferin A' teilt A mit, wie viele Bits (i) sie benötigt. Die Angreiferin A verlangt vom Challenger i Bits. Zunächst wählt der Challenger zufällig $b = 0$ oder $b = 1$. Ist $b = 0$, so schickt der Challenger eine zufällige Bitfolge $z_1, \ldots, z_i$ an A, ist $b = 1$, so wählt C ein $k \xleftarrow{R} K$ und schickt die ersten i Bits des Outputs $G(k)$ des Generators G.

A berechnet $z'_1 := z_1 \oplus 1, \ldots, z'_i := z_i \oplus 1$ und schickt dies als Challenger an A'. Beachte, dass die Bits $z'_1, \ldots, z'_i$ den ersten i Bits des Outputs $G'(k)$ des Generators G' entsprechen, wenn der Challenger von A den Generator G benutzt hat. Andernfalls ist $z'_1, \ldots, z'_i$ eine zufällige Bitfolge (vgl. Beispiel 17.7).

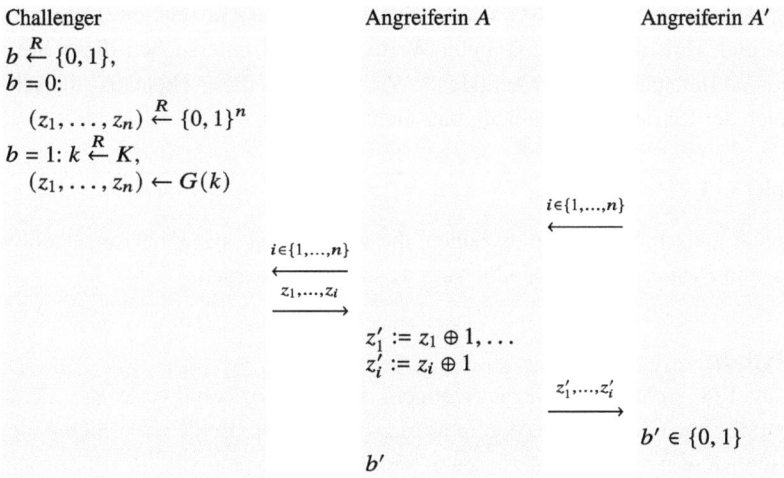

Abb. 2.3 Der Angriff in Beispiel 2.10

A' antwortet mit ihrem Tipp b'. A übernimmt die Antwort von A'. A tippt offenbar immer richtig, wenn A' richtig getippt hat und umgekehrt. Damit ist $\text{Vort}_{\text{PRNG}}[A, G] = \text{Vort}_{\text{PRNG}}[A', G']$. Ist G' unsicher, dann ist dieser Vorteil nicht vernachlässigbar klein. ◂

2.5 Verfahren

Beispiele für schnelle PRNG werden wir in Kap. 3 kennenlernen. Ein interessanter PRNG, der Blum-Blum-Shub-Generator, dessen Sicherheit sich auf die Schwierigkeit des Faktorisierens großer Zahlen reduzieren lässt, wird uns in Kap. 13 begegnen.

(Pseudo-)zufällige Werte werden in vielen Anwendungen benötigt. Sie dienen als Session-Keys zum Verschlüsseln, als lange Zeit gültige Signaturschlüssel (bspw. für Zertifikate), sie werden in Authentifizierungsprotokollen in Challenge-Response-Verfahren als Challenges eingesetzt. Schwächen in PRNG oder TRNG schaffen Sicherheitsprobleme in allen darauf aufbauenden kryptographischen Verfahren und Anwendungen.

Sichere PRNG (oft in Kombination mit Hardware-Zufallsgeneratoren) sind eine zentrale und wesentliche Komponente in allen Systemen, die kryptographische Methoden einsetzen. FreeBSD setzt, wie macOS, auf das *Fortuna-Verfahren*[5]. Auf Linux-Systemen wird oft der PRNG aus der Stromchiffre *ChaCha20*, die in Kap. 3 genauer betrachtet wird, eingesetzt. In den meisten Fällen versuchen diese Verfahren einen möglichst zufälligen

---

[5] In Kapitel 9 in [17] wird Fortuna genauer beschrieben.

Seed für den verwendeten PRNG aus der Systemumgebung abzuleiten (Datum und Zeit, Prozess- und Thread-ID, CPU-Counter-Werte, ...) und untersuchen diese Seed-Werte auch laufend mit statistischen Methoden.[6] Wir gehen auf diese Thematik, die schon eher im Bereich der Betriebssysteme liegt, hier nicht näher ein.

> **Beispiel 2.11**
>
> Kryptographisch sichere Zufallszahlen, die vom Betriebssystem bereitgestellt werden, können in *Python* über das Modul `secrets` bezogen werden.
>
> > **Python**
> > Um 128 zufällige Bits zu erzeugen, können wir wahlweise die Funktion `randbelow` oder die Funktion `randbits` verwenden. Beide retournieren die 128 Zufallsbits als ganze Zahl zwischen 0 und 2^{128}.
> >
> > ```
> > > import secrets
> > > secret1 = secrets.randbelow(2**128); secret1
> > > secret2 = secrets.randbits(128); secret2
> > ```
>
> ◀

2.6 Übungen

2.6.1 Musterbeispiel

Es sei G ein sicherer PRNG. Zeige, dass folgender PRNG G' nicht sicher ist, indem du eine Angreiferin A – wahlweise auf die Unvorhersagbarkeit (vgl. Spiel in Abb. 2.1) oder auf die Sicherheit (vgl. Spiel in Abb. 2.2) – beschreibst und ihren Vorteil nennst.

$$G'(k) := G(k) \wedge 10101\ldots010$$

(ein bitweises AND mit einem Bitstring, bei dem sich die Bitwerte ständig abwechseln, startend mit einer 1, endend mit einer 0).

---

[6] Apple fasst z. B. auf https://support.apple.com/en-hk/guide/security/seca0c73a75b/web/ zusammen, wie auf Apple-Geräten Hardware-Zufallsgeneratoren mit PRNG kombiniert werden. Für Windows 10 ist die „Zufallserzeugungsinfrastruktur" in https://www.microsoft.com/en-us/security/blog/2019/11/25/going-in-depth-on-the-windows-10-random-number-generation-infrastructure/ gut dargestellt.

2.6 Übungen

G' ist vorhersagbar

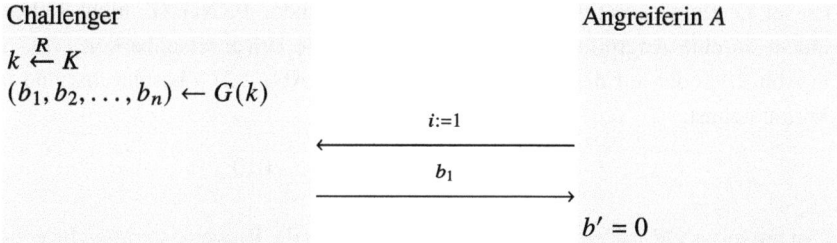

Der Output von G' hat an jeder zweiten Stelle eine 0. Die Angreiferin kann daher jedes Bit mit geradem Index vorhersagen. Sie wählt also $i = 1$ und sagt voraus, dass das 2. Bit eine 0 ist. Die Wahrscheinlichkeit, dass sie richtig liegt, ist 100 %. Ihr Vorteil ist daher

$$\text{Vort}_{\text{UV}}[A, G'] = \Pr_{k \xleftarrow{R} K} [b' = b_2] - 1/2 = 1 - 1/2 = 1/2.$$

G' ist unsicher

Challenger   Angreiferin A
$b \xleftarrow{R} \{0,1\}$
$b = 0: z \xleftarrow{R} \{0,1\}^n$
$b = 1: k \xleftarrow{R} K, z \leftarrow G(k)$
$\xrightarrow{\quad z \quad}$
$\qquad\qquad\qquad\qquad\qquad\qquad\qquad\qquad z = b_1 0 b_3 0 \ldots : b' = 1$
$\qquad\qquad\qquad\qquad\qquad\qquad\qquad\qquad$ sonst: $b' = 0$

Der Output von G' hat an jeder zweiten Stelle eine 0. Wenn z also an jedem geraden Index eine 0 aufweist, tippt die Angreiferin auf den Generator G' ($b' = 1$), ansonsten auf zufällige Bits ($b' = 0$). Bei allen Outputs vom Generator ($b = 1$) liegt die Angreiferin zu 100 % richtig. Aber auch zufällige Bits ($b = 0$) können zufällig an jedem geraden Index eine 0 aufweisen. Die Wahrscheinlichkeit ist allerdings gering und hängt von der Outputlänge n ab. Von allen 2^n möglichen Zufallsstrings haben nur $2^{n/2}$ Strings dieses spezielle Format. Die Wahrscheinlichkeit, dass z zufällig genau ein solcher ist, ist also $\frac{2^{n/2}}{2^n}$. Der Vorteil von A ist daher

$$\text{Vort}_{\text{PRNG}}[A, G'] = \Pr_{k \xleftarrow{R} K} [b' = 1 \mid b = 1] - \Pr[b' = 1 \mid b = 0]$$

$$= 1 - \frac{2^{n/2}}{2^n} = 1 - \frac{1}{2^{n/2}}.$$

Übungsaufgaben

1. Es sei G ein sicherer PRNG. Zeige, dass folgender PRNG G' nicht sicher ist, indem du eine Angreiferin A – wahlweise auf die Unvorhersagbarkeit (vgl. Spiel in Abb. 2.1) oder auf die Sicherheit (vgl. Spiel in Abb. 2.2) – beschreibst und ihren Vorteil nennst.

$$G'(k) := G(k) \vee 10101\ldots010$$

(ein bitweises OR mit einem Bitstring, bei dem sich die Bitwerte ständig abwechseln, startend mit einer 1, endend mit einer 0).

2. Es sei G ein sicherer PRNG. Zeige, dass folgender PRNG G' nicht sicher ist, indem du eine Angreiferin A – wahlweise auf die Unvorhersagbarkeit (vgl. Spiel in Abb. 2.1) oder auf die Sicherheit (vgl. Spiel in Abb. 2.2) – beschreibst und ihren Vorteil nennst.

$$G'(k) := \text{ByteFromInt}(\text{FirstByteToInt}(G(k)) \bmod 199)$$

(FirstByteToInt interpretiert die ersten acht Bits von G als ganze Zahl zwischen 0 und 255, diese wird modulo 199 gerechnet [vgl. Kap. 18], und ByteFromInt retourniert die Binärdarstellung des Ergebnisses, also wieder acht Bits.)

3. Es sei G ein sicherer PRNG. Zeige, dass folgender PRNG G' nicht sicher ist, indem du eine Angreiferin A – wahlweise auf die Unvorhersagbarkeit (vgl. Spiel in Abb. 2.1) oder auf die Sicherheit (vgl. Spiel in Abb. 2.2) – beschreibst und ihren Vorteil nennst.
Der Output von G' sind die ersten 16 Bits von G, es sei denn, dass 10 oder mehr Bits hintereinander gleich sind. In diesem Fall wird das 10. Bit dieses Runs getoggelt.

4. Es sei G ein sicherer PRNG. Zeige, dass folgender PRNG G' ebenfalls sicher ist. Nimm dazu eine Angreiferin A' an, welche die Sicherheit von G' mit nicht vernachlässigbarem Vorteil angreifen kann (vgl. Spiel in Abb. 2.2), und beschreibe eine Angreiferin A, die (mithilfe von A') die Sicherheit von G mit nicht vernachlässigbarem Vorteil angreifen kann.

$$G'(k) := G(k) \text{ „ohne das letzte Bit"}$$

(das letzte Bit von $G(k)$ wird abgeschnitten).

5. Es sei G ein sicherer PRNG mit einer Inputlänge von l Bit und einer Outputlänge von $2l$ Bit. u, v, x und y sind jeweils l-Bit-lange Bitstrings. $a \parallel b$ bezeichnet die Konkatenation der Bitstrings a und b. Einer der beiden Generatoren G_1 und G_2 ist nicht sicher. Welcher? Beschreibe eine Angreiferin A – wahlweise auf die Unvorhersagbarkeit (vgl. Spiel in Abb. 2.1) oder auf die Sicherheit (vgl. Spiel in Abb. 2.2) – und nenne ihren Vorteil.

2.6 Übungen

$\underline{G_1(k):}$

$u \parallel v := G(k)$

$x \parallel y := G(v)$

return $u \parallel v \parallel x \parallel y$

$\underline{G_2(k):}$

$u \parallel v := G(k)$

$x \parallel y := G(v)$

return $u \parallel x$

6. Wenn der Seed für einen sicheren PRNG zufällig gewählt wird, können damit Zufallsbits für kryptographische Anwendungen generiert werden. Betriebssysteme bieten dafür bereits fertige Lösungen an. Erzeuge auf deinem System 128 Zufallsbits, die sich für kryptographische Anwendungen eignen, und gib sie als hexadezimalen String aus. Verwende dazu die Programmiersprache C und wahlweise
   - auf Windows die Funktion `BCryptGenRandom`,
   - auf Linux die Funktion `getrandom` oder
   - auf macOS die Funktion `SecRandomCopyBytes`.

Rückblick

Du hast dich in diesem Kapitel mit *TRNG* und *PRNG* beschäftigt. Du weißt, wie man die *Sicherheit* und die *Unvorhersagbarkeit* von PRNG durch Spiele beschreiben kann. Du kannst diese Spiele benutzen, um die Unsicherheit von PRNG nachzuweisen, und du weißt, wie sich mit Reduktionsbeweisen die Sicherheit von Verfahren nachweisen lässt. Du kannst mit dem Begriff *vernachlässigbar kleine* Wahrscheinlichkeit etwas anfangen. Schließlich sind dir in der Praxis verwendete PRNG bekannt.

Stromchiffren 3

> **Ziele**
>
> In diesem Kapitel lernst du,
>
> - was *Stromchiffren* sind, welche Gemeinsamkeiten diese mit dem OTP haben und wie sie sich vom OTP unterscheiden,
> - wie sich die *Sicherheit* von Stromchiffren mit einem geeigneten *Spiel* beschreiben lässt,
> - was „semantische Sicherheit" ist,
> - welche Stromchiffren heutzutage im Einsatz sind und wie solche Stromchiffren aufgebaut sind.

3.1 OTP + PRNG = Stromchiffre

Beim OTP wurden Klartexte Bit für Bit mittels XOR mit zufälligen Bits verschlüsselt. Hat man ausreichend viele echt zufällige Bits zur Verfügung, erhält man Perfect Secrecy; im Chiffrat steckt keinerlei Information über den Klartext (außer der Länge). Dazu ist es allerdings erforderlich, dass ausreichend zufälliges Schlüsselmaterial vorliegt, und dass dasselbe Material auf beiden Seiten – für das Ver- und das Entschlüsseln – vorhanden ist. Darüber hinaus dürfen Schlüssel nur einmal verwendet werden. Praktisch wird das OTP-Verfahren damit schnell unhandlich im Einsatz.

Eine naheliegende Idee – genannt *Stromchiffren* – ist, anstatt wirklich zufälliger Bits als Schlüssel den Output eines sicheren PRNG und einen zufälligen Schlüssel k als Seed für diesen zu verwenden:

$$E_k(m) := m \oplus G(k).$$

Dieser Output ist von zufälligen Bits nicht zu unterscheiden, ist der Seed k an zwei Orten bekannt, kann zufällig aussehender PRNG-Output nahezu beliebiger Länge daraus erzeugt und für das Ver- und Entschlüsseln verwendet werden.

3.2 Semantische Sicherheit

Die Perfect Secrecy des OTP-Verfahrens geht damit jedoch verloren, sobald Nachrichten verschlüsselt werden, die länger als der für den PRNG verwendete Seed sind. Alles ist damit aber dennoch nicht verloren. In diesem Kapitel wird beschrieben, welche Art von Sicherheit für ein Verschlüsselungsverfahren man auf diese Weise doch erhalten kann.

Wir überlegen an dieser Stelle lieber einmal, was wir von einer sicheren Verschlüsselung erwarten. Perfect Secrecy heißt, dass jeder Klartext mit exakt derselben Wahrscheinlichkeit zu einem gegebenen Chiffrat passen könnte. Das ist vielleicht ein wenig zu streng.

▶ **Definition 3.1** Das Verschlüsselungsverfahren (K, M, C, E, D) ist *semantisch sicher*, wenn für jede Angreiferin A der Vorteil $\text{Vort}_{\text{SEM}}[A, E]$ im Spiel in Abb. 3.1 vernachlässigbar klein ist.

Analog zur Perfect Secrecy (Gl. (1.2) und (1.3)) lassen sich auch hier für den Vorteil die Beziehungen

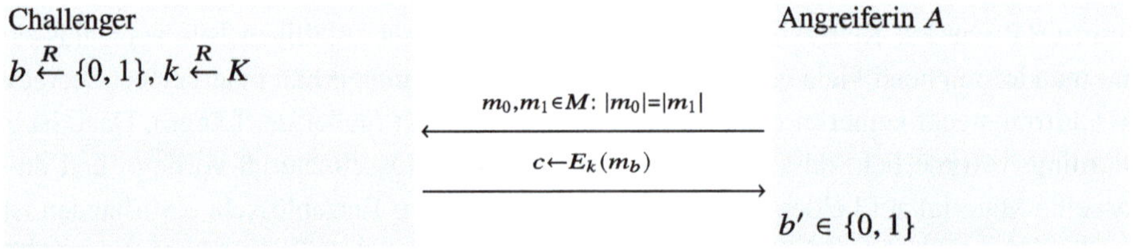

Challenger   Angreiferin A
$b \xleftarrow{R} \{0, 1\}, k \xleftarrow{R} K$

$$\xleftarrow{\quad m_0, m_1 \in M: |m_0|=|m_1| \quad}$$

$$\xrightarrow{\quad c \leftarrow E_k(m_b) \quad}$$

$b' \in \{0, 1\}$

$$\text{Vort}_{\text{SEM}}[A, E] := \Pr_{k \xleftarrow{R} K}[b' = 1 \mid b = 1] - \Pr_{k \xleftarrow{R} K}[b' = 1 \mid b = 0]$$

M.a.W.: Die Angreiferin darf zwei Klartexte m_0 und m_1 derselben Länge auswählen. Der Challenger wählt zufällig einen der Klartexte und schickt dessen Chiffrat. Die Angreiferin tippt, ob m_0 ($b' = 0$) oder m_1 ($b' = 1$) verschlüsselt wurde. $\text{Vort}_{\text{SEM}}[A, E]$ ist 0, wenn sie nur raten kann; umso höher, umso besser sie tippt.

Abb. 3.1 Das Spiel zur semantischen Sicherheit

$$\Pr_{k \xleftarrow{R} K}[b' = b] = \frac{1 + \text{Vort}_{\text{SEM}}[A, E]}{2} \quad \text{und} \tag{3.1}$$

$$\text{Vort}_{\text{SEM}}[A, E] = 2 \cdot \Pr_{k \xleftarrow{R} K}[b' = b] - 1 \tag{3.2}$$

herleiten. Es geht also auch hier darum, richtig zu „raten", welches b der Challenger gewählt hat.

Das Spiel in Abb. 3.1 unterscheidet sich nicht vom Spiel in Abb. 1.1 (dem Spiel zur Perfect Secrecy). Im Spiel in Abb. 3.1 entscheidet sich der Challenger zunächst für ein Bit b und wählt einen zufälligen Schlüssel. A darf zwei beliebige Nachrichten m_0 und m_1 auswählen und schickt diese dem Challenger. Eine der beiden Nachrichten (Bit b sagt, welche) wird verschlüsselt; A erhält das Chiffrat. Die Aufgabe der Angreiferin ist nun einzig, zu erraten, welche der beiden Nachrichten verschlüsselt wurde, also der Wert des Bits b. Im Unterschied zur Perfect Secrecy wird nun aber nicht mehr erwartet, dass der Vorteil der Angreiferin gleich 0 sein muss, sondern er darf sich um vernachlässigbar wenig von 0 unterscheiden.

Damit ist modelliert:

- Für die Angreiferin könnten bestimmte Klartexte einfacher zu unterscheiden sein. Sie darf sich den einfachsten Fall aussuchen.
- Die Angreiferin sieht nur *ein* Chiffrat. Wie beim OTP werden Schlüssel nur einmal verwendet, daher können Angreiferinnen auch nur ein einziges Chiffrat sehen, das mit einem Schlüssel erstellt wurde.
- Kann eine Angreiferin Teile des Klartexts aus einem Chiffrat rekonstruieren, so kann sie dieses Spiel gewinnen, indem sie zwei Klartexte m_0 und m_1 wählt, die sich genau in diesen Teilen unterscheiden.
- Kann eine Angreiferin irgendeine Information über den Klartext aus einem Chiffrat gewinnen, so kann sie dieses Spiel gewinnen, indem sie zwei Klartexte m_0 und m_1 wählt, die sich genau in dieser Information unterscheiden.
- Eine Angreiferin muss nicht perfekt in diesem Spiel sein – es reicht, beim Spiel besser als beim einfachen Raten zu sein. Ihr Vorteil muss lediglich größer als vernachlässigbar klein sein.

3.3 Semantische (Un-)Sicherheit nachweisen

3.3.1 Unsicherheit nachweisen

Im folgenden Beispiel wird gezeigt, wie sich die Unsicherheit eines Verfahrens nachweisen lässt: durch Beschreiben einer erfolgreichen Angreiferin und Berechnung ihres Vorteils.

> **Beispiel 3.2**
>
> Es sei $E : K \times \{0,1\}^n \rightsquigarrow \{0,1\}^n$ eine semantisch sichere Verschlüsselung, und die Schlüsselmenge K sei ebenfalls $\{0,1\}^n$. Ist die Verschlüsselung
>
> $$E' : K \times \{0,1\}^n \rightsquigarrow \{0,1\}^{2n},$$
>
> $$E'_k(m) := E_k(m) \parallel E_{00\cdots 0}(k)$$
>
> (Schlüssel k mit dem Schlüssel $00\cdots 0$ [bestehend aus lauter 0-Bits] verschlüsselt angehängt) dann ebenfalls semantisch sicher?
>
> Die Angreiferin kann hier beliebige Nachrichten $m_0 \neq m_1$ der Länge $|m_0| = |m_1| = n$ wählen. Sie erhält eine der Nachrichten m_b verschlüsselt mit dem unbekannten Schlüssel k und den Schlüssel k verschlüsselt mit dem Schlüssel $00\cdots 0$. Der mit dem Schlüssel $00\cdots 0$ verschlüsselte Teil $E_{0^n}(k)$ kann von der Angreiferin entschlüsselt werden. Sie kennt damit den Schlüssel k und kann damit $E_k(m_b)$ entschlüsseln, und damit weiß sie, welche der beiden Nachrichten verschlüsselt wurde. Somit ist
>
> $$\text{Vort}_{\text{SEM}}[A, E'] = \Pr_{k \xleftarrow{R} K}\left[b' = 1 \mid b = 1\right] - \Pr_{k \xleftarrow{R} K}\left[b' = 1 \mid b = 0\right] = 1 - 0 = 1.$$
>
> ◂

3.3.2 Sicherheit nachweisen: Reduktionsbeweise

Wie schon bei den PRNG steht man auch hier oft vor dem Problem, dass ein sicheres Verfahren eingesetzt wird, aber nicht genau in der Form, wie es ursprünglich beschrieben wurde. Und wieder erlaubt es ein *Reduktionsbeweis*, nachzuweisen, dass ein modifiziertes Verfahren E' sicher ist, wenn das ursprüngliche Verfahren E sicher ist.

> **Beispiel 3.3**
>
> Es sei E eine semantisch sichere Verschlüsselung. Ist die Verschlüsselung
>
> $$E'_k(m) := E_k(m) \parallel 0$$
>
> (ein 0-Bit an das Chiffrat angehängt) dann ebenfalls semantisch sicher?
>
> Wir weisen nach: Ist E' unsicher, dann ist auch E unsicher.
>
> Ist E' unsicher, dann gibt es eine Angreiferin A', die eine Strategie kennt, um das Spiel um die semantische Sicherheit von E' mit nicht vernachlässigbar großem Vorteil zu gewinnen. Wir überlegen nun, wie eine Angreiferin A mithilfe von Angreiferin A' das Spiel um die semantische Sicherheit von E gewinnen kann. Dazu übernimmt A

3.3 Semantische (Un-)Sicherheit nachweisen

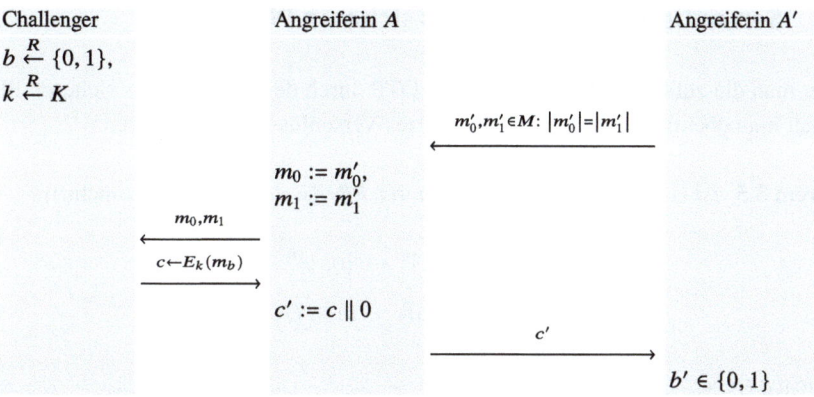

Abb. 3.2 Der Angriff in Beispiel 3.3

die Rolle des Challengers im Spiel mit der Angreiferin A'. Das Diagramm in Abb. 3.2 illustriert den Angriff.

Zunächst muss A zwei Nachrichten m_0 und m_1 der gleichen Länge an den Challenger schicken. Dazu lässt A (als Challenger) die Angreiferin A' zwei Klartexte m'_0 und m'_1 auswählen und nimmt genau diese als ihre Klartexte, also $m_0 := m'_0$ und $m_1 := m'_1$.

Als Antwort des Challengers erhält A das Chiffrat $c = E_k(m_b)$, wobei $b \in \{0, 1\}$ vom Challenger zufällig gewählt wurde. A hängt nun ein 0-Bit ans Ende und erhält so $c' := E_k(m_b) \parallel 0 = E'_k(m_b)$. Dies ist ein korrekt mit E' erstelltes Chiffrat von m_b. A' tippt, welcher der beiden Klartexte mit E' verschlüsselt worden ist. Ihr Vorteil dabei ist nicht vernachlässigbar klein.

A tippt nun einfach auf dieselbe Nachricht wie A', denn A weiß, dass immer dann, wenn A' richtig tippt, auch sie so richtig tippt (und umgekehrt). Damit ist $\text{Vort}_{\text{SEM}}[A, E] = \text{Vort}_{\text{SEM}}[A', E']$. ◂

Theorem 3.4 *Jedes symmetrische Verschlüsselungsverfahren E, das die Eigenschaft der Perfect Secrecy hat (insbes. das OTP-Verfahren), ist semantisch sicher. Genauer: Für jede Angreiferin A auf die semantische Sicherheit von E ist $\text{Vort}_{\text{SEM}}[A, E] = 0$.*

Beweis Mit Theorem 1.6 wurde bereits bewiesen, dass aus der Eigenschaft der Perfect Secrecy folgt, dass $\text{Vort}_{\text{PS}}[A, E] = 0$. Die Spiele zur semantischen Sicherheit und zur Perfect Secrecy sind identisch, und somit ist

$$\text{Vort}_{\text{SEM}}[A, E] = \text{Vort}_{\text{PS}}[A, E] = 0.$$

□

3.4 Semantische Sicherheit aus sicheren PRNG

Ersetzt man die zufälligen Schlüsselbits im OTP durch den Output eines sicheren PRNG, so erhält man ebenfalls ein semantisch sicheres Verschlüsselungsverfahren.

Theorem 3.5 *Ist $G : K \to \{0, 1\}^n$ ein sicherer PRNG, dann ist die* Stromchiffre

$$E : K \times \{0, 1\}^n \to \{0, 1\}^n,$$

$$E_k(m) := m \oplus G(k)$$

semantisch sicher.

Genauer: Zu jeder Angreiferin A' auf die semantische Sicherheit von E gibt es eine Angreiferin A auf die Sicherheit von G, sodass

$$\text{Vort}_{PRNG}[A, G] \geq \frac{1}{2} \cdot \text{Vort}_{SEM}[A', E].$$

Beweis Ganz klar, hier kommt wieder ein Reduktionsbeweis zum Einsatz. Es soll gezeigt werden: Ist E nicht semantisch sicher, dann ist der PRNG nicht sicher. In Abb. 3.3 ist der Angriff dargestellt.

Angenommen, Angreiferin A' kann die semantische Sicherheit der Stromchiffre E mit Vorteil $\text{Vort}_{SEM}[A', E]$ brechen.

Angreiferin A auf den PRNG fragt ihren Challenger nach einer Bitfolge z. Dieser wählt zufällig $\beta \xleftarrow{R} \{0, 1\}$ und schickt abhängig davon ein zufälliges $z \in \{0, 1\}^n$ (wenn $\beta = 0$) oder den Output $z := G(k)$ des PRNG für einen zufälligen Seed $k \xleftarrow{R} K$ (wenn $\beta = 1$). A

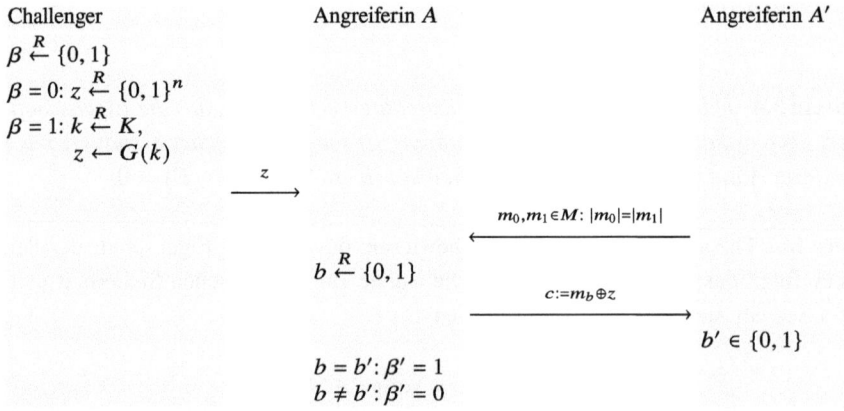

Abb. 3.3 Der Angriff im Beweis von Theorem 3.5

fragt A' nach zwei Nachrichten m_0, m_1. A wählt $b \xleftarrow{R} \{0, 1\}$ und berechnet $c := m_b \oplus z$. A' erhält c und antwortet mit b'. A prüft, ob $b' = b$. Wenn ja, antwortet A mit $\beta' := 1$. Wenn nein, antwortet A mit $\beta' := 0$.

Für diesen Angriff ist

$$\Pr_{k \xleftarrow{R} K}[\beta' = 1 \mid \beta = 1] = \Pr_E[b' = b]$$

$$= \frac{1 + \text{Vort}_{\text{SEM}}[A', E]}{2} \quad \text{(s. Gl. (3.1))},$$

$$\Pr_{k \xleftarrow{R} K}[\beta' = 1 \mid \beta = 0] = \Pr_{\text{OTP}}[b' = b] = \frac{1}{2} \quad \text{(wegen Theorem 3.4)},$$

und somit

$$\text{Vort}_{\text{PRNG}}[A, G] = \Pr_{k \xleftarrow{R} K}[\beta' = 1 \mid \beta = 1] - \Pr_{k \xleftarrow{R} K}[\beta' = 1 \mid \beta = 0]$$

$$= \frac{\text{Vort}_{\text{SEM}}[A', E]}{2}.$$

Somit ist $\text{Vort}_{\text{PRNG}}[A, G]$ zumindest so groß wie $\frac{1}{2} \cdot \text{Vort}_{\text{SEM}}[A', E]$; andere Angriffe könnten ja einen noch größeren Vorteil ergeben. Ist aber E unsicher, so ist $\frac{1}{2} \cdot \text{Vort}_{\text{SEM}}[A', E]$ nicht vernachlässigbar klein, und damit ist auch $\text{Vort}_{\text{PRNG}}[A, G]$ nicht vernachlässigbar klein. Der Angriff von A ist also erfolgreich. □

3.5 Verfahren

Ein Problem, das bereits beim OTP aufgetaucht ist, ist, dass Schlüssel kein zweites Mal verwendet werden dürfen. Wir werden diesem Problem noch genauer nachspüren und in Kap. 5 untersuchen, wie sich das in der Definition der Sicherheit eines Verfahrens berücksichtigen lässt.

Bei Stromchiffren – insbesondere bei den hier angeführten Verfahren – wird das Problem gelöst, indem neben dem (geheimen) Schlüssel ein einmaliger Wert, eine sogenannte *Nonce*[1] verwendet wird, die dafür sorgt, dass die Verschlüsselung auch bei gleichbleibendem Schlüssel jedes Mal anders abläuft. So eine Nonce kann, muss aber nicht zufällig gewählt werden. Es kann sich dabei auch um einen sich anders ergebenden

---

[1] Nonce ist ein englisches Kunstwort und steht für ein „*N used once*".

Wert handeln, der sich laufend ändert. Insbesondere müssen Nonces nicht geheim gehalten werden.

Eine Reihe von Stromchiffren wurde im Rahmen des europäischen eStream-Projekts in den Jahren 2004–2008 untersucht, und empfohlene Verfahren wurden im Jahr 2008 in zwei Portfolios zusammengestellt.[2] In Portfolio 1 sind Verfahren, die primär für den Einsatz in Software gedacht sind. Es sind dies *HC-128*, *Rabbit*, *Salsa 20/12* und *SOSEMANUK*. In Portfolio 2 sind die Verfahren für Hardwareimplementierungen. Dies sind *Grain v1*, *Mickey 2.0* und *Trivium*.

3.5.1 ChaCha20

In der Praxis hat sich *ChaCha20*, eine Variante von Salsa 20/12, durchgesetzt. Dieses Verfahren ist in RFC 7905 [32] beschrieben. TLS 1.3 (RFC 8446) [57] schreibt vor, dass dieses Verfahren verpflichtend unterstützt werden muss. Aus diesem Grund hat ChaCha20 schnell breite Unterstützung in kryptographischen Bibliotheken gefunden. An dieser Stelle soll ein kurzer Blick auf dieses Verfahren geworfen werden, um einen Eindruck zu vermitteln, wie Stromchiffren aufgebaut sein können. Details – insbesondere, wie Nonces in ChaCha20 verwendet werden, sind in RFC 7905 nachzulesen. Abb. 3.4 zeigt das Verfahren schematisch im Überblick.

Bei ChaCha20 erzeugt ein PRNG – der sogenannte ChaCha20-Core – fortlaufend Blöcke pseudozufälliger Bits mit 512 Bit Länge. Neben dem 256-Bit-langen Schlüssel (*key*) wird der PRNG mit einer 128-Bit-langen Konstanten (*const*), einem 64-Bit-langen

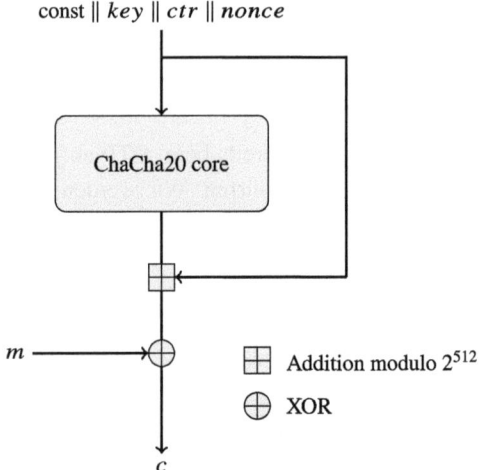

Abb. 3.4 Aufbau der Stromchiffre ChaCha20

---

[2] Details zum Projekt und den einzelnen Verfahren sind auf https://www.ecrypt.eu.org/stream/ zu finden.

3.5 Verfahren

Counter (*ctr*), der für längere Nachrichten hochgezählt wird, und einer 64-Bit-langen Nonce (*nonce*), die sich für den gleichen Schlüssel nicht wiederholen darf, als Input versorgt.

Mit diesem Input wird eine 4 × 4-Matrix von 32-Bit-Werten initialisiert. Abb. 3.5 zeigt dies grafisch: In der 1. Zeile finden sich die 128 Bits der Konstanten, in den Zeilen 2 und 3 die 256 Schlüsselbits, in der letzten Zeile die 64 Bits des Counters und die 64 Bits Nonce.

Diese Matrix wird in 20 Runden auf die folgende Art modifiziert: In jeder Runde wird mit vier der 32-Bit-Blöcke operiert. Abb. 3.6 zeigt, welche dies jeweils sind.

Mit den gewählten vier Blöcken *a*, *b*, *c*, *d* werden die in Abb. 3.7 gezeigten Operationen durchgeführt. Hier mischt der PRNG seine Bits durch, um von zufälligen Bits nicht unterscheidbaren Output zu erzeugen.

Nach 20 Runden werden die Bits dieser Matrix noch einmal modulo 2^{512} zum Input addiert. Das Ergebnis wird dann als Output des PRNG per XOR mit dem Klartext verknüpft.

Sollten am Ende eines Klartextes nur mehr weniger als 512 Bits, also kein ganzer Block mehr, übrig sein, werden auch vom Output des PRNG entsprechend weniger Bits verwendet. Bei der Verknüpfung durch XOR ist dies kein Problem.

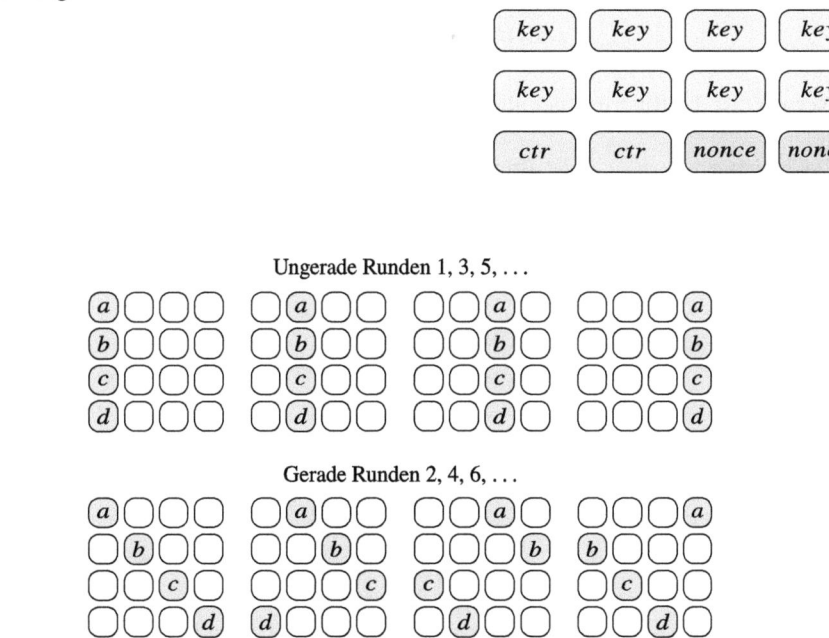

Abb. 3.5 ChaCha20: Initialisierung

Abb. 3.6 ChaCha20: Auswahl der Blöcke in den Runden

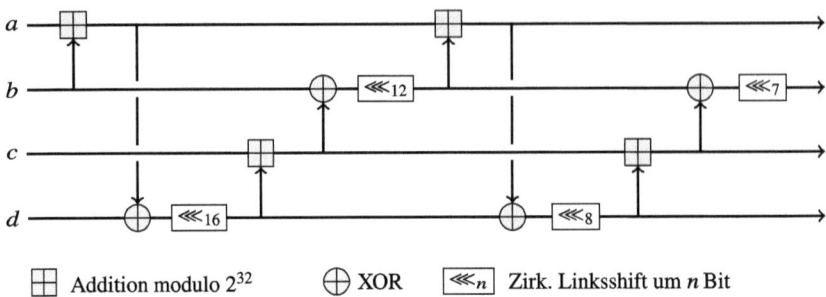

Abb. 3.7 ChaCha20: Die Quarter-Round-Funktion

3.6 Übungen

3.6.1 Musterbeispiel

Es sei E eine semantisch sichere Verschlüsselung. Zeige, dass die Verschlüsselung E' ebenfalls semantisch sicher ist. Nimm dazu eine Angreiferin A' an, die E' mit nicht vernachlässigbarem Vorteil angreifen kann, und beschreibe eine Angreiferin A, die (mithilfe von A') E mit nicht vernachlässigbarem Vorteil angreifen kann.

$$E'_k(m) := \text{Reverse}(E_k(m))$$

(Reverse(s) ist der Bitstring, der alle Bits von s in umgekehrter Reihenfolge enthält).

Challenger	Angreiferin A	Angreiferin A'
$b \xleftarrow{R} \{0,1\}$,		
$k \xleftarrow{R} K$		
		$m'_0, m'_1 \in M: |m'_0|=|m'_1|$
	$m_0 := m'_0,$	
	$m_1 := m'_1$	
$\xleftarrow{m_0, m_1}$		
$\xrightarrow{c \leftarrow E_k(m_b)}$		
		$\xrightarrow{c' := \text{Reverse}(c)}$
		$b' \in \{0,1\}$

Angenommen, es gibt eine Angreiferin A' auf E'. A' wählt für ihren Angriff die Nachrichten m'_0 und m'_1. A übernimmt für ihren Angriff genau diese Nachrichten. Das vom Challenger erhaltene Chiffrat c dreht A um, um daraus ein korrektes Chiffrat von E' zu machen. Nun kann A' mit ihrem nicht vernachlässigbar kleinen Vorteil tippen. A

tippt genau gleich wie A'. Ihr Vorteil gegenüber E ist genauso groß wie der Vorteil von A' gegenüber E'. Wir haben nachgewiesen: Ist E' unsicher, dann ist auch E unsicher. E ist aber semantisch sicher, also ist auch E' semantisch sicher.

Übungsaufgaben

1. Es sei E eine semantisch sichere Verschlüsselung. Zeige, dass die Verschlüsselung E' ebenfalls semantisch sicher ist. Nimm dazu eine Angreiferin A' an, die E' mit nicht vernachlässigbarem Vorteil angreifen kann (vgl. Spiel in Abb. 3.1), und beschreibe eine Angreiferin A, die E (mithilfe von A') mit nicht vernachlässigbarem Vorteil angreifen kann.

$$E'_k(m) := E_k(\text{Reverse}(m))$$

(Reverse(s) ist der Bitstring, der alle Bits von s in umgekehrter Reihenfolge enthält).

2. Es sei E eine semantisch sichere Verschlüsselung. Zeige, dass folgende Verschlüsselung E' nicht semantisch sicher ist, indem du eine Angreiferin A beschreibst (vgl. Spiel in Abb. 3.1) und ihren Vorteil nennst.

$$E'_k(m) := E_k(m) \parallel \text{Parity}(m)$$

(die Parity eines Bitstrings s ist 1, wenn die Anzahl der 1-Bits in s ungerade ist, und 0, wenn sie gerade ist).

3. Die Verschlüsselung E verschlüsselt einen Klartext, indem sie die Reihenfolge der Bits des Klartexts verändert – der Schlüssel k bestimmt, wie. Zeige, dass E nicht semantisch sicher ist, indem du eine Angreiferin A beschreibst (vgl. Spiel in Abb. 3.1) und ihren Vorteil nennst.

4. E ist eine Variante des OTP, bei dem der Schlüssel k nicht gleichverteilt gewählt wird. Stattdessen wird für jedes Bit des Schlüssels mit Wahrscheinlichkeit 0,6 eine 1 und mit Wahrscheinlichkeit 0,4 eine 0 gewählt. Zeige, dass E nicht semantisch sicher ist, weil eine Angreiferin A bereits bei nur 1-Bit-langen Nachrichten einen nicht vernachlässigbaren Vorteil hat (vgl. Spiel in Abb. 3.1).

5. E ist eine Stromchiffre, die als Schlüsselstromgenerator ein Schieberegister mit einer linearen Rückkoppelung verwendet. Der Startwert des Schieberegisters ist der 4-Bit-lange Schlüssel $k = (k_0, k_1, k_2, k_3)$. Das verwendete Schieberegister ist in seinem Initialzustand in Abb. 3.8 skizziert. Ein neues Bit des Schlüsselstroms wird erzeugt, indem das erste mit dem letzten Bit des aktuellen Zustands XOR-verknüpft wird und in das Register geschoben wird, sodass ein Schlüsselstrombit aus dem Register herausgeschoben wird. Zeige, dass E nicht semantisch sicher ist, indem du eine Angreiferin A beschreibst (vgl. Spiel in Abb. 3.1) und ihren Vorteil nennst.

Abb. 3.8 Schlüsselstromgenerator von E

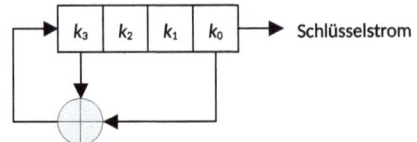

6. Baue dir mit CyberChef[3] deine eigene Verschlüsselung E, die den Klartext zuerst mit einem Kompressionsverfahren aus der Kategorie *Compression* komprimiert und anschließend mit der Stromchiffre *ChaCha* verschlüsselt. Zeige, dass E nicht semantisch sicher ist (vgl. Spiel in Abb. 3.1). Welche beiden Nachrichten wählt deine Angreiferin A? Was ist ihr Vorteil?

Rückblick

In diesem Kapitel hast du gesehen, wie das OTP praxistauglich gemacht werden kann. Anstatt zufälliger Schlüssel, die so lang wie die zu verschlüsselnden Nachrichten sein müssen, können kürzere Schlüssel verwendet werden. Die Perfect Secrecy des OTP geht damit verloren; sie muss durch die etwas schwächere *semantische Sicherheit* ersetzt werden. In diesem Zusammenhang hast du gesehen, dass du *vernachlässigbar kleine* Wahrscheinlichkeiten für erfolgreiche Angriffe in Kauf nehmen musst. Du hast gesehen, wie semantische Sicherheit als *Spiel* definiert werden kann. Du weißt, wie man zeigen kann, dass ein Verfahren unsicher ist, indem man eine Strategie zum Gewinn des Spiels mit nicht vernachlässigbarem *Vorteil* angibt. Mit diesem Vorteil kannst du auch quantitativ die Unsicherheit eines Verfahrens beziffern. Du hast umgekehrt erneut gesehen, wie sich mit einem *Reduktionsbeweis* die Sicherheit eines Verfahrens auf die Sicherheit eines anderen zurückführen lässt. Insbesondere hast du damit nachgewiesen, dass sich aus einem sicheren PRNG einfach eine semantisch sichere Stromchiffre machen lässt. Abschließend hast du einen Eindruck davon gewonnen, wie im *ChaCha20-Verfahren* pseudozufällige Bits für die Verschlüsselung erzeugt werden, also wie der dort verwendete PRNG funktioniert.

---

[3] https://gchq.github.io/CyberChef.

Blockchiffren 4

> **Ziele**
>
> In diesem Kapitel lernst du,
>
> - was *Pseudo-Random Functions* und *Pseudo-Random Permutations* sind,
> - dass *sichere Pseudo-Random Permutations* genau das erreichen, was wir von sicheren Blockchiffren erwarten – semantische Sicherheit,
> - dass *sichere Pseudo-Random Functions* benutzt werden können, um damit sichere PRNG zu bauen,
> - wie auch hier Reduktionsbeweise eingesetzt werden können, um die Sicherheit solcher Konstruktionen nachzuweisen,
> - die Blockchiffre *AES* kennen.

Historisch haben sich viele andere Verschlüsselungsverfahren entwickelt, die keine Stromchiffren sind, wo also nicht Bit für Bit oder Zeichen für Zeichen verschlüsselt werden, sondern Gruppen von Buchstaben.

Blockchiffren greifen diese Idee auf. Bei diesen werden Blöcke von n Bits in Blöcke der Länge n verschlüsselt. Man spricht hier von einer *Blocklänge* von n Bit.

Hinter einer Blockchiffre steht somit eine Funktion

$$E : K \times \{0,1\}^n \to \{0,1\}^n.$$

Für einen fixen Schlüssel $k \in K$ ist die Verschlüsselungsfunktion (wie bisher)

$$E_k : \{0,1\}^n \to \{0,1\}^n,$$

$$x \mapsto E(k, x).$$

In diesem Kapitel wird viel von solchen Funktionen die Rede sein, die aus n Bits wieder n Bits machen. Für jeden fixen Schlüssel wird von einer Blockchiffre erwartet, dass Chiffrate eindeutig entschlüsselt werden können, dass es also zu jedem $y \in \{0,1\}^n$ ein eindeutiges $x \in \{0,1\}^n$ mit diesem Funktionswert $y = E_k(x)$ gibt. Die Funktion $E_k : \{0,1\}^n \to \{0,1\}^n$ zum Verschlüsseln muss also umkehrbar, mathematisch ausgedrückt eine *bijektive Funktion* oder *Permutation* sein. Für die Mengen aller solchen Funktionen definieren wir hier Namen, um einfacher damit arbeiten zu können.

▶ **Definition 4.1** Es seien $n \in \mathbb{N}$ und $m \in \mathbb{N}$. Dann ist

$$\mathbb{F}^{n \to m} := \{ f : \{0,1\}^n \to \{0,1\}^m \}$$

die Menge aller Funktionen, die aus n Bits m Bits machen. Ist $m = n$, dann ist

$$\mathbb{B}^n := \{ f \in \mathbb{F}^n \mid f \text{ ist bijektiv} \}$$

die Menge aller bijektiven solchen Funktionen.

4.1 PRF und PRP

Von einer sicheren Blockchiffre würden wir nun erwarten, dass in Chiffraten keine Information über den Klartext zu finden ist. Idealerweise verhält sich eine Blockchiffre wie eine Funktion, deren Output wie zufällige Bits aussieht, wenn der verwendete Schlüssel nicht bekannt ist. Wir definieren das wieder exakt.

▶ **Definition 4.2** Eine *Pseudo-Random Function (PRF)* ist eine Funktion

$$F : K \times \{0,1\}^n \to \{0,1\}^m .$$

Eine PRF ist sicher, wenn sich für einen zufällig ausgewählten Schlüssel k die Funktion $F_k(x) := F(k,x)$ nicht von einer zufällig ausgewählten Funktion aus $\mathbb{F}^{n \to m}$ unterscheiden lässt.

Wie verhält sich eine zufällig ausgewählte Funktion $f \in \mathbb{F}^{n \to m}$?

- Für jedes $x \in \{0,1\}^n$ ist $f(x)$ ein zufälliger Bitstring der Länge m.
- Fragt man zweimal nach demselben $f(x)$, so ist die Antwort zweimal die gleiche.

Für den praktischen Nachweis der Unsicherheit einer PRF bzw. für einen Reduktionsbeweis für die Sicherheit wird die Sicherheit einer PRF wieder als Spiel definiert.

4.1 PRF und PRP

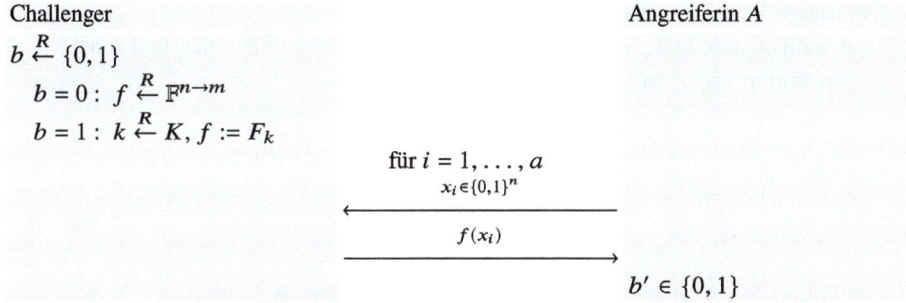

$$\text{Vort}_{\text{PRF}}[A, F] := \Pr_{k \xleftarrow{R} K} [b' = 1 \mid b = 1] - \Pr[b' = 1 \mid b = 0]$$

M.a.W.: Der Challenger wählt als Funktion f zufällig entweder eine zufällige Funktion oder die PRF mit einem zufällig gewählten Schlüssel. Die Angreiferin darf a mal für beliebige x nach dem Funktionswert $f(x)$ fragen. Dann tippt sie, ob eine zufällige Funktion $f \in \mathbb{F}^{n \to m}$ ($b' = 0$) oder die PRF ($b' = 1$) verwendet wurde.

Abb. 4.1 Das Spiel zur Sicherheit einer PRF

▶ **Definition 4.3** Eine PRF F ist eine *sichere PRF*, wenn der Vorteil $\text{Vort}_{\text{PRF}}[A, F]$ im Spiel in Abb. 4.1 für jede Angreiferin A vernachlässigbar klein ist.

Die folgenden Beispiele zeigen, wie sich mit diesem Spiel die Unsicherheit von PRF schnell nachweisen lässt.

Beispiel 4.4

Es sei $F : K \times \{0, 1\}^n \to \{0, 1\}^n$ eine sichere PRF. Die PRF

$$F'_k(x) := F_k(x) \oplus F_k(x \oplus 11 \cdots 1)$$

ist nicht sicher.

Eine Angreiferin A kann $x_1 := 00 \cdots 0$ und $x_2 := 11 \cdots 1$ wählen und diese an den Challenger schicken. Sie erhält als Antworten $f(00 \cdots 0)$ und $f(11 \cdots 1)$ für eine zufällig ausgewählte Funktion f. Im Fall $b = 0$ sind dies zwei zufällige Werte. Diese Werte sind mit Wahrscheinlichkeit $1/2^n$ gleich.

Im Fall $b = 1$ sind jedoch

$$f(x_1) = F_k(00 \cdots 0) \oplus F_k(00 \cdots 0 \oplus 11 \cdots 1) = F_k(00 \cdots 0) \oplus F_k(11 \cdots 1)$$

und

$$f(x_2) = F_k(11 \cdots 1) \oplus F_k(11 \cdots 1 \oplus 11 \cdots 1) = F_k(11 \cdots 1) \oplus F_k(00 \cdots 0).$$

Die beiden Werte sind also auf jeden Fall gleich.

A wählt also $b' = 1$, wenn sie zwei gleiche Funktionswerte erhält, und sonst $b' = 0$. Der Vorteil von A ist

$$\text{Vort}_{\text{PRF}}[A, F'] = \Pr_{k \xleftarrow{R} K}\left[b' = 1 \mid b = 1\right] - \Pr\left[b' = 1 \mid b = 0\right]$$
$$= 1 - 1/2^n.$$

Der Vorteil von A ist somit nicht vernachlässigbar klein. ◀

Beispiel 4.4 zeigt sehr gut, wie praktisch die Definition für den Vorteil hier ist. Die Fälle $b = 0$ und $b = 1$ unterscheiden sich grundsätzlich und können unabhängig voneinander durchgedacht und durchgerechnet werden. Auch im folgenden Beispiel 4.5 ist dies der Fall.

Beispiel 4.5

Das OTP ist keine sichere PRF. Seien $K = \{0, 1\}^n$ und für ein $k \xleftarrow{R} K$

$$F_k : \{0, 1\}^n \to \{0, 1\}^n,$$
$$m \mapsto m \oplus k.$$

Eine Angreiferin A kann $x_1 := 00\cdots 0$ und $x_2 := 11\cdots 1$ wählen und diese an den Challenger schicken. Sie erhält als Antworten $f(00\cdots 0)$ und $f(11\cdots 1)$.

Im Fall $b = 0$ sind dies zwei zufällige Werte. Diese Werte unterscheiden sich mit Wahrscheinlichkeit $1/2^n$ in jedem Bit.

Im Fall $b = 1$ ist jedoch

$$f(x_1) = 00\cdots 0 \oplus k = k,$$
$$f(x_2) = 11\cdots 1 \oplus k, \qquad \text{und somit}$$
$$f(x_1) \oplus f(x_2) = k \oplus 11\cdots 1 \oplus k = 11\cdots 1.$$

Die beiden Werte unterscheiden sich also auf jeden Fall in jedem Bit. Wie in Beispiel 4.4 ist der Vorteil der Angreiferin auch hier $1 - 1/2^n$, also nicht vernachlässigbar klein. ◀

Blockchiffren müssen bijektive Funktionen (Permutationen) sein, damit auch eindeutig entschlüsselt werden kann. In der folgenden Definition wird dies berücksichtigt.

4.2 Sichere PRP und semantische Sicherheit

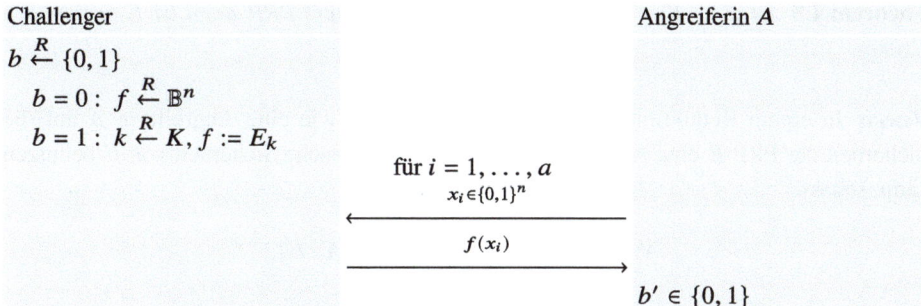

$$\text{Vort}_{\text{PRP}}[A, E] := \Pr_{k \xleftarrow{R} K} [b' = 1 \mid b = 1] - \Pr[b' = 1 \mid b = 0]$$

Abb. 4.2 Das Spiel zur Sicherheit einer PRP

▶ **Definition 4.6** Eine *Pseudo-Random Permutation (PRP)* ist eine Funktion $E : K \times \{0, 1\}^n \to \{0, 1\}^n$ mit der Eigenschaft, dass für jedes $k \in K$ die Funktion

$$E_k : \{0, 1\}^n \to \{0, 1\}^n,$$

$$x \mapsto E(k, x)$$

eine Permutation (umkehrbar, bijektiv) ist.

Das Sicherheitsspiel braucht hier nur geringfügig angepasst zu werden.

▶ **Definition 4.7** F ist eine *sichere PRP*, wenn der Vorteil $\text{Vort}_{\text{PRP}}[A, F]$ im Spiel in Abb. 4.2 für jede Angreiferin A vernachlässigbar klein ist.

Klarerweise sind PRP auch PRF. Wenn die Outputlänge groß genug ist, lässt sich nicht einmal erkennen, ob es sich bei einer zufällig ausgewählten Funktion, deren Input- und Outputlängen übereinstimmen, um eine Permutation handelt oder nicht. Nur das Finden zweier Inputs x_1 und x_2, die denselben Funktionswert ergeben, würde zeigen, dass es sich um keine Permutation handelt. An vielen Stellen werden in der Folge sichere PRP als sichere PRF eingesetzt werden.

4.2 Sichere PRP und semantische Sicherheit

Sichere PRP können zur semantisch sicheren Verschlüsselung von Nachrichten, deren Länge genau die Blocklänge ist,[1] verwendet werden.[2]

---

[1] Wie man Blockchiffren bei anderen Nachrichtenlängen einsetzen kann, ist das Thema von Kap. 5.
[2] Im Spiel in Abb. 3.1 zur semantischen Sicherheit ist es der Angreiferin also nur erlaubt, Nachrichten zu verwenden, deren Länge genau der Blocklänge entspricht.

Theorem 4.8 *Ist $E : K \times \{0,1\}^n \to \{0,1\}^n$ eine sichere PRP, dann ist E semantisch sicher.*

Beweis In einem Reduktionsbeweis wird hier gezeigt, wie eine Angreiferin A auf die Sicherheit der PRP E eine Angreiferin A' auf die semantische Sicherheit von E benutzen kann, sodass

$$\text{Vort}_{\text{PRP}}[A, E] \geq 1/2 \, \text{Vort}_{\text{SEM}}[A', E].$$

Abb. 4.3 stellt den Angriff dar.

Angreiferin A lässt sich dazu von Angreiferin A' zwei Nachrichten m_0 und m_1 der Länge n schicken. Sie wählt eine der beiden (m_b) zufällig aus und schickt diese an den Challenger C weiter. C antwortet mit $f(m_b)$. A schickt $f(m_b)$ als Chiffrat an A'. A' entscheidet, ob es sich um ein Chiffrat von m_0 oder um eines von m_1 handelt.

Hat A tatsächlich Chiffrate von C erhalten ($\beta = 1$), dann kann A' die Zuordnung zum Klartext mit nicht vernachlässigbarem Vorteil korrekt vornehmen. Hat C aber eine zufällig ausgewählte Funktion verwendet, so ist im Funktionswert keine Information über m_0 oder m_1, und A' kann nur raten.

A prüft also, ob A' richtig tippt. Wenn ja ($b' = b$), so tippt sie auf $\beta' := 1$, andernfalls auf $\beta' := 0$.

Wir berechnen den Vorteil von A.

$$\text{Vort}_{\text{PRP}}[A, E] = \Pr_{k \xleftarrow{R} K} \left[\beta' = 1 \,\middle|\, \beta = 1\right] - \Pr\left[\beta' = 1 \,\middle|\, \beta = 0\right].$$

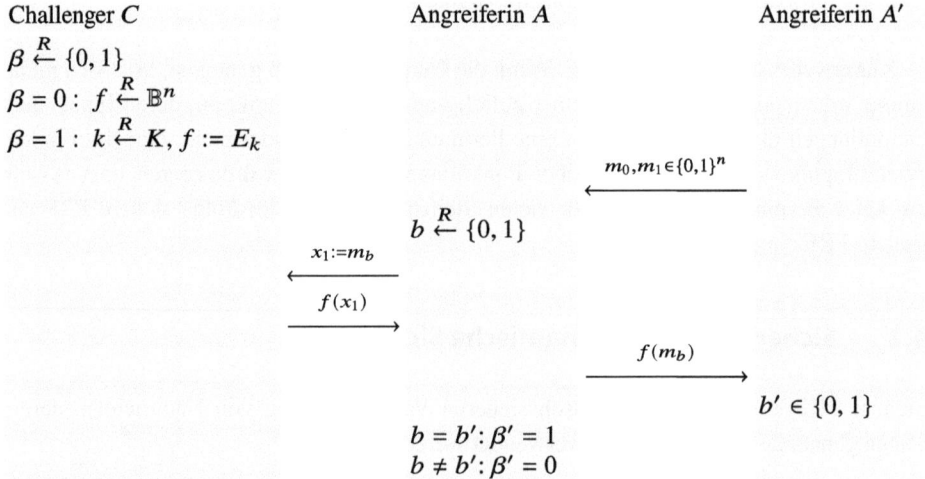

Abb. 4.3 Der Angriff im Beweis von Theorem 4.8

4.3 Sichere PRNG aus sicheren PRF

Für die erste Wahrscheinlichkeit dürfen wir davon ausgehen, dass C die PRP als Funktion verwendet hat. Wir können dann Gl. (3.1) benutzen.

$$\Pr_{k \xleftarrow{R} K} [\beta' = 1 \mid \beta = 1] = \frac{1 + \text{Vort}_{\text{SEM}}[A', E]}{2}.$$

Für die zweite Wahrscheinlichkeit dürfen wir annehmen, dass C eine zufällig ausgewählte Funktion benutzt und daher als Funktionswerte zufällige Werte schickt. A' kann dann nur raten.

$$\Pr[\beta' = 1 \mid \beta = 0] = 1/2.$$

Somit ergibt sich als Vorteil für A:

$$\text{Vort}_{\text{PRP}}[A, E] = \frac{1 + \text{Vort}_{\text{SEM}}[A', E]}{2} - \frac{1}{2} = \frac{\text{Vort}_{\text{SEM}}[A', E]}{2}.$$

Der Vorteil $\text{Vort}_{\text{PRP}}[A, E]$ ist also zumindest $1/2\,\text{Vort}_{\text{SEM}}[A', E]$; es könnte ja auch noch bessere Strategien geben, das Spiel zu gewinnen. Ist also E nicht semantisch sicher, dann ist E auch keine sichere PRP. □

4.3 Sichere PRNG aus sicheren PRF

Sichere PRF haben ebenfalls interessante Anwendungen. So können sie als sichere PRNG eingesetzt werden.

Theorem 4.9 *Es seien $F : K \times \{0,1\}^n \to \{0,1\}^n$ eine sichere PRF und $a \in \mathbb{N}$. Dann ist die Funktion*

$$G : K \to \{0,1\}^{an},$$
$$k \mapsto F_k(0) \parallel F_k(1) \parallel \ldots \parallel F_k(a-1)$$

ein sicherer PRNG.

Beweis Hier ist der Reduktionsbeweis besonders einfach. In Abb. 4.4 ist der Angriff dargestellt. Angreiferin A lässt sich vom Challenger die Funktionswerte $f(0), \ldots, f(a-1)$ schicken, hängt diese aneinander und schickt dies an A'. Hat C eine zufällige Funktion gewählt, so sieht A' zufällige Bits, hat C die PRF F mit einem zufälligen Schlüssel gewählt, so sieht A' den Output des PRNG. A' kann dies mit nicht vernachlässigbarem Vorteil unterscheiden, und A braucht sich nur dem Urteil von A' anzuschließen, um mit demselben Vorteil das Spiel zur Sicherheit der PRF zu gewinnen. □

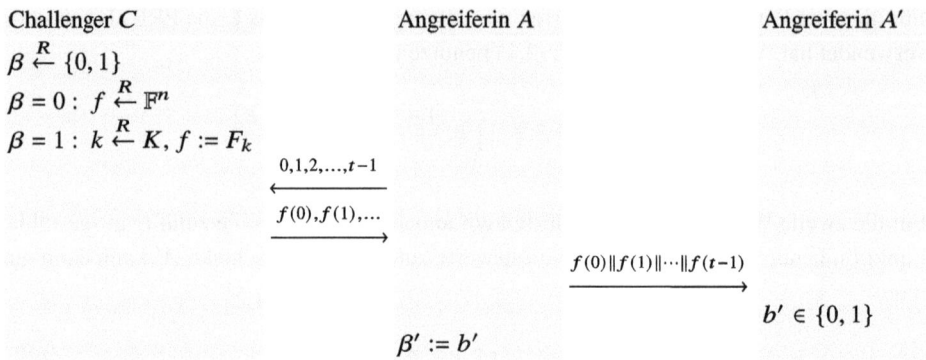

Abb. 4.4 Der Angriff im Beweis von Theorem 4.9

4.4 Verfahren

Die am häufigsten eingesetzte Blockchiffre ist der *Advanced Encryption Standard (AES)*.[3] Es handelt sich hierbei um eine Blockchiffre mit einer Blocklänge von 128 Bit (16 Byte). Als Schlüssellängen stehen 128 Bit, 192 Bit und 256 Bit zur Auswahl. Das Verfahren ist als Standard FIPS 197 des National Institute of Standards and Technology (NIST) [40] standardisiert. In Kap. 16 werfen wir einen genaueren Blick auf dieses Verfahren. Im Jahr 2008 wurde der x86-Befehlssatz um AES-Instruktionen erweitert. Der erweiterte Befehlssatz – bekannt unter dem Namen AES-NI – wird seither von aktuellen Intel- und AMD-Prozessoren direkt zur Verfügung gestellt, womit sich die Verfügbarkeit dieses Verfahrens, aber auch seine Performance im Vergleich zu anderen Verfahren stark verbessert haben. In vielen Fällen wird daher heute AES als Blockchiffre verwendet. Detaillierter wird die Blockchiffre AES in Abschn. 16.1 behandelt.

Daneben gibt es eine Reihe weiterer Blockchiffren wie *Twofish*, *Serpent*, *MARS* oder *RC6*.

Verfahren, die nicht mehr verwendet werden sollen, aber dennoch immer noch anzutreffen sind, sind DES, 3DES (oder TDES), FEAL, GOST, IDEA, LOKI, RC5, Blowfish u. v. m.

---

[3] Im Jahr 2001 wurde die Blockchiffre „Rijndael" vom NIST als Standard definiert und seitdem unter der Bezeichnung AES verwendet.

4.5 Übungen

4.5.1 Musterbeispiel

Es seien $K = \{0,1\}^n$ und $F : K \times \{0,1\}^n \to \{0,1\}^n$ eine sichere PRF. Zeige, dass folgende PRF $F' : K \times \{0,1\}^{2n} \to \{0,1\}^{2n}$ nicht sicher ist, indem du eine Angreiferin A beschreibst und ihren Vorteil nennst.

$$F'_k(x \parallel y) := F_k(x) \parallel F_k(y)$$

(x und y sind jeweils n Bit lang).

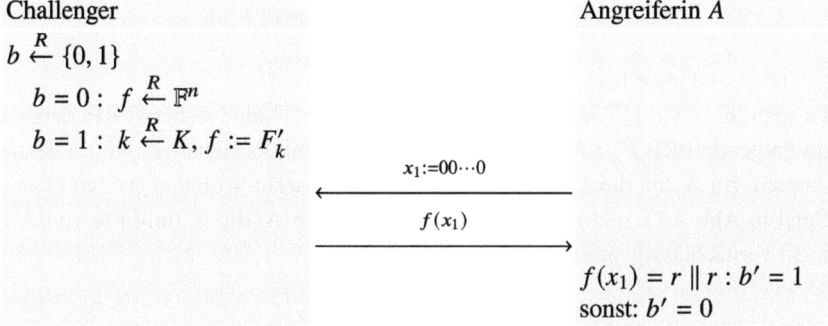

A wählt einen Bitstring bestehend aus zwei gleichen Hälften als x_1, also z. B. $x_1 := 00\cdots 0$. Wenn auch der Funktionswert $f(x_1)$ aus zwei gleichen Hälften besteht, tippt sie $b' = 1$, sonst $b' = 0$. Im Fall $b = 1$ (PRF F') tippt sie immer richtig. Aber auch im Fall $b = 0$ (eine zufällige Funktion) kann der Funktionswert zufällig diese Eigenschaft haben, die Wahrscheinlichkeit ist allerdings gering. Von allen 2^{2n} möglichen Funktionswerten haben nur 2^n Funktionswerte zwei gleiche Hälften. Die Wahrscheinlichkeit, dass $f(x_1)$ genau ein solcher ist, ist also $2^n/2^{2n}$. Der Vorteil von A ist daher

$$\text{Vort}_{\text{PRF}}[A, F'] = \Pr_{k \xleftarrow{R} K}\left[b' = 1 \mid b = 1\right] - \Pr\left[b' = 1 \mid b = 0\right]$$

$$= 1 - \frac{2^n}{2^{2n}} = 1 - \frac{1}{2^n}.$$

Übungsaufgaben

1. Es seien $K = \{0,1\}^n$ und $F : K \times \{0,1\}^n \to \{0,1\}^n$ eine sichere PRF. Zeige, dass folgende PRF $F' : K \times \{0,1\}^{2n} \to \{0,1\}^n$ nicht sicher ist, indem du eine Angreiferin A beschreibst (vgl. Spiel in Abb. 4.1) und ihren Vorteil nennst.

$$F'_k(x \parallel y) := F_k(x) \oplus F_k(y)$$

   (x und y sind jeweils n Bit lang).

2. Es seien $K = \{0,1\}^n$ und $F : K \times \{0,1\}^n \to \{0,1\}^n$ eine sichere PRF. Zeige, dass folgende PRF $F' : K \times \{0,1\}^{2(n-1)} \to \{0,1\}^n$ nicht sicher ist, indem du eine Angreiferin A beschreibst (vgl. Spiel in Abb. 4.1) und ihren Vorteil nennst.

$$F'_k(x \parallel y) := F_k(0 \parallel x) \oplus F_k(1 \parallel y)$$

   (x und y sind jeweils $n-1$ Bit lang).

3. Es seien $K = \{0,1\}^n$ und $F : K \times \{0,1\}^n \to \{0,1\}^n$ eine sichere PRF. Zeige, dass die folgende PRF $F'_k : K \times \{0,1\}^n \to \{0,1\}^n$ ebenfalls sicher ist. Nimm dazu eine Angreiferin A' an, die F' mit nicht vernachlässigbarem Vorteil angreifen kann (vgl. Spiel in Abb. 4.1), und beschreibe eine Angreiferin A, die F (mithilfe von A') mit nicht vernachlässigbarem Vorteil angreifen kann.

$$F'_k(x) := F_k(x) \oplus x.$$

4. Ist die PRF $F : K \times \{0,1\}^n \to \{0,1\}^n$,

$$F_k(x) := G(k) \oplus x,$$

   sicher, wenn G ein sicherer PRNG mit Outputlänge n ist?

5. In diesem Beispiel rechnen wir mit sehr großen Zahlen. Verwende dazu ein passendes Tool, z. B. Wolfram Alpha.[4]

   a. Wie groß ist die Wahrscheinlichkeit, dass eine zufällige Funktion

$$F : \{0,1\}^{128} \to \{0,1\}^{128}$$

   eine Permutation (also umkehrbar) ist?

   b. Wie groß ist die Wahrscheinlichkeit, dass eine zufällige Permutation

$$P : \{0,1\}^{128} \to \{0,1\}^{128}$$

   eine Permutation von AES-128 ist?

---

[4] https://www.wolframalpha.com/.

4.5 Übungen

Rückblick

In diesem Kapitel hast du das theoretische Modell für Blockchiffren – *PRP* – kennengelernt und wie deren Sicherheit in Form eines *Spiels* formal beschrieben werden kann. Du hast erneut viele Verbindungen zwischen der Sicherheit verschiedener kryptographischer Elemente gesehen. Du hast erneut erlebt, wie mit *Reduktionsbeweisen* die Sicherheit eines Verfahrens auf die Sicherheit eines anderen zurückgeführt werden kann und wie umgekehrt Spiele für den Nachweis der Unsicherheit eines Verfahrens nützlich sein können. Aus *sicheren PRF* lassen sich *sichere PRNG* gewinnen, aus *sicheren PRP* semantisch sichere Verschlüsselungsverfahren. Mit *AES* hast du eine der aktuell wichtigsten und am weitverbreitetsten Blockchiffren kennengelernt.

Modes of Operation 5

> **Ziele**

In diesem Kapitel lernst du,

- wie sich mit Blockchiffren Nachrichten verschlüsseln lassen, die nicht genauso lang sind wie ein Block,
- welche *Modes-of-Operation* und *Padding-Verfahren* für diesen Zweck eingesetzt werden,
- wie sich das Spiel zur semantischen Sicherheit erweitern lässt, um die *mehrmalige Verwendung von Schlüsseln* zu berücksichtigen,
- was *CPA-Sicherheit* ist,
- welche Sicherheitseigenschaften die verschiedenen Modes-of-Operation haben,
- dass *Schlüssel altern*, also regelmäßig erneuert werden müssen.

Ist eine Nachricht länger als ein Block, aber die Nachrichtenlänge ein Vielfaches der Blocklänge, so kann sie in kürzere Stücke geteilt und blockweise verschlüsselt werden.[1] Dafür gibt es unzählige Möglichkeiten, die sogenannten *Modes-of-Operation*. Welcher Mode der richtige/geeignete ist, hängt u. a. davon ab, wofür der Verschlüsselungsalgorithmus eingesetzt wird. Typische Namen von Verschlüsselungsalgorithmen sind Serpent-CTR, AES-256-GCM oder Twofish-CBC und beschreiben eine Kombination aus einer Blockchiffre, einem Mode of Operation und (sofern wählbar) der Schlüssellänge.

---

[1] Andere Längen werden in Abschn. 5.3 behandelt.

5.1 Semantische Sicherheit für lange Nachrichten

5.1.1 Electronic-Codebook-Mode (ECB)

Die naheliegendste Idee ist es, einfach jeden Block mit der Blockchiffre E zu verschlüsseln. Abb. 5.1 zeigt schematisch die Idee dieses sogenannten *Electronic-Codebook-Mode (ECB)*. Verschlüsseln von $m := b_0 \parallel b_1 \parallel b_2 \parallel \ldots$ ergibt hier $c := c_0 \parallel c_1 \parallel c_2 \parallel \ldots$, wobei $c_i := E_k(b_i)$.

Der ECB-Mode-of-Operation ist allerdings genauso unsicher wie naheliegend. Die semantische Sicherheit der Blockchiffre geht sofort verloren. Eine Angreiferin kann Chiffrate der jeweils 2-Blocklängen-langen Klartexte

$$m_0 := 00\cdots 0 \parallel 00\cdots 0 \text{ und } m_1 := 00\cdots 0 \parallel 11\cdots 1$$

unterscheiden, denn Chiffrate von m_0 haben die Form $E_k(00\cdots 0) \parallel E_k(00\cdots 0)$, bestehen also aus zwei identischen Blöcken, und solche von m_1 haben die Form $E_k(00\cdots 0) \parallel E_k(11\cdots 1)$ und bestehen daher aus zwei verschiedenen Blöcken.

In der Folge sehen wir uns andere Modes-of-Operation an, welche die semantische Sicherheit bewahren. Darüber hinaus werden wir aber auch Modes-of-Operation finden, die noch mehr Sicherheit bieten können, insofern als Schlüssel für mehr als eine Verschlüsselungsoperation verwendet werden dürfen.

5.1.2 Deterministic-Counter (DetCTR)-Mode

Beim *Deterministic-Counter(DetCTR)-Mode-of-Operation* nutzen wir, dass eine sichere PRF (also auch eine sichere PRP) wie in Theorem 4.9 als sicherer PRNG benutzt werden kann. Nach Theorem 3.5 kann so ein sicherer PRNG als semantisch sichere Stromchiffre verwendet werden.

Abb. 5.2 zeigt das Verschlüsseln der Nachricht $m := b_0 \parallel b_1 \parallel b_2 \parallel \ldots$. Das Entschlüsseln erfolgt auf dieselbe Art und Weise, nur die Rollen von Klartext und Chiffrat sind vertauscht. Wie beim OTP führt auch hier die zweimalige Verschlüsselung (mit demselben Schlüssel) wieder zum Klartext. Die Umkehrfunktion der PRP wird in diesem Mode of Operation somit gar nicht benötigt.

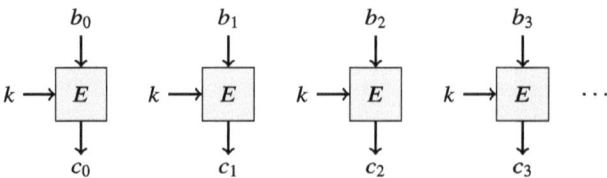

Abb. 5.1 Verschlüsseln im ECB-Mode

5.2 Chosen-Plaintext-Sicherheit (CPA-Sicherheit)

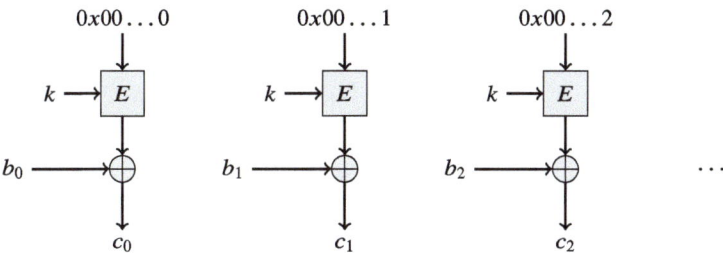

Abb. 5.2 Verschlüsseln im DetCTR-Mode-of-Operation

Theorem 5.1 *Ist E eine sichere PRP, dann ist E_{DetCTR} im DetCTR-Mode semantisch sicher. Zu jeder Angreiferin A' auf die semantische Sicherheit von E im DetCTR-Mode (E_{DetCTR}) gibt es eine Angreiferin A auf die Sicherheit der PRP E, sodass*

$$\text{Vort}_{PRP}[A, E] \geq \frac{1}{2} \cdot \text{Vort}_{SEM}[A', E_{DetCTR}].$$

5.2 Chosen-Plaintext-Sicherheit (CPA-Sicherheit)

Bei der Untersuchung der Sicherheit eines Verschlüsselungsverfahrens sind wir bislang davon ausgegangen, dass Schlüssel nur einmal verwendet werden. Im Spiel zur semantischen Sicherheit spiegelt sich dies wider. Die Angreiferin bekommt nur ein Chiffrat zu sehen und muss dann ihre Entscheidung treffen. Würde ein Schlüssel aber für mehr als eine Nachricht verwendet, hätte sie auch Zugriff auf mehrere Chiffrate. In der folgenden Definition der *Chosen-Plaintext-Sicherheit* (genauer: Sicherheit gegenüber *Chosen-Plaintext-Attacken [CPA]*) wird dies berücksichtigt. Im Gegensatz zur semantischen Sicherheit für One-Time-Keys darf die Angreiferin nun a-mal ein Nachrichtenpaar zum Challenger schicken, wo jedes Mal derselbe (zufällig gewählte) Schlüssel verwendet wird.[2] So wird modelliert, dass Schlüssel öfter verwendet werden. An der Aufgabe für die Angreiferin ändert sich nichts. Mit dem Spiel in Abb. 5.3 wird die Sicherheit gegenüber Chosen-Plaintext-Attacken beschrieben.

▶ **Definition 5.2** *E ist CPA-sicher*, wenn der $\text{Vort}_{CPA}[A, E]$ im Spiel in Abb. 5.3 für jede Angreiferin A vernachlässigbar klein ist.

---

[2] Dabei kann a nicht beliebig groß sein, weil ein Angriff dann praktisch nicht durchführbar wäre. Hier und auch in der Folge darf $1/a$ nicht vernachlässigbar klein sein. Wir werden dies aber nicht mehr explizit anführen.

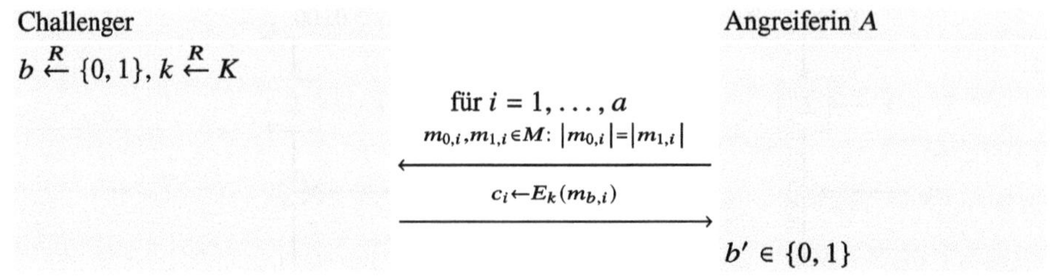

Challenger
$b \overset{R}{\leftarrow} \{0,1\}, k \overset{R}{\leftarrow} K$
Angreiferin A
für $i = 1, \ldots, a$
$m_{0,i}, m_{1,i} \in M$: $|m_{0,i}| = |m_{1,i}|$
$c_i \leftarrow E_k(m_{b,i})$
$b' \in \{0,1\}$

$$\text{Vort}_{\text{CPA}}[A, E] := \Pr_{k \overset{R}{\leftarrow} K}[b' = 1 \mid b = 1] - \Pr_{k \overset{R}{\leftarrow} K}[b' = 1 \mid b = 0]$$

M.a.W.: Der Challenger entscheidet zufällig, ob jedes Mal der Klartext mit dem Index 0 oder der mit dem Index 1 verschlüsselt werden soll, und wählt einen zufälligen Schlüssel, der jedes Mal zur Verschlüsselung verwendet wird. Die Angreiferin tippt, ob die Klartexte mit Index 0 ($b' = 0$) oder die Klartexte mit Index 1 ($b' = 1$) verschlüsselt wurden. $\text{Vort}_{\text{CPA}}[A, E]$ ist 0, wenn sie nur raten kann; umso höher, umso besser sie tippt.

Abb. 5.3 Das Spiel zur CPA-Sicherheit

$CTR + 0$
$CTR + 1$
$CTR + 2$
k
E
b_0
b_1
b_2
c_0
c_1
c_2
...

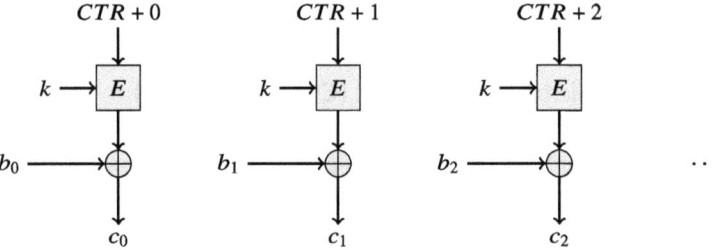

Abb. 5.4 Verschlüsseln im CTR-Mode-of-Operation

In den folgenden Abschnitten werden Modes-of-Operation behandelt, die CPA-Sicherheit gewährleisten können.

5.2.1 (Randomized) Counter (CTR)-Mode

Im Gegensatz zum DetCTR-Mode wird im *(randomized) Counter(CTR)-Mode* ein Startwert *CTR* für den Counter zufällig gewählt. Auf diese Weise wird verhindert, dass zweimal der gleiche Counter verschlüsselt wird, auch wenn mehrere Nachrichten mit demselben Schlüssel verschlüsselt werden. Abb. 5.4 zeigt schematisch die Verschlüsselung.

Der Startcounter *CTR* wird als zusätzlicher Block unverschlüsselt dem Chiffrat vorangestellt übertragen. Verschlüsseln von $m := b_0 \| b_1 \| b_2 \| \ldots$ ergibt $c := CTR \| c_0 \| c_1 \| c_2 \| \ldots$

5.2 Chosen-Plaintext-Sicherheit (CPA-Sicherheit)

Der CTR-Mode hat – wie der ECB-Mode – die angenehme Eigenschaft, dass die einzelnen Klartextblöcke unabhängig voneinander (auch parallel zueinander) verschlüsselt werden können. Stehen ausreichend Ressourcen zur Verfügung, kann der Durchsatz bei der Verschlüsselung einfach durch Parallelisierung erhöht werden.

Der CTR-Mode-of-Operation kann CPA-Sicherheit garantieren. Allerdings gibt es dabei eine Einschränkung: Werden viele Blöcke verschlüsselt, steigt die Gefahr, dass ein Counter für einen Block ein zweites Mal verwendet wird. Ein gleicher Counterwert bei gleichem Schlüssel würde allerdings zu einer XOR-Operation mit denselben Bits führen. Dies wiederum führt schon zu den vom OTP bekannten Problemen mit der semantischen Sicherheit. Der Schlüssel in diesem Mode-of-Operation altert daher mit jedem Block, der verarbeitet wird, und muss rechtzeitig gewechselt werden. Das folgende Resultat zur CPA-Sicherheit des CTR-Mode erlaubt es, diesen Alterungsprozess genau zu beschreiben.

Theorem 5.3 *Ist $E : K \times \{0, 1\}^n \to \{0, 1\}^n$ eine sichere PRP, dann ist für jedes $L \in \mathbb{N}$*

$$E_{CTR} : K \times \{0, 1\}^{Ln} \rightsquigarrow \{0, 1\}^{Ln}$$

eine Verschlüsselungsoperation, die L Blöcke à n Bits in L Blöcke à n Bits verschlüsselt.

E_{CTR} ist CPA-sicher, wenn L nicht zu groß ist. Genauer: Zu jeder Angreiferin A' gegen die CPA-Sicherheit von E_{CTR}, die a Anfragen stellen kann, gibt es eine Angreiferin A auf die Sicherheit der PRP E, sodass

$$2 \cdot \text{Vort}_{PRP}[A, E] + \frac{2a^2 L}{2^n} \geq \text{Vort}_{CPA}[A', E_{CTR}]$$

(L ... Anzahl der Blöcke der Nachrichten m_0, m_1).

Es wird hier nicht näher darauf eingegangen, wie genau sich der Term $\frac{2a^2 L}{2^n}$ ergibt, sondern auf die Beweise in [4] verwiesen. Qualitativ lässt sich sagen: Mit jeder neuen Nachricht wird ein neuer Counter zufällig gewählt, und es ergibt sich das Risiko, dass sich ein Counter wiederholt. Daneben spielt aber auch die Zahl der Blöcke pro Nachricht eine Rolle, denn es könnte sein, dass sich zwei Startcounter um weniger als diese Zahl unterscheiden, und dann würden auch gewisse Blöcke mit demselben Counter verarbeitet. Etwas Wahrscheinlichkeitsrechnung erlaubt es, zu ermitteln, wie groß diese beiden Risiken sind – das Ergebnis ist eben dieser Term.[3]

---

[3] Beachte, dass dieser Term zunächst einmal nur bedeutet, dass der Reduktionsbeweis den Vorteil $\text{Vort}_{PRP}[A, E]$ nicht mehr zwingt, vernachlässigbar klein zu sein. Dies demonstriert noch keinen erfolgreichen Angriff. Die Sicherheit lässt sich allerdings – zumindest mit diesem Beweis – auch nicht garantieren.

Das Resultat ist praktisch. Zum Beispiel lässt sich erkennen, dass beim Einsatz von AES (Blocklänge 128 Bit, also $n = 128$) nach 2^{32} (≈ 4 Mrd.) Nachrichten mit jeweils 2^{26} Blöcken (also 1 GiB pro Nachricht) der Vorteil einer Angreiferin bereits auf

$$\frac{2 \cdot 2^{64} \cdot 2^{26}}{2^{128}} = \frac{1}{2^{37}}$$

angewachsen sein könnte. So eine Wahrscheinlichkeit ist nicht mehr vernachlässigbar klein; der Schlüssel muss getauscht werden.

Interessant zu sehen ist auch, dass die Blocklänge n hier einen großen Einfluss hat. Grund dafür ist, dass die Bitlänge des Counters ebenfalls n ist. Je größer die Blocklänge, desto unwahrscheinlicher ist es, dass Counter für verschiedene Nachrichten oder Blöcke gleich sind.

Standards wie beispielsweise RFC 3686 [21] legen fest, wie genau der CTR-Mode-of-Operation sicher eingesetzt werden kann, um Probleme wie die eben beschriebenen zu vermeiden.

5.2.2 Cipherblock-Chaining (CBC)-Mode

Ein weiterer, vielfach eingesetzter Mode of Operation ist der sogenannte *Cipherblock-Chaining(CBC)-Mode*. Auch hier wird dafür gesorgt, dass gleiche Klartextblöcke verschiedene Chiffrate ergeben. Abb. 5.5 zeigt die Verschlüsselung der Nachricht $m := b_0 \parallel b_1 \parallel b_2 \parallel \ldots$ In diesem Mode of Operation wird ein zufälliger *Initialisierungsvektor* (IV) gewählt, der als zusätzlicher erster Block unverschlüsselt mit dem Chiffrat gesendet wird. Es ergibt sich das Chiffrat $c := IV \parallel c_0 \parallel c_1 \parallel c_2 \parallel \ldots$ Im Gegensatz zum CTR-Mode sieht das Entschlüsseln im CBC-Mode anders als das Verschlüsseln aus. Abb. 5.6 zeigt die Entschlüsselung eines Chiffrats $IV \parallel c_0 \parallel c_1 \parallel c_2 \parallel \ldots$ Hier wird – im Gegensatz zu den CTR-Modes – neben E_k auch deren Umkehrfunktion $D_k := E_k^{-1}$ benötigt.

Die Sicherheit des CBC-Mode lässt sich recht ähnlich zur Sicherheit des CTR-Mode beschreiben. Auch hier altern Schlüssel, sogar noch schneller als im CTR-Mode.

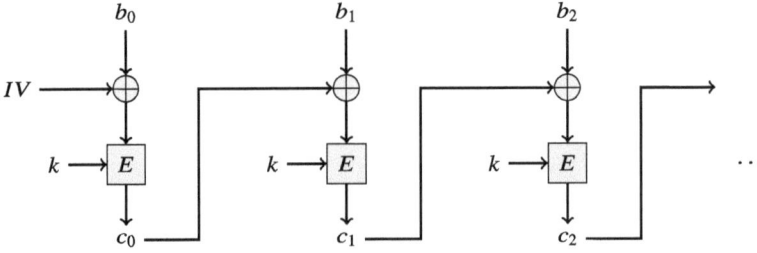

Abb. 5.5 Verschlüsseln im Cipherblock-Chaining (CBC)-Mode-of-Operation

5.2 Chosen-Plaintext-Sicherheit (CPA-Sicherheit)

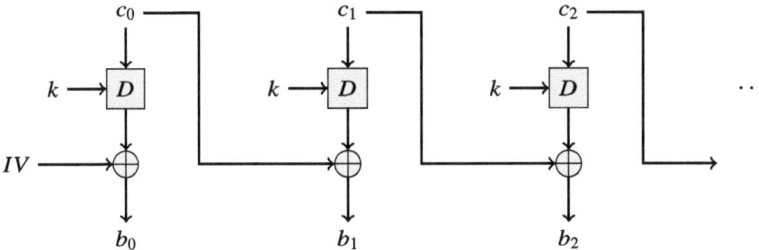

Abb. 5.6 Entschlüsseln im Cipherblock-Chaining (CBC)-Mode-of-Operation

Theorem 5.4 *Ist $E : K \times \{0, 1\}^n \to \{0, 1\}^n$ eine sichere PRP, dann ist für jedes $L \in \mathbb{N}$ die Operation*

$$E_{CBC} : K \times \{0, 1\}^{Ln} \rightsquigarrow \{0, 1\}^{Ln}$$

eine Verschlüsselungsoperation, die L Blöcke à n Bits in L Blöcke à n Bits verschlüsselt.

Ist L nicht zu groß, dann ist E_{CBC} CPA-sicher. Genauer: Für jede Angreiferin A' auf die CPA-Sicherheit von E_{CBC}, die a Anfragen stellen kann, gibt es eine Angreiferin A auf die Sicherheit der PRP E, sodass

$$2 \cdot \text{Vort}_{PRP}[A, E] + \frac{2(aL)^2}{2^n} \geq \text{Vort}_{CPA}[A', E_{CBC}].$$

Es wird auch hier nicht näher darauf eingegangen, wie genau sich der Term $\frac{2(aL)^2}{2^n}$ ergibt. Beweise sind wiederum in [4] zu finden. Qualitativ lässt sich sagen: Solange nicht zweimal derselbe Input von der PRP E verarbeitet wird, erhält die Angreiferin keine verwertbare Information, sondern lediglich neue, zufällig aussehende Werte. Die Wahrscheinlichkeit, dass dies bei der Verarbeitung von aL Blöcken von n Bits passiert, ist durch diesen Term ausgedrückt.

Im Beispiel in Abschn. 5.2.1, beim Einsatz von AES (Blocklänge 128 Bit, also $n = 128$) nach 2^{32} ($\approx$ 4 Mrd.) Nachrichten mit jeweils 2^{26} Blöcken (also 1 GiB pro Nachricht) liegt der Vorteil einer Angreiferin bereits bei

$$\frac{2 \cdot (2^{32} \cdot 2^{26})^2}{2^{128}} = \frac{1}{2^{11}};$$

es kann praktisch keine Sicherheit mehr garantiert werden, wenn der Schlüssel nicht gewechselt wird.

Wird der Initialisierungsvektor IV nicht zufällig gewählt, ist er also vorhersagbar, dann ist Verschlüsselung im CBC-Mode nicht CPA-sicher. Abb. 5.7 zeigt, wie eine Angreiferin dann das CPA-Spiel gewinnen kann. Im zweiten Teil der Nachricht c_0 des Challengers steht $E_k(IV_0)$. Im Fall $b = 0$ steht auch im zweiten Teil der Nachricht c genau $E_k(IV_0)$,

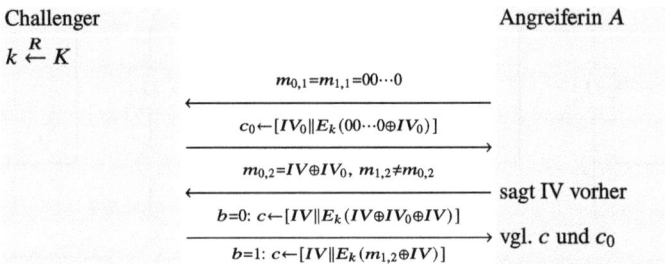

Abb. 5.7 Der Angriff auf die CPA-Sicherheit bei vorhersagbarem IV im CBC-Mode

denn $IV \oplus IV_0 \oplus IV = IV_0$. Im Fall $b = 1$ ergibt sich $E_k(m_{1,2} \oplus IV)$, und die sichere PRP liefert auf jeden Fall einen anderen Wert.

Es scheint, als ob so eine Vorhersagbarkeit des IV praktisch niemals auftreten sollte. In TLS 1.0 wurde als IV der letzte Chiffratblock der letzten Nachricht verwendet. Dieser ist Angreiferinnen bekannt. Die *BEAST-Attacke* („browser exploit against SSL/TLS") dokumentiert diese Schwäche in einem der wichtigsten Transportsicherungsprotokolle.[4]

Anstatt mit zufälligen Initialisierungsvektoren kann der CBC-Mode auch mit Nonces, also sich nicht wiederholenden Werten, arbeiten, die auch vorhersagbar sein dürfen. Es wird dann mit einem zusätzlichen Schlüssel k' aus der Nonce *nonce* ein Initialisierungsvektor $IV := E_{k'}(nonce)$ berechnet. Wenn es sich bei E um eine sichere PRP handelt, ist IV nicht von zufälligen Bits unterscheidbar, solange k' nicht bekannt ist. Es kann z. B. eine Sequenznummer als Nonce verwendet werden, die auf beiden Seiten sowieso bereits für andere Zwecke benötigt wird. Wichtig ist hier lediglich, dass sich die Nonces nicht wiederholen.

Die genaue Verwendung des CBC-Mode-of-Operation, insbesondere um Probleme wie die eben beschriebenen zu vermeiden, ist beispielsweise für IP-Security (IPSec) in RFC 3602 [18] festgelegt.

5.2.3 Weitere Modes of Operation

In Abschn. 8.2 werden weitere Modes-of-Operation beschrieben, die neben der Vertraulichkeit auch die Integrität und Authentizität der verschlüsselten Daten gewährleisten können. Davor sollen diese Begriffe jedoch genau in Kap. 6 und 7 behandelt und definiert werden.

---

[4] Selbstverständlich ist diese Schwäche inzwischen behoben.

5.3 Padding

DetCTR- und CTR-Mode können auch mit Nachrichten umgehen, deren Länge kein Vielfaches der Blocklänge ist. Wie bei der Stromchiffre ChaCha20 werden für die XOR-Operation beim letzten Block nur so viele Bits verwendet, wie für den Klartextblock noch benötigt werden.

Anders als bei den CTR-Modes funktioniert das Ver- und Entschlüsseln im CBC-Mode bei einem unvollständigen letzten Block nicht, weil die PRP so einen Block nicht verarbeiten kann. In diesem Fall wird *Padding* benutzt, das Auffüllen des letzten Blocks mit sogenannten *Padding-Bytes*.

Beim *PKCS#7-Padding* (RFC 5652) [23] wird mit Bytes aufgefüllt, deren Wert die Zahl der Padding-Bytes ist. Bei einer Blocklänge von 128 Bit (16 Byte) würde der 12-Byte-lange Block

```
0x 01 02 03 04 05 06 07 08 09 10 11 12
```

zum 16-Byte-langen Block

```
0x 01 02 03 04 05 06 07 08 09 10 11 12 04 04 04 04
```

ergänzt. Nach dem Entschlüsseln muss dieses Padding überprüft werden, und die Padding-Bytes werden wieder entfernt.

Eine unangenehme Konsequenz hat dieses Padding: Hat der letzte Block ohnehin volle Blocklänge, so ist kein Platz mehr für das Padding. Bei einem vollständigen Block, dessen letzte n Bytes den Wert n haben, würden diese Bytes als Padding interpretiert und (fälschlich) entfernt werden. Es muss daher bei Nachrichten mit vollem letzten Block immer ein weiterer Block, bestehend nur aus Padding-Bytes, hinzugefügt werden. So erzeugt die Verschlüsselung einen zusätzlichen Overhead an Daten.

5.4 Übungen

5.4.1 Musterbeispiel

Es sei $E : K \times \{0,1\}^n \to \{0,1\}^n$ eine sichere PRP. Zeige, dass die Verschlüsselung $E' : K \times \{0,1\}^n \to \{0,1\}^{2n}$ nicht CPA-sicher ist, indem du eine Angreiferin A beschreibst und ihren Vorteil nennst.

$$E'_k(m),$$
$$IV \xleftarrow{R} \{0^n, 1^n\}$$
$$c := E_k(m \oplus IV),$$
$$\text{return } (IV, c).$$

Challenger		Angreiferin A
$b \xleftarrow{R} \{0,1\}, k \xleftarrow{R} K$		
	$m_{0,1} = 0000\ldots0$	
	$m_{1,1} = 1000\ldots0$	
	$m_{0,2} = 0000\ldots0$	
	$m_{1,2} = 0100\ldots0$	
	$m_{0,3} = 0000\ldots0$	
	$m_{1,3} = 0010\ldots0$	
	$\xleftarrow{}$	
	$(IV_1,c_1),(IV_2,c_2),(IV_3,c_3)$	
	$\xrightarrow{}$	
		$c_1 = c_2 : b' = 0$
		$c_1 = c_3 : b' = 0$
		$c_2 = c_3 : b' = 0$
		sonst: $b' = 1$

A wählt 3 Nachrichtenpaare. Die Nachrichten $m_{0,1}$, $m_{0,2}$ und $m_{0,3}$ sind ident. Die Nachrichten $m_{1,1}, m_{1,2}$ und $m_{1,3}$ sind alle unterschiedlich. A erhält vom Challenger nun 3 Chiffrate. Da es nur 2(!) mögliche Initialisierungsvektoren gibt, müssen also mindestens 2 Chiffrate mit demselben IV erstellt worden sein. Wurden idente Nachrichten verschlüsselt ($b = 0$), so müssen auch mindestens 2 Chiffrate ident sein. Wurden unterschiedliche Nachrichten verschlüsselt ($b = 1$), so sind auch alle Chiffrate unterschiedlich. Bei unterschiedlichen Chiffraten tippt A daher $b' = 1$, bei gleichen Chiffraten $b' = 0$. Sie liegt immer richtig, ihr Vorteil ist daher

$$\text{Vort}_{\text{CPA}}[A, E'] = \Pr_{k \xleftarrow{R} K}\left[b' = 1 \,\middle|\, b = 1\right] - \Pr_{k \xleftarrow{R} K}\left[b' = 1 \,\middle|\, b = 0\right]$$

$$= 1 - 0 = 1.$$

Übungsaufgaben

1. Es sei $E : K \times \{0, 1\}^n \to \{0, 1\}^n$ eine sichere PRP. Zeige, dass die Verschlüsselung $E' : K \times \{0, 1\}^n \to \{0, 1\}^{2n}$ nicht CPA-sicher ist, indem du eine Angreiferin A beschreibst (vgl. Spiel in Abb. 5.3) und ihren Vorteil nennst.

$$\underline{E'_k(m)} :$$

$$IV \xleftarrow{R} \{0, 1\}^n$$

$$c := E_k(m) \oplus IV$$

$$\text{return } (IV, c)$$

5.4 Übungen

2. Jede Verschlüsselung $E : K \times \{0, 1\}^n \to \{0, 1\}^n$ ist nicht CPA-sicher. Warum ist das so?
3. a. Wenn bei der Verschlüsselung im CBC-Mode nur 1 Bit des Klartexts verändert wird (bei gleichem Initialisierungsvektor), welche Chiffratblöcke werden dadurch verändert?

    b. Wenn bei der Entschlüsselung im CBC-Mode nur 1 Bit des Chiffrats verändert wird, welche Klartextblöcke werden dadurch verändert?
4. Angenommen, zwei Klartexte werden unter Verwendung desselben Initialisierungsvektors[5] verschlüsselt, ...

    a. ...und zwar im CBC-Mode. Welche Informationen kannst du dann über die beiden Klartexte herausfinden?

    b. ...und zwar im CTR-Mode. Welche Informationen kannst du dann über die beiden Klartexte herausfinden?
5. Wir möchten die Verschlüsselung im CBC-Mode in Kombination mit dem OTP verwenden. Statt einer Blockchiffre verwenden wir als Verschlüsselungsoperation

$$E_k(m) := m \oplus k.$$

    Zeige, dass diese Verschlüsselung nicht CPA-sicher ist, indem du eine Angreiferin A beschreibst (vgl. Spiel in Abb. 5.3) und ihren Vorteil nennst.
6. Wir möchten die CBC-Mode-Entschlüsselung als Verschlüsselung verwenden. Zeige, dass diese Verschlüsselung nicht CPA-sicher ist, indem du eine Angreiferin A beschreibst und ihren Vorteil nennst.
7. Verschlüssle ein unkomprimiertes Bild mit AES im ECB-Mode. Du kannst z. B. die Anleitung von Filippo Valsorda[6] verwenden. Betrachte anschließend das verschlüsselte Bild. Was fällt dir auf?

> **Rückblick**
>
> Du weißt, wie man beliebig lange Nachrichten mit sicheren Blockchiffren verschlüsseln kann und welche *Modes-of-Operation* dazu zur Verfügung stehen. Den *CTR-Mode* und den *CBC-Mode* kannst du erklären, und ihre Stärken und Schwächen sind dir bekannt. Neben der semantischen Sicherheit ist dir nun auch die *CPA-Sicherheit* ein Begriff, mit der sich berücksichtigen lässt, dass Schlüssel mehrfach verwendet werden können. Auch diese Sicherheitseigenschaft kannst du in Form eines *Spiels* formal beschreiben und als Erweiterung der semantischen Sicherheit

(Fortsetzung)

---

[5] Im CTR-Mode ist mit Initialisierungsvektor der Startcounter gemeint.
[6] Zu finden unter https://blog.filippo.io/the-ecb-penguin/.

verstehen. Ein weiteres Mal hast du erlebt, wie sich die Sicherheit oder Unsicherheit von Verfahren mit *Reduktionsbeweisen* oder erfolgreichen Angriffen im Spiel zur CPA-Sicherheit nachweisen lassen. Du kannst die Sicherheit von Modes of Operation in Kombination mit Blockchiffren und den Einfluss von *alternden Schlüsseln* abschätzen. Du kennst das *PKCS#7-Padding*, kannst es erstellen und prüfen.

Teil II

Hashfunktionen und Message-Authentication-Codes

Hashfunktionen 6

Ziele

In diesem Kapitel lernst du,

- was *kryptographische Hashfunktionen* sind,
- welche Eigenschaften solche Hashfunktionen haben müssen, um Hashwerte als kryptographisch sichere „Prüfsummen" einsetzen zu können, darunter die wichtige Eigenschaft der *Kollisionsresistenz*,
- was die meistverwendeten kryptographischen Hashverfahren sind und wie diese Verfahren (im Überblick) funktionieren,
- wie sich mit *Merkle-Trees* die Integrität von großen Datenmengen effizienter überprüfen lässt.

Nachdem wir uns im ersten Teil mit dem Thema Vertraulichkeit beschäftigt haben, widmen wir uns nun der Integrität. Um Änderungen an Daten schnell erkennen zu können, werden oft (kurze) Prüfsummen über die Daten berechnet, die schnell nachberechnet und verglichen werden können.

In der Kryptographie sprechen wir bei solchen Prüfsummenverfahren von Hashfunktionen, und wenig überraschend haben wir hier auch wieder besondere Anforderungen an deren Sicherheit.

▶ **Definition 6.1** Eine *Hashfunktion* ist eine Funktion

$$H : \{0, 1\}^* \to \{0, 1\}^n ,$$

die aus Bitstrings beliebiger Länge einen Hashwert fixer Länge n berechnet.

Spiel 6.1 (Einwegfunktion) Es sei $H : \{0,1\}^* \to \{0,1\}^n$ eine Hashfunktion.

Challenger		Angreiferin A
$x \xleftarrow{R} \{0,1\}^*, h := H(x)$	$\xrightarrow{\quad h \quad}$	
		x', sodass $H(x') = h$

M.a.W.: Der Challenger berechnet den Hashwert für einen zufällig gewählten Input. Die Angreiferin erhält diesen Hashwert h und sucht ein x', dessen Hashwert $h(x')$ genau h ist.

Abb. 6.1 Spiel zur Einwegeigenschaft einer Hashfunktion

Spiel 6.2 (Schwache Kollisionsresistenz) Es sei $H : \{0,1\}^* \to \{0,1\}^n$ eine Hashfunktion.

Challenger		Angreiferin A
$x \xleftarrow{R} \{0,1\}^*$	$\xrightarrow{\quad x \quad}$	
		$x' \neq x$, sodass $H(x) = H(x')$

M.a.W.: Der Challenger wählt zufällig einen Input x. Die Angreiferin erhält diesen Input und sucht einen davon verschiedenen Input mit demselben Hashwert.

Abb. 6.2 Spiel zur schwachen Kollisionsresistenz einer Hashfunktion

Spiel 6.3 (Kollisionsresistenz) Es sei $H : \{0,1\}^* \to \{0,1\}^n$ eine Hashfunktion.

Challenger	Angreiferin A
	$x \neq x'$, sodass $H(x) = H(x')$

M.a.W.: Die Angreiferin sucht zwei verschiedene Inputs x und x' mit demselben Hashwert.

Abb. 6.3 Spiel zur (starken) Kollisionsresistenz einer Hashfunktion

6.1 Kollisionsresistenz

Aus praktischen Gründen wünscht man sich, dass der Hashwert $H(x)$ für jeden Input x möglichst schnell berechnet werden kann. Für kryptographische Anwendungen sind noch weitere Eigenschaften die Sicherheit betreffend wichtig.

Es soll praktisch unmöglich sein, aus einem Hashwert auf einen Input zu schließen, der diesen Hashwert ergibt. Es soll praktisch unmöglich sein, zu einem gegebenen Input x einen anderen Input x' zu finden, der denselben Hashwert ergibt. Es soll praktisch unmöglich sein, zwei verschiedene Inputs mit demselben Hashwert zu finden.

6.1 Kollisionsresistenz

Diese Beschreibungen sind sehr ungenau. Die folgende Definition verwendet wieder Spiele, um diese Eigenschaften exakt zu beschreiben.

▶ **Definition 6.2** Es sei H eine Hashfunktion.

Die Hashfunktion H heißt *Einwegfunktion*, wenn jede Angreiferin A das Spiel in Abb. 6.1 nur mit nicht machbarem Aufwand gewinnen kann.

Die Hashfunktion H heißt *schwach kollisionsresistent*, wenn jede Angreiferin A das Spiel in Abb. 6.2 nur mit nicht machbarem Aufwand gewinnen kann.

Die Hashfunktion H heißt *(stark) kollisionsresistent*, wenn jede Angreiferin A in Spiel in Abb. 6.3 nur mit nicht machbarem Aufwand gewinnen kann.

Eine *Kollision* von H ist ein Paar (x, x'), sodass $x \neq x'$, aber $H(x) = H(x')$.

Diese Sicherheitseigenschaften sind für viele Anwendungen interessant:

▶ **Einwegfunktion** Speichert man anstatt (zufällig gewählter) Passwörter deren Hashwerte,[1] so lassen sich aus diesen Hashwerten die dazugehörigen Passwörter nur schwer rekonstruieren. Die Hashwerte sind aber ausreichend, um überprüfen zu können, ob ein eingegebenes Passwort korrekt ist, indem man dessen Hashwert berechnet und vergleicht.

▶ **Schwache Kollisionsresistenz** Speichert man den Hashwert über alle Daten auf einer Festplatte und bewahrt diesen sicher auf, so können Daten auf der Festplatte nicht verändert werden, ohne dass die Veränderung beim Vergleich der Hashwerte bemerkt würde. Vor forensischen Untersuchungen an Datenträgern werden solche Hashwerte berechnet und sicher hinterlegt, um nachweisen zu können, dass gefundene Spuren nicht erst während der Analyse auf den Datenträger gelangt sind.

In Blockchains enthält jeder neue Block den Hashwert des vorhergehenden. So kann sichergestellt werden, dass Vorgängerblöcke nicht verändert oder aus der Blockchain entfernt werden können.

▶ **Starke Kollisionsresistenz** Aus Effizienzgründen werden beim Signieren[2] von Dokumenten deren Hashwerte signiert. Wenn eine Kollision (x, y) gefunden werden kann, dann stimmen die Hashwerte $H(x)$ und $H(y)$ überein, und eine

---

[1] Diese Darstellung ist stark vereinfacht. Passwörter sind typischerweise nicht (perfekt) zufällig gewählt. Um beispielsweise Angriffe mit Dictionary-Attacken oder Rainbow-Tables zu verhindern, ist es nicht einfach nur ein Hashwert, der gespeichert wird. Die Einwegeigenschaft bleibt aber auch dann die wesentliche Basis für die Sicherheit. Mehr dazu in Abschn. 9.3.

[2] Vergleiche Kap. 11.

Signatur auf dem Dokument x ist gleichzeitig eine gültige Signatur auf dem Dokument y. Starke Kollisionsresistenz verhindert dies, gleichzeitig brauchen so nur (kurze) Hashwerte anstatt (langer) Dokumente signiert werden, was das Signieren effizienter macht.

▶ **Integritätsschutz** Hashfunktionen taugen nur dann als Integritätsschutz, wenn der Hashwert vor Veränderung geschützt werden kann. Andernfalls bringt es keinen Vorteil, wenn die Daten zu x' verändert werden und auch der Hashwert durch $H(x')$ ersetzt wird. In so einem Szenario wird zusätzlich ein Schlüssel benötigt. Wir sehen uns das in Kap. 7 an.

Aus der starken Kollisionsresistenz einer Hashfunktion ergeben sich automatisch alle anderen Sicherheitsanforderungen. Die folgende Argumentation ist kein Beweis im formalen Sinn, soll aber zeigen, wie ein solcher Beweis geführt werden kann.

- Für die schwache Kollisionsresistenz ist dies klar, denn wenn sich ein gegebenes x zu einer Kollision (x, x') erweitern lässt, dann lässt sich ganz einfach eine Kollision erzeugen, indem man sich ein x vorgibt und das passende x' berechnet.
- Für die Einwegeigenschaft ist die Sache ein wenig komplizierter. Angenommen, die Hashfunktion H ist keine Einwegfunktion. Dann kann eine Angreiferin A wie folgt eine Kollision von H finden:

1. A wählt x zufällig.
2. A berechnet $h := H(x)$. Dann kann sie ein x' finden, sodass $H(x') = h = H(x)$. Ist $x \neq x'$, so ist (x, x') eine Kollision von H.
3. Die Auswahl an Inputs x und x' ist bedeutend größer als die Auswahl an Hashwerten (diese haben nur beschränkte Länge n). Somit muss es viele Inputs mit demselben Output geben. Daher ist die Wahrscheinlichkeit sehr gering, dass ein zufällig gewähltes x mit dem gefundenen x' übereinstimmt. Also ist (x, x') mit sehr großer Wahrscheinlichkeit eine Kollision. Falls nicht, muss diese Prozedur einfach (möglicherweise mehrfach) wiederholt werden.

6.2 Das Geburtstagsparadoxon

Die Wahrscheinlichkeit, dass 23 Personen in einem Raum alle an verschiedenen Tagen Geburtstag feiern, ist

$$\frac{365}{365} \cdot \frac{364}{365} \cdot \ldots \cdot \frac{343}{365} \approx 0{,}493 \ .$$

Das heißt, dass die Wahrscheinlichkeit, in einer relativ kleinen Gruppe 2 Personen zu finden, die am selben Tag Geburtstag feiern, bereits über 50 % liegt. Diese auf den ersten Blick überraschende Tatsache ist bekannt als das Geburtstagsparadoxon. Obwohl es 365 Tage im Jahr gibt, treten gemeinsame Geburtstage schon in unerwartet kleinen Gruppen recht häufig auf.

Übersetzt auf Hashfunktionen können wir den Geburtstag einer Person als ihren Hashwert verstehen, und gemeinsame Geburtstage sind Kollisionen der Hashfunktion. Somit erzählt das Geburtstagsparadoxon etwas darüber, wie wahrscheinlich es ist, Kollisionen zufällig zu finden.

Theorem 6.3 *Ist H eine Hashfunktion mit n-Bit-langem Output, dann muss man in etwa*

$$\sqrt{2^{n+1}} = 2^{(n+1)/2}$$

Hashwerte über zufällig ausgewählte Inputs berechnen, um mit einer Wahrscheinlichkeit von zumindest 50 % auf eine Kollision zu stoßen.

Der Beweis von Theorem 6.3 verläuft zunächst so wie bei der Berechnung der Wahrscheinlichkeiten am Beginn dieses Abschnitts, benötigt dann aber tiefere mathematische Resultate, wie die Stirling-Approximation. Aus diesem Grund wird hier auf den Beweis verzichtet.

Die 50-%-Grenze in Theorem 6.3 ist willkürlich. Auch kleinere Wahrscheinlichkeiten sind natürlich problematisch. Abb. 6.4 zeigt für eine Outputlänge von 256 Bit, wie sich die Wahrscheinlichkeiten über die Zahl der Versuche entwickeln. Es ist gut zu erkennen, dass die Wahrscheinlichkeit in einem schmalen Bereich zwischen 2^{120} und 2^{130} Versuchen von fast 0 % auf annähernd 100 % steigt. Theorem 6.3 gibt also einen ganz guten Richtwert vor.

Abb. 6.4 Wahrscheinlichkeit, bei 256-Bit-langen Hashwerten innerhalb von 2^x Versuchen eine Kollision zu finden

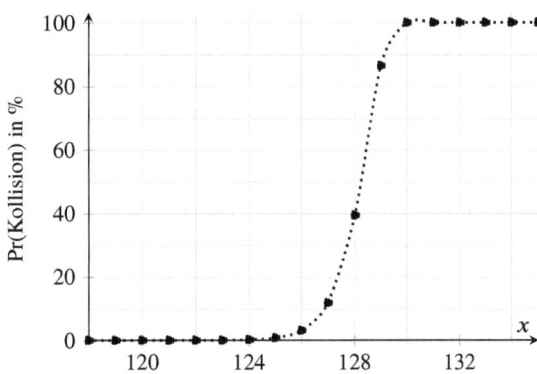

Mit unseren Mitteln ist folgender Satz zu beweisen, der darüber Auskunft gibt, wie viele Inputs probiert werden dürfen, ohne dass die Wahrscheinlichkeit, eine Kollision zu erhalten, zu groß wird.

Theorem 6.4 *Ist H eine Hashfunktion mit n-Bit-langem Output, dann ist die Wahrscheinlichkeit, unter $k \ll 2^{n/2}$ Inputs wenigstens 2 mit demselben Hashwert (also wenigstens 1 Kollision) zu erhalten, höchstens*

$$\frac{k^2}{2^{n+1}} .$$

Beweis Wir betrachten das Experiment, wo nacheinander für zufällig gewählte Inputs deren Hashwert berechnet wird. Es sei C_i das Ereignis, das der Hashwert des i-ten Inputs mit dem Hashwert von einem der ersten $i-1$ Inputs übereinstimmt. Dann interessiert uns die Wahrscheinlichkeit, dass bei k Versuchen wenigstens eines der Ereignisse $C_1, C_2, \ldots, C_k$ auftritt. In diesem Fall wäre unter den verwendeten Inputs wenigstens 1 Kollision zu finden. Wir berechnen die Wahrscheinlichkeiten $\Pr[C_i]$ für $i = 1, \ldots, k$ und addieren diese. Damit überschätzen wir die Wahrscheinlichkeit, wenigstens 1 Kollision zu erhalten, weil ja das Ereignis C_i auch eintreten kann, wenn auch ein Ereignis C_j für $j < i$ eingetreten ist. Wir wollen aber ohnehin eine Obergrenze für die Wahrscheinlichkeit für 1 Kollision finden, daher ist es kein Problem, wenn die berechnete Wahrscheinlichkeit über der tatsächlichen liegt. Wenn wir die Wahrscheinlichkeiten für die Ereignisse $C_1, C_2, \ldots, C_k$ berechnet haben, dann ist die Wahrscheinlichkeit, wenigstens 1 Kollision gefunden zu haben, höchstens

$$\sum_{i=1}^{k} \Pr[C_i] .$$

Die Wahrscheinlichkeit $\Pr[C_1]$, beim 1. Versuch eine Kollision zu erhalten, ist 0.

Die Wahrscheinlichkeit $\Pr[C_2]$, beim 2. Versuch eine Kollision zu erhalten, ist nach der Regel „günstig durch möglich" $1/2^n$.

Ab dem 3. Versuch wird es ein wenig schwieriger, weil wir ja nicht wissen, ob es zuvor schon eine Kollision gab. Waren die Hashwerte bei den ersten beiden Versuchen gleich, so ist die Wahrscheinlichkeit für $\Pr[C_3] = 1/2^n$ nach der Regel „günstig durch möglich". Waren die ersten beiden Hashwerte jedoch verschieden, so ist die Wahrscheinlichkeit für $\Pr[C_3] = 2/2^n$, wiederum nach der Regel „günstig durch möglich", also höher. Nachdem wir kein Problem damit haben, die Gesamtwahrscheinlichkeit ein wenig zu überschätzen, lässt sich zumindest sagen, dass $\Pr[C_3] \leq 2/2^n$. Genauso können wir nun allgemein argumentieren, dass

6.2 Das Geburtstagsparadoxon

$$\Pr[C_i] \leq (i-1)/2^n .$$

Damit ist

$$\sum_{i=1}^{k} \Pr[C_i] \leq \frac{0}{2^n} + \frac{1}{2^n} + \frac{2}{2^n} + \cdots + \frac{k-1}{2^n}$$

$$= \frac{1}{2^n} (0 + 1 + 2 + \cdots + (k-1)) .$$

Die Summe in der Klammer lässt sich einfach berechnen. Dazu schreiben wir sie einfach ein wenig um, indem wir den ersten mit dem letzten (wir erhalten $0 + (k-1) = k-1$), den zweiten mit dem vorletzten (wir erhalten $1 + (k-2) = k-1$) Summanden usw. addieren und davon die Summe berechnen. Es ergibt sich damit eine Summe von lauter Summanden $k-1$. Nachdem wir jeweils zwei der ursprünglich k Summanden zusammengerechnet haben, ergeben sich nun $k/2$ Summanden, die alle $k-1$ sind. Somit ist die Summe $0 + 1 + \cdots + k - 1 = (k-1) \cdot k/2$ und insgesamt

$$\sum_{i=1}^{k} \Pr[C_i] \leq \frac{k(k-1)}{2^{n+1}} < \frac{k^2}{2^{n+1}} .$$

□

Für $n = 128$ läge laut Theorem 6.3 nach etwa $2^{64,5}$ versuchten Inputs die Wahrscheinlichkeit für eine Kollision bereits bei 50 %.

Für $n = 256$ wäre laut Theorem 6.4 nach $2^{64,5}$ Versuchen die Wahrscheinlichkeit für eine Kollision, also für so eine Brute-Force-Angreiferin A der Vorteil $\text{Vort}_{CR}[A, H]$ kleiner als

$$\frac{\left(2^{64,5}\right)^2}{2^{256+1}} = \frac{2^{129}}{2^{257}} = \frac{1}{2^{128}},$$

also vernachlässigbar klein. Das ist praktisch ausreichend, wenn man bedenkt, dass für so einen Brute-Force-Angriff nicht nur etwa 2^{64} Hashwerte berechnet werden müssen, sondern dass diese auch gespeichert und nach jedem neuen Versuch zum Vergleichen durchsucht werden müssen. Ein einzelner Hashwert hat eine Größe von 256 Bit, also 32 Byte. So ergeben sich allein für 2^{64} Hashwerte 2^{69} Byte. Das sind mehr als 512 EiB. Zusätzlich müssen aber auch die dazugehörigen Inputs gespeichert werden, was (abhängig von der Länge der gewählten Inputs) zumindest noch einmal so viel Speicher benötigt. Die so häufig durchzuführende Suche in einer so großen Menge von Daten würde außerordentlich langsam.

Aus diesem Grund wählt man heute Hashfunktionen mit einer Outputlänge von wenigstens 256 Bit. Wird noch höhere Sicherheit gewünscht, stehen auch Hashfunktionen mit Outputlängen von 384 und 512 Bit zur Verfügung. Im folgenden Abschnitt werden solche Hashfunktionen vorgestellt.

6.3 Verfahren

Eine Reihe von Hashfunktionen, die lange Zeit verwendet wurden, sollen nicht mehr verwendet werden, seit Kollisionen für diese berechnet wurden. Dazu zählen:

- MD5: Für diese Hashfunktion sind bereits lange Zeit Kollisionen bekannt. Inzwischen können auch einfach am Notebook zu Hause Kollisionen berechnet werden.[3]
- SHA-1: Einst ein wichtiger Standard und eine weitverbreitete Hashfunktion. Auch für SHA-1 konnte eine Kollision berechnet werden. In der Folge zeigten Marc Stevens und andere, dass so eine (zunächst recht sinnlose) Kollision verwendet werden kann, um für viele Dokumentenformate kollidierende Dokumente zu erzeugen.[4]

6.3.1 SHA-2

Am Beispiel der Hashfunktion SHA-2 soll hier gezeigt werden, wie eine kollisionsresistente Hashfunktion gebaut werden kann. Die Hashfunktion SHA-2 ist standardisiert in NIST-Standard FIPS 180-4 [43]. Es handelt sich dabei um eine Familie von Hashfunktionen mit verschiedenen Outputlängen. Der grundlegende Aufbau dieser Funktionen ist aber gleich. SHA-2 verarbeitet den Input blockweise nach einer Idee von Merkle.

Abb. 6.5 zeigt schematisch die Verarbeitung einer Reihe von Blöcken. Der Wert für IV wird als eine Konstante festgelegt. Verschiedene Hashfunktionen verwenden hier

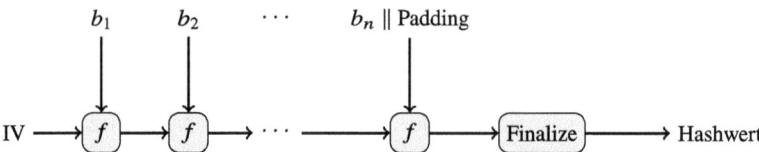

Abb. 6.5 Merkle-Damgård-Konstruktion

---

[3] Siehe auch https://www.mathstat.dal.ca/%7eselinger/md5collision.
[4] Weitere Informationen sind auf https://shattered.io zu finden.

verschiedene Werte. Das Padding besteht (für SHA-2) aus einem 1-Bit gefolgt von 0-Bits und abschließend 64 Bits, welche die Bitlänge der zu hashenden Nachricht repräsentieren. Details sind FIPS 180-4 zu entnehmen.

Damgård konnte beweisen, dass eine so gebaute Hashfunktion kollisionsresistent ist, wenn die sogenannte Kompressionsfunktion f dies ist [15]. Solche kollisionsresistenten Kompressionsfunktionen sind einfacher zu bauen, weil sie nur Input fixer Länge verarbeiten müssen.

Davies und Meyer fanden eine Methode, aus einer sicheren PRP eine kollisionsresistente Kompressionsfunktion zu gewinnen. Winternitz konnte deren Sicherheit nachweisen [65].

Theorem 6.5 *Ist* $E : K \times \{0, 1\}^n \to \{0, 1\}^n$ *eine sichere PRP, dann ist*

$$f(H, m) := E_m(H) \oplus H$$

eine kollisionsresistente Kompressionsfunktion (genauer: Die Suche nach Kollisionen dauert mindestens $2^{(n+1)/2}$ *Versuche).*

SHA-2 verwendet diese Konstruktion und als sichere PRP eine Funktion, die besonders geeignet ist, effizient in Hardware und in Software umgesetzt zu werden, um große Datenmengen schnell hashen zu können. Details dazu finden sich z. B. im SHA-2-Standarddokument. SHA-2 gibt es mit Outputlänge 256 Bit und 512 Bit; diese beiden Varianten werden oft auch als *SHA-256* und *SHA-512* bezeichnet.

6.3.2 SHA-3

Mit dem Verlust der Kollisionsresistenz von SHA-1 wurde nach neuen Verfahren gesucht, die die Nachfolge als Hashstandard antreten können, und deren Konstruktion sich möglichst von jener der dem SHA-1-Verfahren sehr ähnlichen SHA-2-Verfahren unterscheidet.

SHA-3, standardisiert in FIPS 202 [44], verwendet die sogenannte *Sponge-Konstruktion*. Der Name verweist auf die Idee, dass die Hashfunktion die Teile des Inputs wie ein Schwamm aufsaugt; beim Ausdrücken des Schwamms erhält man den Hashwert.

In der Absorb-Phase (s. Abb. 6.6a) wird die Nachricht Block für Block via XOR „aufgesaugt".[5] Dazwischen mischt eine Permutation f den Inhalt des Schwamms durch.

---

[5] Wie bei SHA-2 ist auch hier ggf. ein Padding des letzten Blocks erforderlich. Hier besteht es aus 1 Byte mit dem Wert 0x06, gefolgt von 0-Bytes und einem abschließenden Byte mit dem Wert 0x08.

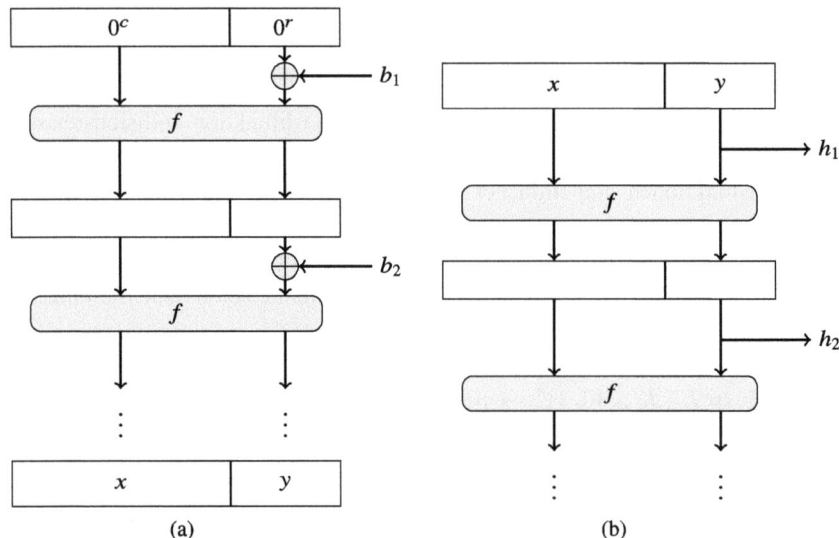

Abb. 6.6 Berechnung des Hashwerts $h_1 \| h_2 \| \ldots$ aus der Nachricht $b_1 \| b_2 \| \ldots$ in SHA-3. **a** Die SHA-3-Absorb-Phase. **b** Die SHA-3-Squeeze-Phase

In der Squeeze-Phase werden jeweils r Bits aus dem Schwamm „gedrückt". Dazwischen mischt wiederum die Permutation f den Inhalt des Schwamms durch. Auf diese Weise können beliebig lange Outputs erzeugt werden. Mit *SHAKE128* und *SHAKE256* werden in FIPS 202 auch zwei solche „Extendable Output Functions" (XOF) beschrieben. Solche Funktionen werden z. B. als „mask generating functions" in Kap. 10 benötigt.

Zwei Parameter (r [rate] und c [capacity]) bestimmen Geschwindigkeit und Sicherheit. Je größer r ist, desto größere Blöcke werden auf einmal verarbeitet; damit steigt die Geschwindigkeit. Je größer c ist, desto größer ist der Teil des Inhalts des Schwamms, der von außen nicht sichtbar ist, und desto schwieriger ist es, Kollisionen zu finden.

SHA3-256 verwendet $r = 1088$ und $c = 512$. Als Hashwert werden die ersten 256 Bits von h_1 verwendet. SHA3-512 verwendet $r = 576$ und $c = 1024$. Als Hashwert werden die ersten 512 Bits von h_1 verwendet.

Spezielle Instruktionen auf ARM- und anderen Prozessoren unterstützen und beschleunigen die Berechnung von SHA-3-Hashwerten und SHAKE-Outputs, womit diese Funktionen (wie im Fall von AES) dort von besonderem Interesse sind.

6.4 Merkle-Trees

Eine wichtige Anwendung von Hashfunktionen sind die von Ralph Merkle erfundenen und nach ihm benannten *Merkle-Trees* oder *Hash-Trees*. Merkle verwendete diese ursprünglich

6.4 Merkle-Trees

für ein Signaturverfahren[6]. Das Post-Quantum-Signaturverfahren SLH-DSA, das in Abschn. 16.4 behandelt wird, verwendet ebenfalls Merkle-Trees. Merkle-Trees haben sich aber auch in vielen anderen Anwendungen als nützlich erwiesen.

Die Idee von Merkle-Trees ist, für eine sehr große Anzahl an Datensätzen einen Hashwert so zu berechnen, dass damit die Integrität jedes einzelnen Datensatzes mit wenig Aufwand überprüft werden kann. Der Einfachheit halber gehen wir hier davon aus, dass die Anzahl der Datensätze eine Potenz von 2 ist. In diesem Fall lassen sich Merkle-Trees besonders schön bauen.[7]

6.4.1 Erstellen eines Merkle-Tree

Um zu $N = 2^n$ Datensätzen $d_0, \ldots, d_{N-1}$ einen Merkle-Tree zu erstellen, geht man wie folgt vor (vgl. Abb. 6.7):

▶ **Schritt 1 – Blätter des Merkle-Tree berechnen** Zunächst wird jeder Datensatz d_i mit einer Hashfunktion H gehasht. Den Hashwert $H(d_i)$ bezeichnen wir mit h_i (wobei wir für i die n-stellige Binärdarstellung der Zahl i verwenden). Diese Hashwerte sind die Blätter des Merkle-Tree.

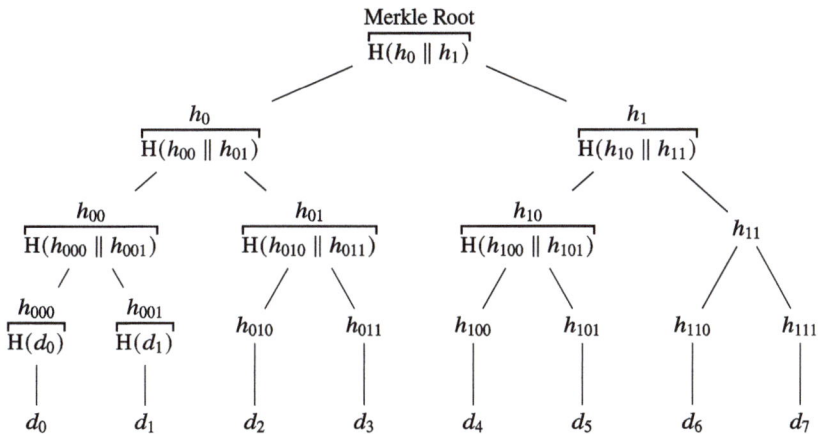

Abb. 6.7 Ein Merkle-Tree für 8 Datensätze $d_0, \ldots, d_7$

---

[6] Merkle hat dieses Verfahren patentiert. Aus diesem Grund hat sich das Interesse für dieses Signaturverfahren zunächst stark in Grenzen gehalten.

[7] Im Fall von anderen Anzahlen muss man ein wenig aufpassen. Es ist dann nicht alles ganz so einfach hinzuschreiben. Die Grundidee funktioniert aber weiterhin.

▶ **Schritt 2, 3, ...– Innere Knoten des Merkle-Tree berechnen** Von den Blättern hin zur Wurzel des Baums werden nun die Knoten des Merkle-Tree berechnet. Der Wert an einem inneren Knoten ergibt sich dabei als der Hashwert über die Werte der beiden Kinder des Knotens.

▶ **Letzter Schritt – Merkle-Root berechnen** Der Wert an der Wurzel des Baums[8] – *Merkle-Root* genannt – ergibt sich genauso wie die Werte der inneren Knoten.

6.4.2 Verifizieren eines Datensatzes

Sind alle verarbeiteten Datensätze bekannt, lässt sich auf dieselbe Art und Weise die Merkle-Root wieder berechnen. Jede Änderung eines oder mehrerer Datensätze ändert den Wert der Merkle-Root. Einfach einen Hashwert über alle Hashwerte zu berechnen, hätte denselben Effekt und wäre viel einfacher. Interessant wird die Angelegenheit aber, sobald ein einzelner Datensatz überprüft werden soll. In diesem Fall kann – anstatt alle Datensätze (oder deren Hashwerte) zu verwenden – auch gerade so viel Information geliefert werden, wie nötig ist, um zur Merkle-Root „hochzuhashen". Abb. 6.8 zeigt, welche Informationen nötig sind, um den Datensatz d_3 zu überprüfen. Die drei Hashwerte h_{010}, h_{00} und h_1 reichen aus. Sie bilden den sogenannten *Authentication-Path*.

Es ist hier einfach zu erkennen, dass für $N = 2^n$ nicht alle 2^n Blätter des Baums benötigt werden, sondern nur n Hashwerte für den Authentication-Path – einer auf jeder Ebene des Baums. Aus diesen n Hashwerten zusammen mit dem Datensatz kann die Merkle-Root berechnet und dann verglichen werden.

Abb. 6.8 Verifikation des Datensatzes d_3 mit h_{010}, h_{00}, h_1 als Authentication-Path

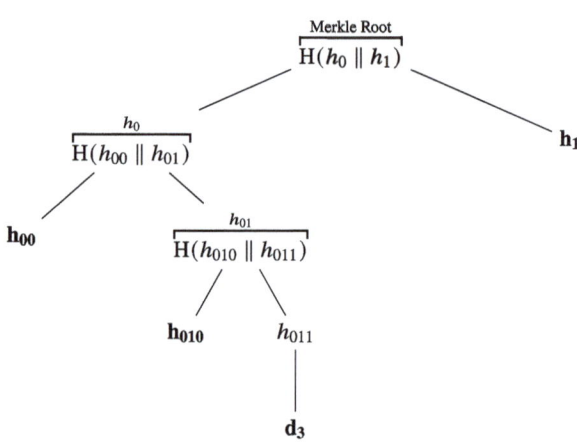

---

[8] Gemeint ist mit Wurzel der Knoten an der Spitze des Baums in Abb. 6.7.

Eine praktische Anwendung von Merkle-Trees zur Integritätssicherung ist in Filesharingsystemen zu finden. Dort werden (große) Dateien in kleinere Stücke aufgeteilt, die dann als einzelne Teile auch aus verschiedenen Quellen geladen und dann wieder zusammengefügt werden können. Einzelne Teile können durch Fehler bei der Übertragung oder vorsätzlich durch Filesharer verändert werden. Um derartige Veränderungen von einzelnen Teilen erkennen zu können, können Merkle-Trees eingesetzt werden. Jeder Teil wird zu einem Blatt im Merkle-Tree. Die Merkle-Root dient als Prüfsumme für die gesamte Datei, die zentral an einer vertrauenswürdigen Stelle heruntergeladen werden kann. Mit einem Teil wird nun auch sein Authentication-Path heruntergeladen, und dessen Integrität kann damit über die Merkle-Root auch sofort überprüft werden. In BitTorrent wurden ursprünglich in einem Torrent Hashwerte für alle Teile (Chunks) gespeichert, in BitTorrent Version 2 wird nur mehr die Merkle-Root gespeichert.

6.5 Übungen

6.5.1 Musterbeispiel

Eine Idee für eine neue Hashfunktion H mit einer Outputlänge von n Bit lautet wie folgt: Für jeden Bitstring x der Länge n ist $H(x) := x$ (für alle anderen Inputs ist die Berechnung komplizierter). So ist jedenfalls sichergestellt, dass es unter n-Bit-Strings keine Kollisionen gibt. Zeige, dass H trotzdem nicht kollisionsresistent ist, indem du beschreibst, wie du eine Kollision finden kannst.

Sei y ein Bitstring, der nicht n Bit lang ist. Berechne $x := H(y)$. Du hast eine Kollision gefunden, denn $H(x) = x = H(y)$.

Übungsaufgaben

1. Eine zweite Idee für eine neue Hashfunktion H mit einer Outputlänge von n Bit lautet wie folgt: Für jeden Bitstring x der Länge n ist $H(x) := x \oplus m$, wobei m ein fixer öffentlicher String ist (für alle anderen Inputs ist die Berechnung komplizierter). So ist jedenfalls wieder sichergestellt, dass es unter n-Bit-Strings keine Kollisionen gibt. Zeige, dass H trotzdem nicht kollisionsresistent ist, indem du beschreibst, wie du eine Kollision finden kannst.
2. Seien H eine Hashfunktion und $t \in \mathbb{N}$ eine fixe Konstante. Sei

$$H^{(t)}(x) := \underbrace{H(\ldots H(H(x))\ldots)}_{t\text{-mal}}.$$

Beschreibe, wie du, wenn du eine Kollision in $H^{(t)}$ kennst,[9] auch eine Kollision in H finden kannst.

---

[9] $x \neq y$ und $H^{(t)}(x) = H^{(t)}(y)$.

Abb. 6.9 Die Hashfunktion H'

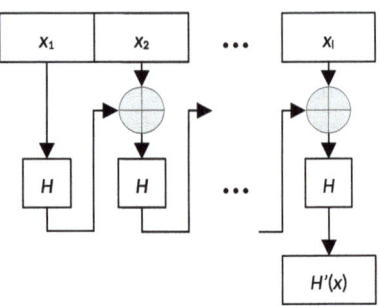

3. Sei H eine kollisionsresistente Hashfunktion mit einer Outputlänge von n Bit. Betrachte die Hashfunktion H' in Abb. 6.9 mit einer Outputlänge von n Bit. (Die Hashfunktion H' erlaubt nur Inputlängen, die ein Vielfaches von n sind. Der Input x wird in n-Bit-lange Teile $x_1, x_2, \ldots, x_l$ aufgeteilt.)
   Zeige, dass H' nicht kollisionsresistent ist, indem du beschreibst, wie du eine Kollision finden kannst.

4. Es seien $K = \{0,1\}^n$, $E : K \times \{0,1\}^n \to \{0,1\}^n$ eine sichere PRP und $E^{-1} : K \times \{0,1\}^n \to \{0,1\}^n$ ihre inverse Funktion. Es seien $H : \{0,1\}^{2n} \to \{0,1\}^n$ und $H(x \parallel y) := E_x(y)$. Zeige, dass H nicht kollisionsresistent ist, indem du beschreibst, wie du eine Kollision in H finden kannst.

5. Lade die beiden PDF-Dokumente von https://shattered.io/ herunter, und berechne deren SHA-1-Hashwerte.

6. Erstelle mit einem passenden Tool[10] selbst zwei unterschiedliche PDF-Dateien mit demselben SHA-1-Hashwert. Berechne zur Kontrolle die SHA-1-Hashwerte der erzeugten Dateien.

> **Rückblick**
>
> Du kennst die wichtigsten Sicherheitseigenschaften – *Einwegeigenschaft, schwache und starke Kollisionsresistenz* – und kannst Probleme beschreiben, die mithilfe sicherer Hashfunktionen gelöst werden können. Mit dem *Geburtstagsparadoxon* kannst du Aussagen über die Kollisionsresistenz beliebiger Hashfunktionen in Abhängigkeit von der Länge der Hashwerte machen. Du hast gesehen, wie aus kollisionsresistenten Kompressionsfunktionen (*Merkle-Damgård*) oder aus sicheren PRP (*Davies-Meyer-Winternitz*) kollisionsresistente Hashfunktionen konstruiert werden können. Du kennst den Aufbau verschiedener Hashfunktionen, insbesondere für die wichtigen Standards *SHA-2* und *SHA-3*. Du weißt, wie *Merkle-Trees* erzeugt werden können und wie man *Authentication-Paths* benutzt, um die Integrität von Daten in einem Merkle-Tree effizient zu überprüfen.

---

[10] Zum Beispiel mit https://github.com/nneonneo/sha1collider oder https://alf.nu/SHA1.

Message-Authentication-Codes (MAC) 7

Ziele

In diesem Kapitel lernst du,

- wie sich mit *Message-Authentication-Codes (MAC)* die Integrität und die *Authentizität* von Daten sicherstellen und prüfen lässt,
- wie sich die *Sicherheit eines MAC* durch ein Spiel beschreiben und quantifizieren lässt,
- wie sich die Unsicherheit eines MAC mithilfe so eines Spiels demonstrieren lässt,
- wie sich sichere MAC aus sicheren Blockchiffren oder sicheren Hashfunktionen konstruieren lassen,
- wie sich die Sicherheit solcher Konstruktionen mittels Reduktionsbeweis bestätigen lässt,
- was *Universal Hash-Functions* sind und wie aus diesen sichere MAC gebaut werden können,
- welche MAC oft verwendet werden.

Mit Hashfunktionen lässt sich die Integrität von Daten schützen, wenn sichergestellt werden kann, dass die Integrität der Hashwerte geschützt werden kann. Auf diese Weise kann die Menge an zu schützenden Daten stark reduziert werden. Hashwerte repräsentieren praktisch eindeutig die dazugehörigen Daten.

In diesem Kapitel sehen wir uns an, was man tun kann, wenn die Integrität von Hashwerten nicht einfach sichergestellt werden kann, bspw. wenn Daten (und ihre Hashwerte) ungeschützt übertragen werden.

Verschlüsselung stellt (noch) keine geeignete Lösung zum Schutz dar, weil Verschlüsselungsverfahren primär den Schutz der Vertraulichkeit, nicht aber den Schutz der Integrität oder Authentizität der Daten zum Ziel haben.

7.1 Message-Authentication

▶ **Definition 7.1** Es seien K eine Menge von Schlüsseln, M eine Menge von Nachrichten und T eine Menge von *Tags*. Ein *Message-Authentication-Code (MAC)* ist ein Paar (Mac, Vrfy). Die Funktion

$$\text{Mac}: K \times M \to T$$

erzeugt zu einer Nachricht m mit einem Schlüssel k einen „Tag" t. Die Funktion

$$\text{Vrfy}: K \times M \times T \to \{\text{True}, \text{False}\}$$

prüft Tags. Der MAC ist *korrekt*, wenn für alle Schlüssel $k \in K$ und alle Nachrichten $m \in M$ gilt, dass

$$\text{Vrfy}_k(m, \text{Mac}_k(m)) = \text{True} \,,$$

dass also mit Mac erstellte Tags von Vrfy als gültig erkannt werden, wenn derselbe Schlüssel verwendet wird.

Damit ein MAC so wie beschrieben eingesetzt werden kann, muss sichergestellt werden, dass ohne Kenntnis des Schlüssels k keine gültigen Tags erstellt werden können. Wenig überraschend wird auch die Sicherheit eines MAC wieder mithilfe eines Spiels definiert.

▶ **Definition 7.2 (Sicherer MAC)** Es seien K, M und T Mengen wie in Definition 7.1 und MAC := (Mac, Vrfy) ein MAC. Dann heißt MAC *existenziell unfälschbar unter Chosen-Message-Attacken*, wenn für jede Angreiferin A im Spiel in Abb. 7.1 der Vorteil $\text{Vort}_{\text{EU-CMA}}[A, \text{MAC}]$ vernachlässigbar klein ist.

In den beiden folgenden Beispielen sei MAC := (Mac, Vrfy) ein sicherer MAC, der Tags mit 128 Bit Länge erzeugt (also $T = \{0, 1\}^{128}$). Für jede Bitfolge b bezeichnen $b[1]$ das erste Bit von b und $b[2\ldots]$ alle Bits von b bis auf das erste.

Beispiel 7.3

Es sei nun MAC′ = (Mac′, Vrfy′) das MAC-Verfahren mit

$$\text{Mac}'_k(m) := m[1] \parallel \text{Mac}_k(m),$$
$$\text{Vrfy}'_k(m, t) := (t[1] = m[1]) \ \& \ \text{Vrfy}_k(m, t[2\ldots]) \,.$$

7.1 Message-Authentication

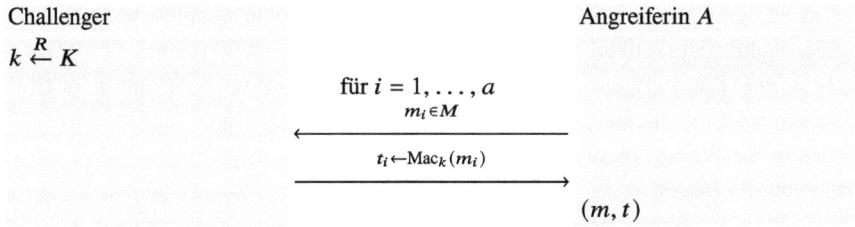

$$\text{Vort}_{\text{EU-CMA}}[A, \text{MAC}] :=$$
$$\Pr_{k \xleftarrow{R} K}\left[\text{Vrfy}_k(m, t) = \text{True und } (m, t) \notin \{(m_1, t_1), \ldots, (m_a, t_a)\}\right]$$

Die Angreiferin darf also zu selbst gewählten Nachrichten $m_1, m_2, \ldots, m_a$ die dazugehörigen Tags $t_1, t_2, \ldots, t_a$ sehen und muss dann ein Paar (m, t) erstellen, wo t ein gültiger Tag für m ist und das dabei noch nicht zuvor unter den (m_i, t_i) vorgekommen ist.

Abb. 7.1 Das Spiel zur existenziellen Unfälschbarkeit eines MAC

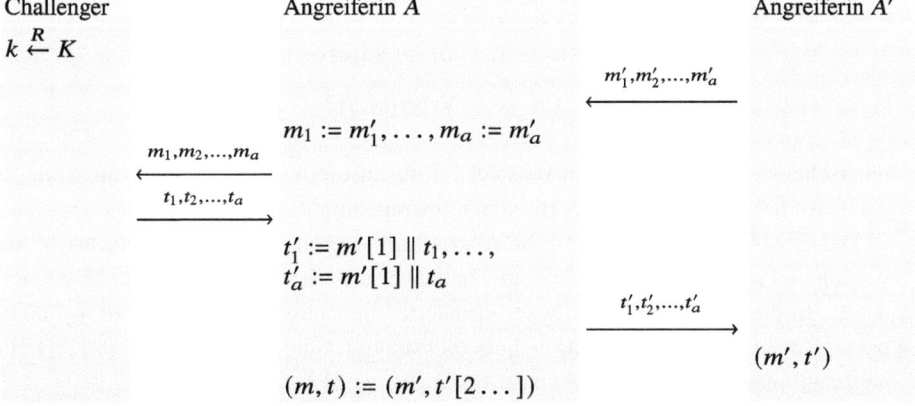

Abb. 7.2 Der Angriff in Beispiel 7.3

Es wird hier also dem ursprünglichen Tag das 1. Bit der Nachricht vorangestellt. Beim Prüfen werden verglichen, ob das 1. Bit des Tags mit dem 1. Bit der Nachricht übereinstimmt, und dann der Rest des Tags wie zuvor überprüft.

Wir überlegen uns mittels Reduktionsbeweis, dass MAC' dann ebenfalls sicher ist. Abb. 7.2 stellt den Ablauf für den Reduktionsbeweis der Sicherheit des modifizierten MAC dar.

Angreiferin A lässt sich von Angreiferin A' Nachrichten $m'_1, m'_2, \ldots, m'_a$ schicken. Sie schickt diese als Nachrichten $m_1, m_2, \ldots, m_a$ an den Challenger. Sie erhält zu jeder Nachricht m_i einen Tag t_i. Sie stellt nun jedem dieser Tags t_i das 1. Bit von m'_i voran und schickt diese modifizierten Tags t'_i an A'. Dies sind genau die Tags, die A' bei ihrem erfolgreichen Angriff auf MAC' erhält. A' kann daher mit nicht vernachlässigbar großer Wahrscheinlichkeit ein Paar (m', t') erzeugen, sodass $\text{Vrfy}'_k(m', t') = \text{True}$, also $t'[1] = m'[1]$ & $\text{Vrfy}_k(m', t'[2\ldots])$. Somit ist (m, t) mit $m := m'$ und $t := t'[2\ldots]$ ein Paar, wo t mit ebenso großer Wahrscheinlichkeit ein gültiger Tag für m ist.

Somit ist $\text{Vort}_{\text{EU-CMA}}[A, \text{MAC}] \geq \text{Vort}_{\text{EU-CMA}}[A', \text{MAC}']$. Ist MAC' unsicher, dann auch MAC. ◂

An Beispiel 7.3 kann man sehen, dass sichere MAC die Vertraulichkeit von Daten bedrohen können. Selbst wenn eine Nachricht m sicher verschlüsselt würde, ließe sich aus dem Tag das 1. Bit des Klartexts ablesen und so die semantische Sicherheit brechen.

Das folgende Beispiel zeigt, dass bei Konstruktionen wie in Beispiel 7.3 auch sehr genau achtgegeben werden muss. Wird das 1. Bit des Tags nicht mit dem 1. Bit der Nachricht verglichen, geht die Sicherheit des MAC verloren.

Beispiel 7.4

Das MAC-Verfahren $\text{MAC}' = (\text{Mac}', \text{Vrfy}')$ mit

$$\text{Mac}'_k(m) := m[1] \parallel \text{Mac}_k(m),$$

$$\text{Vrfy}'_k(m, t) := \text{Vrfy}_k(m, t[2\ldots])$$

unterscheidet sich von jenem in Beispiel 7.3 nur insofern, als nicht überprüft wird, ob das 1. Bit des Tags t mit dem 1. Bit von m übereinstimmt.

Dieser MAC ist nicht sicher. Eine Angreiferin A kann eine beliebige Nachricht m_1 wählen und sich dazu den Tag t_1 vom Challenger erstellen lassen. A kann nun einfach das 1. Bit dieses Tags ändern. Dieser geänderte Tag t passt nach wie vor zu m_1, denn das 1. Bit wird beim Prüfen gar nicht berücksichtigt. Somit ist $(m_1, t) \neq (m_1, t_1)$ ein neues gültiges Paar. Der Vorteil von A ist $\text{Vort}_{\text{EU-CMA}}[A, \text{MAC}'] = 1$. ◂

Sichere MAC für kurze Nachrichten lassen sich aus sicheren PRF gewinnen.

Theorem 7.5 *Es seien $F : K \times \{0, 1\}^n \to \{0, 1\}^n$ eine sichere PRF und n so groß, dass $1/2^n$ vernachlässigbar klein ist. Dann ist $M_F := (\text{Mac}, \text{Vrfy})$ mit*

$$\text{Mac}_k(m) := F_k(m),$$

$$\text{Vrfy}_k(m, t) := \begin{cases} \text{True}, & \text{wenn } t = F_k(m), \\ \text{False}, & \text{sonst} \end{cases}$$

ein sicherer MAC.

7.2 MAC aus Blockchiffren

Genauer: Zu jeder Angreiferin A' auf M_F gibt es eine Angreiferin A auf F, sodass

$$\text{Vort}_{EU\text{-}CMA}[A', M_F] \leq \text{Vort}_{PRF}[A, F] + \frac{1}{2^n} \, .$$

Der Summand $1/2^n$ ergibt sich aus der Tatsache, dass die Angreiferin auch einfach einen gültigen Tag zufällig auswählen könnte.

Sichere PRF können als sichere MAC für Nachrichten verwendet werden, deren Länge genau der Inputlänge der PRF entspricht. AES würde sich also z. B. als sicherer MAC für Nachrichten der Länge 128 Bit anbieten. Die Situation erinnert an Blockchiffren.

MAC für beliebig lange Nachrichten können aus Blockchiffren und aus Hashfunktionen gebaut werden. Daneben gibt es noch weitere Konstruktionen. Wir verschaffen uns hier einen kurzen Überblick.

7.2 MAC aus Blockchiffren

▶ **Definition 7.6 (eCBC [Encrypted CBC-MAC])** Es sei $E : K \times \{0, 1\}^n \to \{0, 1\}^n$ eine PRP.

Dann ist

$$E_{\text{eCBC}} : K^2 \times \{0, 1\}^* \to \{0, 1\}^n$$

definiert wie in Abb. 7.3 dargestellt. Die Nachricht m wird zur Erstellung des Tags in Blöcke $b_1, b_2, \ldots, b_m$ der Länge n mit geeignetem Padding aufgeteilt.

Bellare, Kilian, Rogaway konnten beweisen, dass diese Konstruktion zu einem sicheren MAC führt [5].

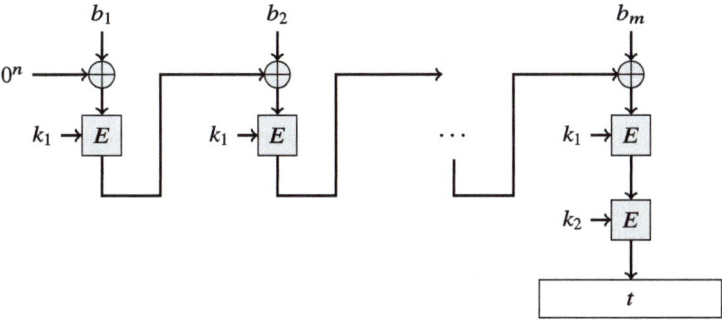

Abb. 7.3 Encrypted CBC-MAC

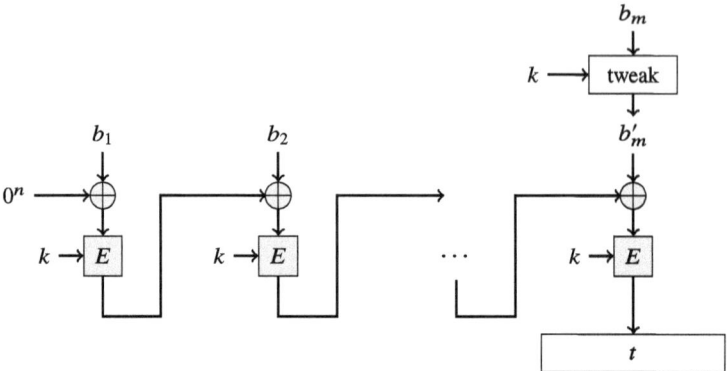

Abb. 7.4 CMAC

Theorem 7.7 *Ist E eine sichere PRP, so ist E_{eCBC} ein sicherer MAC. Genauer: Zu jeder Angreiferin A' auf die existenzielle Unfälschbarkeit von E_{eCBC}, die a Anfragen stellen darf, gibt es eine Angreiferin A auf die Sicherheit der PRP E, sodass*

$$\text{Vort}_{PRP}[A, E] + \frac{2a^2}{2^n} \geq \text{Vort}_{EU\text{-}CMA}[A', E_{eCBC}] .$$

Theorem 7.7 zeigt, dass auch hier Schlüssel altern. Abhängig von der Blocklänge der verwendeten Blockchiffre müssen Schlüssel regelmäßig getauscht werden, damit der Ausdruck $\frac{2a^2}{2^n}$ vernachlässigbar klein bleibt.

Eine Variante von eCBC ist der in NIST SP 800-38B [41] standardisierte *CMAC* – auch *OMAC1* genannt –, der in Abb. 7.4 dargestellt ist. Für die Verschlüsselung der ersten Blöcke wird hier der Schlüssel k für den MAC verwendet. Anstatt der abschließenden Verschlüsselung mit einem zweiten Schlüssel k_2 wird der letzte Block b_m durch Padding und mithilfe des Schlüssels k zu einem Block b'_m verändert (in Abb. 7.4 als „tweak" angedeutet). Details sind in [41] nachzulesen.

7.3 MAC aus Hashfunktionen

In den Standards FIPS 198 und RFC 2104 [30] werden MAC – sogenannte *HMAC* – definiert, die aus Hashfunktionen konstruiert werden. Ganz knapp (aber auch nicht ganz korrekt) lässt sich die Idee als

$$\text{HMAC}_k(m) \approx \text{H}(k \parallel \text{H}(k \parallel m))$$

zusammenfassen. Genauer lässt sich die Berechnung des HMAC-Tags wie folgt beschreiben:

Die verwendete Hashfunktion H verarbeitet Input blockweise – die Länge dieser Blöcke wird auch als die Blocklänge der Hashfunktion bezeichnet. Es sei hier b die Blocklänge der verwendeten Hashfunktion in Bytes. Des Weiteren seien

$$\text{ipad} := 0x5c5c\ldots5c \quad \text{und}$$

$$\text{opad} := 0x3636\ldots36$$

zwei Bytefolgen der Länge b.

Aus dem Schlüssel k für den MAC wird zunächst ein Schlüssel k' wie folgt abgeleitet: Ist die Länge von k höchstens so groß wie die Blocklänge b, so wird k rechts mit 0x00-Bytes bis zur Länge b aufgefüllt. Ist die Länge von k größer als b, dann werden zunächst H(k) berechnet und dieser Wert rechts mit 0x00-Bytes bis zur Länge b aufgefüllt. Schließlich ergibt sich der MAC-Tag als

$$\text{HMAC}_k(m) := \text{H}\Big(\big(k' \oplus \text{opad}\big) \parallel \text{H}\big(\big(k' \oplus \text{ipad}\big) \parallel m\big)\Big).$$

Ist die verwendete Hashfunktion H kollisionsresistent, so ist HMAC sicher. Tatsächlich lässt sich die Sicherheit eines MAC auch mit geringeren Sicherheitsanforderungen an die Hashfunktion nachweisen. Details finden sich in [3].

7.4 Carter-Wegman-MAC (CW-MAC)

Carter-Wegman-MAC (CW-MAC) verwenden als Baustein sogenannte *Universal Hash-Functions*. Diese wurden bereits in den 1970er-Jahren von Carter und Wegman [14] untersucht. Anders als Hashfunktionen arbeiten Universal Hash-Functions mit einem Schlüssel. Ihren Namen verdanken sie der Anforderung, dass für einen zufällig ausgewählten Schlüssel Kollisionen sehr unwahrscheinlich sein sollen.

▶ **Definition 7.8 (Universal Hash-Function)** Eine Funktion $H : K \times M \to T$ heißt *Universal Hash-Function*, wenn für alle $m_1, m_2 \in M$ die Wahrscheinlichkeit

$$\Pr_{k \xleftarrow{R} K} [H_k(m_1) = H_k(m_2)],$$

dass die Nachrichten m_1 und m_2 für einen zufällig gewählten Schlüssel k denselben Hashwert haben, vernachlässigbar klein ist.

Universal Hash-Functions lassen sich sehr einfach wie folgt aus Polynomen erzeugen. Es sei p eine $(t+1)$-Bit-lange Primzahl. Alle Elemente in $\{0, 1\}^t$ lassen sich als Elemente von $\mathbb{Z}_p$ verstehen. Der Schlüsselraum K ist $\mathbb{Z}_p$. Schlüssel sind dann bis zu $t + 1$ Bit lang.

Nachrichten m werden in L Blöcke zu t Bits mit passendem Padding geteilt:

$$m := b_1 \parallel b_2 \parallel \cdots \parallel b_L .$$

Jeder Block b_i kann als Element von $\mathbb{Z}_p$ gelesen werden.
Dann definiere $H : K \times M \to \mathbb{Z}_p$ für $k \in K$ durch

$$H_k(m) := k^L + b_1 k^{L-1} + \cdots + b_{L-1} k + b_L \mod p .$$

Der Tag $H_k(m)$ kann recht einfach Block für Block mit nur einer Addition und einer Multiplikation pro Block berechnet werden, denn

$$H_k(m) = k^L + b_1 k^{L-1} + \cdots + b_{L-1} k + b_L \mod p$$
$$= b_L + k(b_{L-1} + \cdots + k(b_2 + k(b_1 + k)) \ldots) \mod p .$$

Carter und Wegman konnten zeigen, dass diese Konstruktion zu einer Universal Hash-Function führt [14].

Theorem 7.9 *Ist p ausreichend groß, dann ist die eben definierte Funktion H eine Universal Hash-Function – genauer:*

$$\Pr_{k \xleftarrow{R} K} [H_k(m_1) = H_k(m_2)] = L/p ,$$

wenn m_1 und m_2 aus höchstens L Blöcken bestehen.

Es empfiehlt sich, für den Beweis – bei Bedarf – Kap. 19 zu konsultieren. Die Berechnungen in diesem Beweis erfolgen – so ist $H_k(m)$ definiert – modulo p. Wir verzichten darauf, dies explizit hinzuschreiben, um die Lesbarkeit zu erhöhen.

Beweis Es ist einfach zu erkennen, dass für $m = b_1 \parallel b_2 \parallel \cdots \parallel b_L$ der Wert $H_k(m)$ genau der Wert des Polynoms $f_m := x^L + b_1 x^{L-1} + \cdots + b_{L-1} x + b_L \in \mathbb{Z}_p[x]$ an der Stelle k ist, also $H_k(m) = f_m(k)$. Weiterhin ist $\text{Grad}(f_m) = L$. Angenommen, m_1 und m_2 sind zwei Nachrichten bestehend aus höchstens L Blöcken, sodass $H_k(m_1) = H_k(m_2)$. Dann ist $f_{m_1}(k) = f_{m_2}(k)$, und somit ist $(f_{m_1} - f_{m_2})(k) = f_{m_1}(k) - f_{m_2}(k) = 0$, also k eine Nullstelle des Polynoms $f_{m_1} - f_{m_2}$. Da $\text{Grad}(f_{m_1}) = \text{Grad}(f_{m_2}) \leq L$, ist wegen Lemma 19.4 auch der Grad des Polynoms $\text{Grad}(f_{m_1} - f_{m_2}) \leq L$. Somit hat das Polynom $f_{m_1} - f_{m_2}$ nach Korollar 19.16 höchstens L Nullstellen. Die Wahrscheinlichkeit, dass ein zufällig gewähltes k eine Nullstelle ist, ist somit L/p. □

Die so konstruierte Funktion H_k lässt sich nicht direkt als MAC verwenden, denn für die 1-Block-lange Nachricht $m = b_1$ mit $b_1 = 1$ würden sich $H_k(1) = k + 1$ und damit k

ergeben. Somit wäre einer Angreiferin, die sich einen MAC über diese Nachricht erstellen lässt, k bekannt, womit sie Tags zu beliebigen Nachrichten erstellen könnte. Carter und Wegman haben daher für ihre Konstruktion vorgeschlagen, den Wert $H_k(m)$ noch zu verschlüsseln.

Das Verfahren *ChaCha20-Poly1305* ist ein weitverbreiteter *Carter-Wegman-MAC (CW-MAC)*, der gerne in Verbindung mit der Stromchiffre ChaCha20 eingesetzt wird, nicht zuletzt aufgrund der hohen Geschwindigkeit. Als Primzahl wird (fix) $p := 2^{130}-5$ gewählt (damit effizient modulo p gerechnet werden kann). Gearbeitet wird mit 128-Bit-langen Schlüsseln und Nachrichten werden in 128-Bit-Blöcken verarbeitet. Zur Verschlüsselung kommt die Stromchiffre ChaCha20 zum Einsatz. Details sind RFC 8439 [50] zu entnehmen.

Für Blockchiffren implementiert der Galois-Counter-Mode, der in den Kap. 8 und 16 genauer behandelt wird, einen CW-MAC, um neben Vertraulichkeit auch Authentizität zu gewährleisten.

7.5 Übungen

Es sei für alle Übungsaufgaben MAC := (Mac, Vrfy) mit

$$\text{Vrfy}_k(m, t) := \begin{cases} \text{True}, & \text{wenn } t = \text{Mac}_k(m), \\ \text{False}, & \text{sonst} \end{cases}$$

ein sicherer MAC.

7.5.1 Musterbeispiel

Zeige, dass MAC' := (Mac', Vrfy') mit

$$\text{Mac}'_k(m_1 \| m_2) := \text{Mac}_k(m_1) \| \text{Mac}_k(m_2),$$

$$\text{Vrfy}'_k(m_1 \| m_2, t) := \begin{cases} \text{True}, & \text{wenn } t = \text{Mac}_k(m_1) \| \text{Mac}_k(m_2), \\ \text{False}, & \text{sonst} \end{cases}$$

kein sicherer MAC ist, indem du eine Angreiferin A beschreibst und ihren Vorteil nennst. (Mac' und Vrfy' erlauben als Input nur Nachrichten mit gerader Bitlänge und teilen sie in gleich große Hälften m_1 und m_2 auf.)

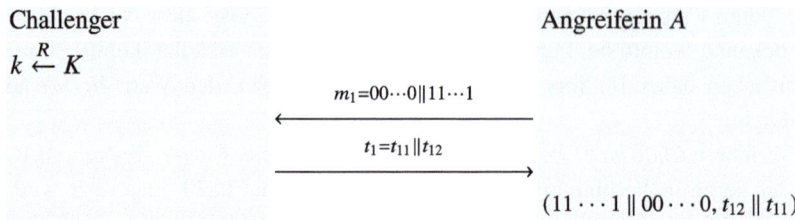

A wählt eine Nachricht $m_1 := 00\cdots0 \parallel 11\cdots1$ mit zwei unterschiedlichen Hälften und erhält vom Challenger den Tag t_1, wobei $t_1 = \text{Mac}'(00\cdots0 \parallel 11\cdots1) = \text{Mac}(00\cdots0) \parallel \text{Mac}(11\cdots1) = t_{11} \parallel t_{12}$. A kann daraus ein neues Message-Tag-Paar $(11\cdots1 \parallel 00\cdots0, t_{12} \parallel t_{11})$ erstellen. Ihr Vorteil ist also

$$\text{Vort}_{\text{EU-CMA}}[A, \text{MAC}'] =$$
$$\Pr_{k \xleftarrow{R} K}\left[\text{Vrfy}_k(m, t) = \text{True und } (m, t) \notin \{(m_1, t_1), \ldots, (m_a, t_a)\}\right] = 1.$$

Übungsaufgaben

1. Zeige, dass $\text{MAC}' := (\text{Mac}', \text{Vrfy}')$ mit

$$\text{Mac}'_k(m_1 \parallel m_2) := \text{Mac}_k(m_1) \oplus \text{Mac}_k(m_2),$$

$$\text{Vrfy}'_k(m_1 \parallel m_2, t) := \begin{cases} \text{True,} & \text{wenn } t = \text{Mac}_k(m_1) \oplus \text{Mac}_k(m_2), \\ \text{False,} & \text{sonst} \end{cases}$$

kein sicherer MAC ist, indem du eine Angreiferin A beschreibst (vgl. Spiel in Abb. 7.1) und ihren Vorteil nennst. (Mac' und Vrfy' erlauben als Input nur Nachrichten mit gerader Bitlänge und teilen sie in gleich große Hälften m_1 und m_2 auf.)

2. Zeige, dass $\text{MAC}' := (\text{Mac}', \text{Vrfy}')$ mit

$$\text{Mac}'_{k_1 \parallel k_2}(m_1 \parallel m_2) := \text{Mac}_{k_1}(m_1) \parallel \text{Mac}_{k_2}(m_2),$$

$$\text{Vrfy}'_{k_1 \parallel k_2}(m_1 \parallel m_2, t) := \begin{cases} \text{True,} & \text{wenn } t = \text{Mac}_{k_1}(m_1) \parallel \text{Mac}_{k_2}(m_2), \\ \text{False,} & \text{sonst} \end{cases}$$

kein sicherer MAC ist, indem du eine Angreiferin A beschreibst (vgl. Spiel in Abb. 7.1) und ihren Vorteil nennst. (Mac' und Vrfy' erlauben als Input nur Nachrichten mit gerader Bitlänge und teilen sie in gleich große Hälften m_1 und m_2 auf. Mac' und Vrfy' verwenden außerdem Schlüssel mit gerader Bitlänge und teilen sie in gleich große Hälften k_1 und k_2 auf.)

3. Zeige, dass $\mathrm{MAC}' := (\mathrm{Mac}', \mathrm{Vrfy}')$ mit

$$\mathrm{Mac}'_{k_1\|k_2}(m_1 \| m_2) := \mathrm{Mac}_{k_1}(m_1) \oplus \mathrm{Mac}_{k_2}(m_2),$$

$$\mathrm{Vrfy}'_{k_1\|k_2}(m_1 \| m_2, t) := \begin{cases} \text{True,} & \text{wenn } t = \mathrm{Mac}_{k_1}(m_1) \oplus \mathrm{Mac}_{k_2}(m_2), \\ \text{False,} & \text{sonst} \end{cases}$$

kein sicherer MAC ist, indem du eine Angreiferin A beschreibst (vgl. Spiel in Abb. 7.1) und ihren Vorteil nennst. (Mac' und Vrfy' erlauben als Input nur Nachrichten mit gerader Bitlänge und teilen sie in gleich große Hälften m_1 und m_2 auf. Mac' und Vrfy' verwenden außerdem Schlüssel mit gerader Bitlänge und teilen sie in gleich große Hälften k_1 und k_2 auf.)

4. Zeige, dass $\mathrm{MAC}' := (\mathrm{Mac}', \mathrm{Vrfy}')$ mit

$$\mathrm{Mac}'_k(m) := \mathrm{Mac}_k(m) \| \mathrm{Mac}_k(m),$$

$$\mathrm{Vrfy}'_k(m, t) := \begin{cases} \text{True,} & \text{wenn } t = \mathrm{Mac}_k(m) \| \mathrm{Mac}_k(m), \\ \text{False,} & \text{sonst} \end{cases}$$

ein sicherer MAC ist. Nimm dazu eine Angreiferin A' an, die MAC' mit nicht vernachlässigbarem Vorteil angreifen kann (vgl. Spiel in Abb. 7.1), und beschreibe eine Angreiferin A, die (mithilfe von A') MAC mit nicht vernachlässigbarem Vorteil angreifen kann.

5. $\mathrm{MAC}' := (\mathrm{Mac}', \mathrm{Vrfy}')$ mit

$$\mathrm{Mac}'_k(m) := \text{SHA-256}(m) \oplus k,$$

$$\mathrm{Vrfy}'_k(m, t) := \begin{cases} \text{True,} & \text{wenn } t = \text{SHA-256}(m) \oplus k, \\ \text{False,} & \text{sonst} \end{cases}$$

ist kein sicherer MAC. Erstelle aus dem gegebenen Message-Tag-Paar (m, t) ein Message-Tag-Paar für eine andere Nachricht (unter demselben Schlüssel). Die neue Nachricht soll u. a. deinen Vornamen beinhalten.

```
m = "Hello_World!"
t = 0x 25050fdb464cca425519fa9563907115
       bc2c2c5cd47f472f0cff43a196a56689
```

6. $MAC' := (Mac', Vrfy')$ mit

$$Mac'_k(m) := SHA\text{-}256(k \parallel m),$$

$$Vrfy'_k(m, t) := \begin{cases} \text{True}, & \text{wenn } t = SHA\text{-}256(k \parallel m), \\ \text{False}, & \text{sonst} \end{cases}$$

ist kein sicherer MAC.

a. Erstelle aus dem gegebenen Message-Tag-Paar (m, t) ein Message-Tag-Paar für eine andere Nachricht (unter demselben Schlüssel). Dafür kannst du ein passendes Tool verwenden, z. B. den Hash-Extender[1] oder das Length-Extension-Tool[2]. Die neue Nachricht soll u. a. deinen Vornamen beinhalten. Du kennst den Schlüssel nicht. Die Schlüssellänge ist 4 Byte.

```
m = "Hello World!"
t = 0x 7a2da0ace74f81c81e115c6078f944c2
       39e8a2065cfc8fe15aae0a887d851a95
```

b. Verifiziere deine Lösung, indem du als 4-Byte-Schlüssel den Vornamen der Autorin in Großbuchstaben und UTF-8-Codierung verwendest.

Rückblick

Du kennst nun den Zweck von *Message-Authentication-Codes (MAC)* und kannst die Sicherheitsanforderung „*existenzielle Unfälschbarkeit unter Chosen-Message-Attacken*" durch ein Spiel beschreiben. Du bist damit in der Lage, die Sicherheit eines MAC (durch einen Reduktionsbeweis) zu bestätigen oder dessen Unsicherheit damit nachzuweisen. Du kennst zuverlässige Methoden, um aus einer Blockchiffre (*CMAC*) oder aus einer Hashfunktion (*HMAC*) einen sicheren MAC zu bauen, und entsprechende Standards. Als weitere Konstruktion kennst du *CW-MAC*, insbesondere den verbreiteten MAC *ChaCha20-Poly1305*.

---

[1] https://github.com/iagox86/hash_extender.

[2] https://github.com/viensea1106/hash-length-extension.

Authenticated Encryption   8

> **Ziele**
>
> In diesem Kapitel lernst du,
>
> - wie *aktive Angriffe* auf die Vertraulichkeit modelliert und verhindert werden können,
> - was die Begriffe *Authenticated Encryption* und *CCA-Sicherheit* bedeuten,
> - wie man im Kontext aktiver Angriffe *Spiele* einsetzen kann, um Sicherheitsanforderungen zu beschreiben und die Sicherheit oder Unsicherheit von Verfahren nachzuweisen,
> - welche *Verfahren* es gibt, die eingesetzt werden können, um CCA-Sicherheit und/oder Authenticated Encryption zu erreichen.

In diesem Kapitel werden die Möglichkeiten der Angreiferin noch einmal erweitert. Bislang konnten Angreiferinnen nur Klartexte wählen und Chiffrate sehen. Die Idee dabei ist, dass Angreiferinnen u. U. beeinflussen können, welche Nachrichten ausgetauscht werden.

Darüber hinaus erlauben wir nun auch aktive Angriffe, also Angriffe, bei denen die Angreiferin Chiffrate verändern kann. Sie kann dann das Verhalten des Empfängers beobachten, um zu mehr Informationen zu kommen. Ziel eines Angriffs bleibt, verschlüsselte Nachrichten zu unterscheiden.

8.1 Authenticated Encryption und CCA-Sicherheit

Bei den Verschlüsselungsverfahren, die wir bisher kennengelernt haben, führt die Entschlüsselung beliebiger Chiffrate (passender Länge) zu einem Ergebnis (Klartext). Verschlüsselungsverfahren in diesem Kapitel können anstatt eines Klartexts auch einen Fehler

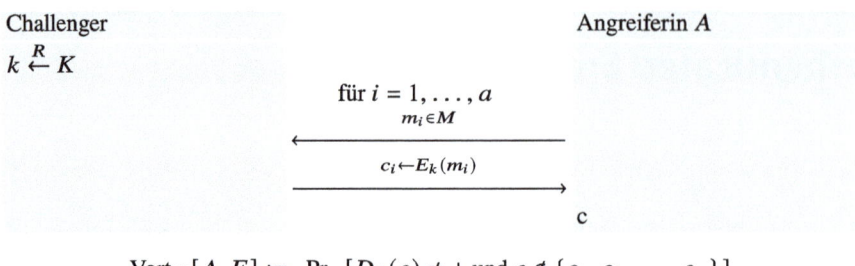

$$\mathrm{Vort}_{\mathrm{CI}}[A, E] := \Pr_{k \xleftarrow{R} K} [D_k(c) \neq \bot \text{ und } c \notin \{c_1, c_2, \ldots, c_a\}]$$

M.a.W.: Die Angreiferin darf sich selbstgewählte Klartexte aussuchen und erhält diese vom Challenger (immer mit demselben, zufällig gewählten Schlüssel) verschlüsselt. Die Angreiferin versucht ein gültiges Chiffrat zu erstellen, das neu, also keines der vom Challenger erstellten, ist. $\mathrm{Vort}_{\mathrm{CI}}[A, E]$ ist die Wahrscheinlichkeit, dass ihr dies gelingt.

Abb. 8.1 Das Spiel zur Ciphertext-Integrity

($\bot$) als Ergebnis liefern, wenn mit dem Chiffrat etwas nicht in Ordnung scheint. Sie können also ein Chiffrat auch zurückweisen.

Ein Verschlüsselungsverfahren hat die Eigenschaft der *Ciphertext-Integrity*, wenn keine Angreiferin mit nicht vernachlässigbarer Wahrscheinlichkeit ein Chiffrat erstellen kann, das beim Entschlüsseln nicht zurückgewiesen wird. Mit dem Spiel in Abb. 8.1 wird dies modelliert.

▶ **Definition 8.1** Es sei E ein Verschlüsselungsverfahren. E hat *Ciphertext-Integrity*, wenn $\mathrm{Vort}_{\mathrm{CI}}[A, E]$ im Spiel in Abb. 8.1 für jede Angreiferin A vernachlässigbar klein ist. E hat die Eigenschaft *Authenticated Encryption*, wenn E CPA-Sicherheit und Ciphertext-Integrity hat.

Ciphertext-Integrity ist eine sehr starke Integritätseigenschaft. Die Eigenschaft der Ciphertext-Integrity lässt sich z. B. nicht auf Public-Key-Verfahren übertragen; dort *sollen* mit dem Public Key gültige Chiffrate erstellt werden können.[1] Aus diesem Grund wird anstelle von Authenticated Encryption praktisch oft eine etwas weniger strenge Eigenschaft gefordert, die der Sicherheit gegenüber *Chosen-Ciphertext-Attacken (CCA)*.

Gegenüber dem Spiel in Abb. 5.3 zur CPA-Sicherheit kommt im Spiel in Abb. 8.2 für die Angreiferin die Möglichkeit dazu, beliebige selbstgewählte Chiffrate vom Challenger entschlüsseln zu lassen. Dies modelliert, dass die Angreiferin Chiffrate modifizieren oder erfinden kann und dann beobachten, wie sich der Empfänger (Challenger) verhält. Im besten Fall für die Angreiferin verrät der Empfänger überhaupt den erhaltenen Klartext. Wenn der Vorteil der Angreiferin selbst in diesem Fall vernachlässigbar klein bleibt, kann

---

[1] Vergleiche Kap. 10.

8.1 Authenticated Encryption und CCA-Sicherheit

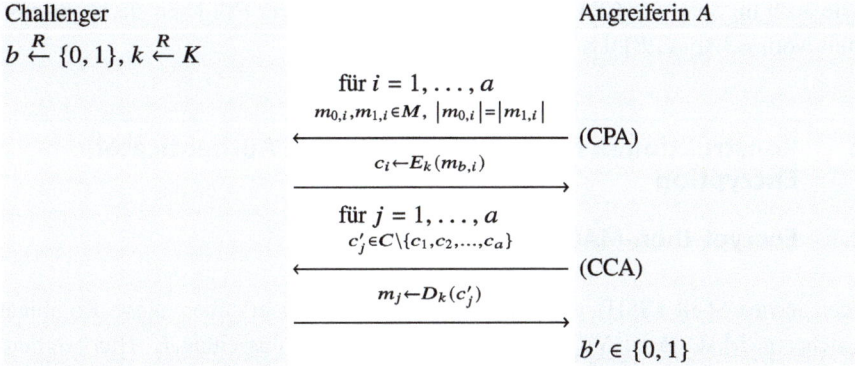

$$\mathrm{Vort}_{\mathrm{CCA}}[A, E] := \Pr_{k \xleftarrow{R} K}[b' = 1 \mid b = 1] - \Pr_{k \xleftarrow{R} K}[b' = 1 \mid b = 0]$$

M.a.W.: Das Spiel läuft zunächst wie das Spiel 5.3 zur CPA-Sicherheit ab. Zusätzlich darf sich die Angreiferin nun aber auch selbstgewählte Werte c_j vom Challenger entschlüsseln lassen. Die Aufgabe für die Angreiferin, um das Spiel zu gewinnen, bleibt gleich. Die Angreiferin tippt, ob die Klartexte mit Index 0 ($b' = 0$) oder die Klartexte mit Index 1 ($b' = 1$) verschlüsselt wurden. $\mathrm{Vort}_{\mathrm{CCA}}[A, E]$ ist 0, wenn sie nur raten kann; umso höher, umso besser sie tippt.

Abb. 8.2 Das Spiel zur CCA-Sicherheit

sie offenbar die Möglichkeit der Chosen Ciphertexts (also eines aktiven Angriffs) nicht gewinnbringend nutzen.

▶ **Definition 8.2** Es sei E ein Verschlüsselungsverfahren. E ist sicher gegenüber *Chosen-Ciphertext-Attacken* (*CCA-sicher*), wenn $\mathrm{Vort}_{\mathrm{CCA}}[A, E]$ im Spiel in Abb. 8.2 für jede Angreiferin A vernachlässigbar klein ist.

Theorem 8.3 *Hat E Authenticated Encryption, dann ist E CCA-sicher. Genauer: Zu jeder Angreiferin A' auf die CCA-Sicherheit von E, die a Anfragen stellt, gibt es eine Angreiferin A_{CI} auf die Ciphertext-Integrity von E und eine Angreiferin A_{CPA} auf die CPA-Sicherheit von E, sodass*

$$2a \cdot \mathrm{Vort}_{CI}[A_{CI}, E] + \mathrm{Vort}_{CPA}[A_{CPA}, E] \geq \mathrm{Vort}_{CCA}[A', E].$$

Es wird auch hier nicht näher auf einen Beweis dieses Resultats eingegangen. Wie genau sich diese Ungleichung ergibt, lässt sich in [12, Theorem 9.1] nachlesen. Qualitativ lässt sich wie folgt argumentieren: Wegen der Ciphertext-Integrity hat eine Angreiferin bei a Anfragen für verschiedene Chiffrate maximal eine Wahrscheinlichkeit von $a \cdot \mathrm{Vort}_{CI}[A_{CI}, E]$, wenigstens einmal nicht das Ergebnis $\bot$ zu erhalten. Ist dies nicht der Fall, so ist die gesamte Information, die sie erhält, nichts anderes als die Information, die sie auch im Spiel zur CPA-Sicherheit erhielte; in diesem Fall kann sie höchstens mit Vorteil Vort$_{\text{CPA}}[A_{\text{CPA}}, E]$ das Spiel gewinnen.

8.2 Konstruktionen für CCA-Sicherheit und Authenticated Encryption

8.2.1 Encrypt-then-MAC

IPSec, Secure Shell (SSH) und TLS (seit Version 1.3) erlauben diese Kombination aus sicherem MAC (Mac, Vrfy) und CPA-sicherer Verschlüsselung E. Hier werden ein Schlüssel k_E für die Verschlüsselung und ein davon unabhängiger Schlüssel k_M für den MAC verwendet:

$$c \leftarrow E_{k_E}(m) ,$$

$$m \mapsto c \parallel \text{Mac}_{k_M}(c) .$$

Mit Encrypt-then-MAC lässt sich aus einem CPA-sicheren Verschlüsselungsverfahren und einem EU-CMA-sicheren MAC ein Verschlüsselungsverfahren mit der Eigenschaft Authenticated Encryption machen.

Theorem 8.4 *Sind E CPA-sicher und MAC := (Mac, Vrfy) ein sicherer MAC, dann hat Encrypt-then-MAC mit E und MAC die Eigenschaft Authenticated Encryption.*

Ein Beweis dafür lässt sich in [12, Theorem 9.2] finden.

Nicht mit jeder Kombination von Verschlüsselung und MAC lässt sich Authenticated Encryption erreichen. TLS verwendete bis Version 1.2 die Variante „MAC-then-Encrypt" aus sicherem MAC (Mac, Vrfy) und CPA-sicherer Verschlüsselung E:

$$t \leftarrow \text{Mac}_{k_M}(m) ,$$

$$m \mapsto E_{k_E}(m \parallel t) .$$

In speziellen Situationen ist es möglich, auch so Authenticated Encryption zu erreichen; nämlich dann, wenn die Verschlüsselungsoperation des verwendeten CPA-sicheren Verschlüsselungsverfahrens eine sichere PRF ist und ein EU-CMA-sicherer MAC verwendet wird [12, Theorem 9.3]. Nach Theorem 3.5 ist das beim Counter-Mode-of-Operation für Blockchiffren der Fall.

Eine allgemeinere Aussage – wie für Encrypt-then-MAC – lässt sich nicht machen. Zudem ist es in der Implementierung sehr schwierig, *Padding-Oracle-Attacken* zu verhindern.

Mit der Methode „Encrypt-and-MAC",

$$m \mapsto E_{k_E}(m) \parallel \text{Mac}_{k_M}(m)$$

ist wirklich nur in sehr speziellen Fällen Authenticated Encryption erreichbar. In Beispiel 7.3 taucht ein EU-CMA-sicherer MAC auf, der Tags erstellt, die Information über den Klartext enthalten. In solchen Fällen geht sogar die semantische Sicherheit verloren.

Aus diesen Gründen sollten MAC-then-Encrypt und MAC-and-Encrypt nicht eingesetzt werden. Mit Encrypt-then-MAC steht ohnehin eine zuverlässige Kombination zur Verfügung.

8.2.2 Weitere Standards

Für komplette Modes of Operation für sichere Blockchiffren wie

- den *Galois-Counter-Mode (GCM)*,
- den *CCM* (CBC-MAC, dann CTR-Mode-Verschlüsselung; RFC 3610 [64]; RFC 4309 für IPSec [22]; RFC 6655 für TLS [35]),
- den *EAX* (CTR-Mode-Verschlüsselung, dann ein CMAC [6]) oder
- den *OCB* (integriert den MAC direkt in die Verschlüsselung und ist daher besonders schnell [31])

konnte die Eigenschaft der Authenticated Encryption – insbesondere also die CCA-Sicherheit – nachgewiesen werden, wenn diese mit einer sicheren Blockchiffre verwendet werden.

Authenticated Encryption lässt sich auch mit CPA-sicheren Stromchiffren und EU-CMA-sicheren MAC erreichen; ein Beispiel ist die aus Kap. 7 bekannte Kombination ChaCha20-Poly1305 aus Stromchiffre und MAC im Sinne von Theorem 8.4.

8.2.3 Galois-Counter-Mode (GCM)

Als ein Beispiel betrachten wir den weitverbreiteten *Galois-Counter-Mode (GCM)*, der in Abb. 8.3 schematisch dargestellt ist. Unter anderem IPSec (RFC 4543 [63]), SSH (RFC 5647 [25]) und TLS (seit Version 1.3, RFC 5288 [59]) bieten diesen Mode of Operation.

GCM erlaubt neben der sicheren Verschlüsselung von Daten auch den Schutz der Integrität und Authentizität von zusätzlichen Daten (AD in Abb. 8.3), die nicht verschlüsselt werden müssen oder sollen. Man spricht in diesem Zusammenhang auch von *Authenticated Encryption with Associated Data (AEAD)*.

Die Verschlüsselung erfolgt hier im CTR-Mode. Der Startcounter, das gesamte Chiffrat und die AD werden durch den „Auth-Tag" vor Veränderung geschützt. Zum Schutz vor Veränderung wird ein Carter-Wegman-MAC eingesetzt. Als Schlüssel k' verwendet dieser das AES-Chiffrat $H := E_k(00\cdots 0)$. Gerechnet wird allerdings hier nicht modulo p, sondern im endlichen Körper $GF(2^{128})$ (mehr dazu in Kap. 16). Schlussendlich werden

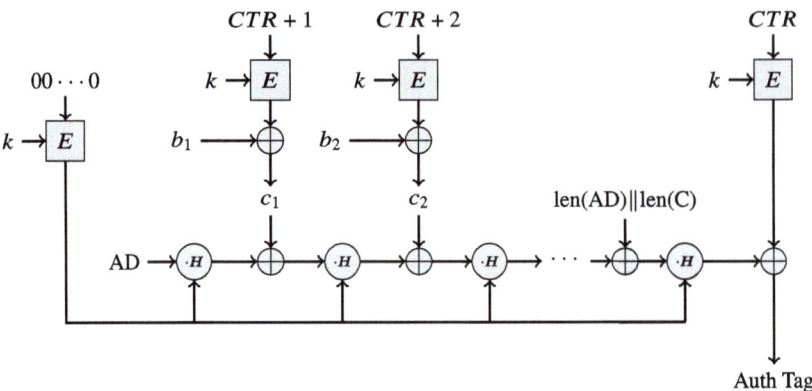

Abb. 8.3 Verschlüsseln im GCM-Mode-of-Operation

auch die Längen der verarbeiteten Daten und noch einmal der verwendete Schlüssel in den Auth-Tag eingearbeitet.

8.3 Übungen

8.3.1 Musterbeispiel

Zeige, dass der CTR-Mode nicht CCA-sicher ist, indem du eine Angreiferin A beschreibst und ihren Vorteil nennst.

Challenger $\qquad\qquad\qquad\qquad\qquad\qquad$ Angreiferin A

$b \xleftarrow{R} \{0,1\}, k \xleftarrow{R} K$

$\qquad\qquad\qquad\xleftarrow{m_{0,1}=00\cdots0, m_{1,1}=11\cdots1}\qquad$ (CPA)

$\qquad\qquad\qquad\xrightarrow{c_1=CTR\|c}\qquad\qquad$

$\qquad\qquad\qquad\xleftarrow{c'_1=CTR\|(c\oplus 100\cdots 0)}\qquad$ (CCA)

$\qquad\qquad\qquad\xrightarrow{m_1 \leftarrow D_k(c'_1)}\qquad\qquad$

$\qquad\qquad\qquad\qquad\qquad\qquad m_1 = 100\cdots 0 : b' = 0$
$\qquad\qquad\qquad\qquad\qquad\qquad m_1 = 011\cdots 1 : b' = 1$

A wählt zwei unterschiedliche Nachrichten als $m_{0,1}$ und $m_{1,1}$, z. B. $m_{0,1} = 00\cdots 0$ und $m_{1,1} = 11\cdots 1$. A erhält vom Challenger nun ein Chiffrat $c_1 = CTR \| c$. A lässt den CTR unverändert, flippt aber im Chiffratteil c das 1. Bit. Sie schickt das so veränderte Chiffrat wieder an den Challenger. Da bei der Entschlüsselung nun wieder derselbe Startcounter CTR verwendet wird, wird auch wieder derselbe Schlüsselstrom für die XOR-Verknüpfung verwendet. Dadurch ändert sich die retournierte entschlüsselte

Nachricht m_1 nur an genau der Position, an der A im Chiffrat das Bit geflippt hat. Beginnt m_1 also mit einer Eins, gefolgt von lauter Nullen, tippt A auf $b' = 0$. Beginnt m_1 mit einer Null, gefolgt von lauter Einsen, tippt A auf $b' = 1$. Sie liegt immer richtig; ihr Vorteil ist daher

$$\text{Vort}_{\text{CCA}}[A, E_{CTR}] = \Pr_{k \xleftarrow{R} K}\left[b' = 1 \mid b = 1\right] - \Pr_{k \xleftarrow{R} K}\left[b' = 1 \mid b = 0\right]$$
$$= 1 - 0 = 1.$$

Übungsaufgaben

1. Zeige, dass der CBC-Mode nicht CCA-sicher ist, indem du eine Angreiferin A beschreibst und ihren Vorteil nennst.
2. Seien E eine CCA-sichere Verschlüsselung mit Authenticated Encryption und E' folgende Verschlüsselung.

$$E'_k(m) := (E_k(m), E_k(m)),$$

$$D'_k((c_1, c_2)) := \begin{cases} D_k(c_1), & \text{wenn } D_k(c_1) = D_k(c_2), \\ \texttt{Error}, & \text{sonst} \end{cases}$$

   a. Zeige, dass die Verschlüsselung E' nicht CCA-sicher ist, indem du eine Angreiferin A beschreibst und ihren Vorteil nennst.
   b. Zeige, dass die Verschlüsselung E' keine Ciphertext-Integrity hat, indem du eine Angreiferin A beschreibst und ihren Vorteil nennst.
3. Es sei $E : K \times \{0, 1\}^n \to \{0, 1\}^n$ eine sichere PRP. Zeige, dass die Verschlüsselung $E' : K \times \{0, 1\}^n \to \{0, 1\}^{2n}$ keine CCA-Sicherheit hat, indem du eine Angreiferin A beschreibst und ihren Vorteil nennst.

   $\underline{E'_k(m):}$

   $IV \xleftarrow{R} \{0, 1\}^n$

   $c_1 := E_k(IV)$

   $c_2 := E_k(m) \oplus IV$

   return (c_1, c_2)

   $\underline{D'_k((c_1, c_2)):}$

   $IV := E_k^{-1}(c_1)$

   $m := E_k^{-1}(c_2 \oplus IV)$

   return m

4. Nicht CCA-sichere Verschlüsselungen sind anfällig für Padding-Oracle-Attacken.

   Stell dir ein Client-Server-Protokoll vor, in dem alle Nachrichten mit dem Byte `0x00` enden müssen und im CTR-Mode verschlüsselt werden. Nachrichten können beliebige Länge haben; der CTR-Schlüsselstrom wird dazu vor der XOR-Verknüpfung auf Nachrichtenlänge gekürzt.

Endet eine entschlüsselte Nachricht nicht mit `0x00`, schickt der Server einen `"PaddingError"`, ansonsten antwortet er protokollgemäß. Der Server agiert also als Padding-Oracle; er informiert die Senderin, ob der Klartext zum gesendeten Chiffrat das richtige Padding `0x00` aufweist oder nicht.

Stell dir nun vor, du hast ein Chiffrat c vorliegen. Es ist die CTR-Mode-Verschlüsselung einer korrekten Nachricht (mit `0x00` als letztes Byte).
   a. Beschreibe, wie du das vorletzte Byte der Nachricht mithilfe des Padding-Oracle ermitteln kannst.
   b. Beschreibe, wie du die gesamte Nachricht mithilfe des Padding-Oracle ermitteln kannst. Wie viele Anfragen an das Padding-Oracle sind dazu notwendig, wenn die Nachricht n Byte lang ist?
5. Nicht CCA-sichere Verschlüsselungen sind anfällig für Padding-Oracle-Attacken.

Stell dir ein Client-Server-Protokoll vor, in dem nur Nachrichtenlängen, die ein Vielfaches der Blocklänge der verwendeten Blockchiffren sind, verwendet werden und alle Nachrichten im CBC-Mode verschlüsselt sind. Nachrichten dürfen zudem keine `0x00`-Bytes enthalten.

Enthält eine entschlüsselte Nachricht ein `0x00`-Byte, schickt der Server einen `"Nullbyte Error"`, ansonsten antwortet er protokollgemäß. Der Server agiert also als „Padding-Oracle"; er informiert die Senderin, ob der Klartext frei von `0x00`-Bytes ist oder nicht.

Stell dir nun vor, du hast ein Chiffrat c vorliegen. Es ist die CBC-Mode-Verschlüsselung einer korrekten Nachricht (ohne `0x00`-Bytes). Entschlüssle c mithilfe des „Padding-Oracle".

Rückblick

Du kannst die Eigenschaft der *Authenticated Encryption* als Kombination von CPA-Sicherheit und *Ciphertext-Integrity* beschreiben. Du kannst mit *Spielen* diese Eigenschaften von Verschlüsselungsverfahren nachweisen oder widerlegen. Du kennst mit „Encrypt-then-MAC" eine Methode, aus einer CPA-sicheren Verschlüsselung durch Kombination mit einem sicheren MAC eine *CCA-sichere* Verschlüsselung zu machen. Mit dem *GCM* kennst du ein effizientes Verfahren, um den CTR-Mode-of-Operation mit einem CW-MAC zu einem Verfahren zu erweitern, mit dem Authenticated Encryption erreicht werden kann.

Schlüsselableitung 9

Ziele

In diesem Kapitel lernst du,

- wie aus einer beschränkten Zahl zufälliger Bits eine größere Menge von Bits als *Schlüsselmaterial abgeleitet* werden kann,
- wie das mit weniger zufälligen Bits (nicht gleichverteilte Bits, Passwörtern) gemacht werden kann,
- welche *Verfahren* für Schlüsselableitung aktuell eingesetzt werden (können).

Schlüsselableitung ist eine wichtige Funktionalität in vielen Situationen. Aus einer zufälligen Bitfolge lassen sich mit einem sicheren PRNG viele zufällig aussehende Bits als Schlüsselmaterial erzeugen. In vielen Fällen liegt aber so eine zufällige Bitfolge nicht vor, beispielsweise

- wenn der Schlüssel von Hardware erzeugt ist und die Bits biased oder korreliert sind,
- wenn ein Passwort als Schlüssel zur Erstellung von Schlüsselmaterial genutzt werden soll,
- wenn das Ergebnis eines Key-Agreement-Protokolls (z. B. Diffie-Hellman-Key-Agreement[1]) als Basis für die Erstellung eines Schlüssels verwendet werden soll.

In solchen Fällen werden *Key-Derivation-Functions (KDF)* verwendet, um aus einem „etwas zufälligen und unbekannten" Schlüssel k einen von zufälligen Bits nicht unterscheidbaren Schlüssel zu berechnen.

---

[1] Vergleiche Kap. 12.

9.1 Aus gleichverteilten Schlüsseln

Ist k zufällig und gleichverteilt, so kann eine sichere PRF F benutzt werden, um aus k mehr Schlüsselmaterial zu erstellen.[2]

$$k_1 := F_k(ctx \parallel 1),$$
$$k_2 := F_k(ctx \parallel 2),$$
$$k_3 := F_k(ctx \parallel 3),$$
$$\vdots$$

Dabei ist ctx der Kontext (z. B. die aufrufende Applikation). Mit dem Kontext ctx können verschiedene Applikationen (oder verschiedene Instanzen einer Applikation) auch für gleiche k verschiedene Schlüssel ableiten. In TLS 1.3 wird so etwas z. B. benutzt, um verschiedene Schlüsselableitungen in verschiedenen Schritten des TLS-Handshakes zu erzwingen und so zu verhindern, dass Teile von Protokollnachrichten ausgetauscht werden können.

9.2 Aus nicht gleichverteilten Schlüsseln

Ist k nicht gleichverteilt, geht man in zwei Schritten vor. Benötigt wird hier ausschließlich ein sicherer HMAC. Im Detail beschrieben ist diese Methode – genannt *Hash-based Key-Derivation-Function (HKDF)* – in RFC 5869 [29].

▶ **Extraktion** Zunächst kann ein HMAC benutzt werden, um aus k einen zufällig aussehenden Schlüssel

$$k' := \text{HMAC}_{salt}(k)$$

zu berechnen.[3]

▶ **Expansion** Ähnlich wie zuvor kann aus diesem Schlüssel k' eine Reihe von Schlüsseln abgeleitet werden.

---

[2] Vergleiche Abschn. 4.3.
[3] Der hier verwendete *salt* kann laut RFC 5869 ein fixer Wert, ein zufälliger Wert, der mitgesendet wird, ein sich nicht wiederholender usw. sein.

9.3 Aus Passwörtern

$$k_0 := \text{leere Bitfolge,}$$
$$k_1 := \text{HMAC}_{k'}(k_0 \parallel ctx \parallel 1),$$
$$k_2 := \text{HMAC}_{k'}(k_1 \parallel ctx \parallel 2),$$
$$\vdots$$

TLS 1.3 verwendet diese Form der Schlüsselableitung.

9.3 Aus Passwörtern

Passwörter sind vorhersagbarer als irgendwelche Bitstrings. Manche Zeichenfolgen werden besonders häufig als Passwort verwendet. Dictionary-Angriffe nutzen das, um solche Passwörter zuerst zu probieren.

9.3.1 Password-based Key-Derivation-Function

Spezielle *Password-based Key-Derivation-Functions (PBKDF)* nehmen darauf Rücksicht. Anstatt einfacher Hash- oder MAC-Berechnungen werden diese iteriert (beispielsweise 100.000-mal gehasht), um den Rechenaufwand für Brute-Force-Angriffe in die Höhe zu treiben. Manche Verfahren erschweren zusätzlich Angriffe, die parallelisiert durchgeführt werden, indem der Speicherbedarf für die Schlüsselableitung erhöht wird. Als Schutz vor Dictionary-Angriffen und Angriffen mit Rainbow-Tables werden auch hier zufällig gewählte *salt*-Werte verwendet, die nicht geheim gehalten werden müssen.

Grob kann man sich die Schlüsselableitung hier etwa so vorstellen:

$$H(H(\ldots H(pwd \parallel salt)\ldots)) \, .$$

Solche PBKDF sind in RFC 8018 [39] unter den Namen PBKDF1 und PBKDF2 genau beschrieben.

9.3.2 scrypt

scrypt [51] basiert auf der Stromchiffre Salsa20/8. Um Angriffe mit spezialisierter Hardware zu erschweren, lässt sich hier auch der Speicherbedarf für eine Schlüsselableitung regulieren. So kann etwa parallelisiertes Brute-Forcing auf Grafikkarten erschwert werden.

9.3.3 Argon2

Im Jahr 2015 wurde im Rahmen der „Password Hashing Competition" nach Verfahren zum Hashen von Passwörtern gesucht. Gewinner des Bewerbs ist *Argon2*. Das Verfahren erlaubt, die Zahl der Iterationen (den rechnerischen Aufwand), den Speicherbedarf und die Outputlänge für die gewünschte Anwendung passend auszuwählen. Argon2 ist in RFC 9106 spezifiziert [10].

9.4 Übungen

Übungsaufgaben

1. Wir probieren in diesem Beispiel die KDF Argon2 aus. Einen Argon2-Hashgenerator findest du unter https://argon2.online/. Löse damit folgende Aufgaben:
   a. Generiere den Hash eines Passworts so langsam wie mit diesem Generator möglich. Welche Parameter wählst du dazu, und wie lange dauert die Berechnung?
   b. Wähle nun die Parameter so, dass eine Hashberechnung in dieser Javascript-Applikation, die nur einen Core deines Systems verwendet, 64 MiB Speicher benötigt und ca. 2 s dauert.[4,5,6]
   c. Die Outputlänge von Argon2 ist konfigurierbar. Die Autoren bezeichnen 128 Bit als ausreichend. Ist das für eine Hashfunktion nicht zu kurz (Stichwort Geburtstagsparadoxon)?

Rückblick

Du kannst aus mehr oder weniger zufälligen Werten Schlüsselmaterial durch geeignete *Key-Derivation-Functions (KDF)* ableiten. Du kennst je nach Input passende KDF dafür. Für das Passwort-Hashing sind dir mit *PBKDF1* und *PBKDF2*, *scrypt* oder *Argon2* geeignete Verfahren bekannt, die den Aufwand (Zeitaufwand und/oder Speicherbedarf) für Angreiferinnen ausreichend groß machen können.

---

[4] https://datatracker.ietf.org/doc/html/rfc9106#section-4.
[5] https://argon2-cffi.readthedocs.io/en/stable/parameters.html.
[6] https://cheatsheetseries.owasp.org/cheatsheets/Password_Storage_Cheat_Sheet.html#argon2id.

Teil III

Public-Key-Kryptographie

Public-Key-Verschlüsselung

10

Ziele

In diesem Kapitel lernst du,

- was *Public-Key-Verschlüsselungsverfahren* sind,
- was Public-Key- von Secret-Key-Verschlüsselungsverfahren unterscheidet und wie sich diese Unterschiede in verschiedenen Anwendungsszenarien auswirken,
- wie *CPA-Sicherheit* und *CCA-Sicherheit* für Public-Key-Verfahren mit *Spielen* formal modelliert werden,
- wie das *RSA-Verschlüsselungsverfahren* funktioniert und wie es zu einem CCA-sicheren Verschlüsselungsverfahren gemacht werden kann,
- wie das *KEM/DEM-Paradigma* die sichere Kombination von Secret-Key- und Public-Key-Verfahren beschreibt.

▶ **Definition 10.1** Ein *Public-Key-Verschlüsselungsverfahren* (auch *asymmetrisches Verschlüsselungsverfahren*) besteht aus drei endlichen Mengen K, M, C und zwei Algorithmen E, D. Dabei sind

- K (*Schlüsselraum*) die Menge aller möglichen *Schlüsselpaare* (Pu, Pr), bestehend aus einem *Public Key* (Pu) zur Verschlüsselung und einem dazugehörigen *Private Key* (Pr) zum Entschlüsseln,
- M (*Klartextraum*) die Menge aller möglichen *Klartexte*,
- C (*Chiffratraum*) die Menge aller möglichen *Chiffrate*.
- Die *Verschlüsselungsoperation* E berechnet aus einem Public Key Pu und einem Klartext $m \in M$ ein Chiffrat $c := E_{Pu}(m) \in C$.
- Die *Entschlüsselungsfunktion* D berechnet aus einem Private Key Pr und einem Chiffrat $c \in C$ den Klartext $m := D_{Pr}(c) \in M$.

Im Gegensatz zu symmetrischen Verschlüsselungsverfahren werden zum Ver- und Entschlüsseln verschiedene Schlüssel verwendet. Lässt sich aus dem Public Key nicht auf den Private Key schließen, so kann der Public Key veröffentlicht werden. Damit kann jede Person mit diesem Public Key Klartexte verschlüsseln. Chiffrate können aber nur mit dem dazugehörigen Private Key entschlüsselt werden. Dadurch, dass der Public Key zum Verschlüsseln nicht mehr – wie bei symmetrischen Verfahren – geheim gehalten werden muss, ist die Verteilung und Aufbewahrung eines solchen Schlüssels einfacher; es sind nur noch Integrität und Authentizität sicherzustellen. Daneben kann derselbe Public Key von verschiedenen Personen verwendet werden, um zu verschlüsseln. Zum Entschlüsseln kann immer derselbe Private Key verwendet werden. Die Zahl der benötigten Schlüssel nimmt damit ab.

10.1 CPA- und CCA-Sicherheit

Das Spiel zur CPA-Sicherheit ist in Abb. 10.1 dargestellt. Im Unterschied zum Fall symmetrischer Verfahren wird hier gleich zu Beginn der Public Key an die Angreiferin gesendet. Damit wird modelliert, dass der Public Key der Angreiferin auf jeden Fall zur Verfügung steht. Es sieht hier auf den ersten Blick so aus, als würde es „nur" um die semantische Sicherheit gehen, da der Challenger nur einen Klartext verschlüsselt. Allerdings steht es der Angreiferin frei, beliebig viele weitere Klartexte mit dem ihr zur Verfügung stehenden Public Key zu verschlüsseln. Als Spiel zur Definition der CPA-Sicherheit wird naheliegenderweise das einfachere Spiel zur semantischen Sicherheit verwendet.

▶ **Definition 10.2** Das Public-Key-Verschlüsselungsverfahren E ist *CPA-sicher*, wenn der Vorteil $\text{Vort}_{\text{CPA}}[A, E]$ im Spiel in Abb. 10.1 für jede Angreiferin A vernachlässigbar klein ist.

Auch CCA-Sicherheit wird ganz analog zum Fall symmetrischer Verschlüsselung definiert.

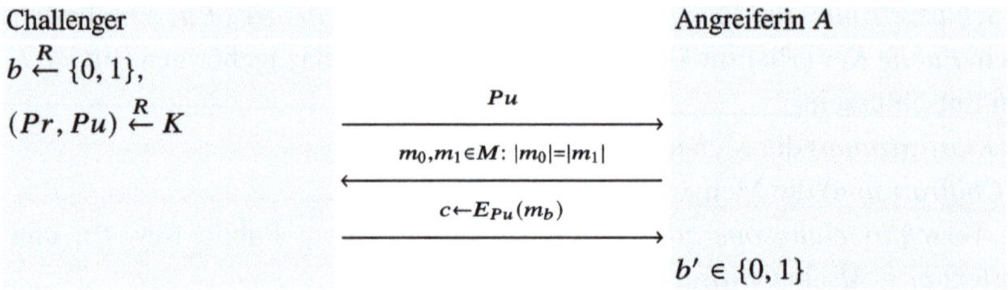

Challenger   Angreiferin A

$b \xleftarrow{R} \{0, 1\}$,
$(Pr, Pu) \xleftarrow{R} K$

$\xrightarrow{\quad Pu \quad}$

$\xleftarrow{m_0, m_1 \in M : |m_0| = |m_1|}$

$\xrightarrow{c \leftarrow E_{Pu}(m_b)}$

$b' \in \{0, 1\}$

$$\text{Vort}_{\text{CPA}}[A, E] := \Pr_{(Pr, Pu) \xleftarrow{R} K}[b' = 1 \mid b = 1] - \Pr_{(Pr, Pu) \xleftarrow{R} K}[b' = 1 \mid b = 0]$$

Abb. 10.1 Das für Public-Key-Verfahren modifizierte Spiel zur CPA-Sicherheit

10.2 Die RSA-Trapdoor-Permutation

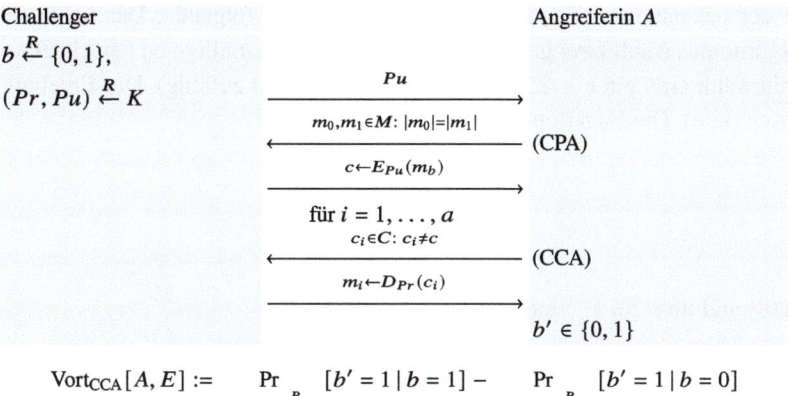

$$\text{Vort}_{\text{CCA}}[A, E] := \Pr_{(Pr,Pu) \overset{R}{\leftarrow} K}[b' = 1 \mid b = 1] - \Pr_{(Pr,Pu) \overset{R}{\leftarrow} K}[b' = 1 \mid b = 0]$$

Abb. 10.2 Das für Public-Key-Verfahren modifizierte Spiel zur CCA-Sicherheit

▶ **Definition 10.3** E ist *CCA-sicher*, wenn der Vorteil $\text{Vort}_{\text{CCA}}[A, E]$ im Spiel in Abb. 10.2 für jede Angreiferin A vernachlässigbar klein ist.

Die Eigenschaft der Ciphertext-Integrity – und damit der Authenticated Encryption – ist nicht sinnvoll auf Public-Key-Verfahren übertragbar. In solchen Verfahren ist es ja ausdrücklich erwünscht, dass mit dem Public Key (gültige) Chiffrate erstellt werden können. In Bezug auf die Sicherheit gegenüber aktiven Angriffen ist hier somit CCA-Sicherheit die relevante Eigenschaft.

10.2 Die RSA-Trapdoor-Permutation

Für die Beschäftigung mit den Verfahren in diesem Abschnitt sind einige Grundlagen über das Rechnen mit Restklassen ganzer Zahlen nötig. Diese werden in Kap. 18 zusammengefasst. Du kannst an dieser Stelle Kap. 18 vorziehen oder erst bei Bedarf die benötigten Grundlagen dort nachlesen.

Eine Möglichkeit, Public-Key-Verfahren auf mathematischer Grundlage zu bauen, sind *Trapdoor-Permutations*.

▶ **Definition 10.4** Eine *Trapdoor-Permutation* ist ein Tripel (Gen, F, F^{-1}) von Algorithmen. Algorithmus Gen erzeugt abhängig von einem Sicherheitsparameter s ein Schlüsselpaar (Pu, Pr). Jeder Public Key Pu definiert mit F eine Permutation F_{Pu}. Für den dazugehörigen Private Key Pr ist F_{Pr}^{-1} die inverse Funktion von F_{Pu}.
Eine Trapdoor-Permutation ist *sicher*, wenn F_{Pu} ohne den Private Key Pr nur mit vernachlässigbar kleiner Wahrscheinlichkeit invertiert werden kann.

Eine der bekanntesten Trapdoor-Permutations ist die folgende: Der Schlüsselerzeugungsalgorithmus wählt zwei große[1] Primzahlen p und q zufällig und berechnet $n := pq$. Weiterhin wählt Gen ein $e \in \mathbb{Z}^*_{(p-1)(q-1)}$ (nicht unbedingt zufällig). Das Ergebnis ist ein Public Key (n, e). Die Funktion

$$F_{(n,e)} : \mathbb{Z}^*_n \to \mathbb{Z}^*_n,$$
$$x \mapsto x^e \pmod{n}$$

ist bijektiv, und für $d := e^{-1} \bmod (p-1)(q-1)$ ist

$$F^{-1}_{(n,d)} : \mathbb{Z}^*_n \to \mathbb{Z}^*_n,$$
$$x \mapsto x^d \pmod{n}$$

die zu $F_{(n,e)}$ inverse Funktion. Der zum Public Key (n, e) gehörige Private Key ist (n, d).

10.2.1 Public-Key-Verschlüsselung mit RSA

Als Anwendung studieren wir das Public-Key-Verschlüsselungsverfahren RSA, benannt nach seinen Erfindern Rivest, Shamir und Adleman.

Algorithmus 10.5 (Textbook-RSA) Bob möchte Alice eine Nachricht schicken. Niemand außer Alice soll die Nachricht lesen können, also möchte er sie verschlüsseln.

Schlüsselerzeugung (Gen): Alice wählt zwei große Primzahlen p und q und berechnet $n = pq$. Weiterhin berechnet Alice $\varphi := (p-1)(q-1)$. Nun wählt sie eine Zahl e relativ prim zu φ. Das Paar (n, e) ist ihr *Public Key*, den sie Bob schickt. Weiterhin berechnet Alice den Kehrwert $d := e^{-1} \pmod{\varphi}$ mit dem erweiterten euklidischen Algorithmus. Die beiden Primzahlen p und q hält sie geheim; das Paar (n, d) stellt ihren *Private Key* dar.

Verschlüsseln (F): Bob hat seine Nachricht als eine Restklasse m modulo n codiert. Um m zu verschlüsseln, berechnet er

$$c := m^e \bmod n.$$

Entschlüsseln (F^{-1}): Um das Chiffrat c zu entschlüsseln, muss die e-te Wurzel modulo n gezogen werden. Die e-te Wurzel modulo n zu ziehen ist sehr schwierig, wenn man

---

[1] Mehr Details zur Größe der Primzahlen folgen in Kap. 13.

10.2 Die RSA-Trapdoor-Permutation

die Primfaktoren p und q nicht kennt. Wir sehen gleich, dass das Wurzelziehen aber einfach ist, wenn man p und q kennt.

Alice hat den Kehrwert d von e modulo $\varphi(n)$ berechnet, d. h.,

$$ed = 1 \pmod{\varphi}. \tag{10.1}$$

Sie berechnet nun (modulo n)

$$c^d = (m^e)^d = m^{ed}$$
$$= m^1 = m \pmod{n}, \qquad \text{wegen Gl. (10.1) und Theorem 18.63.}$$

Also ist ($c^d \bmod n$) die ursprüngliche Nachricht m.

Beispiel 10.6

Die Zahlen in diesem Beispiel sind natürlich viel zu klein. Mit *Python* werden wir uns im Anschluss an größere Zahlen heranwagen.

Alice wählt $p = 7$ und $q = 11$, also $n = 77$ und $\varphi = 6 \cdot 10 = 60$. Nun wählt sie $e = 13$ und sendet Bob ihren Public Key $(n, e) = (77, 13)$. Weiterhin berechnet sie den Kehrwert von $13^{-1} \bmod 60 = 37$. Der Private Key von Alice ist daher $(n, d) = (77, 37)$. Oft wird auch (p, q, d) als Private Key verwendet,[2] in diesem Fall $(p, q, d) = (7, 11, 37)$.

Bob verschlüsselt die Nachricht $m = 4$. Er berechnet

$$c = m^e = 4^{13} = 67108864 = 53 \pmod{77}$$

und schickt Alice $c = 53$. Alice entschlüsselt

$$m = c^d = 53^{37} = 4 \pmod{77}.$$

◄

Beispiel 10.7

Ein kleines Beispiel in *Python* mit etwas größeren Zahlen (wenngleich immer noch zu klein für den Praxiseinsatz).

---

[2] In Kap. 13 werden wir näher darauf eingehen, warum dies von Vorteil sein kann.

Python

Wir erzeugen hier einfach zwei 130-Bit-lange zufällige Primzahlen p und q mit der Funktion **randprime** des Moduls **sympy**. Diese Funktion eignet sich aber nicht für den Praxiseinsatz, weil sie keinen kryptographisch sicheren Zufall verwendet (vgl. Kap. 2). Wie das Erzeugen von zufälligen Primzahlen tatsächlich funktioniert und auch in *Python* sicher erledigt werden kann, wird in Kap. 13 erklärt.

Schlüsselerzeugung:

```
> import sympy
> p = sympy.randprime(2**129,2**130); p
1073211849087209036163710719479257299187
> q = sympy.randprime(2**129,2**130); q
1112145491713216463601049386310371147727
> n = p*q; n
1193567719615544355044649145086428366617104217904007100065354672900211
413997949
> e = 65537
> phi = (p-1)*(q-1)
> d = pow(e,-1,phi); d
2397625620449309769162886002573024313973084944277982799129650609875118
30062093
```

Verschlüsseln:

```
> m = 200805001301070903002315180419000118050019172105011309190800151919090618010705
> c = pow(m,e,n); c
2903152447379083804168303452316784055524163826716503230437612032727321
52584131
```

Entschlüsseln:

```
> pow(c,d,n)
2008050013010709030023151804190001180500191721050113091908001519190906
18010705
```

◄

Die im obigen Beispiel gewählte Nachricht m ist nicht zufällig. Wer die Nachricht m in eine Folge 2-stelliger Zahlen zerlegt und nach dem Muster 00=␣, 01=A, 02=B, ... 26=Z übersetzt, erhält auf diese Weise einen Suchbegriff für weitere Informationen.

In einem Public-Key-Verfahren wird der Public Key öffentlich gemacht. Dieser kann zum Verschlüsseln verwendet werden. Damit verschlüsselte Nachrichten nicht einfach entschlüsselt werden können, darf es nicht ohne Weiteres möglich sein, bspw. aus dem

10.2 Die RSA-Trapdoor-Permutation

Public Key den dazugehörigen Private Key zu berechnen. Für das RSA-Verfahren heißt das, dass es schwierig sein muss, die Primfaktoren der Zahl n aus dem Public Key zu bestimmen, also n zu faktorisieren.[3] Tatsächlich ist das Faktorisieren von Zahlen nur für sehr große Zahlen und auch nur solche mit sehr großen Primfaktoren wirklich sehr schwierig.[4] Aus diesem Grund greift man für RSA zu Produkten aus zwei großen Primzahlen. Typischerweise sind die beiden Primzahlen heutzutage wenigstens je 1500 Bit lang (dies entspricht ca. 450 Dezimalstellen), das Produkt der beiden dann 3000 Bit.

Auch dann ist das Verfahren, so wie es hier beschrieben ist, kein sicheres Public-Key-Verschlüsselungsverfahren. In dieser Form ist das Verfahren nicht CPA-sicher, denn eine Angreiferin A kann selbst mit dem Public Key beliebige Klartexte verschlüsseln und mit den Chiffraten des Challengers vergleichen. Der einfache Grund ist, dass in dieser Form gleiche Klartexte bei gleichem Public Key zu gleichen Chiffraten führen.

RSA-OAEP (Optimal Asymmetric Encryption-Padding) (standardisiert in PKCS#1v2.x und RFC 8017 [38]) behebt das Problem. Zu diesem Zweck werden zufällige Bits hinzugefügt (*salt* in Abb. 10.3). Kurze Nachrichten werden durch ein Padding auf passende Länge erweitert, um den Wert DB zu erhalten. Optional kann ein Hashwert über weitere Daten (*ad*) hinzugefügt werden, deren Authentizität geschützt werden soll; diese werden nicht mitverschlüsselt und können ungeschützt zusätzlich übertragen werden oder liegen beim Entschlüsseln sowieso bereits vor. Die Funktionen MGF1 und MGF2 sind dabei sogenannte *Mask-generating Functions* (dies sind Hashfunktionen mit wählbarer Outputlänge, SHA3 bzw. SHAKE128 und SHAKE256 kommen hier bspw. infrage). Die aneinandergehängten Blöcke 0x00 || $maskedSalt$ || $maskedDB$ sind dann (als Zahl PM gelesen) der Input für die Verarbeitung mit der RSA-Trapdoor-Permutation wie zuvor.

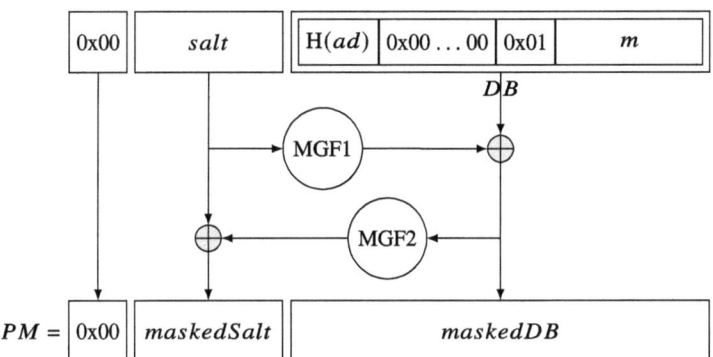

Abb. 10.3 RSA-OAEP

---

[3] In Theorem 18.52 wird das bewiesen.
[4] Einige Verfahren zum Faktorisieren werden in Abschn. 18.9 vorgestellt.

Beim Entschlüsseln kann dieser OAEP-Schritt einfach rückgängig gemacht werden.[5] Das Padding und H(ad) können einfach überprüft und entfernt werden. Dadurch können auch Änderungen an einem Chiffrat und den zusätzlichen Daten ad erkannt werden, und das RSA-OAEP-Verfahren erreicht auf diese Art und Weise nicht nur CPA-, sondern auch CCA-Sicherheit.

Theorem 10.8 *Die Verschlüsselung mit RSA-OAEP ist CCA-sicher, wenn die Parameter (Schlüssellänge, Hashfunktionen) wie im Standard gewählt werden.*

In Kap. 13 werden die Anforderungen an die Parameter im RSA-Verfahren genauer untersucht.

10.3 Das KEM/DEM-Paradigma

Public-Key-Verschlüsselungsverfahren sind wesentlich langsamer als Secret-Key-Verfahren. Beispielsweise können moderne CPU AES-Verschlüsselung mit einer Geschwindigkeit von mehreren GB/s durchführen, RSA-Verschlüsselung bestenfalls im MB/s-Bereich. Aus diesem Grund wird für die Verschlüsselung von Daten eine Kombination aus Public-Key- und Secret-Key-Verfahren verwendet.

▶ **Definition 10.9** Ein *Key-Encapsulation-Mechanism (KEM)* besteht aus zwei Operationen, Encaps und Decaps, die ein Schlüsselpaar (Pu, Pr) verwenden.

- Encaps verwendet den Public Key Pu, um daraus

$$(c, k) := \text{Encaps}_{Pu}(n)$$

  zu berechnen. Dann sind k ein symmetrischer Schlüssel der Länge n und c der *Encapsulated Key*.
- *Decaps* verwendet den Private Key Pr, um aus c den symmetrischen Schlüssel

$$k := \text{Decaps}_{Pr}(c)$$

zu berechnen.

Ein *Data-Encapsulation-Mechanism (DEM)* ist in der Regel ein (symmetrisches) Verschlüsselungsverfahren, das als Schlüssel den vom KEM erzeugten Schlüssel verwendet.

---

[5] Überlege selbst, wie das geht.

Ein KEM und ein symmetrisches Verschlüsselungsverfahren E lassen sich wie folgt zu einem Public-Key-Verschlüsselungsverfahren kombinieren:

- Um eine Nachricht m zu verschlüsseln, werden zunächst mit dem KEM ein Schlüssel k und ein Encapsulated Key c durch $\text{Encaps}_{P_u}(n)$ erzeugt.
- Mit dem Schlüssel k wird die Nachricht m zu $c' := E_k(m)$ verschlüsselt.
- Als Chiffrat wird das Paar (c, c') gesendet.
- Beim Entschlüsseln von (c, c') wird zunächst der symmetrische Schlüssel mit $k := \text{Decaps}_{P_r}(c)$ entpackt.
- Damit wird das Chiffrat mit $m := D_k(c')$ entschlüsselt.

10.4 Übungen

Übungsaufgaben

1. Du möchtest ein RSA-Schlüsselpaar erzeugen. Wähle die Primzahlen $p = 29$ und $q = 47$ und den öffentlichen Exponenten $e = 17$.
   Berechne den Public Key und den Private Key. Verschlüssle nun die Nachricht $m = 999$, und entschlüssle das Chiffrat anschließend wieder.
2. Du möchtest dir ein RSA-Schlüsselpaar mit echt großen Zahlen erzeugen. Erzeuge mit *Python* zwei 2048-Bit-lange zufällige Primzahlen p und q (vgl. Beispiel 10.7), und wähle $e = 65537$.
   Berechne den Public Key und den Private Key. Verschlüssle nun eine selbstgewählte Zahl (kleiner als $p \cdot q$), und entschlüssle das Chiffrat anschließend wieder.
3. Ich habe eine Idee für einen neuen Key-Management-Dienst, der ständig neue, kurzlebige RSA-Schlüssel anstatt Schlüssel mit langer Lebensdauer erzeugt. Dann sind die Private Keys für Angreifer*innen vielleicht uninteressanter. Um die Erzeugung dieser vielen RSA-Schlüssel zu beschleunigen, wird pro Schlüssel nur ein neuer Primfaktor erzeugt; der zweite Primfaktor wird vom vorhergehenden Schlüssel übernommen. Erkläre, warum das ein Problem ist.
4. Du hast einen RSA-Public-Key (gespeichert als `pubkey.pem`)

   ```
   -----BEGIN PUBLIC KEY-----
   MIICIjANBgkqhkiG9w0BAQEFAAOCAg8AMIICCgKCAgEAsaRSSU1B1dmhVbHYbho0
   6xxCrY0m8o6EEFNEoproCupJOoxickz0Z9Cz8PdJt4VwczNq5XU+XBHsQGzdqQB1
   981cc5jSL/0sIOYf1BkFJqxqgbWakJwcgCDOz8ZbKlER5wMx91X4OG77LpF9vDIt
   qcJkjmeyEfy5oeh7VsameEjQdp2CLfUKy4+A/vucei6OYAzO2HtSGqg6/L7+ciCc
   FJUUZHu0ieo0kUrdmEBGpPhm7LdnAlFZG8NS+F91RpcXSxDQAW/q3zvB2DiO3qAr
   D0TscCDwkWmKj1m6NkKKhz+/yrAcg3+zhce8F5P2iZjg3jI4CXkpdZFzUX/pDVbJ
   A6jx5IuzRG/ZWrxo/K7mJEtnpKrdqYr1dMXtuLCvhSFd6/U3ied3GlqSe4ut2ZZc
   rSCeLzEohNvbTCUr/poYRo1XkbgxRof8P8OWjgXyiIc/tVdBEu8qOVZ4BJb7dr+9
   r2CReX7P3UsUBoGNzryVwjqCXWHbEGDdh8SGvfQCsflbdRboEh1NUEyB8l5E5EXY
   xg5R3jeKTpAutvfHxQ6sN/i1T7mDkPyt3AEYO+tnbNgKMLspMSGoV6hdWnqw5p8L
   ```

```
7mnFvkAdFTjD6eIUyX0mOsCAYquMfTdQpX0ppUB3EEzV3FPreedsN1BX0JuCnv81
yRdbu85l16kgLtuI57n7DCMCAwEAAQ==
-----END PUBLIC KEY-----
```

und ein Chiffrat

```
E3a8t3wh0Xlqi9P7gBd1ZI3yC6UKEGl+xQ4R4W0LIXUA1UDoLNvagutQvZxEJ/uF
3TUKgixHos5T6VV0EFj0j8/ZrYDunsU0HK+AE6uOEOA0/MzEetRIU7pimz9zW9F3
nHP3v+nATYlIzmv85M4K5NErpKt8tGsrkVNhOxWzBiKQSl0tM6ulpFwxi1XG3eID
0uQEHchBEi3ALcN/68+GyoCw7wPsWlPA5YQsUSlIIFr0XZmZoqz5CuWmASOfirZn
RmaRbme7fnHu44i7INQ8H2gj7x9rAmBS89c7fBEk29U1gt80YPqdVMrOITyF5/VC
Aqi72d1pkAzkmeHCTDXfe7J89xcPrOXETeleDCOPnVs9OZJ+Nuh/j++D6RHxB4h/
sGys+CiUGeSYKw0vADxgRcksrT/gbEu3ajPpjO6WbRhDfzH9kG+RDxMOM4/gtAgN
wVF4+ynTQbD9AtDiCc9iCrTq9qGQCq8/ZtZKIgGPyqAVw+GlDGSmrVPYEKCCjKnH
Xd2JX+MUJQL5rdV+Xut7zNpgn8I3KskgVKfa2ZTBzgTHzu8K8Kcjmk6+heTM3WUk
jKqoQ70HgRaRqX1qJjAKrzULPM9r1CbfCW3DzBU7XlImlJsnLflZC/A+y/JI5qIN
3zVILovSzjLL0rJDrtAomml080oIFwWhC0tXKlcBUk8=
```

vorliegen, das mit dem Public Key unter Verwendung von OpenSSL wie folgt erzeugt worden ist (Textbook-RSA):

```
printf %0512d $m | openssl pkeyutl -encrypt -inkey pubkey.pem \
-pubin -pkeyopt rsa_padding_mode:none | base64 --wrap=64
```

Du weißt, dass die Nachricht $m ein 3-stelliger HTTP-Status-Code ist. Ermittle die Nachricht mit OpenSSL.

5. Mach es besser als in Übungsaufgabe 4, und verschlüssle die Nachricht nun mit RSA-OAEP (und dem gegebenen Public Key). Verwende dazu wieder OpenSSL. Verschlüssle die Nachricht ein zweites Mal, und vergleiche die Chiffrate.

Rückblick

Du kennst den Unterschied zwischen symmetrischen und *asymmetrischen (Public-Key-)Verschlüsselungsverfahren*. Du kannst für beide deren *CPA- und CCA-Sicherheit* durch Spiele beschreiben und kennst auch die Unterschiede zwischen diesen Spielen. Du weißt, warum das klassische „einfache" RSA-Verfahren nicht CPA-sicher ist und kennst mit *RSA-OAEP* die verbreitetste Art, RSA zu einem CCA-sicheren Verschlüsselungsverfahren zu machen. Dir ist bewusst, dass Public-Key-Verfahren in der Regel bedeutend langsamer als Secret-Key-Verfahren sind und deswegen meist auf eine Kombination dieser Verfahren gesetzt wird. Du kennst das *KEM/DEM-Paradigma*, das solche Kombinationen recht allgemein beschreibt.

Digitale Signaturen   11

Ziele

In diesem Kapitel lernst du,

- wie sich *digitale Signaturen* für die Sicherung der Authentizität und Integrität von Daten einsetzen lassen,
- inwiefern digitale Signaturen durch Sicherstellung der *Verbindlichkeit* einen Mehrwert gegenüber MAC bieten können,
- wie sich die Sicherheit eines Signaturverfahrens mit einem *Spiel* formal beschreiben und nachweisen lässt,
- wie sich aus der RSA Trapdoor Permutation ein sicheres Signaturverfahren machen lässt.

Mit MAC lassen sich *Integrität* und *Authentizität* von Daten bereits sicherstellen. Will ein Empfänger jedoch Dritten gegenüber nachweisen, dass ein Dokument von einer bestimmten Senderin kommt, also der MAC-Tag von dieser Senderin erstellt wurde, so ist das nicht möglich. Schließlich ist ja auch der Empfänger im Besitz des Schlüssels und kann somit ebenfalls gültige Tags erstellen. Die *Verbindlichkeit* ist daher nicht gegeben. Eine digitale Signatur kann zusätzlich zu Integrität und Authentizität auch die Verbindlichkeit garantieren. Grundlage ist Public-Key-Kryptographie (jeder und jede kann eine Signatur mit dem Public Key prüfen; nur mit dem Private Key lässt sich eine gültige Signatur erstellen).

11.1 Existenzielle Unfälschbarkeit

▶ **Definition 11.1** Ein *digitales Signaturverfahren* über $(K \subseteq K_{Pu} \times K_{Pr}, M, T)$ ist ein Paar von Operationen $S = (\text{Sign}, \text{Vrfy})$.

- Sign : $K_{Pr} \times M \rightsquigarrow T$ erzeugt Signaturen.
- Vrfy : $K_{Pu} \times M \times T \to \{\text{True}, \text{False}\}$ prüft Signaturen.
- $\text{Vrfy}_{Pu}(m, \text{Sign}_{Pr}(m)) = \text{True}$, wenn $(Pu, Pr) \in K$.

Ein digitales Signaturverfahren erzeugt zu einer Nachricht m mit einem Private Key Pr, dem *Signaturschlüssel*, eine *Signatur s*.

▶ **Definition 11.2 (Sichere digitale Signatur)** Es seien K, M und T Mengen wie zuvor und $S := (\text{Sign}, \text{Vrfy})$ ein digitales Signaturverfahren. Dann heißt S *existenziell unfälschbar unter Chosen-Message-Attacken*, wenn für jede Angreiferin A der Vorteil $\text{Vort}_{\text{EU-CMA}}[A, S]$ im Spiel in Abb. 11.1 vernachlässigbar klein ist.

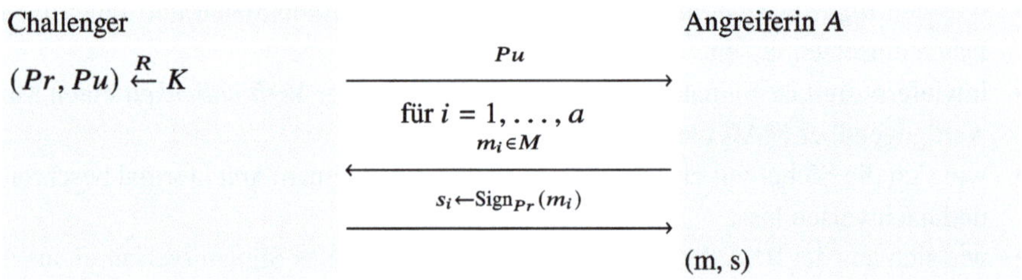

Challenger		Angreiferin A
$(Pr, Pu) \xleftarrow{R} K$	$\xrightarrow{\quad Pu \quad}$	
	für $i = 1, \ldots, a$ $m_i \in M$	
	$\xleftarrow{\quad\quad\quad}$	
	$s_i \leftarrow \text{Sign}_{Pr}(m_i)$	
	$\xrightarrow{\quad\quad\quad}$	
		(m, s)

$\text{Vort}_{\text{EU-CMA}}[A, S] :=$
$$\Pr_{(Pr, Pu) \xleftarrow{R} K} \left[\text{Vrfy}_{Pu}(m, s) = \text{True und } (m, s) \notin \{(m_1, s_1), \ldots, (m_a, s_a)\} \right]$$

Die Angreiferin darf also zu selbst gewählten Nachrichten $m_1, m_2, \ldots, m_a$ die dazugehörigen Signaturen $s_1, s_2, \ldots, s_a$ sehen und muss dann ein Paar (m, s) erstellen, wo s eine gültige Signatur für m ist und das dabei noch nicht zuvor unter den (m_i, s_i) vorgekommen ist.

Abb. 11.1 Das Spiel zur existenziellen Unfälschbarkeit einer Signatur

11.2 RSA-Signaturen

11.2.1 Digitale Signaturen mit RSA

Die RSA-Trapdoor-Permutation lässt sich nicht nur zum Verschlüsseln verwenden. Es lassen sich damit auch digitale Signaturen realisieren.

11.2 RSA-Signaturen

Algorithmus 11.3 (Textbook-RSA-Signatur) Sind $Pu := (n, e)$ ein RSA-Public-Key und $Pr := (n, d)$ der dazugehörige Private Key, dann lässt sich mit diesem Schlüsselpaar eine digitale Signatur erstellen/verifizieren.

▶ **Signieren** Eine Nachricht m ist eine Bitfolge, deren Länge kleiner ist als die Bitlänge von n. So ein m kann als eine Zahl $0 < m < n$ interpretiert werden. Die Signatur ist dann
$$s := m^d \bmod n \, .$$

▶ **Verifizieren** Zur Verifikation der Signatur s für die Nachricht m werden m und s wieder als Zahlen zwischen 0 und n gelesen. Dann berechnet man
$$m' := s^e \bmod n \quad \text{und prüft, ob}$$
$$m' \stackrel{?}{=} m \, .$$

Beispiel 11.4

Der zum Private Key $(n, d) = (77, 37)$ gehörige Public Key ist $(n, d) = (77, 13)$. Die Nachricht $m = 15$ kann Alice mit ihrem Private Key wie folgt signieren:
$$s := m^d \bmod n$$
$$= 15^{37} \bmod 77 = 71 \, .$$

Sie schickt nun die Nachricht $m = 15$ zusammen mit der *Signatur* $s = 71$ an Bob.

Bob kann nun prüfen, ob das Nachrichten-Signatur-Paar (m, s) tatsächlich von Alice kommt, indem er $s^e \bmod n$ berechnet und mit m vergleicht:
$$m = s^e \pmod{n}$$
$$= 71^{13} = 15 \pmod{77} \, .$$

◀

Wie bei der RSA-Verschlüsselung ist diese einfache Art nicht sicher (in diesem Fall: nicht EU-CMA-sicher). Es seien $Pu := (n, e)$ und $Pr := (n, d)$ ein RSA-Schlüsselpaar. Dann ist es für eine Angreiferin A sehr einfach ein Paar (m, s) zu finden, sodass $\mathrm{Vrfy}_{Pu}(m, s) = \mathrm{True}$. Dazu wählt A einfach irgendein $s \in \{1, \ldots, n-1\}$ und berechnet $m := s^e \bmod n$. Dazu braucht A lediglich den Public Key.

Einen Schutz vor diesem Angriff erhält man, wenn anstatt m dessen Hashwert $h :=$ H(m) signiert wird. In diesem Fall könnte A zwar ein gültiges Paar (h, s) erstellen, aber zum Hashwert h dennoch keine Nachricht m finden, deren Hashwert H(m) $= h$ ist, wenn H eine Einwegfunktion ist.

Für praktische Anwendungen muss man noch auf ein paar Details aufpassen. In der beschriebenen Form ist dieses Signaturverfahren nicht EU-CMA-sicher.

11.2.2 RSA-PSS

RFC 8017 [38] (bzw. PKCS#1) beschreibt digitale Signaturen mit RSA, genauer: das *RSA-Probabilistic-Signature-Scheme (RSA-PSS)*.

▶ **Signieren** Vor dem Anwenden der RSA-Signatur-Funktion wird die Nachricht gehasht, mit einem zufällig gewählten *salt* erweitert und mit einem Padding auf passende Länge (abhängig von der Schlüssellänge) gebracht. Abb. 11.2 illustriert das Verfahren. Dabei sind

- H eine Hashfunktion,
- *salt* ein zufällig gewählter Wert und

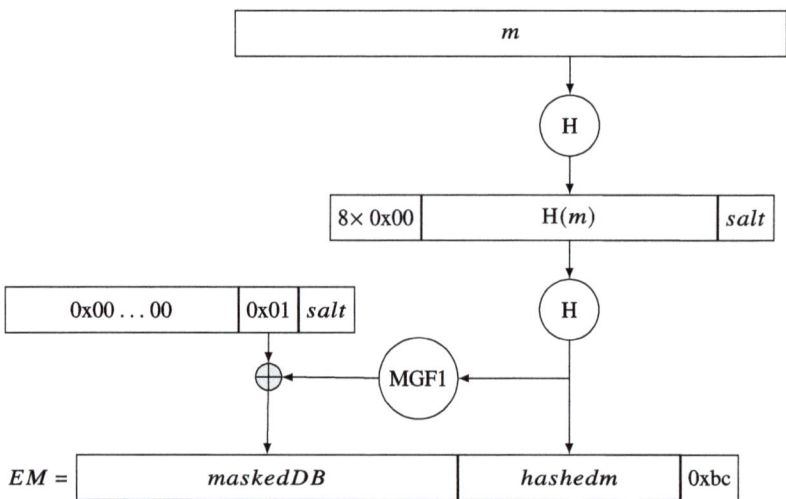

Abb. 11.2 RSA-PSS nach RFC 8017

- MGF1 eine ebenfalls standardisierte Mask-generating Function.[1]
- Mit der RSA-Trapdoor-Permutation signiert wird der Wert EM.

Details sind RFC 8017 zu entnehmen [38].

▶ **Verifizieren** Beim Prüfen einer Signatur geht man wie folgt vor:

- Aus der Signatur lässt sich der Wert EM berechnen.
- Aus *hashedm* und *maskedDB* lassen sich mit der MGF1 das Padding und der verwendete *salt* rekonstruieren.
- Das Padding wird geprüft.
- Mit dem *salt* und der Nachricht kann nun der Hashwert berechnet und mit *hashedm* verglichen werden.

Theorem 11.5 *Gemäß dem RSA-PSS-Standard erzeugte Signaturen sind EU-CMA-sicher.*

Wir werden uns in den Kap. 15 und 16 noch ausführlicher mit digitalen Signaturen und deren Anwendungen beschäftigen.

11.3 Übungen

11.3.1 Musterbeispiel

Es sei $S = (\text{Sign}, \text{Vrfy})$ ein EU-CMA-sicheres Signaturverfahren. Zeige, dass folgendes Signaturverfahren $S' = (\text{Sign}', \text{Vrfy}')$ nicht EU-CMA-sicher ist, indem du beschreibst, wie du als Angreiferin A aus (einer) bestehenden Signatur(en) ohne Kenntnis des Private Key Pr eine neue Signatur erstellen kannst.

$$\text{Sign}'_{Pr_1, Pr_2}(m) := (\text{Sign}_{Pr_1}(m), \text{Sign}_{Pr_2}(m))$$

$$\text{Vrfy}'_{Pu_1, Pu_2}(m) := \begin{cases} \text{True,} & \text{wenn } \text{Vrfy}_{Pu_1}(m) = \text{True oder } \text{Vrfy}_{Pu_2}(m) = \text{True,} \\ \text{False,} & \text{sonst.} \end{cases}$$

(Die Nachricht wird mit zwei Private Keys Pr_1, Pr_2 signiert. Die Signatur ist gültig, wenn eine der beiden Verifizierungen erfolgreich ist.)

---

[1] Vergleiche Abschn. 10.2.1.

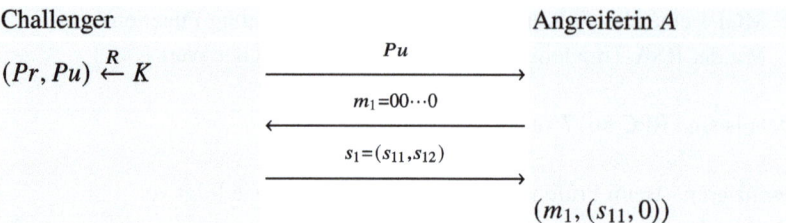

A wählt irgendeine Nachricht, z. B. $m_1 = 00 \cdots 0$, und erhält vom Challenger nun eine Signatur $s_1 = (s_{11}, s_{12})$. Daraus kann sie eine andere gültige Signatur für dieselbe Nachricht m_1 erstellen, indem sie einen der beiden Signaturteile durch einen anderen Wert ersetzt, z. B. durch 0. Das Nachricht-Signatur-Paar $(m, s) := (m_1, (s_{11}, 0))$ ist ebenfalls gültig, weil einer der beiden Signaturteile erfolgreich verifiziert werden kann. Das funktioniert immer; der Vorteil von A ist daher

$\text{Vort}_{\text{EU-CMA}}[A, S'] :=$

$$\Pr_{(Pr,Pu) \xleftarrow{R} K} \left[\text{Vrfy}_{Pu}(m,s) = \text{True und } (m,s) \notin \{(m_1, s_1), \ldots, (m_a, s_a)\} \right] = 1.$$

Übungsaufgaben

1. Es sei $S = (\text{Sign}, \text{Vrfy})$ ein EU-CMA-sicheres Signaturverfahren. Zeige, dass folgendes Signaturverfahren $S' = (\text{Sign}', \text{Vrfy}')$ nicht EU-CMA-sicher ist, indem du beschreibst, wie du als Angreiferin A aus (einer) bestehenden Signatur(en) ohne Kenntnis des Private Key Pr eine neue Signatur erstellen kannst.
Die Nachricht wird in zwei gleich große Hälften geteilt und wie folgt signiert:

$$\text{Sign}'_{Pr_1, Pr_2}(m_L \parallel m_R) := (\text{Sign}_{Pr_1}(m_L), \text{Sign}_{Pr_2}(m_R)).$$

Signierte Nachrichten werden wie folgt verifiziert:

$$\text{Vrfy}'_{Pu_1, Pu_2}(m_L \parallel m_R) := \begin{cases} \text{True}, & \text{wenn } \text{Vrfy}_{Pu_1}(m_L) = \text{True} \\ & \text{und } \text{Vrfy}_{Pu_2}(m_R) = \text{True}, \\ \text{False}, & \text{sonst.} \end{cases}$$

2. Es sei $S = (\text{Sign}, \text{Vrfy})$ ein EU-CMA-sicheres Signaturverfahren. Zeige, dass folgendes Signaturverfahren $S' = (\text{Sign}', \text{Vrfy}')$ nicht EU-CMA-sicher ist, indem du beschreibst, wie du als Angreiferin A aus (einer) bestehenden Signatur(en) ohne Kenntnis des Private Key Pr eine neue Signatur erstellen kannst.

11.3 Übungen

Für jede zu signierende Nachricht wird ein zufälliger Wert r derselben Länge erzeugt. Anschließend wird die Signatur wie folgt erstellt:

$$\mathrm{Sign}'_{Pr}(m) := (r, \mathrm{Sign}_{Pr}(m \oplus r), \mathrm{Sign}_{Pr}(r)).$$

Signierte Nachrichten werden wie folgt verifiziert:

$$\mathrm{Vrfy}'_{Pu}(m,(r,s_{mr},s_r)) := \begin{cases} \mathrm{True}, & \text{wenn } \mathrm{Vrfy}_{Pu}(m \oplus r, s_{mr}) = \mathrm{True} \\ & \text{und } \mathrm{Vrfy}_{Pu}(r, s_r) = \mathrm{True}, \\ \mathrm{False}, & \text{sonst.} \end{cases}$$

3. Du erzeugst ein RSA-Schlüsselpaar mit den Parametern $p = 89$, $q = 83$ und $e = 257$. Berechne den Public Key und den Private Key (vgl. Kap. 10). Signiere nun mit dem Schlüssel und „Textbook-RSA" die Nachricht $m = 6666$, und verifiziere die Signatur.

4. Erzeuge mit *Python* zwei 2048-Bit-lange zufällige Primzahlen p und q (vgl. Beispiel 10.7), und wähle $e = 65537$. Berechne nur den RSA-Public-Key (n, e). Erstelle nun ohne Kenntnis des Private Key irgendein gültiges Nachricht-Signatur-Paar mit „Textbook-RSA".

5. Als Signaturverfahren für große Nachrichten m erweitern wir „Textbook-RSA" wie folgt. Wir teilen die Nachricht in $(N - 8)$-Bit-große Teile,[2] wobei N die Bitlänge von n ist, und berechnen die XOR-Verknüpfung aller Teile. Das heißt, eine Signatur s wird berechnet als $s = (m_1 \oplus m_2 \oplus \ldots \oplus m_i)^d \mod n$. Verifiziert wird ein Nachricht-Signatur-Paar (m, s), indem geprüft wird, ob $m_1 \oplus m_2 \oplus \ldots \oplus m_i = s^e \mod n$.
Zeige wieder mit dem Public Key aus Übungsaufgabe 4, wie du ein gültiges Nachricht-Signatur-Paar ohne Nutzung des Private Key erzeugen kannst, und zwar mit einer Nachricht, die sogar deinen Vornamen beinhaltet.

6. Erzeuge mit OpenSSL ein RSA-Schlüsselpaar mit 4096 Bit, und erstelle mit RSA-PSS eine Signatur zu einer selbstgewählten Nachricht. Verifiziere die Signatur.

Rückblick

Du kannst die Sicherheit (*existenzielle Unfälschbarkeit unter Chosen-Message-Attacken*) von digitalen Signaturverfahren anhand eines Spiels beschreiben. Du kannst die Unsicherheit eines Verfahrens anhand so eines Spiels nachweisen und quantifizieren. Du kennst den Begriff der *Verbindlichkeit* und kannst erklären, warum diese Eigenschaft nur mit Public-Key-Verfahren erreicht werden kann. Mit *RSA-PSS* kennst du ein sicheres und weitverbreitetes Signaturverfahren, das sich auf Basis der RSA-Trapdoor-Permutation konstruieren lässt.

---

[2] Der letzte Nachrichtenteil kann auch kleiner als $(N - 8)$ Bit sein.

Key-Agreement 12

> **Ziele**
>
> In diesem Kapitel lernst du,
>
> - was neben KEM noch als Möglichkeit für die *Vereinbarung von Schlüsseln* für symmetrische Verfahren verwendet werden kann,
> - wie das *Ephemeral-Diffie-Hellman-Verfahren* für diesen Zweck eingesetzt werden kann,
> - was das *diskrete Logarithmenproblem* und die *Diffie-Hellman-Probleme* sind und was diese Probleme miteinander und mit sicherem Schlüsselaustausch zu tun haben.

Für die Beschäftigung mit den Verfahren in diesem Abschnitt sind einige Grundlagen aus dem Bereich der Zahlentheorie nötig. Diese werden in Kap. 18 zusammengefasst. Du kannst an dieser Stelle Kap. 18 vorziehen oder bei Bedarf die benötigten Grundlagen dort nachlesen.

Symmetrische Verschlüsselungsverfahren und MAC benötigen Schlüssel. Diese Schlüssel dürfen Angreiferinnen nicht bekannt werden. Mehr noch: Sie müssen zufällig gewählt werden oder dürfen zumindest für Angreiferinnen nicht von zufälligen Werten unterscheidbar sein.

In diesem Kapitel sehen wir uns eine Alternative zu KEM an, um gemeinsame Schlüssel zu erzeugen: *Key-Agreement*.

12.1 Ephemeral-Diffie-Hellman-Key-Agreement (DHE)

Whitfield Diffie und Martin Hellman stellten 1976 in [16] ein Verfahren zur Vereinbarung eines gemeinsamen Schlüssels vor, das *Diffie-Hellman-Key-Agreement-Verfahren (DH)*.

Mit so einem System können zwei Personen einen gemeinsamen Schlüssel für ein symmetrisches Verschlüsselungsverfahren berechnen.

Algorithmus 12.1 (Ephemeral-Diffie-Hellman-Key-Agreement)

Setup: Alice und Bob einigen sich auf eine Primzahl p und auf ein Element g in $\mathbb{Z}_p^*$ mit der Ordnung ω. Diese Parameter sind öffentlich.
Key-Agreement: Alice und Bob berechnen

Alice		Bob
$\alpha \xleftarrow{R} \mathbb{Z}_\omega$	$A \leftarrow g^\alpha \bmod p \longrightarrow$	
	$\longleftarrow B \leftarrow g^\beta \bmod p$	$\beta \xleftarrow{R} \mathbb{Z}_\omega$
$K := B^\alpha \bmod p$		$K := A^\beta \bmod p$

Dieses Verfahren ist als *Ephemeral-Diffie-Hellman-Key-Agreement (DHE)*[1] bekannt. [56] Die Werte A und B werden als *Ephemeral Public Key* von Alice bzw. Bob bezeichnet. α und β sind ihre *Ephemeral Private Keys*. Die Parameter g und p heißen *Domain-Parameter*. Das Ergebnis des Key-Agreements ist eine Zahl K. Die Zahl K kann als Bitfolge gelesen und so als Schlüssel interpretiert werden.

Alice und Bob haben in Algorithmus 12.1 dasselbe K berechnet, denn

$$B^\alpha = (g^\beta)^\alpha = g^{\alpha\beta} \pmod{p} \quad \text{und}$$

$$A^\beta = (g^\alpha)^\beta = g^{\alpha\beta} \pmod{p}.$$

Beispiel 12.1

Ein kleines Beispiel in *Python*.

Python
Alice und Bob einigen sich auf die Primzahl $p = 43.787$ und das Element $g = 36.454$ in $\mathbb{Z}_p^*$ mit der Ordnung $\omega = 21.893$. Sie erzeugen sich beide Ephemeral Private Keys und berechnen die dazugehörigen Ephemeral Public Keys. Aus dem Public Key des Gegenübers und dem eigenen Private Key berechnen beide denselben Schlüssel.

(Fortsetzung)

---

[1] Englisch: „ephemeral" = flüchtig, kurzlebig.

```
> import secrets
> p = 43787
> g = 36454
> omega = 21893
```

Alice:

```
> alpha = secrets.randbelow(omega); alpha
8610
> A = pow(g,alpha,p); A
42484
```

Bob:

```
> beta = secrets.randbelow(omega); beta
17730
> B = pow(g,beta,p); B
43099
```

Berechnung von K nach Austausch von A und B:

```
> K_Alice = pow(B,alpha,p)
> K_Bob = pow(A,beta,p)
> K_Alice == K_Bob
True
> K_Alice
34185
```

◀

12.2 Sicherheit des Diffie-Hellman-Key-Agreements

Problematisch wäre es, wenn Eve direkt aus einem Public Key $A = g^\alpha \bmod p$ den dazugehörigen Private Key α berechnen könnte, denn dann könnte sie direkt mit dem Ephemeral Public Key B den Schlüssel $K = B^\alpha \bmod p$ berechnen.

Dies zu schaffen ist hoffentlich schwierig.

▶ **Definition 12.3** Es seien $p \in \mathbb{P}$, $g \in \mathbb{Z}_p^*$ mit Ordnung ω und $\alpha \in \mathbb{Z}_\omega$.
Weiterhin sei $A := g^\alpha \bmod p$.
Das *diskrete Logarithmenproblem (DLP)* lautet:
   Gegeben: p, g, A.
   Gesucht: α.
Die Zahl α wird *diskreter Logarithmus von A zur Basis g modulo p* genannt.

Den Ephemeral Private Key α zu berechnen ist jedoch nicht die einzige Möglichkeit für Eve. Sie könnte es auch irgendwie anders schaffen, den Schlüssel $K = g^{\alpha\beta}$ (mod p) zu berechnen.

▶ **Definition 12.4** Es seien $p \in \mathbb{P}$, $g \in \mathbb{Z}_p^*$ mit Ordnung ω und $\alpha, \beta \in \mathbb{Z}_\omega$.
Weiterhin seien $A := g^\alpha \bmod p$ und $B := g^\beta \bmod p$.
Das *Computational-Diffie-Hellman-Problem (CDH)* lautet:
  Gegeben: p, g, A, B.
  Gesucht: $g^{\alpha\beta}$ (mod p).

Eine Angreiferin Eve kennt die Domain-Parameter p und g, die Ephemeral Public Keys A und B, nicht aber die Ephemeral Private Keys α und β. Daraus den Schlüssel $K = g^{\alpha\beta}$ (mod p) zu berechnen, ist das sogenannte *Computational-Diffie-Hellman-Problem (CDH)*.

Für CPA-Sicherheit eines symmetrischen Verfahrens, das diesen Schlüssel benutzt, ist aber noch mehr erforderlich. Im Sicherheitsspiel zur CPA-Sicherheit wird davon ausgegangen, dass der Schlüssel K zufällig ist. Dies ist hier nicht mehr der Fall; er muss ja zu den Nachrichten A und B im DH-Protokoll passen. Die Schwierigkeit des *Decisional-Diffie-Hellman-Problems (DDH)* bedeutet, dass der Schlüssel K für Zusehende beim Protokoll (passiv Angreifende) nicht von einer Potenz von g mit zufällig gewähltem Exponenten zu unterscheiden ist.

▶ **Definition 12.5** Es seien $p \in \mathbb{P}$, $g \in \mathbb{Z}_p^*$ mit Ordnung ω und $\alpha, \beta \in \mathbb{Z}_\omega$.
Weiterhin seien $A := g^\alpha \bmod p$ und $B := g^\beta \bmod p$.
Das *DDH* lautet:
Es seien $\zeta \xleftarrow{R} \mathbb{Z}_\omega$, $K_0 := g^\zeta \bmod p$, $K_1 := g^{\alpha\beta} \bmod p$ und $b \xleftarrow{R} \{0, 1\}$.
  Gegeben: p, g, A, B, K_b.
  Gesucht: b.

Wie schwierig diese Probleme sind und wie die Domain-Parameter p und g gewählt werden müssen, damit diese Probleme ausreichend schwierig sind, wird in Kap. 14 geklärt.

Eine aktive Angreiferin Mallory kann sich bei DHE einfach gegenüber Alice als Bob und gegenüber Bob als Alice ausgeben; es findet ja keine Authentifizierung statt. Abb. 12.1 zeigt diesen Angriff. Mallory kann damit gemeinsame Schlüssel mit Alice und Bob erstellen, die die beiden in der Folge für die Sicherung ihrer Kommunikation nutzen. Mallory kennt diese Schlüssel und kann die weitere Kommunikation so belauschen und modifizieren.

12.3 DH mit Langzeitschlüsseln

Bei DHE wählen Alice und Bob jedes Mal neue Schlüsselpaare. Wenn Bob sein Schlüsselpaar (B, β) länger verwendet und Alice sicher in den Besitz des Public Key B kommt, lässt sich der Angriff in Abb. 12.1 nicht mehr durchführen, weil Mallory B nicht mehr durch ihren Public Key M ersetzen kann. Für die sichere Übertragung des Public Key B ist es nicht erforderlich, die Vertraulichkeit von B durch Verschlüsseln sicherzustellen, denn B ist ohnehin ein Public Key. Allerdings ist die Authentizität wichtig – Alice muss sicher sein können, dass B der Public Key von Bob ist.

Verschiedene Varianten bieten sich hier an.

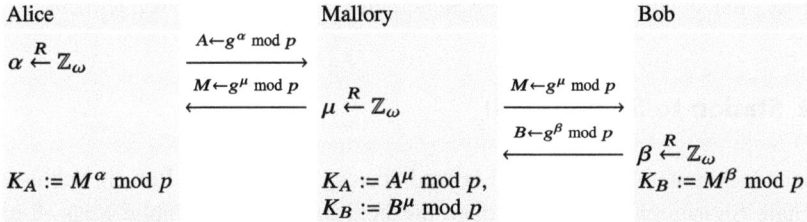

Abb. 12.1 Aktiver Angriff auf DHE

12.3.1 Static-ephemeral Diffie-Hellman

Bei der ersten Variante verwendet Bob ein statisches Schlüsselpaar, das also längere Zeit verwendet wird, und sorgt zunächst dafür, dass Alice seinen Public Key erhält [16]. Bei dieser Variante wählt Bob ein (Langzeit-)Schlüsselpaar und übermittelt den Public Key sicher an Alice (z. B. in einem Zertifikat).

Algorithmus 12.2 (Static-Ephemeral Diffie-Hellman-Key-Agreement)

Setup: Alice und Bob einigen sich auf eine Primzahl p und auf ein Element g in $\mathbb{Z}_p^*$ mit der Ordnung ω. Diese Parameter (Domain-Parameter) sind öffentlich. Bob besitzt einen Private Key $\beta \in \mathbb{Z}_\omega$; Alice hat den dazugehörigen Public Key $B = g^\beta \bmod p$.

Key-Agreement:

Alice		Bob
$\alpha \xleftarrow{R} \mathbb{Z}_\omega$	$\xrightarrow{A \leftarrow g^\alpha \bmod p}$	
$K := B^\alpha \bmod p$		$K := A^\beta \bmod p$

Wird der Schlüssel K auf diese Weise vereinbart, kann Alice K berechnen, ohne dass Bob eine Nachricht an Alice senden muss. Das Diffie-Hellman-Verfahren wird hier also zu einem KEM (vgl. Definition 10.9). Dies ist in Anwendungen von Vorteil, wo nicht beide Kommunikationspartner durchgehend online sind.

Ein mögliches Problem mit Static-Ephemeral DH-Key-Agreement ergibt sich, wenn die beim Key-Agreement gesendeten Ephemeral Public Keys A von Eve aufgezeichnet werden und es ihr zu einem späteren Zeitpunkt gelingt, in den Besitz des static Private Key β von Bob zu gelangen. In diesem Moment können aus den Public Keys und dem Private Key alle bis dahin erzeugten Schlüssel berechnet werden. Ein Wechsel des static Private Key begrenzt den Schaden auf vergangene Key-Agreements. Wünschenswert wäre in vielen Fällen aber die sogenannte *Forward Secrecy*: „Eine Kompromittierung des Langzeit-Private-Key hat keinen Einfluss auf die Sicherheit vergangener Key-Agreements."

12.3.2 Station-to-Station (STS)

Die folgende Alternative bietet auch Forward Secrecy. Dazu erstellt Bob ein Schlüsselpaar für digitale Signaturen. Er signiert dann die beiden Ephemeral Public Keys A und B, sodass Alice sich davon überzeugen kann, dass sie den authentischen Ephemeral Public Key B von Bob erhalten hat und auch ihr Ephemeral Public Key A nicht verändert wurde. Der Ablauf des sogenannten *Station-to-Station-Protokolls (STS)* ist im folgenden Diagramm dargestellt.

Algorithmus 12.7 (Station-to-Station-Protokoll)

Setup: Alice und Bob einigen sich auf eine Primzahl p und auf ein Element g in $\mathbb{Z}_p^*$ mit der Ordnung ω. Diese Parameter (Domain-Parameter) sind öffentlich. Bob besitzt einen Private Key Pr zum Signieren; Alice hat den dazugehörigen public Key Pu.
Key-Agreement:

Alice		Bob
$\alpha \xleftarrow{R} \mathbb{Z}_\omega$		
$A := g^\alpha \bmod p$	$\xrightarrow{A}$	
	$\xleftarrow{B \leftarrow g^\beta \bmod p,\ S \leftarrow \text{Sign}_{Pr}(A\|B)}$	$\beta \xleftarrow{R} \mathbb{Z}_\omega$
$\text{Vrfy}_{Pu}(A \| B, S)$		
$K := B^\alpha \bmod p$		$K := A^\beta \bmod p$

12.3.3 X3DH

Eine Kombination von 3 (oder wahlweise 4) Diffie-Hellman-Key-Agreements zur Erzeugung eines symmetrischen Schlüssels ist das vor allem bei Messengerdiensten mit Ende-zu-Ende-Verschlüsselung verbreitete X3DH-Verfahren [34].

Will Alice Bob eine Nachricht verschlüsselt senden, braucht sie einen gemeinsamen Schlüssel mit Bob. Idealerweise ist das für jede Nachricht ein neuer Schlüssel. Mittels Diffie-Hellman-Key-Agreement lässt sich so ein Schlüssel erzeugen. Bei Ephemeral-Diffie-Hellman-Key-Agreement wie auch beim STS-Protokoll würde sie aber so einen Schlüssel mit Bob nur dann erzeugen können, wenn er gerade online ist, um am Protokoll teilzunehmen. Static-Ephemeral-Diffie-Hellman-Key-Agreement hat keine Forward Secrecy. X3DH soll dieses Problem lösen.

Alice besitzt ein Langzeitschlüsselpaar (ID_{Pr}^A, ID_{Pub}^A), ihren Identity-Key. Bob besitzt ein Langzeitschlüsselpaar (ID_{Pr}^B, ID_{Pub}^B), seinen Identity-Key. Es wird davon ausgegangen, dass Alice und Bob ihre Identity-Public-Keys ID_{Pub}^A und ID_{Pub}^B sicher ausgetauscht haben. Gerne werden die Identity-Public-Keys z. B. über die Messengerinfrastruktur zur Verfügung gestellt. Alice und Bob überprüfen die Schlüssel über einen unabhängigen Kanal, bspw. bei einem persönlichen Treffen, wo sie ihre Public Keys vergleichen.

Bob erzeugt in mehr oder weniger regelmäßigen Abständen einen signed Prekey – das ist ein Schlüsselpaar (SP_{Pr}^B, SP_{Pub}^B) –, signiert SP_{Pub}^B mit seinem Identity-Key und veröffentlicht den signierten Public Key (z. B. über die Messengerinfrastruktur). Optional kann Bob weitere Schlüsselpaare (OP_{Pr}^B, OP_{Pub}^B), sogenannte One-Time-Prekeys, erzeugen und die Public Keys veröffentlichen. Alice kann sich dort die aktuellen Prekeys abholen und die Signatur über den signed Prekey verifizieren.

Diffie-Hellman-Key-Agreement berechnet aus einem Private Key von Alice und einem Public Key von Bob einen Schlüssel, und denselben Schlüssel kann Bob aus seinem Private Key und Alices Public Key berechnen. Bei X3DH wird so ein Key-Agreement zumindest 3-mal durchgeführt. Dafür erzeugt Alice zunächst ein weiteres (Ephemeral) Schlüsselpaar (E_{Pr}^A, E_{Pub}^A) und verwendet nun (vgl. Abb. 12.2)

- ID_{Pr}^A und SP_{Pub}^B, um damit einen Schlüssel DH1 zu erzeugen,
- E_{Pr}^A und ID_{Pub}^B, um damit einen Schlüssel DH2 zu erzeugen,
- E_{Pr}^A und SP_{Pub}^B, um damit einen Schlüssel DH3 zu erzeugen.

Stellt Bob auch One-Time-Prekeys zur Verfügung, dann verwendet Alice zusätzlich

- E_{Pr}^A und OP_{Pub}^B, um damit einen Schlüssel DH4 zu erzeugen.

Schließlich leitet sie (mit einer geeigneten KDF) aus DH1, DH2, DH3 und optional DH4 den endgültigen Schlüssel ab. Mit diesem Schlüssel kann sie eine Nachricht schützen

Abb. 12.2
X3DH-Key-Agreement
(Diagramm nach [34])

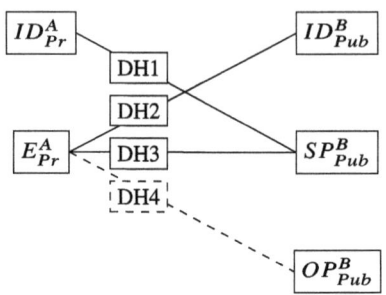

(Verschlüsselung mit einem Verfahren, das Authenticated Encryption bietet). Sendet sie Bob in einer initialen Nachricht ihren Ephemeral Public Key E^A_{Pub} und die Information, welchen signed Prekey und One-Time-Prekey sie verwendet hat, so kann Bob ebenfalls DH1, DH2, DH3 (und DH4) berechnen und ebenfalls den Schlüssel, den Alice erzeugt hat, berechnen. Zusätzlich sendet Alice an Bob beiden bekannte Daten (z. B. ihre Namen) mit dem erzeugten Schlüssel (durch Verschlüsseln und/oder MAC) geschützt. Bob kann überprüfen, ob er mit dem von ihm berechneten Schlüssel erfolgreich entschlüsseln kann, und so wird sichergestellt, dass beide denselben Schlüssel erhalten haben. Dies wird auch als *Key-Confirmation* bezeichnet.

Für Nachrichten von Bob an Alice läuft das Ganze analog mit vertauschten Rollen ab.

In diesem Protokoll ist über die Identity-Keys sichergestellt, dass die erzeugten Schlüssel nur mit den entsprechenden Private-Identity-Keys erzeugt werden können (DH1 und DH2). Durch das Wechseln der signed Prekeys und die Benutzung von One-Time-Prekeys stellt Bob sicher, dass neue Schlüssel auch dann erstellt werden, wenn Alice ihren Ephemeral Key nicht wechseln sollte (oder eine Angreiferin mit einem Replay mit demselben Ephemeral Public Key dafür sorgt, dass mehrmals derselbe Schlüssel abgeleitet wird). Signed Public Keys sind mit den Identity-Keys signiert. Alice kann also die Authentizität dieser Public Keys überprüfen. One-Time-Prekeys werden nicht signiert – die Authentizität ist bereits über DH1, DH2 und DH3 sichergestellt.

12.3.4 Diffie-Hellman-integrated-Encryption-System (DHIES)

Static-Ephemeral Diffie-Hellman-Key-Agreement kann als KEM verstanden werden. In Kombination mit einem symmetrischen Verschlüsselungsverfahren und einem MAC lässt sich daraus ein CCA-sicheres asymmetrisches Verschlüsselungsverfahren konstruieren.

Algorithmus 12.8 (DHIES)

Setup: Wie bei Static-Ephemeral Diffie-Hellman Domain-Parameter $p \in \mathbb{P}$, $g \in \mathbb{Z}_p^*$ mit Ordnung ω sowie eine Hashfunktion H.

Schlüsselerzeugung: Bob wählt einen Private Key $\beta \xleftarrow{R} \mathbb{Z}_\omega$ und berechnet den dazugehörigen Public Key $B := g^\beta \pmod{p}$.

Verschlüsselung: Für die Verschlüsselung der Nachricht m wählt Alice einen Ephemeral Private Key $\alpha \xleftarrow{R} \mathbb{Z}_\omega$ zufällig und berechnet den dazugehörigen Ephemeral Public Key $A := g^\alpha \bmod p$ sowie

$$k := B^\alpha \bmod p,$$
$$k_E \,\|\, k_M := \mathrm{H}(k),$$
$$C \leftarrow E_{k_E}(m),$$
$$T := \mathrm{Mac}_{k_M}(C).$$

Das Chiffrat ist das Tripel (A, C, T).

Entschlüsselung: Bob empfängt (A, C, T). Er berechnet

$$k = A^\beta \pmod{p},$$
$$k_E \,\|\, k_M := \mathrm{H}(k),$$

prüft den Tag T mit k_M und entschlüsselt das Chiffrat C mit k_E.

Werden zur symmetrischen Verschlüsselung ein CPA-sicheres Verschlüsselungsverfahren und zur Integritätssicherung ein sicherer MAC verwendet, so ist das DHIES-Verfahren CCA-sicher [1].[2,3]

---

[2] Für den Beweis muss dabei angenommen werden, dass sich die Hashfunktion wie eine echt zufällige Funktion verhält. Dies ist eine noch stärkere Forderung als die Kollisionsresistenz der Hashfunktion. Man spricht hier vom *Random-Oracle-Modell*.

[3] Zusätzlich muss angenommen werden, dass das CDH selbst dann schwierig ist, wenn ein Orakel zur Lösung des DDH zur Verfügung steht. Dieses Problem ist als *Gap-CDH* bekannt. Es ist nicht bekannt, wie man das Gap-CDH einfacher lösen könnte als das CDH-Problem.

12.4 Übungen

Übungsaufgaben

1. Realisiere folgendes DH-Key-Agreement. Alice und Bob einigen sich öffentlich auf die Primzahl $p = 47$ und auf $g = 5$ in $\mathbb{Z}_p^*$.
   a. Alice wählt zufällig $\alpha = 14$ und Bob wählt zufällig $\beta = 9$. Berechne, welche Zahlen die beiden einander schicken.
   b. Berechne den gemeinsamen Schlüssel, auf den die beiden sich so einigen.
2. Zeige, wie Mallory die beiden aus Übungsaufgabe 1 als „Person-in-the-Middle" täuschen könnte. Wähle dazu $\mu = 2$. Berechne alle Nachrichten, die Mallory erzeugen und verschicken muss, sowie die vereinbarten Schlüssel.
3. Zeige, wie Eve als passive Angreiferin erfolgreich sein kann. Eve kennt die Parameter p und g aus Übungsaufgabe 1 und beobachtet, wie Alice und Bob in einem weiteren Schlüsselaustausch $A = 30$ und $B = 28$ austauschen. Zeige, dass Eve den vereinbarten Schlüssel K berechnen kann, indem sie das DLP durch Durchprobieren löst. (Warum ist das möglich?)

Rückblick

Du hast dich mit dem *Ephemeral-Diffie-Hellman-Key-Agreement* (DHE) beschäftigt und kannst den Ablauf dieses Protokolls beschreiben. Du kennst Möglichkeiten, wie *Static-Ephemeral-Diffie-Hellman-Key-Agreement*, das *STS-Protokoll* und *X3DH*, um DHE auch gegen aktive Angriffe zu schützen. Dir ist der Begriff der *Forward Secrecy* bekannt, und du weißt, warum diese z. B. mit dem STS-Protokoll zu erreichen ist. Mit *DHIES* hast du eine Möglichkeit kennengelernt, DHE mit einem sicheren Verschlüsselungsverfahren und einem sicheren MAC zu einem CCA-sicheren Public-Key-Verschlüsselungsverfahren zu kombinieren.

Teil IV

RSA und DH unter der Lupe

Die RSA-Verfahren 13

Ziele

In diesem Kapitel lernst du,

- wie die sichere *Schlüsselerzeugung* für die RSA-Verfahren abläuft und warum sie überhaupt effizient durchgeführt werden kann.
- warum das RSA-Verschlüsselungsverfahren und das RSA-Signaturverfahren funktionieren und welche Operationen dabei die größten *Aufwände* erzeugen.
- warum und unter welchen Bedingungen die RSA-Trapdoor-Permutation sicher oder unsicher ist. Du lernst *Attacken* wie die Wiener-Attacke kennen.
- wie sich das RSA-Verschlüsselungsverfahren *effizient implementieren* lässt. Du lernst die Verfahren *Square-and-Multiply* und *RSA-CRS* kennen.
- wie die Geschwindigkeit der RSA-Trapdoor-Permutation mit der Schlüssellänge skaliert.
- wie Teile eines RSA-Schlüsselpaars auch als Parameter für einen PRNG verwendet werden können, dessen Sicherheit sich auf das Faktorisierungsproblem zurückführen lässt.

Für dieses Kapitel werden die Ergebnisse aus Kap. 18 unbedingt benötigt. Du solltest Kap. 18 auf jeden Fall genau durchgearbeitet haben oder mit den Inhalten bereits vertraut sein, um Nutzen aus Kap. 13 zu ziehen.

13.1 Aufwände beim RSA-Verfahren

Zunächst soll untersucht werden, welche Teile welche (Rechen-)Aufwände erzeugen. In der Folge werden gängige Optimierungen betrachtet.

In aller Kürze sollen zunächst die RSA-Verfahren wiederholt werden. Dabei steht die RSA-Trapdoor-Permutation im Vordergrund. Im Vergleich zu den anderen Schritten (Padding, Hashing, ...) ist deren Berechnung am aufwendigsten.

Algorithmus 13.1 (RSA)
Schlüsselerzeugung:

- $p, q \xleftarrow{R} \mathbb{P}$,
- $n := pq$, $\varphi(n) = (p-1)(q-1)$,
- $e \in \mathbb{Z}^*_{\varphi(n)}$ (beliebig),
- $d := e^{-1} \mod \varphi(n)$,
- $\rightarrow$ Public Key (n, e),
- $\rightarrow$ Private Key (p, q, d).

Verschlüsseln:
$$c := m^e \mod n.$$

Entschlüsseln:
$$m := c^d \mod n.$$

Signieren:
$$s := m^d \mod n.$$

Verifizieren:
$$m \stackrel{?}{=} s^e \mod n.$$

In manchen Standards wird anstatt des Werts der eulerschen φ-Funktion $\varphi(pq) = (p-1)(q-1)$ der Wert der Carmichael-Funktion $\lambda(pq) := \mathrm{kgV}(p-1, q-1)$ verwendet. Nach einem Satz von Carmichael ist nämlich nicht nur $a^{\varphi(pq)} = 1 \pmod{pq}$, sondern auch $a^{\lambda(pq)} = 1 \pmod{pq}$ für alle $a \in \mathbb{Z}^*_n$.[1] Das Verfahren ist also auch dann korrekt und da $\lambda(pq) < \varphi(pq)$, ergeben sich dann etwas kleinere Exponenten d. Die Werte $\varphi(pq)$ und $\lambda(pq)$ unterscheiden sich jedoch nur um den Faktor $\mathrm{ggT}(p-1, q-1)$.[2] Praktisch wird allerdings aus Effizienzgründen so wie im folgenden Abschn. 13.1.1 mit dem Private Key gearbeitet und es werden anstelle von d nur $(d \mod (p-1))$ und $(d \mod (q-1))$ verwendet. Diese Werte ändern sich nicht, wenn $\lambda(pq)$ anstelle von $\varphi(pq)$ verwendet wird. Wir bleiben daher bei der φ-Variante, weil sich damit mathematisch einfacher arbeiten lässt.

Praktisch stellt sich das RSA-Verfahren erst bei Schlüssellängen (Bitlänge von n) ab 3000 Bit als sicher heraus.[3] Entsprechend aufwendig gestaltet sich dort das Ver- und Entschlüsseln. Um das Verschlüsseln effizient zu gestalten, kann ein kleiner Exponent e gewählt werden, typischerweise ist dies $e = 65.537$. Betrachtet man die Binärdarstellung

---

[1] Mehr noch: Die Carmichael-Funktion ist so definiert, dass dies der kleinste Exponent mit dieser Eigenschaft ist.
[2] Siehe Lemma 18.17.
[3] Vergleiche Abschn. 18.9.

13.1 Aufwände beim RSA-Verfahren

$(10000000000000001)_2$ dieser Zahl, so wird klar, warum – sowohl in Schritt 1 wie auch in Schritt 2 – Square-and-Multiply[4] besonders effizient durchgeführt werden kann. Da es sich überdies bei 65.537 um eine Primzahl handelt, ist mit großer Wahrscheinlichkeit auch $\text{ggT}(\varphi(n), e) = 1$.

Mit Blick auf Abschn. 18.8 lässt sich für das Ver- und Entschlüsseln im RSA-Verfahren festhalten: Eine Verdopplung der Schlüssellänge führt zu einer Vervierfachung des Aufwands beim Verschlüsseln und zu einer Verachtfachung des Aufwands beim Entschlüsseln. Die Verdopplung des Aufwands beim Entschlüsseln gegenüber dem Verschlüsseln ergibt sich aus der Tatsache, dass auch bei einer Verdopplung der Schlüssellänge dasselbe e weiterverwendet werden kann. Der zugehörige Exponent für das Entschlüsseln wächst jedoch auf die doppelte Länge an, wodurch sich auch die Anzahl der Schritte im Square-and-Multiply-Verfahren verdoppelt. Überdies ergibt sich ein großer Geschwindigkeitsunterschied zwischen Ver- und Entschlüsseln, da beim Verschlüsseln stets ein kleiner (65.537; Länge: 17 Bit) Exponent verwendet werden kann, beim Entschlüsseln der Exponent jedoch immer groß (>3000 Bit) ist, was einen Faktor von zumindest ca. $3000/17 \approx 180$ für die Geschwindigkeit bedeutet.

13.1.1 RSA-CRS

Der chinesische Restsatz[5] erlaubt es, die Entschlüsselung bzw. das Signieren zu beschleunigen. Üblicherweise wird die RSA-Entschlüsselung bzw. das Signieren mit RSA in dieser Form implementiert. Wir betrachten hier stellvertretend den Fall der RSA-Entschlüsselung. Es geht darum, $m = c^d \bmod pq$ zu berechnen. Alternativ lassen sich nach Lemma 18.7

$$m_p := c^d \bmod p = (c^d \bmod pq) \bmod p = m \bmod p \quad \text{und}$$

$$m_q := c^d \bmod q = (c^d \bmod pq) \bmod q = m \bmod q$$

berechnen, und da p und q relativ prim sind, ergibt sich m (modulo pq) mit dem chinesischen Restsatz eindeutig aus m_p und m_q. Der Vorteil dieser Art der Berechnung ist die höhere Geschwindigkeit. Sind p und q ungefähr gleich lang, so sind beide nur halb so lang wie pq. Damit werden alle Multiplikationen ca. 4-mal so schnell. Da jetzt statt 1-mal 2-mal potenziert werden muss, geht ein Teil des Geschwindigkeitsgewinns wieder verloren;[6] es bleibt aber immer noch ein Faktor 2. Allerdings lassen sich nun auch

---

[4] Vergleiche Abschn. 18.6.
[5] Vergleiche Abschn. 18.5.
[6] Die Berechnungen modulo p und modulo q lassen sich parallel zueinander durchführen. Steht also mehr als ein Prozessorkern zur Verfügung, ist noch einmal ein Faktor 2 an Geschwindigkeit zu gewinnen.

die Potenzen deutlich schneller berechnen, denn statt $m_p = c^d \bmod p$ darf man nach dem Satz von Fermat auch $m_p = c^{d \bmod p-1} \bmod p$ (Analoges für m_q) rechnen. Das ursprüngliche d war so groß wie pq, $d_p = d \bmod p - 1$ und $d_q = d \bmod q - 1$ sind aber nur halb so lang. Damit lässt sich noch einmal ein Faktor 2 gewinnen, sodass sich sagen lässt, dass sich RSA-Entschlüsselung mit dem chinesischen Restsatz mindestens um den Faktor 4 beschleunigen lässt. Der aufwendigste Teil im chinesischen Restsatz lässt sich schon während der Schlüsselerzeugung vorausberechnen; die Primzahlen p und q ändern sich ja nicht mehr. Es ergibt sich das folgende Verfahren:

Man erzeuge das RSA-Schlüsselpaar (n, e), (p, q, d) wie gehabt. Weiterhin berechne man

$$d_p := d \bmod p - 1 \quad \text{und}$$

$$d_q := d \bmod q - 1$$

sowie mit dem erweiterten euklidischen Algorithmus Zahlen x, y, sodass $px + qy = 1$ gilt. Bei der Entschlüsselung berechnet man aus m_p und m_q mit dem chinesischen Restsatz

$$m := m_p q y + m_q p x \bmod pq.$$

Auf den zweiten Blick erkennt man, dass es reicht, sich die Zahl y zu merken,[7] denn es ist $px + qy = 1$, und daher kann man px durch $1 - qy$ ersetzen. Der Overhead durch den chinesischen Restsatz ist nur 1 Multiplikation und 2 Additionen. Diese RSA-Variante ist insbesondere im Standard RSA-PKCS#1 bzw. in RFC 8017 beschrieben [38] – dort mit einer weiteren kleinen Optimierung, die im Folgenden gezeigt wird.

Algorithmus 13.2 (RSA-CRS)

Modifizierte Schlüsselerzeugung: Man erzeuge das RSA-Schlüsselpaar (n, e), (p, q, d) wie gehabt. Weiterhin berechne man $d_p := d \bmod p - 1$ und $d_q := d \bmod q - 1$ sowie mit dem erweiterten euklidischen Algorithmus Zahlen x, y, sodass $px + qy = 1$ gilt. Der erweiterte Private Key ist (p, q, d_p, d_q, y).

Modifizierte Entschlüsselung: Man berechne

$$m_p := c^{d_p} \bmod p,$$

$$m_q := c^{d_q} \bmod q,$$

$$h := (m_p - m_q) y \bmod p,$$

$$m := m_q + qh \bmod pq.$$

---

[7] Die Zahl y wird in RFC 8017 als qInv bezeichnet. Es handelt sich dabei ja um den Kehrwert von q modulo p.

Algorithmus 13.2 ist korrekt. Wir überzeugen uns davon, dass $m = m_p \pmod{p}$ gilt.

$$m = ((m_q + qh) \bmod pq) \bmod p$$
$$= m_q + qh \pmod{p} \qquad \text{(nach Lemma 18.7)}$$
$$= m_q + q(m_p - m_q)y \pmod{p}$$
$$= m_q + (m_p - m_q)(1 - px) \pmod{p}$$
$$= m_q + m_p - m_q \pmod{p} \qquad \text{(denn } px = 0 \pmod{p})$$
$$= m_p \pmod{p}.$$

Einfacher erhält man $m = m_q \pmod{q}$:

$$m = ((m_q + qh) \bmod pq) \bmod q$$
$$= (m_q + qh) \bmod q$$
$$= m_q \bmod q.$$

13.2 RSA-Schlüsselerzeugung

Bislang ist unklar geblieben, wie bei der RSA-Schlüsselerzeugung zwei Primzahlen zufällig gewählt werden können. Die klassische Methode zur Primzahlerzeugung ist, eine zufällige Zahl zu erzeugen und dann zu überprüfen, ob es sich um eine Primzahl handelt. Diese Methode funktioniert aus zwei Gründen sehr gut:

1. Die Wahrscheinlichkeit, dass eine zufällig gewählte Zahl eine Primzahl ist, ist nicht sehr klein, d. h., nach nicht allzu vielen Versuchen ist die gewählte Zahl eine Primzahl.
2. Es ist möglich, in vernünftiger Zeit zu überprüfen, ob eine Zahl prim ist.

Beides ist nicht unmittelbar klar.

Theorem 13.3 *Es gibt unendlich viele Primzahlen.*

Beweis Angenommen, es gäbe nur endlich viele Primzahlen. Dann könnte man sie (irgendwie) durchnummerieren. Es wäre dann $p_1, p_2, \ldots, p_t$ eine Liste aller Primzahlen. Betrachtet man nun die Zahl

$$p := 1 + \prod_{i=1}^{t} p_i,$$

so stellt man fest, dass p durch keine der Primzahlen p_i teilbar ist (stets bleibt bei der Division ein Rest von 1). Demnach wäre p eine Primzahl. Allerdings müsste p dann in der Liste der Primzahlen auftauchen. Dies kann aber nicht der Fall sein, denn p ist offensichtlich größer als jede der Primzahlen p_i, weil es ja größer ist als das Produkt aller p_i.

Dieser Widerspruch lässt sich nur auflösen, indem man anerkennt, dass die Annahme, es gäbe nur endlich viele Primzahlen, falsch ist. □

Dieses schöne Resultat sagt zumindest, dass uns die Primzahlen nie ausgehen. Für unsere Zwecke brauchen wir aber etwas mehr. Den folgenden Satz haben die zwei Mathematiker Hadamard und de la Vallée Poussin 1896 unabhängig voneinander bewiesen.

Theorem 13.4 *Es sei $\pi(x)$ die Anzahl der Primzahlen, die kleiner sind als $x \in \mathbb{N}$. Dann gilt für $x \geq 17$*

$$\frac{x}{\ln x} < \pi(x) < 1{,}25506 \cdot \frac{x}{\ln x}.$$

Dieser Satz sagt insbesondere etwas darüber aus, wie viele Primzahlen es in etwa in der Umgebung von x gibt. Wir berechnen einfach, wie sehr sich die Anzahl der Primzahlen bei x ändert, also einfach die Steigung von $\pi(x)$ an der Stelle x.[8] Es ergibt sich $\frac{d}{dx}\pi(x) \approx \frac{\ln x - 1}{\ln^2 x} \approx \frac{1}{\ln x}$. Das bedeutet, dass in der Gegend von x in etwa jede $(\ln x)$-te Zahl eine Primzahl ist. Die Abb. 13.1a und b veranschaulichen diese Ähnlichkeit. Anders ausgedrückt: Man muss im Durchschnitt $\ln x$ Zahlen in der Gegend von x testen, bis man eine Primzahl findet. Da $\ln x$ eine sehr langsam wachsende Funktion ist, braucht man selbst bei großen x noch nicht allzu lange probieren (vgl. Tab. 13.1).

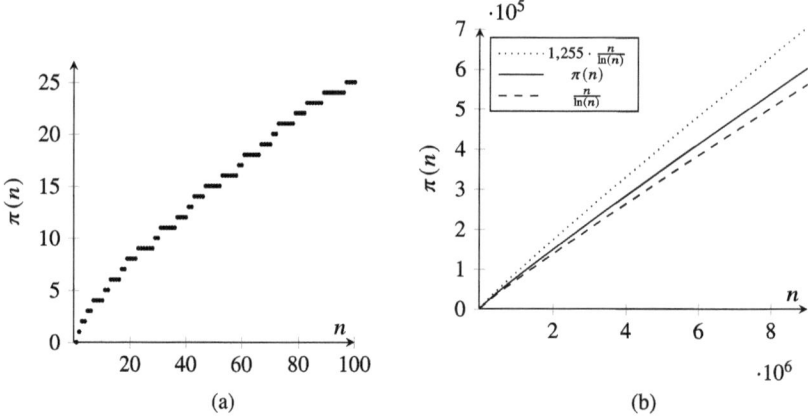

Abb. 13.1 Anzahl $\pi(n)$ der Primzahlen $\leq n$. **a** $\pi(n)$ für $n \leq 100$. **b** Abschätzung von $\pi(n)$ für $n \leq 10$ Mio.

---

[8] Es sei angemerkt, dass diese analytischen Überlegungen natürlich formal nicht ganz exakt sind, sie beschreiben aber sehr anschaulich, was hier passiert.

13.2 RSA-Schlüsselerzeugung

Tab. 13.1 Werte der natürlichen Logarithmusfunktion

x	2^{512}	2^{1024}	2^{1536}	2^{2048}	2^{3072}	2^{4096}	2^{8192}
$\ln x$	354,89	709,78	1064,67	1419,57	2129,35	2839,13	5678,26

Wir überlegen uns nun, ob und wie man schnell überprüfen kann, ob eine ganze Zahl n eine Primzahl ist.

13.2.1 Probedivision

Eine einfache Möglichkeit, festzustellen, ob n prim ist, ist probeweise durch alle Primzahlen, die kleiner sind als $\sqrt{n}$, zu dividieren.[9] Findet man dabei einen Teiler von n, so ist n keine Primzahl. Findet man keinen Teiler, dann ist n prim. Dabei müssen nur Primzahlen bis $\sqrt{n}$ probiert werden, denn wäre $n > t > \sqrt{n}$ ein Teiler von n, so wäre $1 < n/t < \sqrt{n}$ ebenfalls ein Teiler von n.

Diese Methode erfordert sehr viele Probedivisionen. Für das RSA-Verfahren brauchen wir aber zwei sehr große Primzahlen (mindestens 1500 Bit lang). Wir sehen uns noch zwei weitere Methoden an. An dieser Stelle sei aber erwähnt, dass die Probedivision in Kombination mit anderen Methoden sehr gut geeignet ist, schnell zusammengesetzte Zahlen zu erkennen. So sind mehr als 79,5 % aller ganzen Zahlen durch 2, 3, 5 und/oder 7 teilbar (verwendet man die ersten 54 Primzahlen, so sind es bereits 90 %). Probedivision durch kleine Primzahlen kann also bereits einen Großteil der zusammengesetzten Zahlen mit ganz wenig Aufwand erkennen. In der OpenSSL-Krypto-Bibliothek[10] werden die 2048 kleinsten Primzahlen verwendet, in der PyCryptodome-Bibliothek[11] die 100 kleinsten Primzahlen.

> **Beispiel 13.5**
>
> Wir faktorisieren nun eine Zahl mit *Python*.
>
> **Python**
> Die Funktion `factorint` aus dem Modul `sympy` erlaubt das Faktorisieren ganzer Zahlen. Auch hier werden kleine Primfaktoren mittels Probedivision ermittelt.
>
> (Fortsetzung)

---

[9] Genau genommen interessiert uns dabei nur der Rest bei der Division.
[10] https://openssl-library.org/.
[11] https://www.pycryptodome.org/.

```
> import sympy
> sympy.factorint( 1022028 )
{2: 2, 3: 1, 7: 1, 23: 3}
> sympy.factorint( 1022028, multiple=True )
[2, 2, 3, 7, 23, 23, 23]
```

◄

13.2.2 Der Fermat-Test

Der kleine Satz von Fermat (Korollar 18.66) besagt, dass für alle $0 < a < n$ gilt:

$$a^n = a \pmod{n},$$

falls n eine Primzahl ist. Und sonst? Sehen wir uns ein paar Beispiele an.

Beispiel 13.6

Der Fermat-Test für die Zahlen 14, 341 und 561 ergibt

n	a	$a^n \bmod n$	Prim?
14	2	4	Nein
341	2	2	?
341	3	168	Nein
561	2	2	?
561	3	3	?
561	4	4	?

◄

Tatsächlich lassen sich viele zusammengesetzte Zahlen mit diesem einfachen Test enttarnen. Die Zahl 14 ist sofort als nicht prim identifiziert, 341 besteht den ersten Test mit Basis 2, scheitert aber beim zweiten Test mit Basis 3, 561 ist noch hartnäckiger, besteht den Test für die Basen 2, 3 und 4. Falls n den Fermat-Test mit Basis a besteht, so nennen wir n *Pseudoprimzahl zur Basis a*. In Beispiel 13.6 ist also 341 Pseudoprimzahl zur Basis 2, aber nicht zur Basis 3, 561 ist Pseudoprimzahl zu den Basen 2, 3 und 4.

Nach dem kleinen Satz von Fermat ist jede Primzahl p Pseudoprimzahl zu jeder Basis a. Gibt es zusammengesetzte Zahlen n, die Pseudoprimzahlen zu jeder Basis a sind? Die bedrückende Antwort ist: Es gibt sogar unendlich viele solche Zahlen [2]. Diese Zahlen heißen *Carmichael-Zahlen*. Die 10 kleinsten Carmichael-Zahlen sind 561, 1105, 1729, 2465, 2821, 6601, 8911, 10.585, 15.841 und 29.341.

13.2 RSA-Schlüsselerzeugung

Falls der Fermat-Test ergibt, dass es sich bei n nicht um eine Primzahl handelt, so kennt man immer noch keinen Teiler von n; der Fermat-Test ist also nicht als Faktorisierungsmethode zu gebrauchen. Faktorisieren ist schwieriger als Primalität zu testen. Der Fermat-Test kann schnell belegen, dass eine Zahl zusammengesetzt ist. Carmichael-Zahlen sind allerdings zusammengesetzte Zahlen, die der Fermat-Test nie als solche identifiziert. Wir müssen uns noch ein bisschen mehr anstrengen. In manchen Bibliotheken (z. B. GMP[12] oder libgcrypt[13]) wird der Fermat-Test (in der Regel mit einer einzigen, fixen Basis a) als schneller erster Test vor einem Miller-Rabin-Test eingesetzt.

13.2.3 Der Miller-Rabin-Test

Um den Fermat-Test zu verbessern, arbeiten wir am kleinen Satz von Fermat.

Beispiel 13.7

Wir untersuchen die Zahl $n = 121$ auf Primalität. Ist n eine Primzahl, so gilt gemäß dem Satz von Fermat

$$a^{120} = 1 \pmod{121}.$$

Dies bedeutet, dass $a^{120} - 1$ durch 121 teilbar ist. Unter Zuhilfenahme der Identität $(z^2 - 1) = (z + 1)(z - 1)$ ergibt sich

$$121 \mid a^{120} - 1 = (a^{60} + 1)(a^{60} - 1)$$
$$= (a^{60} + 1)(a^{30} + 1)(a^{30} - 1)$$
$$= (a^{60} + 1)(a^{30} + 1)(a^{15} + 1)(a^{15} - 1).$$

Ist die Zahl auf der linken Seite (121) eine Primzahl, so ist sie nach Lemma 18.11 Teiler von mindestens einem Faktor auf der rechten Seite. Das heißt, es gilt zumindest eine der Aussagen

$$121 \mid a^{60} + 1 \quad \text{(also } a^{60} = -1 \pmod{121}\text{)},$$
$$121 \mid a^{30} + 1 \quad \text{(also } a^{30} = -1 \pmod{121}\text{)},$$
$$121 \mid a^{15} + 1 \quad \text{(also } a^{15} = -1 \pmod{121}\text{)},$$
$$121 \mid a^{15} - 1 \quad \text{(also } a^{15} = 1 \pmod{121}\text{)}.$$

---

[12] https://gmplib.org.
[13] https://www.gnupg.org/software/libgcrypt.

Anstatt der einen Gleichung $a^{121} = a \pmod{121}$ beim Fermat-Test können auch die soeben hergeleiteten vier Gleichungen überprüft werden. ◄

Der folgende Satz beschreibt diesen Sachverhalt allgemein.

Theorem 13.8 *Es sei $n > 2$ eine ungerade natürliche Zahl. Dann lässt sich $n - 1$ eindeutig als $n - 1 = 2^s k$ schreiben, wobei $k \in \mathbb{N}$ ungerade und $s \in \mathbb{N}$ sind. Weiterhin sei $0 < a < n$.*

1. Ist n eine Primzahl, dann gilt

$$a^k = 1 \pmod{n}, \tag{13.1}$$

oder es gibt eine Zahl $r \in \{0, 1, \ldots, s - 1\}$ mit

$$a^{2^r k} = -1 \pmod{n}. \tag{13.2}$$

2. Ist umgekehrt weder die Gleichung

$$a^k = 1 \pmod{n}$$

noch für irgendeine Zahl $r \in \{0, 1, \ldots, s - 1\}$ die Gleichung

$$a^{2^r k} = -1 \pmod{n}$$

erfüllt, dann ist n keine Primzahl.

Diesen Test, den *Miller-Rabin-Test*,[14] besteht auch keine Carmichael-Zahl mehr für jede Basis a. Eine Basis a, für die n den Miller-Rabin-Test nicht besteht, nennen wir einen *Zeugen gegen die Primalität von n*. Der Grund: Hat man eine solche Basis a erst einmal gefunden, ist es leicht, sich davon zu überzeugen, dass n keine Primzahl ist, indem man in alle Gleichungen einsetzt und überprüft, ob tatsächlich alle falsch sind. Achtung: Es gibt keine Zeugen *für* die Primalität einer Zahl.

Beispiel 13.9

Die erste Carmichael-Zahl $n = 561$ besteht den Miller-Rabin-Test für $a = 2$ nicht: Wir erhalten $561 - 1 = 2^4 \cdot 35$, also $s = 4$ und $k = 35$. Wir berechnen $2^{35} = 263 \pmod{561}$, also ist Gl. (13.1) nicht erfüllt. Weiter erhalten wir $2^{2^1 \cdot 35} = 166$

---

[14] Benannt nach den Autoren der ersten zu diesem Algorithmus publizierten Arbeiten [36] und [53].

13.2 RSA-Schlüsselerzeugung

(mod 561), $2^{2^2 \cdot 35} = 67$ (mod 561) und $2^{2^3 \cdot 35} = 1$ (mod 561). Nie ist ds Ergebnis -1, also ist auch Gl. (13.2) nicht erfüllt. Somit ist 561 keine Primzahl; die Basis $a = 2$ ist ein Zeuge gegen die Primalität von 561. ◄

Die Situation scheint jetzt besser, allerdings muss man u. U. sehr viele Basen durchprobieren, um sicher sein zu können, dass n tatsächlich eine Primzahl ist. Das geht wieder nicht. Tatsächlich ist die Situation hier aber sehr viel besser, wie Rabin in [53] bewiesen hat.

Theorem 13.10 *Ist n eine zusammengesetzte natürliche Zahl, dann sind mehr als 3/4 aller ganzen Zahlen a mit $0 < a < n$ Zeugen gegen die Primalität von n.*

Daraus ergibt sich der folgende Algorithmus.

Algorithmus 13.11 (Miller-Rabin-Test) Gegeben ist eine natürliche Zahl $n \geq 3$.

1. Schreibe $n - 1$ als $n - 1 = 2^s k$, wobei $k \in \mathbb{N}$ ungerade und $s \in \mathbb{N}$ sind.
2. Wähle zufällig eine Zahl a, mit $2 \leq a \leq n - 1$. Überprüfe die Gl. (13.1) bzw. (13.2).
3. Ist n zusammengesetzt, so findet man in Schritt 2 mit einer Wahrscheinlichkeit von mindestens 75 % einen Zeugen gegen die Primalität.
4. Weiter bei Schritt 2, wenn kein Zeuge gegen die Primalität gefunden wurde.

Die Wahrscheinlichkeit, dass für eine zusammengesetzte Zahl in t Runden hintereinander kein Zeuge gegen die Primalität gefunden wird, ist höchstens $(1/4)^t$.

Eine zusammengesetzte Zahl besteht 10 Testrunden mit einer Wahrscheinlichkeit von höchstens $(1/4)^{10} = 9{,}5 \cdot 10^{-7}$. Bei 15 Runden ist die Wahrscheinlichkeit höchstens $9{,}3 \cdot 10^{-10}$, bei 20 Runden $9{,}1 \cdot 10^{-13}$. Es sind also nicht sehr viele Runden notwendig, um mit großer Sicherheit sagen zu können, ob eine Zahl prim ist. Nach 64 Runden ist die Wahrscheinlichkeit bereits vernachlässigbar klein (im kryptographischen Sinn, also kleiner als 2^{-128}). Sobald mehr als $\frac{n-1}{4}$ Basen durchprobiert sind, kann man sogar sicher sein, dass n prim ist. Praktisch ist das für sehr große n aber nicht möglich. Man begnügt sich mit Zahlen, die sehr wahrscheinlich prim sind. Auch solche Primzahlen werden gelegentlich *Pseudoprimzahlen* genannt.

Beispiel 13.12

Wir testen nun mit *Python* Zahlen auf ihre Primalität.

> **Python**
> Das Modul `sympy` enthält die Funktion `isprime`. Diese verwendet für kleine Zahlen den Miller-Rabin-Test, für große Zahlen den sogenannten Baillie–PSW-Primzahltest.
>
> ```
> > import sympy
> > sympy.isprime( 2**16+1 )
> True
> > sympy.isprime( 2**32+1 )
> False
> > sympy.factorint( 2**32+1 )
> {641: 1, 6700417: 1}
> ```
>
> Um nun Primzahlen p und q für RSA sicher zu erzeugen, können wir mit dem Modul `secrets` zufällige Zahlen vom Betriebssystem beziehen und anschließend mit `isprime` auf Primalität testen (vgl. Beispiel 10.7). Exakt 2048-Bitlange sichere Primzahlen generieren wir wie folgt.
>
> ```
> > import secrets
> > import sympy
> > p = 1
> > while not (p > 2**2047 and sympy.isprime(p)):
> ...     p = secrets.randbits(2048)
> ...
> > p
> ```

◀

13.2.4 Komplexität der Schlüsselerzeugung

Der aufwendigste Teil der Schlüsselerzeugung ist, zwei große Primzahlen zu finden. Dazu werden zufällig gewählte Zahlen mit dem Miller-Rabin-Test und/oder anderen Tests auf Primalität getestet. Der Aufwand eines solchen Tests entspricht dem modularen Potenzieren, auch hier steigt der Aufwand[15] – wie beim Entschlüsseln – bei einer Verdopplung der Schlüssellänge auf das Achtfache. Zusätzlich ergibt sich aus Theorem 13.4 jedoch, dass doppelt so lange Primzahlen nur etwa halb so häufig sind, d. h., dass die Suche aus diesem Grund etwa doppelt so lange dauert. Der Aufwand für die Schlüsselerzeugung steigt daher um den Faktor 16, wenn die Schlüssellänge verdoppelt wird.

---

[15] Vergleiche Abschn. 13.1.

13.3 Angriffe auf RSA bei falscher Wahl der Schlüssel

Im Allgemeinen ist das Faktorisierungsproblem recht schwierig. In Abschn. 18.9 werden einige klassische Verfahren zum Faktorisieren beschrieben. Es dürfte demnach für ausreichend große Schlüssellängen schwierig sein, RSA-Schlüssel zu faktorisieren. Allerdings haben wir es bei den Modulen von RSA-Schlüsseln nicht mit irgendwelchen Zahlen zu tun, sondern mit Produkten aus zwei Primzahlen.

Der letzte Abschnitt dieses Kapitels zeigt, dass bei der Schlüsselerzeugung darauf geachtet werden muss, dass alle Parameter von der richtigen Bitlänge und p und q zufällig gewählt werden. Wieners Attacke (Abschn. 13.3.1) zeigt, dass die Bitlänge des Exponenten im Private Key ausreichend groß sein muss. Die Fermat-Faktorisierung (Abschn. 13.3.2) zerlegt RSA-Modul in ihre Primfaktoren, wenn diese zu nahe beieinander sind. Beide Probleme treten nicht auf, wenn RSA-Schlüssel wie beschrieben erzeugt werden. Dennoch tauchen immer wieder RSA-Schlüssel auf, die für einen dieser Angriffe anfällig sind.

13.3.1 Wieners Attacke über Kettenbrüche

In diesem Abschnitt wird sich herausstellen, dass die Berechnungen für den größten gemeinsamen Teiler auch ganz woanders auftauchen. Mit der Klappe Euklids lässt sich also auch noch eine zweite Fliege schlagen. Diese wird jetzt genauer betrachtet. Es wird hier vorerst keine neue Theorie mehr benötigt – wir stürzen uns direkt in das Vergnügen.

Beispiel 13.13

Der Astronom Christiaan Huygens untersuchte die Umlaufzeiten von Planeten. Er stellte fest, dass die Erde in 365 Tagen genau $359°45'40''31'''$ überstreicht (1 Grad entspricht 60 Minuten, 1 Minute entspricht 60 Sekunden, eine Sekunde 60 Tertien), Saturn in derselben Zeit $12°13'34''18'''$. In Tertien beträgt das Verhältnis

$$\rho = \frac{77708431}{2640858} \approx 29{,}4254484716709.$$

Ein realistisches Modell, bei welchem die Bewegungen über Zahnräder gesteuert werden, würde demnach Zahnräder mit 77.708.431 und 2.640.858 Zähnen benötigen, welche recht schwer zu fertigen wären. Auch das Rechnen mit Verhältnissen so großer Zahlen (mit der Hand) ist ausgesprochen mühsam. Huygens suchte daher nach Brüchen, deren Wert nahe am Wert ρ liegt, deren Zähler und Nenner aber möglichst klein sind. Zu diesem Zweck schrieb er

$$\frac{77708431}{2640858} = 29 + \frac{1123549}{2640858}.$$

Das ist die Darstellung eines unechten Bruchs als gemischter Bruch, welche sich einfach durch eine Division mit Rest finden lässt. 29 ist der Quotient, 1.123.549 der Rest bei der Division. In erster Näherung ist der Wert des Bruchs also 29. Der Bruch $\frac{1123549}{2640858}$ lässt sich auch schreiben als der Kehrwert des Bruchs $\frac{2640858}{1123549}$. Mit diesem kann man dasselbe Spiel spielen.

$$= 29 + \frac{1}{\frac{2640858}{1123549}} = 29 + \frac{1}{2 + \frac{393760}{1123549}}.$$

Die Zahl $29 + \frac{1}{2} = \frac{59}{2} = 29{,}5$ ist eine beträchtlich bessere Näherung für ρ. Wir machen weiter:

$$= 29 + \frac{1}{2 + \frac{1}{\frac{1123549}{393760}}} = 29 + \frac{1}{2 + \frac{1}{2 + \frac{336029}{393760}}}.$$

Die nächste Näherung ist $29 + \frac{1}{2+\frac{1}{2}} = \frac{147}{5} = 29{,}4$, noch besser.

$$= 29 + \frac{1}{2 + \frac{1}{2 + \frac{1}{\frac{393760}{336029}}}} = 29 + \frac{1}{2 + \frac{1}{2 + \frac{1}{1 + \frac{57731}{336029}}}}.$$

Die nächste Näherung ist $29 + \frac{1}{2+\frac{1}{2+\frac{1}{1}}} = \frac{206}{7} = 29{,}4286$.

Dies ist bereits eine sehr gute Näherung für ρ, bei der Zähler und Nenner jedoch noch so klein sind, dass Zahnräder mit entsprechend vielen Zähnen gefertigt werden können. ◄

Die Darstellungen einer Zahl als ineinander gestapelte Brüche

$$a_0 + \cfrac{1}{a_1 + \cfrac{1}{a_2 + \cfrac{1}{\cdots + \cfrac{1}{a_n}}}}$$

wie in Beispiel 13.13 heißen *Kettenbrüche*. Da die Darstellung von Kettenbrüchen in dieser Form schnell recht unübersichtlich wird, hat sich eine Platz sparende Notation durchgesetzt.

13.3 Angriffe auf RSA bei falscher Wahl der Schlüssel

Notation 13.14 Ist $n \in \mathbb{N}$ und sind $a_0, \ldots, a_n \in \mathbb{N}$, dann sei

$$[a_0; a_1, \ldots, a_n] := a_0 + \cfrac{1}{a_1 + \cfrac{1}{a_2 + \cfrac{1}{\cdots + \cfrac{1}{a_n}}}}.$$

Betrachtet man genauer, wie in Beispiel 13.13 die einzelnen Brüche berechnet werden, so stellt man fest, dass genau die gleichen Rechenschritte wie im euklidischen Algorithmus durchgeführt werden. Man erhält so die *Kettenbruchentwicklung* einer rationalen Zahl. Wir halten fest:

Algorithmus 13.15 (Kettenbruchentwicklung für rationale Zahlen) Ist $x = p/q \in \mathbb{Q}$, so kann die Kettenbruchentwicklung $x = [a_0; a_1, a_2, \ldots]$ auf folgende Art berechnet werden.

1. Berechne mit dem euklidischen Algorithmus den ggT von p und q.
2. Die Quotienten der Divisionen in den einzelnen Schritten sind genau die Werte $a_0, a_1, \ldots$

Beispiel 13.16

Der euklidische Algorithmus für 77.708.431 und 2.640.858 ergibt die folgende Tabelle (nur die erste und die letzte Spalte müssen berechnet werden).

77708431	
2640858	29
1123549	2
393760	2
336029	1
57731	5
47374	1
10357	4
5946	1
4411	1
1535	2
1341	1
194	6
177	1
17	10
7	2
3	2
1	3
0	

Als Kettenbruch ist demnach

$$\frac{77708431}{2640858} = [29; 2, 2, 1, 5, 1, 4, 1, 1, 2, 1, 6, 1, 10, 2, 2, 3].$$

◂

Der Wert des vollständigen Kettenbruchs ist genau der Wert des ursprünglichen Bruchs. Bricht man (wie in Beispiel 13.13) schon früher ab, erhält man Näherungen für diesen Wert. Dies sind Brüche mit kleineren Zählern und Nennern. In gewisser Hinsicht handelt es sich bei diesen Näherungen um die besten Näherungen, die man erhalten kann. Exakter wird dies durch das nächste Theorem ausgedrückt. Die Beweise dafür und das darauffolgende Lemma werden in diesem Buch nicht geführt, weil sie etwas aufwendig sind, aber die Resultate nur sehr eingeschränkt und nur in diesem Abschnitt verwendet werden. Beweise lassen sich in allen gängigen Büchern zur Zahlentheorie finden.

Theorem 13.17 *Es seien $x \in \mathbb{Q}$ und $[a_0; a_1, a_2, \ldots, a_n]$ die Kettenbruchentwicklung von x. Weiterhin seien r und s ganze Zahlen. Dann gilt:*

Ist $\left|x - \dfrac{r}{s}\right| < \dfrac{1}{2s^2}$, dann gibt es ein $m \in \{0, \ldots, n\}$, sodass $\dfrac{r}{s} = [a_0; a_1, \ldots, a_m]$.

Wir arbeiten weiter an Beispiel 13.16.

Beispiel 13.18

Bricht man die Kettenbruchentwicklung

$$[29; 2, 2, 1, 5, 1, 4, 1, 1, 2, 1, 6, 1, 10, 2, 2, 3]$$

schon beim Glied a_m ab, so erhält man Näherungen an die eigentliche Zahl x.

13.3 Angriffe auf RSA bei falscher Wahl der Schlüssel

m	$\frac{r}{s}$	$x - \frac{r}{s}$	$\frac{1}{2s^2}$	$\left|x - \frac{r}{s}\right| < \frac{1}{2s^2}$
0	29	$4{,}3 \cdot 10^{-1}$	$5{,}0 \cdot 10^{-1}$	✓
1	$\frac{59}{2}$	$-7{,}5 \cdot 10^{-2}$	$1{,}3 \cdot 10^{-1}$	✓
2	$\frac{147}{5}$	$2{,}5 \cdot 10^{-2}$	$2{,}0 \cdot 10^{-2}$	
3	$\frac{206}{7}$	$-3{,}1 \cdot 10^{-3}$	$1{,}0 \cdot 10^{-2}$	✓
4	$\frac{1177}{40}$	$4{,}5 \cdot 10^{-4}$	$3{,}1 \cdot 10^{-4}$	
5	$\frac{1383}{47}$	$-8{,}3 \cdot 10^{-5}$	$2{,}3 \cdot 10^{-4}$	✓
6	$\frac{6709}{228}$	$9{,}9 \cdot 10^{-6}$	$9{,}6 \cdot 10^{-6}$	
7	$\frac{8092}{275}$	$-6{,}1 \cdot 10^{-6}$	$6{,}6 \cdot 10^{-6}$	✓
8	$\frac{14801}{503}$	$1{,}2 \cdot 10^{-6}$	$2{,}0 \cdot 10^{-6}$	✓
9	$\frac{37694}{1281}$	$-4{,}0 \cdot 10^{-7}$	$3{,}0 \cdot 10^{-7}$	
10	$\frac{52495}{1784}$	$4{,}1 \cdot 10^{-8}$	$1{,}6 \cdot 10^{-7}$	✓
11	$\frac{352664}{11985}$	$-5{,}6 \cdot 10^{-9}$	$3{,}5 \cdot 10^{-9}$	
12	$\frac{405159}{13769}$	$4{,}7 \cdot 10^{-10}$	$2{,}6 \cdot 10^{-9}$	✓
13	$\frac{4404254}{149675}$	$-1{,}8 \cdot 10^{-11}$	$2{,}2 \cdot 10^{-11}$	✓
14	$\frac{9213667}{313119}$	$3{,}6 \cdot 10^{-12}$	$5{,}1 \cdot 10^{-12}$	✓
15	$\frac{22831588}{775913}$	$-4{,}9 \cdot 10^{-13}$	$8{,}3 \cdot 10^{-13}$	✓
16	$\frac{77708431}{2640858}$	0	$7{,}2 \cdot 10^{-14}$	✓

◀

Zwei Dinge sind an Beispiel 13.18 zu erkennen. Zum einen über- und unterschätzen die so erhaltenen Näherungen abwechselnd den Wert x. Die erste Näherung ist für positive Zahlen nie zu groß; der Rest bei der ersten Division ist ja nie negativ. Zum anderen haben nicht alle Näherungen die in Theorem 13.17 angegebene Eigenschaft. Theorem 13.17 besagt jedoch, dass es außer den markierten Brüchen keine weiteren Brüche mit dieser Eigenschaft mehr gibt. In dieser Hinsicht liefert die Kettenbruchzerlegung alle guten Näherungen, aber nicht ausschließlich gute Näherungen.

Auch wenn die Kettenbruchentwicklung schnell berechnet ist, ist es zunächst mühsam, einen Kettenbruch wie $[0; 1, 1, 1, 15, 1, 1, 1, 3, 2]$ in den Bruch $\frac{807}{1223}$ umzurechnen. Da hilft es auf den ersten Blick auch wenig, wenn man den Kettenbruch $[0; 1, 1, 1, 15, 1, 1, 1] = \frac{97}{147}$ zuvor schon ausgerechnet hat. Mit etwas Nachdenken lassen sich aber ganz brauchbare Formeln finden, die es erlauben, aus den letzten beiden Kettenbrüchen den nächsten – und damit die nächste Näherung – schnell zu berechnen.

Lemma 13.19 *Es sei* $[a_0; a_1, a_2, \ldots]$ *ein Kettenbruch. Für jedes* $m \in \{0, \ldots, n\}$ *seien* $p_m, q_m \in \mathbb{N}$ *wie folgt gewählt.*

$$p_0 := a_0, \qquad q_0 := 1,$$
$$p_1 := a_0 \cdot a_1 + 1, \qquad q_1 := a_1,$$
$$p_m := a_m \cdot p_{m-1} + p_{m-2}, \quad q_m := a_m \cdot q_{m-1} + q_{m-2} \quad (m \geq 2).$$

Dann gilt für jedes $m \in \{0, \ldots, n\}$: $[a_0; a_1, a_2, \ldots, a_m] = \frac{p_m}{q_m}$.

Das folgende Beispiel zeigt, wie sich damit einfach Näherungen berechnen lassen.

Beispiel 13.20

Für den Kettenbruch $[4; 3, 2, 5, 2, 1, 3]$ ergibt sich

$$p_0 = 4, \qquad q_0 = 1,$$
$$p_1 = 4 \cdot 3 + 1 = 13, \qquad q_1 = 3,$$
$$p_2 = 2 \cdot 13 + 4 = 30, \qquad q_2 = 2 \cdot 3 + 1 = 7,$$
$$p_3 = 5 \cdot 30 + 13 = 163, \quad q_3 = 5 \cdot 7 + 3 = 38 \text{ usw.}$$

Die ersten Näherungen sind somit die Brüche

$$\frac{4}{1}, \frac{13}{3}, \frac{30}{7} \text{ und } \frac{163}{38}.$$

◂

Kettenbrüche stellen sich als überraschend wirkungsvolles Hilfsmittel bei einer Attacke auf das RSA-Verschlüsselungsverfahren heraus, wie Wiener mit dem folgenden Theorem herausgefunden hat.

Theorem 13.21 *Seien* $p, q \in \mathbb{P}$ *mit* $q < p < 2q$. *Es sei* $n := pq$, *und* $d, e \in \mathbb{N}$ *seien so gewählt, dass* $e < \varphi(n)$, $d < \varphi(n)$ *und* $ed \equiv 1 \pmod{\varphi(n)}$. *Ist* $d < \frac{1}{3}\sqrt[4]{n}$, *dann lässt sich* d *aus dem RSA-Public-Key* (n, e) *einfach berechnen.*

Beweis Der Trick liegt darin, zu erkennen, dass bei den gegebenen Parametern der geheime Exponent d als einer der Nenner in der Kettenbruchentwicklung des Bruchs e/n auftaucht (und e und n sind öffentlich bekannt).

13.3 Angriffe auf RSA bei falscher Wahl der Schlüssel

Wir beweisen nun: Sei k jene positive ganze Zahl, für die

$$ed - 1 = k\varphi(n).$$

(So eine Zahl gibt es, denn $ed = 1 \pmod{\varphi(n)}$.)

Dann ist k/d ein Bruch, sodass

$$\left| \frac{e}{n} - \frac{k}{d} \right| < \frac{1}{2d^2}.$$

Da $p < 2q$, ist $p^2 < 2pq = 2n$, also $p < \sqrt{2n}$. Weiterhin ist $q < p < \sqrt{2n}$. Daneben sind

$$n - \varphi(n) = p + q - 1 < p + q < 2q + q = 3q < 3\sqrt{2n}$$

und

$$k = \frac{ed - 1}{\varphi(n)} < \frac{ed}{\varphi(n)} = \frac{e}{\varphi(n)} \cdot d < d,$$

denn $e < \varphi(n)$. Schließlich folgt aus $d < \frac{1}{3}\sqrt[4]{n}$, dass $9d^2 < \sqrt{n}$. Somit ist

$$\left| \frac{e}{n} - \frac{k}{d} \right| = \left| \frac{k}{d} - \frac{e}{n} \right| = \left| \frac{kn - ed}{nd} \right|$$

$$= \left| \frac{kn - (1 + k\varphi(n))}{nd} \right| = \left| \frac{k(n - \varphi(n)) - 1}{nd} \right|$$

$$= \frac{k(n - \varphi(n)) - 1}{nd} < \frac{k(n - \varphi(n))}{nd} < \frac{d(n - \varphi(n))}{nd}$$

$$= \frac{n - \varphi(n)}{n} < \frac{3\sqrt{2n}}{n} = \frac{3\sqrt{2}}{\sqrt{n}} < \frac{3\sqrt{2}}{9d^2} = \frac{\sqrt{2}}{3d^2} < \frac{1}{2d^2}.$$

Nach Theorem 13.17 taucht der Bruch k/d also in der Kettenbruchentwicklung von e/n auf. Diese ist einfach zu berechnen. □

Aus dem Beweis geht auch hervor, dass k/d stets größer ist als e/n. Es reicht also, jede zweite Näherung zu betrachten, weil Näherungen ja abwechselnd über- und unterschätzen. Welche Näherung der korrekte Bruch k/d ist, lässt sich einfach überprüfen, indem man prüft, ob (n, d) als Private Key zum Public Key (n, e) funktioniert. Algorithmus 13.22 zeigt einen noch effizienteren Weg zur Überprüfung.

Aus diesen Beobachtungen lässt sich folgender Angriff machen.

Algorithmus 13.22 (Wiener-Attacke) Mit den folgenden Schritten lassen sich aus einem Public Key (n, e) die Primfaktoren von n berechnen, wenn d ausreichend klein ist.

1. Setze $i := 1$.
2. Berechne die Kettenbruchentwicklung $K/D = [a_0; a_1, \ldots, a_i]$ des Bruchs e/n.
3. Prüfe D:
   a. Ist D gerade, setze $i := i + 2$. Weiter bei Schritt 2.
      (*Das gesuchte d ist stets ungerade, denn es besitzt einen Kehrwert modulo $(p-1)(q-1)$, und diese Zahl ist gerade.*)
   b. Berechne $\Phi := (e \cdot D - 1)/K$. Ist Φ keine ganze Zahl, setze $i := i + 2$. Weiter bei Schritt 2.
      (*Es ist $e \cdot d - 1 = k\varphi(n)$, also $\Phi = \varphi(n)$. Das muss eine ganze Zahl sein.*)
   c. Berechne die beiden Lösungen der Gleichung

   $$x^2 - (n - \Phi + 1)x + n = 0.$$

   Sind die beiden Lösungen ganzzahlig, so handelt es sich um die beiden Primfaktoren von n. Andernfalls, setze $i := i + 2$. Weiter bei Schritt 2.
   (*Sind n und $\Phi = \varphi(n)$ bekannt, lassen sich die Primfaktoren von n berechnen [vgl. Abschn. 18.4]. Diese sind wieder ganze Zahlen.*)

Den Abschnitt beschließt ein Beispiel mit etwas größeren Zahlen.

Beispiel 13.23

Zum Brechen des RSA-Public-Key

$$(n, e) = (19452881344027252501, 11591841614497619999)$$

werden zunächst mit dem euklidischen Algorithmus die Kettenbruchdarstellungen ermittelt und daraus die Näherungen berechnet.

Python

Das Modul `continuedfractions` stellt dafür passende Klassen und Methoden zur Verfügung.

```
> from continuedfractions.continuedfraction import ContinuedFraction
> cf = ContinuedFraction(11591841614497619999, 19452881344027252501)
> cf.elements
(0, 1, 1, 2, 9, 2, 1, 15, 1, 1, 2, 1, 12, 1, 1, 15, 1, 1, 1, 2, [...])
> tuple(cf.convergents)
```

(Fortsetzung)

13.3 Angriffe auf RSA bei falscher Wahl der Schlüssel

```
((0, ContinuedFraction(0, 1)), (1, ContinuedFraction(1, 1)),
 (2, ContinuedFraction(1, 2)), (3, ContinuedFraction(3, 5)),
 (4, ContinuedFraction(28, 47)), (5, ContinuedFraction(59, 99)),
 (6, ContinuedFraction(87, 146)), (7, ContinuedFraction(1364, 2289)),
 (8, ContinuedFraction(1451, 2435)),
 (9, ContinuedFraction(2815, 4724)),
 (10, ContinuedFraction(7081, 11883)),
 (11, ContinuedFraction(9896, 16607)), [...])
```

Eine dieser Näherungen wird sich gleich als ausreichend für den Angriff herausstellen.

i	$[a_0; a_1, \ldots, a_i]$	K/D	Φ	(p, q)
1	[0; 1]	1/1	11591841614497619998	$p, q \notin \mathbb{Z}$
3	[0; 1, 1, 2]	3/5	19319773602416269998	$p, q \notin \mathbb{Z}$
5	[0; 1, 1, 2, 9, 2]	59/99	$\Phi \notin \mathbb{Z}$	
7	[0; 1, 1, 2, 9, 2, 1, 15]	1364/2289	$\Phi \notin \mathbb{Z}$	
9	[0; 1, 1, 2, 9, 2, 1, 15, 1, 1]	D gerade		
11	[0; 1, 1, 2, 9, 2, 1, 15, 1, 1, 2, 1]	9896/16607	19452881335081040352	(5218623757, 3727588393)

Der RSA-Private-Key lautet demnach

$$(p, q, d) = (5218623757, 3727588393, 16607).$$

◀

13.3.2 Fermat-Faktorisierung

Die für RSA verwendeten Primzahlen p und q sind idealerweise von gleicher Bitlänge, um den Aufwand für das Faktorisieren zu maximieren. Allerdings heißt das nicht, dass p und q nahe beieinander liegen. Die Differenz $|p - q|$ zweier 1500-Bit-langer Zahlen ist im Mittel eine 1498-Bit-lange Zahl.

Ganz im Gegenteil stellt es ein Problem dar, wenn p und q zu nahe beieinander liegen. Wir sehen uns in diesem Abschnitt die Methode der Fermat-Faktorisierung an, die in solchen Fällen sehr gut funktioniert. Der Einfachheit halber sollen nur RSA-Moduln n von der Form $n := p \cdot q$ mit $p, q \in \mathbb{P}$ faktorisiert werden.

Wenn sich Zahlen $a, b \in \mathbb{N}$ finden lassen, sodass $n = a^2 - b^2$, dann lässt sich n einfach faktorisieren, denn dann ist $n = a^2 - b^2 = (a + b) \cdot (a - b)$. Ist $a - b \neq 1$, dann sind $p := a + b$ und $q := a - b$ die Primfaktoren von n.

Um passende a und b zu finden, könnte man bspw. verschiedene Werte für a und b probieren. Damit diese Suche ein wenig zielgerichtet erfolgt, überlegen wir uns Folgendes:

1. Das lineare Gleichungssystem

$$p = a + b,$$
$$q = a - b$$

lässt sich nach a und b auflösen und man erhält:

$$a = \frac{p+q}{2},$$
$$b = \frac{p-q}{2}.$$

Liegen also p und q nahe beieinander, dann ist b klein.

2. Ist $n = a^2 - b^2$, dann ist $b^2 = a^2 - n$. Damit b klein ist, muss a^2 ein wenig größer als n sein, somit a ein wenig größer als $\sqrt{n}$. Wir können also mit $a := \lceil \sqrt{n} \rceil$ beginnen und dann immer größere a probieren.

Interessanterweise muss man oft nicht viele Werte für a probieren, manchmal funktioniert schon der erste, denn:

Angenommen, $p - q < 2\sqrt[4]{n}$. Dann ist

$$a - \sqrt{n} = \frac{(a-\sqrt{n})(a+\sqrt{n})}{a+\sqrt{n}} = \frac{a^2 - n}{a+\sqrt{n}} =$$
$$= \frac{b^2}{a+\sqrt{n}} < \frac{b^2}{2\sqrt{n}} = \frac{(p-q)^2/4}{2\sqrt{n}} = \frac{(p-q)^2}{8\sqrt{n}} < \frac{4\sqrt{n}}{8\sqrt{n}} = 1/2.$$

Es unterscheidet sich dann also a von $\sqrt{n}$ maximal um $1/2$. In diesem Fall ist also der Startwert $a = \lceil \sqrt{n} \rceil$ bereits der richtige. Für ein 3000-Bit-langes n wäre die Zahl $\sqrt[4]{n}$ etwa 750 Bit lang. Der Unterschied zwischen p und q ist riesig, im Vergleich zu p und q aber doch zu klein.

Lassen sich echte RSA-Moduln mit dieser Methode faktorisieren? Eine Antwort gibt z. B. CVE-2022-26320:[16] Für die in einer Druckerserie verwendeten TLS-Zertifikate wurden solche anfälligen RSA-Schlüssel erzeugt.

---

[16] https://www.cvedetails.com/cve/CVE-2022-26320/.

13.3.3 Vom Private Key zur Faktorisierung

Kennt man zusätzlich zum Modul n eines RSA-Public-Key auch $\varphi(n)$, so lässt sich n schnell faktorisieren (vgl. Abschn. 18.4). In manchen Fällen lässt sich aus einem Public Key (n, e) der Private Key (n, d) berechnen. Ist es dann auch einfach möglich, n zu faktorisieren? Möglich ja, einfach nicht unbedingt.

Es seien $n = p \cdot q$, $e < \varphi(n)$ und $d = e^{-1} \pmod{\varphi(n)}$, also (n, e) ein RSA-Public-Key und (n, d) der dazugehörige Private Key. Dann ist

$$ed = 1 \pmod{\varphi(n)}.$$

Es gibt also eine ganze Zahl k, sodass

$$ed - 1 = k \cdot \varphi(n).$$

Da $d < \varphi(n)$ ist, muss $e > k$ gelten. Üblicherweise wird e klein, meist $e = 65.537$ gewählt.

Es sei nun $l := ed - 1$. Wir versuchen nun die Zahl l in Primfaktoren zu zerlegen und erhalten eine Primfaktorzerlegung

$$l = p_1 \cdot p_2 \cdots p_r.$$

Da $l = k\varphi(n) = k \cdot (p-1) \cdot (q-1)$ müssen sich die Primfaktoren auf die Zahlen k, $p-1$ und $q-1$ aufteilen. Man kann nun alle möglichen Aufteilungen durchprobieren. Dabei kann man sich auf jene Aufteilungen beschränken, bei denen $p-1$ und $q-1$ ungefähr halb so viele Bits wie n haben und wo k nicht größer als e ist.

Der aufwendigste Schritt hierbei ist die Primfaktorzerlegung der Zahl l, die noch größer als n ist. Allerdings ist dies nicht aussichtslos, denn n ist deswegen so schwer zu faktorisieren, weil es das Produkt zweier großer Primzahlen ist. Die Zahl l hingegen hat auch kleine Primfaktoren, beispielsweise ist l auf jeden Fall gerade, hat also zumindest einen Primfaktor 2. Man kann nun mit den in Abschn. 18.9 beschriebenen Methoden zu faktorisieren beginnen. Zunächst können durch Probedivision kleine Primfaktoren gefunden werden. Der verbleibende größere Faktor ist immerhin schon etwas kleiner als l. Mit der Pollard-$(p-1)$-Methode lassen sich weitere Primfaktoren bestimmen. Schließlich können weitere Faktorisierungsverfahren – das quadratische Sieb, elliptische Kurven o. a. – eingesetzt werden, um alle Primfaktoren zu finden.

Das folgende Beispiel illustriert diese Methode.

Beispiel 13.24

Wir versuchen, aus dem Public Key

$(n, e) = (74114626448072555518279221687347025999356518033769277515311 9, 65537)$

und dem dazugehörigen Private Key

$(n, d) = (n, 53561973426614896119936200570202106485045870347836935228755 3)$

die Primfaktoren p und q von n zu berechnen. Als Schlüsselpaar für RSA ist n natürlich zu klein, das Faktorisieren von n ist dennoch bereits ein recht großer Aufwand. Wir werden sehen, dass es mit Kenntnis von e und d aus dem Schlüsselpaar deutlich einfacher ist. Dazu berechnen wir zunächst

$l := e \cdot d - 1$

$= 3510291052460060447012258776769335452710451204986189224086936096 0.$

Probedivisionen durch Primzahlen bis 100.000 ergeben die Teilfaktorisierung

$l = 2^6 \cdot 3^2 \cdot 5 \cdot 7 \cdot 137 \cdot 47363 \cdot 96331 \cdot$
$$278565135580113588984814695425419122309732191247 1.$$

Es bleibt also noch die Zahl

$$278565135580113588984814695425419122309732191247 1$$

zu faktorisieren, welche keine Primfaktoren unter 100.000 mehr hat.
Die Pollard-$(p-1)$-Methode liefert die beiden Faktoren

234263183772105730477 und $11891118830311184234109549523,$

die sich durch einen Primzahltest schnell als Primzahlen identifizieren lassen. Somit ist

$l = 2^6 \cdot 3^2 \cdot 5 \cdot 7 \cdot 137 \cdot 47363 \cdot 96331 \cdot$
$$234263183772105730477 \cdot 11891118830311184234109549523.$$

Die Zahl n ist ca. 200 Bit lang. Es ist anzunehmen, dass p und q damit jeweils etwa 100 Bit lang sind. Der größte Primfaktor ist 94 Bit lang; er ist bestimmt kein Teiler von k, denn $k < e = 65.537$. Somit ist 11.891.118.830.311.184.234.109.549.523 ein Teiler von $p - 1$ (oder $q - 1$, das ist egal). Wir können jetzt eine Auswahl an weiteren

Primfaktoren (nur die kleinen sind interessant, denn das Ergebnis sollte ja ungefähr 100 Bit lang sein) dazumultiplizieren und prüfen, wann das Ergebnis $p-1$ ergibt, d. h., wann das um 1 erhöhte Ergebnis n teilt. Bei $2^5 \cdot 3$ sind wir erfolgreich, denn

$$p := 2^5 \cdot 3 \cdot 118911188303111184234109549523 + 1$$
$$= 114154740770987368647451 6754209$$

ist tatsächlich ein Faktor von n. Der zweite Primfaktor von n ist

$$q := n/p = 649247030368702131616623348991.$$

◄

13.4 Der BBS-Pseudozufallsgenerator

Zum Schluss dieses Kapitels betrachten wir einen PRNG von Blum, Blum und Shub.

Algorithmus 13.25 (Blum-Blum-Shub [BBS])

- Wähle zufällig Primzahlen p, q, sodass $p = 3 \pmod 4$ und $q = 3 \pmod 4$.
- Berechne $n = p \cdot q$.
- Wähle einen zufälligen Seed k ($1 < k < n$). Berechne

$$x_0 := k^2 \mod n$$

und für $i = 1, 2, 3, \ldots$

$$x_i := (x_{i-1})^2 \mod n \quad \text{sowie}$$
$$b_i := x_i \mod 2.$$

- Output ist die Bitfolge $b_1, b_2, \ldots$

Das Interessante an diesem PRNG ist, dass Blum, Blum und Shub beweisen konnten, dass seinen Output vorhersagen zu können bedeutet, große Zahlen faktorisieren zu können [11]. Das Resultat von Blum, Blum und Shub zur Vorhersagbarkeit dieses PRNG ist:

Theorem 13.26 *Kann man (für irgendein i) aus den ersten i Bits $b_1, b_2, \ldots, b_i$ das $(i+1)$-te Bit b_{i+1} mit nicht vernachlässigbarem Vorteil vorhersagen, dann kann man n effizient faktorisieren.*

13.5 Übungen

Übungsaufgaben

1. Entschlüssle das Chiffrat $c = 1969$ mit dem RSA-Private-Key $(p, q, d) = (47, 53, 2153)$ unter Verwendung des chinesischen Restsatzes und des Square-and-Multiply-Algorithmus.
2. Implementiere folgende Funktionen in *Python*:
    - decrypt_slow entschlüsselt einen übergebenen Ciphertext mit einem *fixen* RSA-Schlüssel und dem herkömmlichen RSA-Algorithmus *ohne* jegliche Optimierung. Das heißt, sie berechnet zuerst die Potenz und rechnet anschließend modulo n.
    - decrypt_classic entschlüsselt einen übergebenen Ciphertext mit einem *fixen* RSA-Schlüssel und dem herkömmlichen RSA-Algorithmus unter Verwendung des Square-and-Multiply-Algorithmus.

    Der fixe Private Key lautet $(n, d) = (2481161, 1723265)$. Erzeuge 10 zufällige Chiffrate $\in \mathbb{Z}_n$, teste deine beiden Funktionen mit diesen Chiffraten, miss dabei jeweils die benötigte Zeit, und ermittle den Mittelwert deiner Messungen. Vergleiche die beiden Mittelwerte.

3. Implementiere folgende Funktionen in *Python*:
    - decrypt_classic entschlüsselt einen übergebenen Ciphertext mit einem *fixen* RSA-Schlüssel und dem herkömmlichen RSA-Algorithmus unter Verwendung des Square-and-Multiply-Algorithmus.
    - decrypt_CRS entschlüsselt einen übergebenen Ciphertext mit einem *fixen* RSA-Schlüssel unter Verwendung des chinesischen Restsatzes und des Square-and-Multiply-Algorithmus.

    Erzeuge nun einen fixen RSA-Private-Key für deine Funktionen. Generiere mit *Python* zwei 2048-Bit-lange zufällige Primzahlen p und q, wähle $e = 65.537$, und berechne daraus alle benötigten Komponenten des Private Key (vgl. Kap. 10). Hinterlege nun in deinen Funktionen fix *alle* Komponenten des Private Key, die du dort beim Entschlüsseln verwendest.

    Nun erzeuge 10 zufällige Chiffrate $\in \mathbb{Z}_n$, teste deine beiden Funktionen mit diesen Chiffraten, miss dabei jeweils die benötigte Zeit, und ermittle den Mittelwert deiner Messungen. Vergleiche die beiden Mittelwerte.

4. Tausche den Schlüssel in Übungsaufgabe 3 gegen einen Schlüssel mit zwei 4096-Bit-langen Primzahlen. Vergleiche die ermittelten Werte mit den Werten aus Übungsaufgabe 3.

5. Untersuche mit dem Miller-Rabin-Test, ob n eine Primzahl ist. Verwende dazu jeweils alle Basen a_i. Was kannst du nach dem Test über die Primalität von n aussagen? Formuliere so exakt wie möglich!
    a. $n = 697, a_1 = 132,$

13.5 Übungen

    b. $n = 697$, $a_1 = 132$, $a_2 = 355$, $a_3 = 383$, $a_4 = 202$, $a_5 = 565$,

    c. $n = 697$, $a_1 = 132$, $a_2 = 355$, $a_3 = 383$, $a_4 = 202$, $a_5 = 565$, $a_6 = 113$.

6. Welche und wie viele Zahlen zwischen 0 und 25 sind Zeugen gegen die Primalität von 25? Wie viel Prozent aller möglichen Zahlen sind das?
7. Wie viele Testdurchläufe des Miller-Rabin-Tests werden benötigt, wenn man sicher sein will, dass eine zusammengesetzte Zahl nur mit einer Wahrscheinlichkeit von höchstens 10^{-7} (d. h. $10^{-5}\,\% = 1/100000\,\%$) alle Testdurchläufe besteht?
8. Wie viele exakt 2048-Bit-große Primzahlen gibt es mindestens? Wie viel Prozent aller exakt 2048-Bit-großen Zahlen sind das?
9. Erzeuge mit `openssl prime -generate` jeweils 2 Primzahlen mit folgenden Bitlängen, und zwar

    a. 1024 Bit (für 2048-Bit-lange RSA-Schlüssel),

    b. 2048 Bit (für 4096-Bit-lange RSA-Schlüssel) und

    c. 4096 Bit (für 8192-Bit-lange RSA-Schlüssel).

    Miss die Zeit, die die Erzeugung jeweils dauert.
10. Du möchtest gerne wissen, wie viele Miller-Rabin-Testdurchläufe OpenSSL bei der Primzahlerzeugung durchführt. Lies in der Man-Page von `openssl prime`[17] nach, ob sich die Anzahl der Runden konfigurieren lässt. Sieh anschließend im Source-Code nach, wie viele Runden Miller-Rabin defaultmäßig/tatsächlich gemacht werden.[18]
11. Alices öffentlicher RSA-Schlüssel ist (308911, 87943). Du weißt, dass Alice einen kleinen privaten Exponenten d verwendet. Bestimme Alices privaten Schlüssel mit der Attacke von Wiener, und erkläre deine Lösung Schritt für Schritt.
12. Bob verwendet auf seinem Hardware-Security-Key einen 4096-Bit-RSA-Schlüssel mit kleinem privaten Exponenten d, um schnell entschlüsseln zu können. Zeige Bob, dass das keine gute Idee ist, indem du mit der Attacke von Wiener und der Programmiersprache deiner Wahl sowohl seinen privaten Exponenten als auch die Primfaktoren von n aus seinem öffentlichen Schlüssel $(n, e) = ($ 525146161229821 8603304595174006486625322176318660681894493879869240954905132218474 0262812149855175829610002230006792138829100399577671511051155088748 6257326289156468425353372180481609537204999101967869676871210711613 1454969085968712699266298468055859843937093552530845858492419093071 9724536197260400226465510255145941087308553102228788864772682118212 3616093666191539190454101172770681175807973534251177523997296598244 7711319382574066520675315450155962474701322602744090267843711775077 9846728258000517899210862973216965670716884737205917629879285724334 9120273052083095727597937474533014066341573984729600675869899219312 5912803452246089370127178130544243090009599464522466932226483002455 04 $
___
[17] `man openssl-prime`.

[18] https://github.com/openssl/openssl/blob/master/crypto/bn/bn_prime.c.

67644119952469639113496604361871572616683977756783197460827508642010745304544618465574773494443071929597990387026491827932962220294277565925852401730161119784933581074869684974402445128023800880660223943528752710177528950983854665361397499411781690377278780263821357778054375455980940781200581906654479508607043436532898473424786662133104941231289082386475309819115964149476696137575886078793217547186049263841673602057410865121486622751622435785254243246363132286783845951386961837590669391383415639224818815829981001665775124447547913111532026241, 126078198596843358616165122495765228530597110797108461344690124091028048974792598379562741582205039388789951252287233857650239212341038607052753026160387800445614366679319529239147475768989288159233829464678075084048191457500735062790314633281357373108440905620527479465376192946978744815588451264949023421663172555818196367406691409168264872373371725528728724602143053231373137568049121766086820288720298215216282333445581275861330782178672340095469105030472518852107150133759919692952195158899008707188768955932842077567790428834131664224911519940584883014617764856911674535896049665277639117002602032378618556702902271577228532859655316196800826520122689811086934817615927723002276093986985384272068314737357825271649836376716752459242599091564143677904420616067446114715011444703952559659891162905222569882744912951559505336956763654458351238640986631518335927483630130608123307648063662570967513127257093133372566028570394014580929804027017562345855022242243689002562942736520344437804599008734238831178558150471533962636312065133248575998703303297549658968094944878855038236921437236635246144128537790516538681397987301404117192627455518801719135590317334706992914884227237971273014360607834716072147504197205241798777578960050) ermittelst. Wie kannst du überprüfen, dass die gefundene Lösung korrekt ist?
13. Carols öffentlicher RSA-Schlüssel ist (3718548079, 65537). Du weißt, dass Carols Primfaktoren nah beieinander liegen. Bestimme Carols privaten Schlüssel, indem du n mit der Fermat-Methode faktorisierst. Erkläre deine Lösung Schritt für Schritt.
14. Dan verwendet auf seinem Drucker einen 4096-Bit-RSA-Schlüssel mit Primfaktoren, die nah beieinander liegen. Bestimme Dans privaten Schlüssel aus seinem öffentlichen Schlüssel $(n, e) = $ (533142566483716567992535826257841134194389726966253956970893390265774763469087839087002915682689641083955084587525106389992443076028287691749648876318988092271106847025772988411905847866161076681355484599320650705013070572822607208132888288685815217015071683618165682013535027230824753591347286509107961157537174631253248821837669599484883013333750810814569130296679335394329620964386595402806654797461195114457223861232030178000638718327420626093935180079488589662684322108083217757989774309923772712526351554892356087567178032669810993550417177587345082511548121922701

3014851348071234482361431664561610013666307798251061888251512015158323820593944430294563081629011346120694494028929722002567481741732777490620080974472507237533367400582309601060271979363044366230899246734089500710876085913659106387830522206239409590092827719854675775237034575140702868761067186109695531382148592209003852484807710306402910943220163472921517421034394216671081330250052660215778786483729188675997521602645658684231241555017681144149063481489949659499082610034997663169431998332086087449020171981505706250484934008709935604174557349280472590059051625157640907905761307368212231846671680231745999645229203807824726316891224405346757915037725606749, 65537), indem du n mit der Fermat-Methode und der Programmiersprache deiner Wahl faktorisierst. Wie kannst du überprüfen, ob die gefundene Lösung korrekt ist?

Rückblick

Du weißt, wie *Schlüsselpaare* für die RSA-Verfahren *effizient erzeugt* werden können. Du kannst die *Performanceeinbußen* aufgrund größerer Schlüssellängen für das RSA-Verfahren abschätzen. Mit *RSA-CRS* ist dir eine Methode bekannt, die Operationen mit dem RSA-Private-Key beschleunigt. Dir ist die Gefahr von zu *kurzen Private Keys* bewusst, und du kannst diese Gefahr anhand der *Wiener-Attacke* erklären. Dazu hast du auch ein paar Fakten über *Kettenbrüche* gelernt. Du weißt, dass die Primfaktoren von RSA-Moduln am besten zufällig gewählt werden, u. a. damit *Fermat-Faktorisierung* nicht effizient funktioniert. Schließlich hast du den *PRNG* von Blum, Blum und Shub kennengelernt, dessen Sicherheit sich auf das Faktorisierungsproblem zurückführen lässt.

14 Auf diskreten Logarithmen basierende Verfahren

Ziele

In diesem Kapitel lernst du,

- unter welchen Bedingungen das Diffie-Hellman-Verfahren sicher ist,
- wie sich das Diffie-Hellman-Verfahren für *allgemeine Gruppen* verallgemeinern lässt,
- unter welchen Bedingungen *diskrete Logarithmen* einfach zu berechnen sind,
- wie bei der Erzeugung der Parameter und Schlüssel für das Diffie-Hellman-Verfahren auf diese Bedingungen Rücksicht genommen werden kann, um die Sicherheit des Verfahrens gewährleisten zu können,
- wie sich diskrete Logarithmen mit dem *Baby-Step-Giant-Step-Algorithmus*, dem *Pohlig-Hellman-Algorithmus* oder dem *Index-Calculus-Algorithmus* berechnen lassen,
- wie sich auch *digitale Signaturen* auf Basis des Diskreten-Logarithmen-Problems erzeugen lassen und worauf dabei zu achten ist,
- wie sich *Schlüssellängen* verschiedener Verfahren miteinander vergleichen lassen,
- wie das *Schnorr-Signaturverfahren* funktioniert.

Für dieses Kapitel werden zumindest die Basics der Theorie der abelschen Gruppen vorausgesetzt. Diese sind in Kap. 20 zusammengefasst. Bei Bedarf kann dort nachgeschlagen werden. Alternativ bietet es sich an, Kap. 20 hier vorzuziehen und als Vorbereitung auf dieses Kapitel zu studieren.

14.1 Diffie-Hellman-Key-Agreement mit Gruppen

Ein Diffie-Hellman-Key-Agreement lässt sich mit jeder Gruppe anstatt mit $\mathbb{Z}_p^*$ durchführen.

Algorithmus 14.1 (Ephemeral Diffie-Hellman-Key-Agreement in einer Gruppe $\mathbb{G}$)

Setup: Alice und Bob einigen sich auf eine Gruppe $\mathbb{G}$ und auf ein Element $g \in \mathbb{G}$ mit der Ordnung $\omega \in \mathbb{N}$. Diese Parameter (Domain-Parameter) sind öffentlich.
Key-Agreement:

$$
\begin{array}{ccc}
\text{Alice} & & \text{Bob} \\
\alpha \xleftarrow{R} \mathbb{Z}_\omega & \xrightarrow{A \leftarrow g^\alpha} & \\
& \xleftarrow{B \leftarrow g^\beta} & \beta \xleftarrow{R} \mathbb{Z}_\omega \\
K := B^\alpha & & K := A^\beta
\end{array}
$$

Das Diffie-Hellman-Problem und das diskrete Logarithmusproblem können ganz allgemein für Gruppen definiert werden. Damit ergibt sich eine größere Auswahl an Parametern für kryptographische Verfahren. Besonders in Kap. 15 werden wir diesen Aspekt vertiefen.

▶ **Definition 14.2 (DLP, CDH, DDH)** Es seien $\mathbb{G}$ eine Gruppe, $g \in \mathbb{G}$ ein Element der Ordnung ω und $\alpha, \beta \in \mathbb{Z}_\omega$. Weiterhin seien $A := g^\alpha$ und $B := g^\beta$.
Das *diskrete Logarithmenproblem (DLP)* lautet:
  Gegeben: $\mathbb{G}, g, A$.
  Gesucht: α.
Die Zahl α wird *diskreter Logarithmus von A zur Basis g (in $\mathbb{G}$)* genannt.
Das *Computational-Diffie-Hellman (CDH)-Problem* lautet:
  Gegeben: $\mathbb{G}, g, A, B$.
  Gesucht: $g^{\alpha\beta}$.
Das *Decisional-Diffie-Hellman (DDH)-Problem* lautet:
Es seien $\gamma \xleftarrow{R} \{1, \ldots, \omega\}$, $K_0 := g^\gamma$, $K_1 := g^{\alpha\beta}$ und $b \xleftarrow{R} \{0, 1\}$.
  Gegeben: $\mathbb{G}, g, A, B, K_b$.
  Gesucht: b.

Ganz klar, wer das DLP löst, kann auch das CDH lösen; wer das CDH löst, kann das DDH lösen. Es wird angenommen, dass alle Probleme schwierig zu lösen sind. Alle drei Probleme gelten bislang – wie das Faktorisierungsproblem – als praktisch nicht lösbar (zumindest für einige Gruppen). Die Sicherheit eines Großteils der Verfahren in diesem Kapitel beruht auf dem DDH.

Beispiel 14.3

1. Wählt man $(\mathbb{Z}_p^*, \cdot)$ als Gruppe in Algorithmus 14.1, so erhält man das bekannte Diffie-Hellman-Key-Agreement aus Kap. 12. DLP, CDH und DDH gelten – zumindest für geeignete Parameter – als praktisch nicht lösbar. Damit das DLP jedoch ausreichend schwierig ist, muss eine sehr große Primzahl p verwendet werden.[1] Außerdem wird ein Element g mit sehr großer (am besten primer) Ordnung ω benötigt.

2. Wählt man $(\mathbb{Z}_n, +)$ als Gruppe, so lassen sich diskrete Logarithmen ganz einfach berechnen. In diesem Fall lautet das Problem:

    Gegeben: $n, g, A := \underbrace{(g + \cdots + g)}_{\alpha\text{-mal}} \bmod n$.

    Gesucht: α.

    Offenbar ist $A = \alpha \cdot g \bmod n$. Mit dem erweiterten euklidischen Algorithmus lässt sich der Kehrwert von $g \bmod n$ berechnen und damit $\alpha := A \cdot g^{-1} \bmod n$.

    Wie schwierig das DLP ist, hängt also maßgeblich von der gewählten Gruppe ab.

3. Weitere interessante Gruppen – elliptische Kurven – werden wir in Kap. 15 kennenlernen. Für diese Gruppen stellt sich das DLP als noch etwas schwieriger heraus als für $\mathbb{Z}_p^*$. Als Konsequenz können dort bei gleicher Sicherheit kleinere Parameter verwendet werden, was die Verfahren bedeutend performanter macht. Praktisch werden als Gruppen heute elliptische Kurven bevorzugt; ganz selten können noch die Gruppen $\mathbb{Z}_p^*$ auftauchen.

◀

14.2 Verfahren zur Berechnung diskreter Logarithmen

Es seien $\mathbb{G}$ eine Gruppe, $g \in \mathbb{G}$ ein Element der Ordnung $\omega \in \mathbb{N}$, $\alpha \in \mathbb{Z}_\omega$ und $A := g^\alpha$. Diskrete Logarithmen lassen sich durch Probieren bestimmen. Bei so einem Brute-Force-Angriff würden der Reihe nach die Potenzen $g^1, g^2, g^3, \ldots$ berechnet, bis das Ergebnis A auftaucht. Dies geschieht im Mittel nach $\omega/2$ Gruppenoperationen.

14.2.1 Baby-Step-Giant-Step

Schneller als die Brute-Force-Methode ist der *Baby-Step-Giant-Step-Algorithmus*, der durchschnittlich $1{,}5 \cdot \sqrt{\omega}$ Gruppenoperationen braucht. Dieser Algorithmus ist ganz allgemein für jede Gruppe anwendbar.

---

[1] Dazu kommen wir noch in Abschn. 14.2.3.

Das folgende Beispiel (mit viel zu kleinen Zahlen) soll die Idee für den Baby-Step-Giant-Step-Algorithmus illustrieren.

Beispiel 14.4

Es sei $p := 389$. Dann ist $g := 5$ ein Element der Ordnung $\omega = 97$ in $\mathbb{Z}_p^*$. Wir schreiben nun alle Potenzen von g von g^0 bis g^{99} auf. Die Ordnung ω ist kleiner als $10 \cdot 10$. Alle verschiedenen Potenzen von g sind demnach in dieser Tabelle enthalten. Um den diskreten Logarithmus von 42 in $\mathbb{Z}_p^*$ zur Basis g zu berechnen, muss diese Zahl (42) in diesem Quadrat gesucht werden. Sie findet sich in Zeile 2 und Spalte 1. Daher ist der dort verwendete Exponent ($10 \cdot 2 + 1$). Der diskrete Logarithmus ist 21. In der Folge wird nun gezeigt, dass es möglich ist, die Zeile und Spalte des gesuchten Elements (und damit den Exponenten) zu bestimmen, ohne alle Potenzen zu berechnen.

	0	1	2	3	4	...	9
0	$g^0 = 1$	$g^1 = 5$	$g^2 = 25$	$g^3 = 125$	$g^4 = 236$	...	$g^9 = 345$
1	$g^{10} = 169$	$g^{11} = 67$	$g^{12} = 335$	$g^{13} = 119$	$g^{14} = 206$	...	$g^{19} = 344$
2	$g^{20} = 164$	$g^{21} = 42$	$g^{22} = 210$	$g^{23} = 272$	$g^{24} = 193$	...	$g^{29} = 175$
3	$g^{30} = 97$	$g^{31} = 96$	$g^{32} = 91$	$g^{33} = 66$	$g^{34} = 330$		$\vdots$
$\vdots$	$\vdots$					$\ddots$	$\vdots$
9	$g^{90} = 79$	...	...	...	...	...	$g^{99} = 25$

◀

Wähle $N := \lfloor \sqrt{\omega} \rfloor + 1$. Dann ist $N^2 > \omega$. Seien nun q und r Quotient und Rest der Division von α durch N, also $\alpha = qN + r$. Dann sind $0 \leq r < N$ und $0 \leq q < N$. Nun sollen q und r gefunden werden. q entspricht der gesuchten Zeile und r der Spalte in der Tabelle aller Potenzen von g, wenn die Tabelle mit N Spalten und N Zeilen geschrieben wird.

Man beachte, dass

$$A = g^\alpha = g^{qN+r}$$
$$= \left(g^N\right)^q \cdot g^r, \quad \text{und daher}$$
$$A \left(g^{-N}\right)^q = g^r.$$

Nun berechnet man alle Potenzen auf der rechten Seite:

$$\mathcal{B} := \{(g^r, r) \mid r \in \{0, 1, \ldots, N-1\}\}.$$

14.2 Verfahren zur Berechnung diskreter Logarithmen

Diese Potenzen heißen *Baby-Steps*, denn hier geht es in kleinen Schritten immer um den Faktor g weiter. Insbesondere lässt sich g^{r+1} als $g^r \cdot g$ mit nur einer Multiplikation aus g^r berechnen. Die Baby-Steps sind genau die Werte in der 1. Zeile der Tabelle aller Potenzen.

Sodann prüft man für jedes $q \in \{0, 1, \ldots, N-1\}$, ob ein Paar (x, y) in $\mathcal{B}$ vorkommt, wo $x = A(g^{-N})^q$ ist. Am besten berechnet man zunächst $f := g^{-N}$ und dann Af^q. Auch hier erhält man Af^{q+1} als $Af^q \cdot f$ mit nur 1 Multiplikation mit f. Für wachsendes q steigt hier das Ergebnis um den Faktor $f = g^{-N}$, darum spricht man hier von *Giant-Steps* (ein Giant-Step entspricht N Baby-Steps). Ist ein passendes Paar (q, r) gefunden, so gilt

$$\alpha = Nq + r.$$

Somit lässt sich α aus q und r berechnen. Dabei braucht man N Multiplikationen, um die Baby-Steps $\mathcal{B}$ zu erstellen, und im Mittel $N/2$ Multiplikationen, bis der Index q gefunden ist, in Summe also $1{,}5 \cdot N$ Multiplikationen. Zudem muss oft in der Menge $\mathcal{B}$ gesucht werden. Effizient geht das, wenn die Elemente von $\mathcal{B}$ nach den Werten g^r sortiert werden; das Sortieren kann gleich mit dem Berechnen der Baby-Steps geschehen.

Bei einer Ordnung von $\approx 2^{128}$ ergibt sich ein Aufwand von 2^{127} Multiplikationen beim einfachen Durchprobieren; das ist praktisch nicht schaffbar. Der Baby-Step-Giant-Step-Algorithmus benötigt nur $1{,}5 \cdot 2^{64} < 2^{65}$ Multiplikationen; das ist hingegen berechenbar.[2] Umgekehrt wird auch immer ein Paar (q, r) gefunden, denn jedes $\alpha < \omega$ besitzt eine eindeutige Darstellung $\alpha = Nq + r$ (Division mit Rest), wo $0 \leq r < N$. Klarerweise ist auch $q < N$, denn sonst wäre $\alpha \geq qN > N^2 > \omega$, und $q \geq 0$.

Praktisch stößt man auch auf das Problem, dass die Liste $\mathcal{B}$ der Baby-Steps gespeichert werden muss. Bereits bei 2^{60} Einträgen mit je 16 Byte wird diese Liste 16 EiB groß. Diese Datenmenge zu speichern – und dann effizient zu durchsuchen – ist schwieriger als die entsprechende Anzahl an Multiplikationen durchzuführen. *Time-Memory-Trade-off* kann dieses Ungleichgewicht ein wenig korrigieren: Wählt man N kleiner, so müssen nicht so viele Baby-Steps berechnet und gespeichert werden. Dafür muss womöglich länger nach q gesucht werden, denn q kann sich nun im Bereich $\{0, 1, \ldots, \omega/N\}$ bewegen. Je kleiner N ist, desto größer ist ω/N.

---

[2] Aus diesem Grund muss die Bitlänge der Ordnung immer zumindest das Doppelte des gewünschten Sicherheitsparameters betragen, unabhängig davon, mit welcher Gruppe gearbeitet wird. Eine Situation ganz ähnlich wie bei Hashfunktionen (dort wegen des Geburtstagsparadoxons). Im Unterschied zur Situation bei Hashfunktionen muss aber beachtet werden, dass diskrete Logarithmen sich in vielen Gruppen effizienter als mit dem Baby-Step-Giant-Step-Algorithmus berechnen lassen; ein Beispiel (unter vielen) ist der Index-Calculus-Algorithmus für die Gruppen $\mathbb{Z}_p^*$, der in Abschn. 14.2.3 vorgestellt wird.

14.2.2 Pohlig-Hellman

In diesem Abschnitt soll ein Beispiel die Idee des Pohlig-Hellman-Algorithmus zur Bestimmung von diskreten Logarithmen illustrieren. Dieses Verfahren zeigt, dass für die Schwierigkeit des DLP nur der größte Primfaktor der Ordnung eines Elements ausschlaggebend ist. Aus diesem Grund werden in DLP-basierten Verfahren bevorzugt Elemente mit großer primer Ordnung verwendet.

Angenommen, das Element g der Gruppe $\mathbb{G}$ hat die Ordnung $\omega := m \cdot n$, wobei $\mathrm{ggT}(m, n) = 1$. Weiterhin sei $A := g^\alpha$. Wir nehmen an, dass g und seine Ordnung ω bekannt sind; ebenfalls bekannt ist A. Gesucht wird der diskrete Logarithmus von A zur Basis g, also der Exponent α.

Zunächst ist wegen Theorem 20.10

$$\mathrm{ord}(g^m) = \frac{\omega}{\mathrm{ggT}(m, \omega)} = \frac{mn}{m} = n < \omega \quad \text{und}$$

$$\mathrm{ord}(g^n) = \frac{\omega}{\mathrm{ggT}(n, \omega)} = \frac{mn}{n} = m < \omega.$$

Da $g^\alpha = A$, ergibt sich

$$(g^m)^\alpha = (g^\alpha)^m = A^m \quad \text{und} \tag{14.1}$$

$$(g^n)^\alpha = (g^\alpha)^n = A^n. \tag{14.2}$$

Die Ordnung von g^m ist n, also kleiner als ω. Somit lässt sich $\alpha \bmod n$ über Gl. (14.1) (bspw. mit dem Baby-Step-Giant-Step- oder erneut mit dem Pohlig-Hellman-Verfahren) einfacher finden. Genauso lässt sich $\alpha \bmod m$ über Gl. (14.2) schneller finden. Da aber $\mathrm{ggT}(m, n) = 1$ ist, lässt sich daraus mit dem chinesischen Restsatz (Theorem 18.54) $\alpha \bmod m \cdot n = \alpha \bmod \omega$ berechnen. Der Aufwand reduziert sich damit auf den Aufwand, die diskreten Logarithmen für Elemente mit kleinerer Ordnung zu bestimmen.

Beispiel 14.5

Das Element $g = 10$ in $\mathbb{Z}_{71}^*$ hat die Ordnung $\omega = 35$. In diesem Fall können wir $m = 5$ und $n = 7$ wählen. Wir suchen den diskreten Logarithmus α von $A = 38$ zur Basis g.

Anstatt der ursprünglichen Gleichung

$$10^\alpha = 38 \pmod{71} \qquad (g^\alpha = A)$$

erhalten wir mit

$$g^m = 10^5 \bmod 71 = 32,$$

$$A^m = 38^5 \bmod 71 = 20,$$
$$g^n = 10^7 \bmod 71 = 5 \quad \text{und}$$
$$A^n = 38^7 \bmod 71 = 54$$

die neuen Gleichungen

$$32^\alpha = 20 \pmod{71} \quad ((g^m)^\alpha = A^m) \text{ und}$$
$$5^\alpha = 54 \pmod{71} \quad ((g^n)^\alpha = A^n).$$

Die Ordnung von 32 ist 7, die Ordnung von 5 ist 5. Aus der ersten Gleichung ergibt sich (mit Baby-Step-Giant-Step oder einfachem Durchprobieren) $\alpha = 6 \pmod 7$. Aus der zweiten Gleichung ergibt sich $\alpha = 3 \pmod 5$. Mit dem chinesischen Restsatz erhalten wir daraus $\alpha = 13 \pmod{35}$. ◄

Eine einfache Möglichkeit, zu verhindern, dass die Pohlig-Hellman-Strategie erfolgreich ist, ist sicherzustellen, dass die Ordnung von g eine Primzahl ist. Dann kann diese nicht in ein Produkt kleinerer Zahlen zerlegt werden. In vielen Verfahren wird deshalb bei der Erzeugung der Domain-Parameter gefordert, dass als Element g ein Element mit großer primer Ordnung ω gewählt wird.[3]

14.2.3 Der Index-Calculus-Algorithmus

Wir sehen uns abschließend eine Methode an, um diskrete Logarithmen in $\mathbb{Z}_p^*$ zu berechnen, die sich zunutze macht, dass es in $\mathbb{Z}$ eine eindeutige Primfaktorzerlegung gibt: den *Index-Calculus-Algorithmus*. Diese Methode funktioniert – anders als die bisherigen – nicht für alle Gruppen, sondern nur für die Gruppen $\mathbb{Z}_p^*$. Sie ist aber wesentlich schneller als die bisher beschriebenen Verfahren, zeigt also, dass das DLP möglicherweise in anderen Gruppen schwieriger sein könnte als in den Gruppen $\mathbb{Z}_p^*$.

Es seien $p \in \mathbb{P}$ und $g \in \mathbb{Z}_p^*$ ein Element mit primer Ordnung ω. Wir möchten diskrete Logarithmen zur Basis g mod p berechnen.

Zunächst wählen wir eine Menge $\mathcal{F}$ von Primzahlen, die sogenannte *Faktorbasis*. Diese Primzahlen müssen Potenzen von g sein. Dies lässt sich nach Theorem 20.10 und Theorem 18.69 leicht überprüfen, indem man prüft, ob ihre Ordnung gleich ω ist.

---

[3] In dem Fall, dass ω eine Potenz p^s einer Primzahl ist, ist eine Zerlegung $\omega = m \cdot n$ mit $\text{ggT}(m, n) = 1$ nicht möglich. Für diesen Fall fanden Pohlig und Hellman aber ebenfalls eine Methode, das Problem von p^s auf p zu reduzieren. Details finden sich in [52]. Es wird hier nicht näher auf diesen Fall eingegangen.

Eine Zahl z nennen wir $\mathcal{F}$-glatt, falls alle Primfaktoren von z in $\mathcal{F}$ liegen. Wir bestimmen zunächst[4] die diskreten Logarithmen aller Primzahlen in der Faktorbasis, also für jedes $q \in \mathcal{F}$ ein α_q mit $g^{\alpha_q} \bmod p = q$. Um dann den diskreten Logarithmus α von $A \in \mathbb{Z}_p^*$ zur Basis g zu berechnen, suchen wir einen Exponenten γ, sodass $A \cdot g^\gamma$ $\mathcal{F}$-glatt ist. Dann hat $A \cdot g^\gamma$ eine eindeutige Primfaktorzerlegung

$$A \cdot g^\gamma = \prod_{q \in \mathcal{F}} q^{e_q}.$$

Somit ist

$$g^\alpha \cdot g^\gamma = \prod_{q \in \mathcal{F}} g^{\alpha_q \cdot e_q} \pmod{p} \quad \text{und somit}$$

$$g^{\alpha+\gamma} = g^{\sum_{q \in \mathcal{F}} \alpha_q \cdot e_q} \pmod{p}.$$

Die Basis der Potenzen links und rechts ist gleich, es reicht also die Exponenten (mod ω) zu vergleichen.

$$\alpha + \gamma = \sum_{q \in \mathcal{F}} \alpha_q \cdot e_q \pmod{\omega},$$

$$\alpha = -\gamma + \sum_{q \in \mathcal{F}} \alpha_q \cdot e_q \pmod{\omega}.$$

Benötigt werden also: die diskreten Logarithmen α_q und ein $\mathcal{F}$-glattes $A \cdot g^\gamma$ samt dessen Primfaktorzerlegung. Die Primfaktorzerlegung einer $\mathcal{F}$-glatten Zahl durch Probedivision ist einfach, denn es können ja nur Primfaktoren aus $\mathcal{F}$ vorkommen.

Zurück zur Bestimmung der diskreten Logarithmen der Faktorbasiselemente. Dazu berechnet man $g^\zeta \bmod p$ für viele (z. B. zufällig gewählte) Zahlen ζ und merkt sich diejenigen ζ, für die $g^\zeta \bmod p$ $\mathcal{F}$-glatt ist. Hat man viele solche Zahlen gefunden, kann man die diskreten Logarithmen der Faktorbasiselemente berechnen.

Beispiel 14.6

Dieses Beispiel illustriert die Methode für $p = 2027$, $g = 1000$ und die Faktorbasis $\mathcal{F} = \{3, 13, 17, 19, 31\}$. Die Ordnung von g ist $\omega = 1013$. Mit etwas Probieren finden wir z. B.

---

[4] Das wird gleich ein paar Zeilen weiter unten erledigt.

14.2 Verfahren zur Berechnung diskreter Logarithmen

ζ	g^ζ (mod 2027)
738	$171 = 3^2 \cdot 19$
474	$1581 = 3 \cdot 17 \cdot 31$
666	$867 = 3 \cdot 17^2$
336	$1521 = 3^2 \cdot 13^2$
168	$39 = 3 \cdot 13$
265	$1989 = 3^2 \cdot 13 \cdot 17$

Wir bestimmen nun Zahlen $\alpha_3, \alpha_{13}, \alpha_{17}, \alpha_{19}, \alpha_{31}$, sodass

$$3 = g^{\alpha_3},\ 13 = g^{\alpha_{13}},\ 17 = g^{\alpha_{17}}, 19 = g^{\alpha_{19}}, 31 = g^{\alpha_{31}} \pmod{2027}.$$

Die Primfaktorzerlegungen von oben ergeben das Gleichungssystem (mod 2027)

$$g^{738} = 3^2 \cdot 19 = (g^{\alpha_3})^2 \cdot (g^{\alpha_{19}}) = g^{2\alpha_3 + \alpha_{19}},$$

$$g^{474} = 3 \cdot 17 \cdot 31 = (g^{\alpha_3}) \cdot (g^{\alpha_{17}}) \cdot (g^{\alpha_{31}}) = g^{\alpha_3 + \alpha_{17} + \alpha_{31}},$$

$$g^{666} = 3 \cdot 17^2 = (g^{\alpha_3}) \cdot (g^{\alpha_{17}})^2 = g^{\alpha_3 + 2\alpha_{17}},$$

$$g^{336} = 3^2 \cdot 13^2 = (g^{\alpha_3})^2 \cdot (g^{\alpha_{13}})^2 = g^{2\alpha_3 + 2\alpha_{13}},$$

$$g^{168} = 3 \cdot 13 = (g^{\alpha_3}) \cdot (g^{\alpha_{13}}) = g^{\alpha_3 + \alpha_{13}} \quad \text{und}$$

$$g^{265} = 3^2 \cdot 13 \cdot 17 = (g^{\alpha_3})^2 \cdot (g^{\alpha_{13}}) \cdot (g^{\alpha_{17}}) = g^{2\alpha_3 + \alpha_{13} + \alpha_{17}}.$$

Wir betrachten die Exponenten und es ergibt sich ein lineares Gleichungssystem (mod $\omega = 1013$):

$$738 = 2\alpha_3 + \alpha_{19},$$
$$474 = \alpha_3 + \alpha_{17} + \alpha_{31},$$
$$666 = \alpha_3 + 2\alpha_{17},$$
$$336 = 2\alpha_3 + 2\alpha_{13},$$
$$168 = \alpha_3 + \alpha_{13},$$
$$265 = 2\alpha_3 + \alpha_{13} + \alpha_{17}.$$

Das Gleichungssystem lässt sich modulo 1013 genau so lösen wie über $\mathbb{R}$, denn auch $\mathbb{Z}_{1013}$ ist ein Körper.[5]

---

[5] Es wird hier vorausgesetzt, dass bekannt ist, wie sich lineare Gleichungssysteme – bspw. durch gaußsche Elimination – lösen lassen. Gegebenenfalls kann dies in jedem Lehrbuch über lineare Algebra nachgelesen werden.

Wir lösen das Gleichungssystem mit *Python*.

Python
Das Modul `galois` erlaubt das Rechnen mit entsprechenden Matrizen.

```
> from galois import GF
> k = GF(1013)
> m = k( [[2,0,0,1,0,738],
          [1,0,1,0,1,474],
          [1,0,2,0,0,666],
          [2,2,0,0,0,336],
          [1,1,0,0,0,168],
          [2,1,1,0,0,265]])
> r = m.row_reduce(); r
GF([[  1,   0,   0,   0,   0, 541],
    [  0,   1,   0,   0,   0, 640],
    [  0,   0,   1,   0,   0, 569],
    [  0,   0,   0,   1,   0, 669],
    [  0,   0,   0,   0,   1, 377],
    [  0,   0,   0,   0,   0,   0]], order=1013)
> (alpha3,alpha13,alpha17,alpha19,alpha31) = r[:-1,-1].tolist()
> pow( 1000, alpha19, 2027 )
19
```

Nun können wir beliebige diskrete Logarithmen berechnen. Um den diskreten Logarithmus von $A = 1469$ zur Basis $g = 1000 \bmod 2027$ zu berechnen, suchen wir (durch Probieren) nach einer Zahl γ, sodass $A \cdot g^\gamma$ $\mathcal{F}$-glatt ist. Wir finden durch zufälliges Probieren verschiedener Exponenten (modulo 2027)

$$1469 \cdot 1000^{223} = 1989 = 3^2 \cdot 13 \cdot 17,$$
$$1469 \cdot 1000^{223} = 1000^{2 \cdot 541 + 640 + 569},$$
$$1469 = 1000^{2068} = 1000^{42}.$$

Der diskrete Logarithmus von 1469 zur Basis 1000 mod 2027 ist also 42. ◀

14.3 Auswahl der Domain-Parameter

Einleitend soll hier erwähnt werden, dass bei der Wahl bzw. Erzeugung von Domain-Parametern viele Faktoren berücksichtigt werden müssen. Insofern ist davon abzuraten, Domain-Parameter selbst zu erstellen oder dynamisch (so wie Ephemeral Keys) zu erzeugen. Wie bei Public Keys ist bei der Einigung auf Domain-Parameter wichtig, dass die Beteiligten zu sichern und den gleichen Parametern kommen. In der Praxis ist es oft schwierig sicherzustellen, dass Dritte nicht in der Lage sind, die Wahl der Domain-Parameter so zu beeinflussen, dass unsichere Parameter verwendet werden. Da Domain-Parameter als öffentliche Information angesehen werden können, werden daher (in der Regel) fixe Domain-Parameter-Sets verwendet, die dann auch öffentlich auf ihre Sicherheit – insbesondere in Bezug auf neue Möglichkeiten für Angriffe – überprüft werden können. Standards verweisen bezüglich geeigneter Domain-Parameter auf RFC 3526 [28] und RFC 7919 [19].

Nachdem wir im vorangegangenen Abschnitt gesehen haben, unter welchen Umständen diskrete Logarithmen berechnet werden können, ist es nun klarer, welchen Bedingungen Domain-Parameter unbedingt genügen müssen, damit das DLP (und die damit verwandten Probleme CDH und DDH) ausreichend schwierig sind. Hier soll nur kurz dargestellt werden, wie geeignete Parameter erzeugt werden können, jedoch wird empfohlen, standardisierte Parameter zu verwenden.

Ganz allgemein gilt für jede Gruppe, die als Domain-Parameter gewählt wird:

- Um zu verhindern, dass diskrete Logarithmen durch Probieren aller möglichen Exponenten berechnet werden können, ist ein Basiselement g mit großer Ordnung ω nötig. Mit dem Baby-Step-Giant-Step-Algorithmus liegt der Aufwand bei n-Bit-langer Ordnung bei $\sqrt{2^n} = 2^{n/2}$ Multiplikationen. Aus diesem Grund sollte n wenigstens das Doppelte des gewünschten Sicherheitsniveaus sein. Für 128-Bit-Sicherheit werden 256-Bit-lange ω empfohlen, für 256-Bit-Sicherheit 512-Bit-lange ω.
- Um zu verhindern, dass mit dem Pohlig-Hellman-Algorithmus (z. B. in Kombination mit dem Baby-Step-Giant-Step-Algorithmus) eine weitere Verbesserung erreicht werden kann, ist ω idealerweise eine Primzahl.
- Da ω ein Teiler der Gruppenordnung sein muss, muss die Gruppe so gewählt werden, dass ihre Ordnung einen großen Primfaktor enthält.

Im Fall der Gruppe $\mathbb{Z}_p^*$ gibt es eine weitere Bedingung.

- In diesem Fall kann zur Berechnung diskreter Logarithmen auch der Index-Calculus-Algorithmus verwendet werden. Um dies zu verhindern, muss p groß genug gewählt werden. Für 128-Bit-Sicherheit geht man davon aus, dass p 3072 Bit lang sein soll, für 256-Bit-Sicherheit 15.360 Bit lang.

Die Suche nach geeigneten Parametern ist aus den genannten Gründen nicht ganz einfach. Für den Fall der Gruppen $\mathbb{Z}_p^*$ soll die Vorgangsweise hier jedoch beschrieben werden, um ein Bild davon zu bekommen, wie hier vorgegangen werden kann.

1. Zunächst beginnt man mit der Wahl einer Primzahl ω der gewünschten Länge (256 oder 512 Bit). Dies geschieht durch Testen von zufällig gewählten Zahlen dieser Länge mit Primzahltests wie in Kap. 13 beschrieben.
2. Als Parameter p wird nun eine Primzahl passender Länge (3072 oder 15.360 Bit) benötigt, sodass $p - 1$ ein Vielfaches von ω ist. In diesem Fall wäre also $p - 1 = v \cdot \omega$, also $p = v \cdot \omega + 1$. Man kann hier also für verschiedene v testen, ob $v \cdot \omega + 1$ eine Primzahl ist.
3. Schließlich wird ein Element $g \in \mathbb{Z}_p^*$ benötigt, dessen Ordnung ω ist. Dazu wählt man zufällig irgendein $h \in \mathbb{Z}_p^*$ und berechnet $g := h^{(p-1)/\omega}$. Wenn $g \neq 1$, dann hat g die Ordnung ω,[6] ansonsten probiert man ein neues h.

   Tatsächlich findet man so sehr schnell ein passendes g, denn g hat die Ordnung ω, wenn ω ein Teiler der Ordnung von h ist (vgl. Theorem 20.10). Insbesondere sind auch alle Primitivwurzeln, also Elemente der Ordnung $p - 1$, als h geeignet, und davon gibt es nach Theorem 18.70 viele.

14.4 Schnorr-Signaturen

Am Ende dieses Kapitels wird ein Signaturverfahren von Schnorr vorgestellt, das praktisch in dieser Form nicht zum Signieren eingesetzt wird. In diesem Verfahren wird auf die sogenannte *Fiat-Shamir-Heuristik* zurückgegriffen. Dabei stellt eine Signatur einen Nachweis dafür dar, dass der Private Key beim Signieren bekannt ist. Dieser Nachweis hängt auch von der zu signierenden Nachricht ab, womit sichergestellt ist, dass die Signatur allein zu der signierten Nachricht passt. Dieselbe Idee wird beim Post-Quantum-Verfahren ML-DSA in Abschn. 16.3 wieder auftauchen.

Algorithmus 14.8 (Schnorr-Signatur)

Setup: Als Domain-Parameter werden eine Hashfunktion H, eine Gruppe $\mathbb{G}$ und ein Element $g \in \mathbb{G}$ mit großer primer Ordnung ω gewählt.
Schlüsselerzeugung: Alice wählt zufällig eine Zahl $\alpha \in \mathbb{Z}_\omega$. Sie berechnet $A := g^\alpha$ und veröffentlicht ihren Public Key A. Den Private Key α hält sie geheim.
Signieren: Um zu signieren, wählt Alice zufällig eine Zahl $k \in \mathbb{Z}_\omega$ und berechnet

---
[6] Es ist $g^\omega = (h^{(p-1)/\omega})^\omega = h^{p-1} = 1$, also kommt als Ordnung von g nur ω oder ein Teiler von ω infrage (vgl. Theorem 20.9).

$$r := g^k,$$
$$c := H(r, m) \bmod \omega,$$
$$s := k + c\alpha \bmod \omega.$$

Die Signatur ist dann das Paar (c, s).
Verifizieren: Will Bob die Signatur überprüfen, so führt er die folgenden Schritte durch:

1. Er berechnet $r := g^s \cdot A^{-c}$ und
2. prüft, ob $c = H(r, m) \pmod{\omega}$.

Wir bemerken, dass die Überprüfung für eine korrekt erstellte Signatur erfolgreich ist. Es ergibt sich in Schritt 1 das richtige r, denn

$$g^s \cdot A^{-c} = g^{k+c\alpha} \cdot g^{-c\alpha} = g^{k+\cancel{c\alpha}-\cancel{c\alpha}} = g^k = r.$$

Wurde m nicht verändert, dann wird im 2. Schritt derselbe Hashwert wie beim Signieren berechnet.

14.5 Übungen

Übungsaufgaben

1. Die Wahl guter DH-Parameter p und g ist in der Praxis gar nicht so einfach. Manche Protokolle (z. B. TLS 1.3) erlauben daher nur vordefinierte Parameter. Andere Protokolle (z. B. TLS 1.2) erlauben selbstgewählte Parameter. DH-Parameter lassen sich z. B. mit OpenSSL generieren.
   Generiere DH-Parameter mit `openssl dhparam`, sodass p eine Bitlänge von
   a. 2048
   b. 3072
   c. 4096
   hat. Wie lange dauert das jeweils?
2. OpenSSL ist besonders streng und generiert standardmäßig sogenannte Safe Primes. Recherchiere, wie eine Safe-Prime aufgebaut ist, und nenne eine konkrete Safe-Prime kleiner 100.
3. Wirf einen Blick in TLS 1.3 (RFC 8446[7] und RFC 7919[8]), und finde heraus, welche Parameter erlaubt sind. Werden auch hier Safe-Primes verwendet?

---

[7] https://datatracker.ietf.org/doc/html/rfc8446#section-4.2.7.
[8] https://datatracker.ietf.org/doc/html/rfc7919#appendix-A.

4. Berechne den diskreten Logarithmus von 37 zur Basis 6 in $\mathbb{Z}_{131}^*$ mit einem Brute-Force-Angriff. Denke daran, dass du die $(i+1)$-te Potenz von 6 mit einer einzigen Multiplikation aus der i-ten Potenz von 6 berechnen kannst.
5. Implementiere nun den Brute-Force-Angriff in der Programmiersprache deiner Wahl. Berechne damit den diskreten Logarithmus von 1.059.878.588 zur Basis 3.116.701.003 in $\mathbb{Z}_{3696837919}^*$. Miss die benötigte Zeit.
6. Berechne den diskreten Logarithmus von 37 zur Basis 6 in $\mathbb{Z}_{131}^*$ mit dem Baby-Step-Giant-Step-Algorithmus.
7. Implementiere den Baby-Step-Giant-Step-Algorithmus für $\mathbb{Z}_p^*$ ($p \in \mathbb{P}$) in der Programmiersprache deiner Wahl.
   a. Berechne damit den diskreten Logarithmus von 1.059.878.588 zur Basis 3.116.701.003 in $\mathbb{Z}_{3696837919}^*$. Miss die benötigte Zeit.
   b. Berechne damit den diskreten Logarithmus von 50.802.253.956.985 zur Basis 175.733.327.981.079 in $\mathbb{Z}_{250559608662463}^*$. Miss die benötigte Zeit.
8. Berechne den diskreten Logarithmus von 37 zur Basis 6 in $\mathbb{Z}_{131}^*$ mit dem Pohlig-Hellman-Algorithmus.
9. Implementiere den Pohlig-Hellman-Algorithmus unter Verwendung des Baby-Step-Giant-Step-Algorithmus für $\mathbb{Z}_p^*$ ($p \in \mathbb{P}$) in der Programmiersprache deiner Wahl.
   a. Berechne damit den diskreten Logarithmus von 1.059.878.588 zur Basis 3.116.701.003 in $\mathbb{Z}_{3696837919}^*$. Miss die benötigte Zeit.
   b. Berechne damit den diskreten Logarithmus von 50.802.253.956.985 zur Basis 175.733.327.981.079 in $\mathbb{Z}_{250559608662463}^*$.
   c. Berechne damit den diskreten Logarithmus von A zur Basis g in $\mathbb{Z}_p^*$ mit $A = 920$ 6069330330567551517586284968342095260131618871987141996072070402 4146624783072131339119624404674835762203110774513167287098113584 4775422131173268725887246206823317125939899528003974440819512463674 3029272548248723497717091456534333181860210558561516757867344657 7981868525917135552514682479429145452213846989080476440487501689 4715614367460424090319348072276383861300975805907737275214363009 9515051702958276573475517476923130042420651313240770390999418903 4592127711352161352816476073937260676181866270176044471913895252 3485302161304441744583456790445219382594618559516579294906934872 92068028579559698679790779868639621387989984,
   $g =$ 2660883554569008872978857013359843560161136612199258334364236 8851932577930449087662445154120852565477167724067511967372141150 0981138573995840911544555152639141620424365631468863787705794885 7466244093349820293887698437700188843839949113548933117317894271 9473935501112963565483677317830618013761348331931262636780058010 1715240107356021105172978658475206506020294005062628889664122128 9250217421596751076595866772350551951034770348372871537848184774 6369697066941975972775705941165463115543671892057015730659028

16030657234949605972436378478905387303848676430992721394334368660372167463538561154409420947007004892821896417325730 und

$p = 4646832349495497277775981049443089977255295412548731182944447122742532600993969385400022144463144499690811956780584521069975496761040752966880597780626793695277000541272463077394007028397731728550763347291511326238537591729311906897877911923421511870656175022270866101010445319954436692353508033157380622457055777318614135824454164653881275001123317168825537509289765320469904676220586879443968030278790378917283840754481883598077902680959893054466452543380788591072076568470130572045140570070678507339353270597946520181698851225385232152883979389857435456151337391799332220825208647423916124862163254976131295731822878185191$.

10. Du wählst als Schnorr-Parameter eine Hashfunktion deiner Wahl, die Gruppe $\mathbb{Z}_p^*$ mit $p = 6277$ und $g = 2004$ mit der Ordnung $\omega = 523$ in $\mathbb{Z}_p^*$. Als Private Key wählst du $\alpha = 213$.

    a. Berechne deinen Public Key.

    b. Berechne mit deinem Private Key eine Signatur für die Nachricht

       "Hello_World".

    c. Prüfe mit deinem Public Key die Signatur.

Rückblick

Du hast dich in diesem Kapitel mit dem *DLP* in allgemeinen Gruppen und dem *CDH/DDH (Computational/Decisional-Diffie-Hellman-Problem)* auseinandergesetzt. Du hast verschiedene Verfahren zur Berechnung diskreter Logarithmen, wie den *Baby-Step-Giant-Step-Algorithmus*, das *Pohlig-Hellman-Verfahren* und den *Index-Calculus-Algorithmus*, durchgeführt und weißt, wie du Domain-Parameter zu wählen hast, um Angriffe mit diesen Verfahren ausschließen zu können. Du verstehst jetzt, dass Restklassen im DH-Verfahren und anderen DLP-basierten Verfahren durch andere Objekte ersetzt werden können, die eine *Gruppe* bilden. Du kannst mit *Schnorr-Signaturen* ein weiteres auf dem DLP basierendes Signaturverfahren beschreiben.

Elliptische Kurven 15

Ziele

In diesem Kapitel lernst du,

- was *elliptische Kurven* sind, wie man damit rechnet und dass es sich dabei um Gruppen handelt, in denen das DLP besonders schwierig zu lösen ist,
- warum elliptische Kurven *effizientere* kryptographische Verfahren ermöglichen,
- wie die *Aufwände* mit den verwendeten Kurvenparametern und Schlüssellängen zusammenhängen,
- wie *projektive Koordinaten* und spezielle Kurven eingesetzt werden können, um die *Performance* weiter zu steigern, und was Montgomery-Curves sind,
- wie elliptische Kurven für *Key-Agreement* (ECDHE) und zum *Signieren* (ECDSA, EdDSA) eingesetzt werden,
- welche *Schlüssellängen* für verschiedene Public-Key-Verfahren empfohlen werden, um ein bestimmtes Sicherheitsniveau zu erreichen.

In über 40 Jahren RSA und DH haben sich das Faktorisierungsproblem und das DLP/CDH/DDH wie in den Jahrhunderten davor nicht vollständig effizient lösen lassen. Allerdings werden immer mehr und bessere Methoden entwickelt, sodass es immer schwieriger wird, sichere Parameter für diese Verfahren zu finden.

Für das RSA-Verfahren hat man zurzeit wenigstens 1536-Bit-lange Primzahlen zu wählen. Glücklicherweise geht das, weil auch das Finden (und Testen) von Primzahlen immer einfacher wird.[1] Es bleibt jedoch das Problem, dass mit immer größeren Zahlen gerechnet werden muss, und das möglichst schnell.[2]

Für DLP-verwandte Verfahren, bei denen als Gruppe $\mathbb{Z}_p^*$ verwendet wird, muss p wenigstens 3072 Bit lang sein. Grund dafür ist, dass zum Berechnen von diskreten Logarithmen spezielle Methoden – wie z. B. der Index-Calculus-Algorithmus – verwendet werden können. Auch hier muss man mit sehr großen Zahlen potenzieren; viel Aufwand.

Das DLP lässt sich jedoch, wie wir gesehen haben, für beliebige Gruppen formulieren. Wir studieren in diesem Kapitel eine ganz andere Art von Gruppen: elliptische Kurven. Für dieses Kapitel wird empfohlen, vorbereitend oder begleitend die Kap. 18 und 20 zu lesen.

15.1 Elliptische Kurven über $\mathbb{R}$

Zum Einstieg betrachten wir elliptische Kurven über dem Körper $\mathbb{R}$. Diese werden in der Kryptographie nicht verwendet, erleichtern uns aber den Einstieg, weil sie uns eine bildliche Vorstellung der Gruppenoperation geben.

▶ **Definition 15.1** Es seien $a, b \in \mathbb{R}$ so, dass $4a^3 + 27b^2 \neq 0$. Dann ist

$$\mathcal{E} := \left\{ (x, y) \in \mathbb{R}^2 \,\middle|\, y^2 = x^3 + ax + b \right\} \cup \{\infty\}$$

eine *elliptische Kurve über* $\mathbb{R}$.

Der Einfachheit halber schreiben wir statt der elliptischen Kurve nur die Gleichung. Das Symbol ∞ bekommt später noch eine Bedeutung – für das Erste ist dies noch nicht relevant. Die Form der Gleichung einer elliptischen Kurve in Definition 15.1 wird auch *Weierstraß-Form* der Kurve genannt, die elliptische Kurve eine Kurve in *Weierstraß-Form*. Wenn nicht explizit anders angegeben, sind Kurven in Weierstraß-Form gemeint.

Abb. 15.1 zeigt die Graphen verschiedener elliptischer Kurven über $\mathbb{R}$.

Aus $\mathcal{E}$ lässt sich eine Gruppe machen. Dazu brauchen wir eine Verknüpfung (Addition), die aus zwei Punkten P und Q auf der elliptischen Kurve wieder einen Punkt ($P + Q$) auf der Kurve macht.[3] Die Idee für so eine Verknüpfung ist recht einfach und in Abb. 15.2a illustriert: Man lege durch die beiden Punkte eine Gerade. Diese schneidet die Kurve in einem dritten Punkt ($P * Q$). Spiegelt man diesen an der x-Achse, so erhält man erneut einen Punkt ($P + Q$) auf der Kurve.[4] Will man einen Punkt P zu sich selbst addieren,

---

[1] Siehe Abschn. 13.2.

[2] Vergleiche Abschn. 18.8.

[3] Nicht nur das – es werden auch noch ein neutrales Element und zu jedem Element ein inverses Element benötigt. Darum kümmern wir uns dann auch noch.

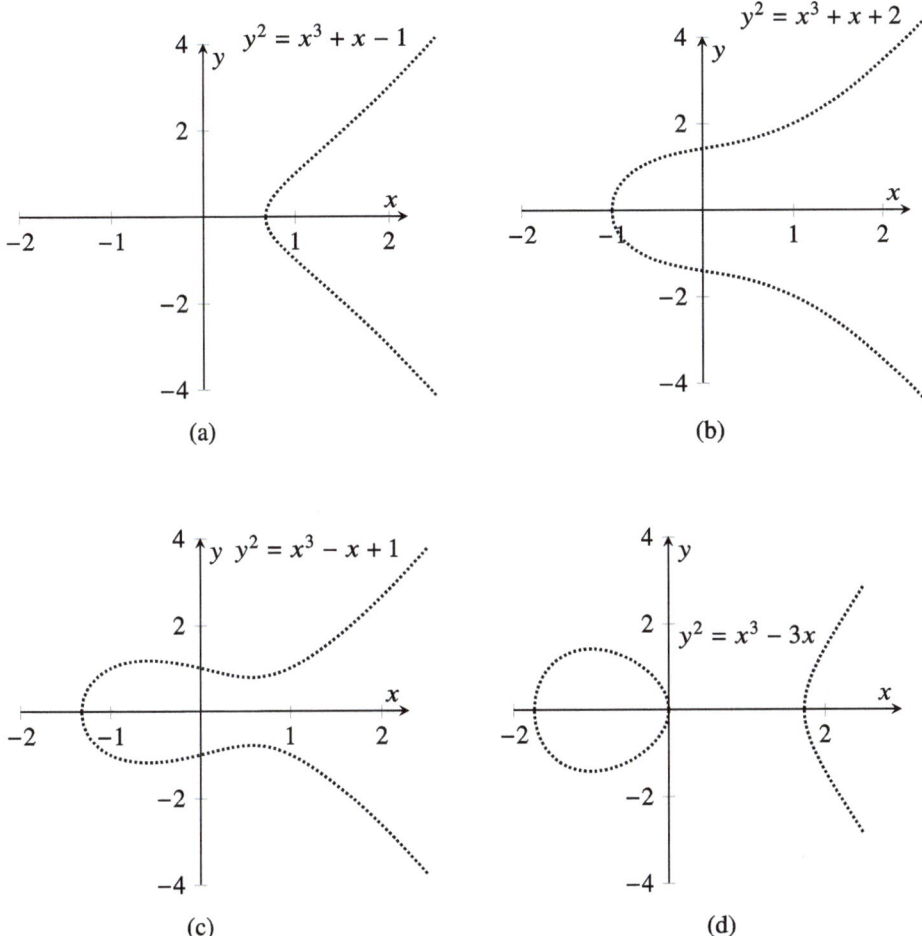

Abb. 15.1 Die elliptische Kurve $y^2 = x^3 + ax + b$ für verschiedene Werte von a und b. **a** $a = 1$, $b = -1$; **b** $a = 1, b = 2$; **c** $a = -1, b = 1$; **d** $a = -3, b = 0$

muss man etwas anders vorgehen (vgl. Abb. 15.2b): Im Punkt P wird die Tangente an die Kurve gelegt und ein weiterer Schnittpunkt $(P * P)$ mit der Kurve gesucht; dieser wird schließlich an der x-Achse gespiegelt, um $P + P$ zu erhalten.

---

[4] Das Spiegeln an der x-Achse zum Abschluss scheint auf den ersten Blick überflüssig. Lässt man diesen Schritt jedoch weg, so erhält man eine recht sonderbare Verknüpfung, die das Assoziativitätsgesetz

$$(P * Q) * R = P * (Q * R)$$

nicht erfüllt, sodass sich auf diese Art keine Gruppe aus der elliptischen Kurve machen lässt.

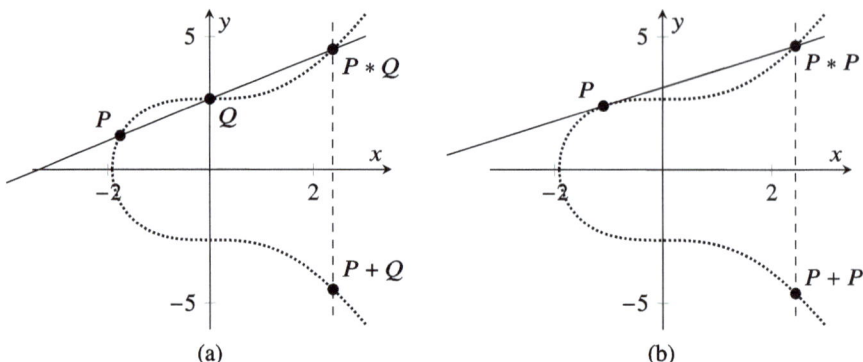

Abb. 15.2 Addition und Verdopplung auf einer elliptischen Kurve. **a** Addition $P + Q$. **b** Verdopplung $P + P$

Um eine Gruppe zu erhalten, fehlt noch ein neutrales Element. Dieses muss „dazuerfunden" werden. Es wird üblicherweise (auch wenn das zunächst verwirrend ist) mit dem Symbol ∞ bezeichnet, ein Punkt, der keine Koordinaten besitzt. Schließlich wird als das inverse Element eines Punkts $P = (x, y)$ der Punkt $(x, -y)$ gewählt und mit $-P$ bezeichnet.

Dann legen wir die Regeln für die Verknüpfung wie folgt fest:

▶ **Definition 15.2** Es sei $\mathcal{E}$ eine elliptische Kurve. Wir definieren für alle $P, Q \in \mathcal{E}$:

1. $-\infty := \infty$ und $P + \infty := \infty + P := P$. (Damit wird ∞ zum neutralen Element.)
2. Ist $P = (x, y)$, dann sei $-P := (x, -y)$.
3. Ist $Q = -P$, dann sei $P + Q := \infty$. ($-P$ ist das inverse Element von P.)
4. Ist $Q = P$, dann sei $P + Q = P + P := -(P * P)$, wobei $P * P$ der andere Schnittpunkt der Tangente an $\mathcal{E}$ in P ist (siehe Abb. 15.2b).
5. Ist $Q \neq \pm P$, dann sei $P + Q := -(P * Q)$, wobei $P * Q$ der dritte Schnittpunkt der Geraden durch P und Q mit $\mathcal{E}$ ist (siehe Abb. 15.2a).

Es bietet sich an, das aufwendige Aufstellen der Geraden, das Schneiden mit der Kurve und das Spiegeln einmal ganz allgemein durchzurechnen, denn es ergeben sich dabei kurze Formeln.

Theorem 15.3 Es seien $\mathcal{E}: y^2 = x^3 + ax + b$ eine elliptische Kurve über $\mathbb{R}$ und $P = (x_1, y_1)$ und $Q = (x_2, y_2)$ zwei Punkte auf $\mathcal{E}$. Dann lassen sich die Koordinaten (x_3, y_3) von $R := P + Q$ nach folgenden Formeln berechnen.

15.1 Elliptische Kurven über $\mathbb{R}$

- *Ist $P = \infty$, dann ist $P + Q := Q$. Ist $Q = \infty$, dann ist $P + Q := P$.*
- *Falls $Q = -P$, dann ist $R := \infty$.*
- *Falls $Q = P$, dann sind*

$$x_3 = k^2 - 2x_1, \tag{15.1}$$

$$y_3 = -y_1 + k(x_1 - x_3),$$

$$\text{wobei } k := \frac{3x_1^2 + a}{2y_1}.$$

- *Falls $Q \neq \pm P$, dann sind*

$$x_3 = k^2 - x_1 - x_2, \tag{15.2}$$

$$y_3 = -y_1 + k(x_1 - x_3),$$

$$\text{wobei } k := \frac{y_2 - y_1}{x_2 - x_1}.$$

Beweis

- In den Fällen $P = \infty$ und $Q = \infty$ ist nichts zu zeigen, ebenfalls im Fall $P = -Q$.
- Als Nächstes betrachten wir den Fall $Q \neq \pm P$. In diesem Fall ist $x_1 \neq x_2$.
  Wir legen durch P und Q eine Gerade

$$g : y = kx + d. \tag{15.3}$$

  Deren Steigung k lässt sich schnell berechnen als

$$k = \frac{y_2 - y_1}{x_2 - x_1}.$$

Wir schneiden g mit $\mathcal{E}$:

$$(kx + d)^2 = x^3 + ax + b,$$

$$k^2 x^2 + 2dkx + d^2 = x^3 + ax + b,$$

$$x^3 - k^2 x^2 + (a - 2dk)x + (b - d^2) = 0. \tag{15.4}$$

Es ergibt sich eine Gleichung 3. Grades, deren Lösungen die x-Koordinaten der Schnittpunkte der Geraden mit der Kurve sind. Einerseits hat so eine Gleichung 3.

Grades nach Korollar 19.16 maximal 3 Lösungen, andererseits kennen wir bereits 2 davon (x_1 und x_2). Angenommen x_3 ist die 3. Lösung. Dann ist nach Theorem 19.15

$$x^3 - k^2 x^2 + (a - 2dk)x + (b - d^2) = (x - x_1)(x - x_2)(x - x_3).$$

Nach dem Ausmultiplizieren und Sortieren auf der rechten Seite heißt das

$$x^3 - k^2 x^2 + (a - 2dk)x + (b - d^2) =$$
$$= x^3 - (x_1 + x_2 + x_3)x^2 + (x_1 x_2 + x_1 x_3 + x_2 x_3)x - x_1 x_2 x_3.$$

Ein Koeffizientenvergleich ergibt nun, dass $k^2 = x_1 + x_2 + x_3$ sein muss, also

$$x_3 = k^2 - x_1 - x_2.$$

Die y-Koordinate erhalten wir durch Einsetzen in Gl. (15.3), das Spiegeln ändert nur noch das Vorzeichen der y-Koordinate

$$y_3 = -(kx_3 + d) = -kx_3 - y_1 + kx_1 = -y_1 + k(x_1 - x_3).$$

Der Achsenabschnitt d ergibt sich dabei aus Gl. (15.3) als

$$d = y_1 - kx_1.$$

- Ganz ähnlich läuft der Fall $Q = P$, also die Addition eines Punkts $P = (x_1, y_1)$ zu sich selbst (*Punktverdopplung*). Wir legen in P die Tangente an $\mathcal{E}$. Die Steigung k der Tangente in P ist gerade die Steigung von $\mathcal{E}$ in P. Diese lässt sich mit implizitem Differenzieren[5] nach x berechnen:

$$2y \cdot y' = 3x^2 + a,$$
$$y' = \frac{3x^2 + a}{2y},$$
$$k = y'(x = x_1, y = y_1) = \frac{3x_1^2 + a}{2y_1}.$$

---

[5] Auf das Differenzieren wird hier nicht näher eingegangen, da es außer an dieser Stelle nicht mehr benötigt wird. Jedes Lehrbuch zur Analysis gibt dazu Auskunft.

Beim Schneiden der Tangente mit der Kurve landen wir wieder bei Gl. (15.4). Auch hier sind bereits 2 Lösungen der Gleichung bekannt, denn im Fall eines Berührpunkts in P taucht x_1 2-mal als Lösung auf.[6] Es ergeben sich also

$$x_3 = k^2 - 2x_1 \text{ und}$$

$$y_3 = -y_1 + k(x_1 - x_3).$$

$\square$

Die sich ergebenden Formeln, Gl. (15.1) und (15.2) zeigen, dass für die Berechnungen lediglich die Grundrechenoperationen $(+, -, \cdot, /)$ benötigt werden. Neben den reellen Zahlen lassen sich diese Formeln auch benutzen, wenn mit Restklassen modulo einer Primzahl gearbeitet wird. Auch die rationalen Zahlen $\mathbb{Q}$ „funktionieren". Es bietet sich also an, elliptische Kurven nicht nur über $\mathbb{R}$, sondern über beliebigen Körpern[7] – bspw. über $\mathbb{Z}_p$, denn wie $\mathbb{R}$ ist auch $\mathbb{Z}_p$ ein Körper – zu betrachten. Der folgende Satz ist bereits so formuliert, dass (fast) jeder Körper verwendet werden kann.

Theorem 15.4 *Es sei K ein Körper, in dem $1 + 1 \neq 0$ und $1 + 1 + 1 \neq 0$. Weiterhin seien $a, b \in K$ so, dass $4a^3 + 27b^2 \neq 0$ und $\mathcal{E} : y^2 = x^3 + ax + b$ eine elliptische Kurve über K sind. Weiterhin seien $P = (x_1, y_1)$ und $Q = (x_2, y_2)$ zwei Punkte auf $\mathcal{E}$. Dann lassen sich die Koordinaten (x_3, y_3) von $R := P + Q$ nach den Formeln in Theorem 15.3 berechnen. Selbiges gilt, wenn $P = \infty$ und/oder $Q = \infty$.*

In den Formeln in Theorem 15.3 taucht eine 2 im Nenner auf. In Körpern, wo $2 = 1 + 1 = 0$ gilt, führt das zu Divisionen durch 0. Bei der Punktverdopplung erfolgt eine Multiplikation mit 3. Diese führt ebenfalls zu Problemen (anderer Art), wenn in einem Körper $3 = 1 + 1 + 1 = 0$ gilt. Elliptische Kurven, für deren Parameter $4a^3 + 27b^2 = 0$ gilt, heißen singulär. Für solche Kurven ist das DLP nicht ausreichend schwierig; wir betrachten sie daher nicht weiter. Diese Fälle wurden in Definition 15.1 bzw. Theorem 15.4 einfach ausgeschlossen und werden auch in der Folge nicht betrachtet.

Eine nicht ganz einfach zu beweisende Tatsache ist, dass die Punktaddition die Punkte auf einer elliptischen Kurve zu einer Gruppe macht.

Theorem 15.5 *Ist $\mathcal{E}$ eine elliptische Kurve, dann ist $(\mathcal{E}, +)$ eine abelsche Gruppe. Das neutrale Element ist ∞. Das inverse Element von P ist $- P$.*

---

[6] Auch diese Tatsache betrifft das Differenzieren und wird hier so hingenommen.
[7] Siehe Definition 18.46.

Abb. 15.3 Die Addition von Punkten auf elliptischen Kurven ist assoziativ

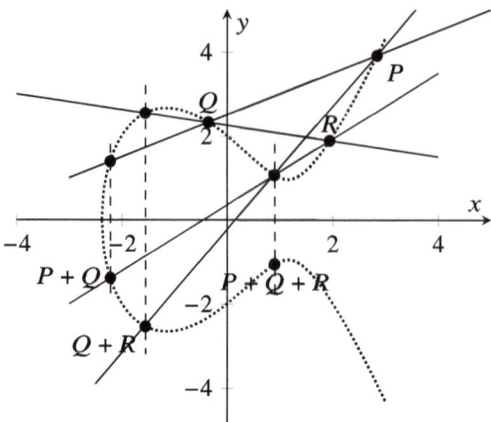

Der Nachweis der Assoziativität der Punktaddition ist alles andere als einfach und viel zu lang für uns. Wir begnügen uns mit einem Blick auf Abb. 15.3, die illustriert, dass $(P+Q)+R = P+(Q+R)$ gilt.

Für kryptographische Anwendungen ist (man erinnere sich an DH) das Potenzieren in Gruppen von Interesse. Im Zusammenhang mit elliptischen Kurven ist dies das mehrfache Addieren eines Punktes zu sich selbst. Naheliegend ist, hier

$$\alpha \cdot P := \underbrace{P + P + \cdots + P}_{\alpha\text{-mal}}$$

zu definieren, genauer:

▶ **Definition 15.6 (Punktmultiplikation auf elliptischen Kurven)** Es seien $\mathcal{E}$ eine elliptische Kurve, $P \in \mathcal{E}$ und $\alpha \in \mathbb{Z}$. Dann sei

$$\alpha \cdot P := \begin{cases} \infty & \text{, falls } \alpha = 0, \\ \underbrace{P + P + \cdots + P}_{\alpha\text{-mal}} & \text{, falls } \alpha > 0 \text{ und} \\ (-\alpha) \cdot (-P) & \text{, falls } \alpha < 0. \end{cases}$$

Effizient lassen sich *Punktmultiplikationen* durch Anwenden der Square-and-Multiply-Idee durchführen. Das Quadrieren entspricht nun einer Punktverdopplung, das Multiplizieren einer Punktaddition; man könnte also von einer *Double-and-add-Methode* sprechen.

15.2 Elliptische Kurven modulo p

Wir haben die Additionsformeln gleich für elliptische Kurven über (fast) beliebigen Körpern hergeleitet. Wir sehen uns jetzt elliptische Kurven über den endlichen Körpern $\mathbb{Z}_p$ genauer an.

Modulo p gibt es nur p verschiedene x- und y-Koordinaten für Punkte, also maximal $p^2 + 1$ verschiedene Punkte. Es könnte auch sein, dass nur ganz wenige Punkte auf einer gegebenen Kurve liegen. Um elliptische Kurven kryptographisch einsetzen zu können, muss das DLP schwierig zu lösen sein. Dazu werden Elemente mit großer Ordnung benötigt. Da die Ordnung eines Elements stets Teiler der Gruppenordnung ist, brauchen wir also elliptische Kurven mit vielen Punkten. Der Satz von Hasse [20] gibt eine beruhigende Antwort auf die Frage, wie viele Punkte auf einer elliptischen Kurve über $\mathbb{Z}_p$ liegen.

Theorem 15.7 (Satz von Hasse) *Es sei n die Anzahl der Punkte auf einer elliptischen Kurve über $\mathbb{Z}_p$. Dann ist*

$$(p+1) - 2\sqrt{p} \leq n \leq (p+1) + 2\sqrt{p}.$$

Das heißt, die Anzahl der Punkte auf der elliptischen Kurve und die Primzahl p sind von derselben Größenordnung, denn $\sqrt{p}$ hat nur halb so viele Stellen wie p.

Somit ist eine elliptische Kurve über $\mathbb{Z}_p$ eine Gruppe, deren Ordnung in etwa so groß wie p ist. Es ist keine Formel bekannt, mit der sich die Ordnung dieser Gruppe einfach berechnen ließe. Es gibt allerdings effiziente Algorithmen für die Bestimmung der Ordnung einer elliptischen Kurve, so z. B. den Algorithmus von Schoof [60] und Varianten davon. Um sichere Kryptographie mit elliptischen Kurven zu treiben, sollte sichergestellt sein, dass die Ordnung der Gruppe einen großen Primfaktor besitzt. Wenn man eine elliptische Kurve wählt, wird man also nicht um das (etwas mühsame) Berechnen der Ordnung herumkommen bzw. sich einer Kurve bedienen, deren Ordnung bereits berechnet worden ist.

Beispiel 15.8

Untersuchen wir die elliptische Kurve

$$y^2 = x^3 + 4x + 4 \pmod{29}. \tag{15.5}$$

Dazu bestimmen wir für jedes $x \in \mathbb{Z}_{29}$ den Wert der rechten Seite der Kurvengleichung, Gl. (15.5).

x	0	1	2	3	4	5	6	7	8	9	10	11	12	13	14
	4	9	20	14	26	4	12	27	26	15	0	16	11	20	20
x	15	16	17	18	19	20	21	22	23	24	25	26	27	28	
	17	17	26	21	8	22	11	10	25	4	11	23	17	28	

Nun berechnen wir für alle $y \in \mathbb{Z}_{29}$ den Wert der linken Seite der Kurvengleichung, Gl. (15.5).

y	0	1	2	3	4	5	6	7	8	9	10	11	12	13	14
	0	1	4	9	16	25	7	20	6	23	13	5	28	24	22
y		28	27	26	25	24	23	22	21	20	19	18	17	16	15
		1	4	9	16	25	7	20	6	23	13	5	28	24	22

Damit lässt sich nun einfach erkennen, dass die folgenden Punkte Elemente der elliptischen Kurve sind:

$(0, 2), (0, 27), (1, 3), (1, 26), (2, 7), (2, 22), (5, 2), (5, 27), (10, 0),$

$(11, 4), (11, 25), (13, 7), (13, 22), (14, 7), (14, 22), (20, 14), (20, 15),$

$(23, 5), (23, 24), (24, 2), (24, 27), (26, 9), (26, 20), (28, 12), (28, 17), \infty.$

In Abb. 15.4 sind alle Punkte auf dieser Kurve (außer dem Punkt ∞) abgebildet. Die Ordnung der Gruppe ist 26. Dies ist innerhalb der Hasse-Grenzen $p + 1 \pm 2\sqrt{p}$, die hier eine Ordnung zwischen 20 und 40 ergeben.

Berechnet man für den Punkt $P = (10, 0)$ den Punkt $2 \cdot P$ (also $P + P$), so erhält man $2 \cdot P = \infty$, denn $P = -P$, und daher ist $P + P = P + (-P) = \infty$. Daher ist die Ordnung von P gleich 2. Dies ist der einzige Punkt der Ordnung 2. Punkte auf dieser elliptischen Kurve haben die Ordnungen 1, 2, 13 oder 26, denn dies sind die einzigen Teiler der Gruppenordnung.

Abb. 15.4 Die Punkte auf der elliptischen Kurve $y^2 = x^3 + 4x + 4 \pmod{29}$

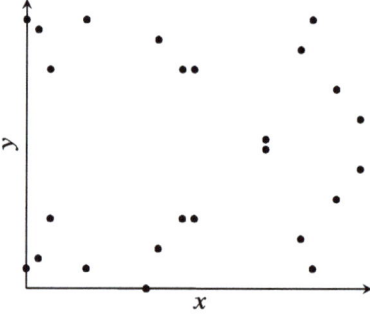

Der Punkt $Q = (2, 7)$ hat die Ordnung 26. Um dies zu verifizieren, muss nach Theorem 20.9 ausgeschlossen werden, dass $13 \cdot Q = \infty$ und dass $2 \cdot Q = \infty$. Dazu berechnet man $2 \cdot Q = (5, 2) \neq \infty$ und $13 \cdot Q = 8Q + 4Q + Q = (11, 25) + (23, 5) + (2, 7) = (10, 0) \neq \infty$. Somit ist Q erzeugendes Element der Gruppe. Der diskrete Logarithmus von $(10, 0)$ zur Basis Q ist 13.

◄

15.3 Kryptographische Verfahren mit elliptischen Kurven

15.3.1 Ephemeral-Diffie-Hellman-Key-Agreement mit elliptischen Kurven

Exemplarisch soll hier noch einmal gezeigt werden, wie ein Diffie-Hellman-Key-Agreement mit einer elliptischen Kurve über $\mathbb{Z}_p$ abläuft.

Algorithmus 15.9 (ECDHE)

Setup: Alice und Bob einigen sich auf eine Primzahl p, eine elliptische Kurve $\mathcal{E}$ modulo p und einen Punkt G mit primer Ordnung ω auf $\mathcal{E}$. Als Domain-Parameter werden $\mathcal{E}$, G, p und ω veröffentlicht.

Key-Agreement:

$$
\begin{array}{ccc}
\text{Alice} & & \text{Bob} \\
\alpha \xleftarrow{R} \mathbb{Z}_\omega & \xrightarrow{A \leftarrow \alpha \cdot G} & \\
& \xleftarrow{B \leftarrow \beta \cdot G} & \beta \xleftarrow{R} \mathbb{Z}_\omega \\
K := \alpha \cdot B & & K := \beta \cdot A
\end{array}
$$

Genauer: Ein oder mehrere Schlüssel werden aus K abgeleitet. Üblicherweise wird dabei nur die x-Koordinate des Punkts K verwendet. In Abschn. 15.4.1 werden wir sehen, warum das so ist.

15.3.2 ECDSA

In FIPS 186-5 [45] werden Signaturen mit elliptischen Kurven standardisiert. Im folgenden Algorithmus bezeichnet $P_{\text{x-Koord}}$ die x-Koordinate des Punkts P.

Algorithmus 15.10 (ECDSA)

Setup: Hier werden als Domain-Parameter eine zumindest 256-Bit-lange Primzahl p und eine elliptische Kurve $\mathcal{E}$ modulo p vereinbart, deren Ordnung einen großen Primfaktor ω besitzt, weiterhin ein Punkt G der Ordnung ω auf $\mathcal{E}$. Als Hashfunktion wird eine Hashfunktion H aus der SHA-Familie verwendet.

Schlüsselerzeugung: Alice wählt zufällig eine Zahl $\alpha \in \mathbb{Z}_\omega$. Sie berechnet $A := \alpha \cdot G$ und veröffentlicht ihren Public Key A. Den Private Key α hält sie geheim.

Signieren: Um eine Nachricht m zu signieren, wählt Alice zufällig eine Zahl $k \in \mathbb{Z}_\omega$. Dann berechnet sie die Signatur (r, s) der Nachricht m als

$$r := (k \cdot G)_{\text{x-Koord}} \bmod \omega \qquad \text{und}$$

$$s := k^{-1}\bigl(H(m) + \alpha r\bigr) \bmod \omega.$$

Verifizieren: Will Bob die Signatur (r, s) über die Nachricht m überprüfen, so führt er die folgenden Schritte durch:

- Er prüft: Sind $1 \leq r < \omega$ und $1 \leq s < \omega$?
- Er berechnet $x := s^{-1} \cdot H(m) \bmod \omega$ und $y := s^{-1} \cdot r \bmod \omega$.
- Er prüft: Ist $r = (x \cdot G + y \cdot A)_{\text{x-Koord}} \bmod \omega$?

Eine gültige Unterschrift besteht alle Tests:

1. Für r und s wurde modulo ω gerechnet; r und s sind also kleiner als ω.
   Die Werte r und/oder s könnten (theoretisch) gleich 0 sein. Im Fall $s = 0$ würde in Schritt 2 ein Fehler beim Berechnen von s^{-1} auftreten, das Verifikationsverfahren also nicht funktionieren. Im Fall $r = 0$ würden sich $y = 0$ ergeben und damit die Verifikation vom Public Key A (und vom Private Key α) unabhängig werden: ein Sicherheitsproblem. Um diese Probleme zu vermeiden, muss in diesen Fällen bereits beim Signieren mit einem neuen k von vorne begonnen werden. Praktisch tritt dieser Fall nicht auf, weil die Wahrscheinlichkeit, dass r oder s den Wert 0 annehmen $1/\omega$, also vernachlässigbar klein ist.
3. Bob berechnet mit $x \cdot G + y \cdot A$ genau den Punkt $k \cdot G$, also auch den gleichen Wert r, denn

$$\begin{aligned} x \cdot G + y \cdot A &= s^{-1} H(m) \cdot G + s^{-1} r \cdot (\alpha \cdot G) \\ &= s^{-1}(H(m) + \alpha r) \cdot G \\ &= k \cdot G. \end{aligned}$$

15.3 Kryptographische Verfahren mit elliptischen Kurven

Eine Kurve mit geeigneter Ordnung zu finden, ist nicht ganz einfach. In NIST SP 800-186 [46] finden sich geeignete Kurven, auf die in der Regel zurückgegriffen wird.

Es ist nicht ratsam, sich Arbeit zu sparen, indem man beim Signieren jedes Mal dieselbe Nonce k verwendet. Werden zwei verschiedene Nachrichten m_1 und m_2 mit demselben Wert für k signiert, so lässt sich aus den beiden Signaturen[8] (r, s_1) und (r, s_2) die verwendete Nonce k berechnen:

Es ist dann (modulo ω)

$$s_1 - s_2 = k^{-1}\big(H(m_1) + \alpha r\big) - k^{-1}\big(H(m_2) + \alpha r\big)$$
$$= k^{-1}\big(H(m_1) + \alpha r - H(m_2) - \alpha r\big)$$
$$= k^{-1}\big(H(m_1) - H(m_2)\big), \quad \text{und somit}$$
$$k = (s_1 - s_2)^{-1}\big(H(m_1) - H(m_2)\big) \pmod{\omega}.$$

Kennt man aber k, so lässt sich der Private Key α einfach berechnen.[9]

$$s_1 = k^{-1}\big(H(m_1) + \alpha r\big),$$
$$ks_1 = H(m_1) + \alpha r,$$
$$\alpha r = ks_1 - H(m_1),$$
$$\alpha = r^{-1}\big(ks_1 - H(m_1)\big) \pmod{\omega}.$$

Ein bekannter Fall von Nonce-Reuse ist bei Implementierungen von Bitcoin-Wallets aufgetreten,[10] wo die Autorisierung von Transaktionen durch ECDSA-Signaturen geschieht. Dieses Problem tritt auch auf, wenn der für die Erzeugung der Nonce k zuständige PRNG oder TRNG nicht korrekt arbeitet und sich auf diese Weise Wiederholungen ergeben. Neben diesen sehr offensichtlich fehlerhaften Implementierungen wurden auch weitere Probleme entdeckt, wenn schwache PRNG eingesetzt werden, um sehr große Mengen von Signaturen zu erstellen.

Abschließend soll hier aber festgehalten werden, dass all diese Probleme bei einem standardkonform implementierten ECDSA-Verfahren nicht auftreten. Außerdem wird in FIPS 186-5 auch eine Alternative – genannt *Deterministic-ECDSA* – beschrieben, bei der die Nonce k deterministisch aus der zu signierenden Nachricht und dem Private Key abgeleitet wird, damit sich zu verschiedenen Nachrichten verschiedene Nonces ergeben.

---

[8] Beachte, dass sich für dasselbe k auch 2-mal derselbe Wert r ergibt. Nonce-Reuse ist also sehr einfach zu erkennen.

[9] Damit ist auch klar, dass die Nonce k geheimgehalten – am besten gleich wieder vernichtet – werden muss.

[10] Detaillierte Beschreibungen dieses Problems finden sich in zahlreichen Blogs im Internet.

15.3.3 EdDSA

Für besonders effiziente Signaturen mit elliptischen Kurven wird gerne das Verfahren *Ed25519* eingesetzt, das hier ganz kurz dargestellt werden soll. Wie ECDSA sind auch dieses Verfahren sowie das dazu ähnliche Verfahren *Ed448* (beide unter dem Namen *EdDSA*) in FIPS 186-5 [45] standardisiert.

Als Gruppe für die Berechnungen wird hier u. a. die elliptische Kurve mit der Gleichung

$$-x^2 + y^2 = 1 + dx^2y^2 \pmod{p},$$

mit den Parametern $p = 2^{255} - 19$ (daher der Name) und $d = -\frac{121665}{121666}$ verwendet.[11] Diese Kurve, eine sogenannte Edwards-Kurve, ist eng verwandt mit Curve25519, die in Abschn. 15.4.1 vorgestellt wird. Details zu dieser Verwandtschaft finden sich in [9]. Die Form der elliptischen Kurve ist etwas anders als wir es gewohnt sind. Die Formeln für $P + Q$ und $-P$ sehen auch etwas anders aus. Es ergibt sich allerdings auch so eine Gruppe. Als sehr angenehm stellt sich heraus, dass das neutrale Element keine besondere Form (∞), sondern ganz normale Koordinaten hat. Es können auch dieselben Formeln für Punktaddition und Punktverdopplung verwendet werden.

Theorem 15.11 *Es seien $p = 2^{255} - 19$ und $d = -\frac{121665}{121666}$ (mod p). Weiterhin sei*

$$\mathcal{E} := \left\{(x, y) \in (\mathbb{Z}_p)^2 \,\middle|\, -x^2 + y^2 = 1 + dx^2y^2\right\}.$$

Definiert man für $P = (x_1, y_1) \in \mathcal{E}$ und $Q = (x_2, y_2) \in \mathcal{E}$

$$-P := (-x_1, y_1) \quad \text{und}$$

$$P + Q := (x_3, y_3), \quad \text{mit}$$

$$t := dx_1x_2y_1y_2,$$

$$x_3 := \frac{x_1y_2 + x_2y_1}{1+t} \quad \text{und}$$

$$y_3 := \frac{y_1y_2 + x_1x_2}{1-t},$$

so ist $(\mathcal{E}, +)$ eine abelsche Gruppe mit neutralem Element $(0, 1)$; das inverse Element von P ist $-P$. Die Ordnung des Punkts G mit y-Koordinate $4/5 \pmod{p}$ ist die Primzahl

$$\omega := 2^{252} + 27742317777372353535851937790883648493.$$

Die Ordnung der Kurve $\mathcal{E}$ ist 8ω.

---

[11] Der Standard FIPS 186 [45] verweist auf RFC 8032 [26], was mögliche weitere Domain-Parameter für EdDSA betrifft.

Als Signaturverfahren ist EdDSA dem ECDSA-Verfahren sehr ähnlich. Details sind [45] zu entnehmen. Zwei Modifikationen wurden vorgenommen, um die Sicherheit zu erhöhen.

- Keine zufälligen Parameter:
  Für ECDSA-Signaturen wird ein zufälliger Wert k gewählt, um

  $$r := (k \cdot G)_x \bmod \omega$$

  zu berechnen. Bereits in Abschn. 15.3.2 haben wir gesehen, dass Probleme entstehen, wenn k nicht (pseudo)zufällig gewählt wird (Nonce-Reuse). Bei EdDSA wird deshalb – so wie bei Deterministic-ECDSA – die Nonce k aus dem Private Key und der zu signierenden Nachricht berechnet.
- Der Hashwert hängt nicht nur von der Nachricht ab:
  ECDSA berechnet den zweiten Teil der Signatur nach der Formel

  $$s := k^{-1}\bigl(H(m) + \alpha r\bigr) \bmod \omega.$$

Bei EdDSA hängt der Hashwert nicht allein von m ab, sondern zusätzlich vom Public Key und dem zuvor berechneten Wert r (und damit auch vom Private Key). Durch diese Veränderung reicht ein Brechen der Kollisionsresistenz der Hashfunktion nicht mehr, um Signaturen zu fälschen. Diese Konstruktion ist dem Schnorr-Signaturverfahren „abgeschaut". Schließlich wird der Wert s ebenfalls ähnlich wie bei Schnorr-Signaturen als

$$s := k + \alpha H(r, A, m) \bmod \omega$$

berechnet. Die Prüfung einer Signatur erfolgt ebenfalls analog zu Schnorr-Signaturen.

15.4 Schlüssellängen und Effizienz elliptischer Kurven

Die kryptographischen Verfahren, bei denen elliptische Kurven eingesetzt werden, sind jene, deren Sicherheit auf dem DDH-Problem beruht. Es soll hier verglichen werden, ob die Punktmultiplikation für elliptische Kurven schneller möglich ist als das modulare Potenzieren für die bekannten Gruppen $\mathbb{Z}_p^*$.[12]

Als Beispiel wird eine Schlüssellänge gewählt, die der Sicherheit einer AES-Verschlüsselung mit 128-Bit-Schlüssel entspricht. Für die Gruppe $\mathbb{Z}_p^*$ bedeutet dies,

---

[12] Die Berechnungen in diesem Abschnitt sind nicht exakt, sondern sollen einen Eindruck vermitteln, warum elliptische Kurven einen Effizienzvorteil bringen.

dass eine Primzahl mit 3072 Bit Länge verwendet werden muss. Um den Aufwand im Rahmen zu halten, kann aber zumindest ein Basiselement g für die Domain-Parameter gewählt werden, dessen prime Ordnung ω nur 256 Bit lang ist.

Für elliptische Kurven ist derzeit der Baby-Step-Giant-Step-Algorithmus der beste bekannte Algorithmus, um diskrete Logarithmen zu berechnen. Daher reicht es hier, wenn die Ordnung der Gruppe 256 Bit lang ist. Nach dem Satz von Hasse bedeutet dies, dass eine elliptische Kurve modulo p mit einer 256-Bit-langen Primzahl p verwendet werden kann. Damit sind auch die Koordinaten der Punkte maximal 256 Bit lang.

Tab. 15.1 zeigt einen Vergleich von Schlüssellängen für verschiedene Verfahren bei vergleichbarer Sicherheit. In Klammern sind Beispiele für konkrete Verfahren angegeben.

Für das Berechnen einer Potenz in $\mathbb{Z}_p^*$ müssen, wenn der zufällig gewählte Exponent 256 Bit lang ist, im Mittel $1,5 \cdot 256 = 384$ modulare Multiplikationen mit 3072-Bit-langen Zahlen durchgeführt werden. Für das Berechnen eines Vielfachen eines Punkts sind im Mittel ebenfalls $1,5 \cdot 256 = 384$ Punktadditionen erforderlich. Es reicht also, den Aufwand für eine Punktaddition mit dem einer Multiplikation in $\mathbb{Z}_p^*$ zu vergleichen.

Jede Punktaddition besteht aus einer Reihe von Multiplikationen, Additionen, Subtraktionen und einer Division. Geht man davon aus, dass eine Division (mit dem erweiterten euklidischen Algorithmus) etwa 10- bis 12-mal so aufwendig wie eine Multiplikation ist, so entspricht eine Punktaddition in etwa 15 Multiplikationen von 256-Bit-langen Zahlen.[13] Bei den elliptischen Kurven sind die Zahlen allerdings um einen Faktor von $3072/256 = 12$ kürzer. Dies bedeutet, dass jede Multiplikation ca. um einen Faktor $12^2 = 144$ schneller ist.[14] Insgesamt ist eine Lösung mit elliptischen Kurven hier also um einen Faktor von ca. $144/15 \approx 10$ schneller.

Für noch größere Schlüssellängen verschiebt sich das Verhältnis weiter zugunsten elliptischer Kurven. Um 256-Bit-Sicherheit zu bekommen, sind 15.360-Bit-lange[15] Primzahlen für $\mathbb{Z}_p^*$ erforderlich, für elliptische Kurven aber nur 512-Bit-lange. Hier ergibt sich (mit denselben Überlegungen) bereits zumindest ein Faktor 60 zugunsten der elliptischen Kurven.

Tab. 15.1 Vergleich von Schlüssellängen

Aufwand	Blockchiffre	MAC	Hashfunktion	RSA/DH	EC
2^{128}	128 (AES-128)	128 (AES-128-CMAC)	256 (SHA-256)	3072	256
2^{192}	192 (AES-192)	192	384	7680	384
2^{256}	256 (AES-256)	256 (SHA-256-HMAC)	512 (SHA-512)	15360	512

---

[13] Dies bezieht sich auf Kurven, wie sie für ECDSA verwendet werden, wenn keine besonderen Optimierungen vorgenommen werden, also insbesondere die Additionsformeln, Gl. (15.1) und (15.2) verwendet werden. Optimierte Implementierungen und die EdDSA-Verfahren erreichen noch bessere Werte.

[14] Vergleiche Abschn. 18.8.

[15] Vergleiche Tab. 15.1.

15.4.1 Performancesteigerung

In diesem Abschnitt werden ein paar Möglichkeiten gestreift, die Performance weiter zu erhöhen. Details können weiterführender Literatur entnommen werden.

Punktkompression

Punkte auf elliptischen Kurven können für die Übertragung oder Speicherung komprimiert werden. Ist $P = (x, y)$ ein Punkt auf einer elliptischen Kurve $\mathcal{E}$ über $\mathbb{Z}_p$, dann auch $-P = (x, -y)$. Dies sind die einzigen Punkte auf $\mathcal{E}$ mit x-Koordinate x. Ist x bekannt, lässt sich $\pm y$ effizient bestimmen. Dazu kann bspw. der Algorithmus von Tonelli und Shanks benutzt werden [61]. Welche der beiden Lösungen $\pm y$ die richtige y-Koordinate ist, muss noch gespeichert werden. Ist $y < p/2$, dann ist $-y = p - y > p/2$, und umgekehrt. Es reicht also, die Information zu speichern, ob $y < p/2$; dafür reicht ein Bit.

Umgekehrt bedeutet dies auch, dass die y-Koordinate eines Punkts auf einer elliptischen Kurve fast ausschließlich redundante Information trägt. Sie wird daher z. B. nicht verwendet, um Schlüsselmaterial daraus zu gewinnen. Die x-Koordinate ist im Gegenteil sehr wenig redundant, denn nach dem Satz von Hasse ist durchschnittlich ca. jede 2. Zahl x-Koordinate eines Punkts der elliptischen Kurve.

Signed Double-and-add

Anders als bei der Gruppe $\mathbb{Z}_p^*$ ist bei elliptischen Kurven der Aufwand für die Berechnung eines inversen Elements vernachlässigbar klein, es muss ja nur das Vorzeichen der y-Koordinate des Punktes geändert werden. Damit lässt sich z. B. $62 \cdot P$ auch als $64 \cdot P - 2 \cdot P$ mit 6 Punktverdopplungen und 1 Punktaddition berechnet werden. Klassisches Double-and-add braucht 5 Punktverdopplungen und 4 Punktadditionen, um $62 \cdot P = 32 \cdot P + 16 \cdot P + 8 \cdot P + 4 \cdot P + 2 \cdot P$ zu berechnen.

Projektive Koordinaten

Den meisten Aufwand bei Punktadditionen machen die Divisionen. Eine Möglichkeit, diese Divisionen (weitestgehend) zu vermeiden, ist die Verwendung von *projektiven Koordinaten*. Dabei werden Punkte nicht in der Form (x, y) gespeichert, sondern in der Form $(X : Y : Z)$. Ein Punkt $(X : Y : Z)$ mit $Z \neq 0$ steht dann stellvertretend für den Punkt $(X/Z, Y/Z)$. Die Koordinaten werden also sozusagen als Brüche (mit dem gleichen Nenner Z) gespeichert. Umgekehrt ist die Darstellung eines Punkts (x, y) in projektiven Koordinaten $(X : Y : Z)$ nicht eindeutig, denn $(\lambda X : \lambda Y : \lambda Z)$ ist ebenfalls Repräsentant für (x, y) für jedes $\lambda \neq 0$. Der Punkt ∞ wird in projektiven Koordinaten als $(0 : Y : 0)$ mit beliebigem $Y \neq 0$, am einfachsten als $(0 : 1 : 0)$, dargestellt. Dies hat auch zur Folge, dass das neutrale Element keiner Sonderbehandlung bedarf; alle Punkte haben jetzt dieselbe Darstellung.

Das Umwandeln von normalen Koordinaten[16] in projektive ist einfach:

$$(x, y) \to (x : y : 1),$$
$$\infty \to (0 : 1 : 0).$$

Umgekehrt ist die Berechnung eines Kehrwerts erforderlich:

$$(X : Y : Z) \to (XZ^{-1}, YZ^{-1}),$$
$$(0 : Y : 0) \to \infty.$$

Mehr noch, in [55] werden Formeln angegeben, mit denen in projektiven Koordinaten Addition und Verdopplung von Punkten mit nur 12 Multiplikationen durchgeführt werden können und ohne aufwendige Divisionen auskommen. Darüber hinaus können die gleichen Formeln in beiden Fällen und auch in Verbindung mit ∞ verwendet werden; es handelt sich um sogenannte geschlossene Formeln. Diese bieten den Vorteil, dass von den Berechnungsschritten nicht darauf geschlossen werden kann, ob eine Addition oder eine Verdopplung durchgeführt wird, und auch nicht, ob ∞ in Berechnungen auftaucht.

Das Ergebnis liegt nun in projektiven Koordinaten vor, und somit kann sofort damit (z. B. im Rahmen einer Punktmultiplikation mittels Double-and-add) weitergerechnet werden. Das Endergebnis muss schließlich in affine Koordinaten umgerechnet werden (projektive Koordinaten sind nicht eindeutig und könnten so etwas über die durchgeführten Berechnungen verraten). Dazu ist abschließend die Berechnung eines Kehrwerts erforderlich. Man beachte aber, dass hier nur eine Kehrwertberechnung pro Punktmultiplikation erforderlich ist und nicht mehr für jede Punktaddition bzw. Punktverdopplung.

Montgomery-Curves
Montgomery-Curves haben wiederum eine etwas andere Kurvengleichung als Weierstraß-Kurven:

$$by^2 = x^3 + ax^2 + x \pmod{p}.$$

Formeln für die Addition von Punkten lassen sich analog zu vorher herleiten. Speziell für die Punktmultiplikation ergeben sich unter Verwendung von projektiven Koordinaten sehr effiziente Formeln. Insbesondere können in diesen Formeln die y-Koordinaten der Punkte ignoriert werden.

---

[16] Normale Koordinaten werden in der Literatur oft auch als affine Koordinaten bezeichnet.

15.4 Schlüssellängen und Effizienz elliptischer Kurven

Sind $(X_1 : \_ : Z_1)$ die projektiven Koordinaten[17] von P, $(X_n : \_ : Z_n)$ die projektiven Koordinaten des Punkts $n \cdot P$ und $(X_{n+1} : \_ : Z_{n+1})$ die projektiven Koordinaten des Punkts $(n + 1) \cdot P$, dann lassen sich die projektiven Koordinaten $(X_{2n} : \_ : Z_{2n})$ und $(X_{2n+1} : \_ : Z_{2n+1})$ der Punkte $(2n) \cdot P$ und $(2n + 1) \cdot P$ daraus wie folgt berechnen:

$$p_n := (X_n + Z_n)^2,$$
$$q_n := (X_n - Z_n)^2,$$
$$X_{2n} := p_n \cdot q_n,$$
$$Z_{2n} := (p_n - q_n)\left(q_n + \frac{a+2}{4}(p_n - q_n)\right),$$
$$X_{2n+1} := Z_1\big((X_{n+1} - Z_{n+1})(X_n + Z_n) + (X_{n+1} + Z_{n+1})(X_n - Z_n)\big)^2,$$
$$Z_{2n+1} := X_1\big((X_{n+1} - Z_{n+1})(X_n + Z_n) - (X_{n+1} + Z_{n+1})(X_n - Z_n)\big)^2.$$

Nutzt man zum Berechnen von Vielfachen eines Punkts die unter dem Namen *Montgomery-Ladder* bekannte Methode, so werden stets nur die beiden angegebenen Formeln benötigt.

Es seien im Folgenden $\alpha \in \mathbb{N}$ und G ein Punkt auf einer elliptischen Kurve. Dann lässt sich mit dem folgenden Algorithmus der Punkt $\alpha \cdot G$ berechnen.

Algorithmus 15.12 Montgomery-Ladder

Gegeben: $G, \alpha = (b_0, b_1, \ldots, b_m)_2$.
Gesucht: $A := \alpha \cdot G$.

$A \leftarrow \infty$
$B \leftarrow G$
for $i = 0, \ldots, m$
    if $b_i = 0$ then
        $B \leftarrow A + B$
        $A \leftarrow 2A$
    else
        $A \leftarrow A + B$
        $B \leftarrow 2B$
return A

---

[17] Die projektiven Y-Koordinaten werden in den Formeln überhaupt nicht benötigt. Wie bereits zuvor besprochen, sind die Y-Koordinaten auch für das Endergebnis nicht von Interesse. Sie werden daher hier einfach weggelassen.

Wesentlich für die Anwendung bei Montgomery-Curves ist, dass zu jedem Zeitpunkt in diesem Algorithmus sowohl A als auch B Vielfache des Punkts G sind. Genauer: Stets gibt es eine nicht negative ganze Zahl n, sodass $A = n \cdot G$ und $B = (n+1) \cdot G$.

Am Beginn ist dies klar ($n = 0$). Sind zu irgendeinem Zeitpunkt $A = n \cdot G$ und $B = (n+1) \cdot G$, dann betrachten wir die Änderungen in den beiden if-Zweigen.

Im ersten if-Zweig werden

- B zu $A + B = n \cdot G + (n+1) \cdot G = (2n+1) \cdot G$ und
- A zu $2 \cdot A = 2n \cdot G$.

Im zweiten if-Zweig werden

- A zu $A + B = n \cdot G + (n+1) \cdot G = (2n+1) \cdot G$ und
- B zu $2 \cdot B = 2(n+1) \cdot G = (2n+2) \cdot G$.

In beiden Fällen sind A und B wieder Vielfache von G und der Koeffizient von B ist um 1 größer als jener von A. Mehr Details dazu finden sich in [37].

Beliebt sind Montgomery-Curves auch deswegen, weil die Dauer der Punktmultiplikation $\alpha \cdot G$ mit der Montgomery-Ladder nur von der Bitlänge von α, aber nicht von den konkreten Bits von α abhängt. Wird ganz normal via Double-and-add multipliziert, entsteht so eine Abhängigkeit, denn in Abhängigkeit von den Bits von α werden Add-Schritte durchgeführt oder nicht. Außerdem führen die Unterschiede in den Formeln für Punktaddition und Punktverdopplung zu unterschiedlichen Berechnungsdauern. Solche Abhängigkeiten erlauben Timing-Attacks.[18]

Curve25519 ist eine Montgomery-Curve, für welche die Berechnungen besonders effizient implementiert werden können. Dafür werden als Parameter

$$p = 2^{255} - 19 \quad \text{(daher der Name)},$$
$$a = 486662 \quad \text{und}$$
$$b = 1$$

gewählt. Als Basispunkt für ECDHE dient der Punkt $G = (9 : \_ : 1)$ mit der primen Ordnung

$$\omega = 2^{252} + 27742317777372353535851937790883648493.$$

Die Primzahl $p = 2^{255} - 19$ bietet für das Rechnen einige Vorteile, z. B. ist $2^{256} \equiv 38 \pmod{p}$, womit sich die Reste modulo p für große Zahlen recht einfach (und damit

---

[18] Unterschiede in den Laufzeiten lassen Rückschlüsse auf den verwendeten Private Key α zu.

schnell) berechnen lassen. Details finden sich in [8]. Leider ist die Ordnung der Kurve nicht ω, sondern $8 \cdot \omega$. Es gibt auf dieser Kurve also auch Punkte der Ordnung 1, 2, 4 und 8, die in Bezug auf das DLP problematisch sind. In Protokollen ist es daher ggf. erforderlich, zu testen, ob solche Punkte auftauchen. Glücklicherweise ist der Aufwand für so einen Test nicht sehr hoch. Es muss dazu lediglich überprüft werden, ob das Achtfache eines Punkts nicht den Punkt (0 : _ : 0) ergibt (dafür sind höchstens 3 Punktverdopplungen erforderlich).

15.5 Übungen

Für das Rechnen auf elliptischen Kurven über $\mathbb{Z}_p^*$ bieten sich verschiedene *Python*-Module an, z. B. ecutils, PyECCArithmetic oder ECPy.

Übungsaufgaben

1. Gegeben ist die elliptische Kurve $\mathcal{E} : y^2 = x^3 - 4x + 4$ über $\mathbb{R}$.
   a. Sind $(-2, 2)$ und $(-1, 7)$ Punkte auf $\mathcal{E}$?
   b. Berechne – wenn möglich – die y-Koordinaten von $(8, y)$ und von $(-8, y)$.
2. Gegeben sind die elliptische Kurve $\mathcal{E} : y^2 = x^3 + 2x + 4$ über $\mathbb{R}$ und die Punkte P und Q auf $\mathcal{E}$. Berechne $P + Q$, und überprüfe, ob das Ergebnis wie erwartet ein Punkt auf der Kurve ist.
   a. $P = (-1, 1)$, $Q = (2, 4)$.
   b. $P = (-1, 1)$, $Q = (-1, 1)$.
   c. $P = (-1, 1)$, $Q = (-1, -1)$.
3. Gegeben sind die elliptische Kurve $\mathcal{E} : y^2 = x^3 - 8x + 8$ über $\mathbb{R}$ und die Punkte $P = (1, 1)$, $Q = (-2, -4)$ und $R = (34/9, -152/27)$ auf $\mathcal{E}$. Berechne
   a. $(P + Q) + R$,
   b. $P + (Q + R)$.
4. Gegeben ist die elliptische Kurve $\mathcal{E} : y^2 = x^3 + 10x + 7$ über $\mathbb{Z}_{13}$.
   a. Sind $(3, 5)$, $(8, 1)$ und $(4, 2)$ Punkte auf $\mathcal{E}$?
   b. Berechne $P + Q$, und überprüfe, ob das Ergebnis ein Punkt auf der Kurve ist.
      i. $P = (3, 5)$, $Q = (8, 1)$.
      ii. $P = (3, 5)$, $Q = (3, 5)$.
      iii. $P = (3, 5)$, $Q = (3, 8)$.
5. Gegeben ist die elliptische Kurve $\mathcal{E} : y^2 = x^3 + 3x + 6$ über $\mathbb{Z}_{11}$. Bestimme die Ordnung der Kurve, indem du alle Punkte der Kurve ermittelst.
6. Gegeben ist wieder die elliptische Kurve $\mathcal{E} : y^2 = x^3 + 3x + 6$ über $\mathbb{Z}_{11}$, von der du bereits die Ordnung kennst. Überlege, welche Punktordnungen auf dieser Kurve überhaupt möglich sind. Bestimme dann die Ordnung der folgenden Punkte.
   a. $(9, 5)$.
   b. $(4, 4)$.
   c. $(2, 3)$.

7. Gegeben ist die elliptische Kurve $\mathcal{E}: y^2 = x^3 + 28x + 42$ der primen Ordnung 103 über $\mathbb{Z}_{89}$. Berechne den diskreten Logarithmus von $(47, 28)$ zur Basis $(2, 27)$ auf $\mathcal{E}$ mit dem Baby-Step-Giant-Step-Algorithmus.
8. Realisiere folgenden ECDHE-Schlüsselaustausch. Alice und Bob einigen sich auf die elliptische Kurve $\mathcal{E}: y^2 = x^3 + 13x + 13$ über $\mathbb{Z}_{23}$ und den Punkt $G = (1, 2)$ mit Ordnung $\omega = 29$ auf $\mathcal{E}$.
    a. Alice wählt zufällig $\alpha = 8$ und Bob wählt zufällig $\beta = 18$. Berechne, welche Nachrichten die beiden einander schicken.
    b. Berechne den gemeinsamen Schlüssel, auf den die beiden sich so einigen.
9. Du wählst als ECDSA-Parameter die elliptische Kurve $\mathcal{E}: y^2 = x^3 + 5x + 200$ über $\mathbb{Z}_{601}$ und den Punkt $G = (3, 38)$ mit der Ordnung $\omega = 577$ auf $\mathcal{E}$. Als Private Key wählst du zufällig $\alpha = 281$.
    a. Berechne deinen Public Key.
    b. Berechne mit deinem Private Key eine Signatur für die Nachricht m mit dem Hashwert $h(m) = 333$ und $k = 3$.
    c. Prüfe mit deinem Public Key die Signatur.
10. Finde für deine Lieblingsprogrammiersprache eine Kryptobibliothek, die Diffie-Hellman mit elliptischen Kurven unterstützt.
    a. Welche Kurven stehen zur Auswahl? Welche davon sind Weierstraß-Kurven, welche sind Montgomery-Kurven, welche sind Edwards-Kurven?
    b. Implementiere damit einen Diffie-Hellman-Schlüsselaustausch. Es ist ausreichend, wenn dein Code beide Parteien simuliert, d. h., die Kommunikation zum Austausch der berechneten Werte muss nicht implementiert werden.
11. Finde für deine Lieblingsprogrammiersprache eine Kryptobibliothek, die Signaturen mit elliptischen Kurven unterstützt.
    a. Welche Kurven/Verfahren stehen zur Auswahl? Welche davon sind Weierstraß-Kurven, welche sind Montgomery-Kurven, welche sind Edwards-Kurven?
    b. Erstelle damit einen Signaturschlüssel und eine Signatur über eine selbstgewählte Nachricht. Verifiziere die Signatur.

Rückblick

Du hast in diesem Kapitel *elliptische Kurven* kennengelernt, die aktuell als Basis für *effiziente Public-Key-Verfahren* (ECDHE, ECDSA, Ed25519, Curve25519) verwendet werden. Du kannst für elliptische Kurven über den reellen Zahlen geometrisch erklären, wie *Punktoperationen (Addition, Verdopplung)* funktionieren. Du kennst praktische *Formeln* für die Punktoperationen. Du weißt, dass elliptische Kurven Gruppen ergeben, die für kryptographische Verfahren verwendet werden können, die auf dem DLP oder DHP basieren. Du kannst erklären, weshalb die auf elliptischen Kurven basierenden Verfahren *effizienter* sind. Du kennst weiterhin Methoden, um

(Fortsetzung)

15.5 Übungen

das Arbeiten mit elliptischen Kurven noch schneller zu machen. Insbesondere kannst du mit *projektiven Koordinaten* arbeiten, und du hast gelernt, wie *Punktmultiplikationen* mit *Montgomery-Curves* (bspw. *Curve25519*) noch effizienter durchgeführt werden können. Du kennst auf elliptischen Kurven basierende Verfahren wie *ECDHE, ECDSA und EdDSA*. Du kannst für alle in diesem Buch behandelten Verfahren einem vorgegebenen Sicherheitsniveau *geeignete Schlüssellängen* zuordnen. Darüber hinaus bist du in der Lage, die verschiedenen Verfahren in Hinblick auf Sicherheit, Schlüssellängen und Performance miteinander zu vergleichen und das am besten geeignete Verfahren für eine konkrete Anwendung auszuwählen.

Teil V

Post-Quantum-Kryptographie

16 Post-Quantum-KEM und Post-Quantum-Signaturen

Ziele

In diesem Kapitel lernst du,

- wie verschiedene Körper in der *Blockchiffre AES* und im *Galois-Counter-Mode (GCM)* zum Einsatz kommen,
- wie Vektoren und Matrizen von Restklassen von Polynomen im *Post-Quantum-Signaturverfahren* ML-DSA zur Anwendung kommen,
- wie mit Hashfunktionen *One-Time-Signaturverfahren* wie das Lamport-Verfahren oder Winternitz-Signaturen gebaut werden können,
- wie aus One-Time-Signaturverfahren *Signaturverfahren mit Zustand* wie das XMSS-Verfahren erzeugt werden können, die mehrere Signaturen ohne Schlüsselwechsel erlauben,
- wie weiter – unter Verwendung von Few-Time-Signaturverfahren – auch zustandslose Signaturverfahren auf Basis von Hashfunktionen wie das *Post-Quantum-Signaturverfahren* SLH-DSA entstehen.

In diesem Kapitel geht es aus mathematischer Sicht um die sogenannten Galois-Felder oder endlichen Körper. Ein wichtiger und bekannter Vertreter ist die Menge $\mathbb{Z}_p$ der Restklassen modulo einer Primzahl p. Es ist dies ein sogenannter Primkörper. Besonders von Interesse in der Kryptographie sind auch die endlichen Körper $GF(2^n)$ und andere Restklassen von Polynomen, die in Kap. 19 eingeführt werden. Bei der Blockchiffre AES garantieren sie einige wichtige Sicherheitseigenschaften. Auch im Galois-Counter-Mode (GCM) – daher der Name – werden diese Galois-Felder eingesetzt. Die Post-Quantum-Verfahren, die in Abschn. 16.3 behandelt werden, benutzen andere Restklassen von Polynomen, die keinen Körper, aber zumindest einen kommutativen Ring mit 1 bilden.

16.1 AES

Die Blockchiffre AES taucht in diesem Kapitel zurecht ein weiteres Mal auf. Tatsächlich sind keine Angriffe auf symmetrische Verschlüsselungsverfahren wie die Stromchiffre ChaCha20 oder die Blockchiffre AES bekannt, die deren Sicherheit stark gefährden. Den besten bekannten Angriffen kann durch Vergrößerung der Schlüssellänge begegnet werden. Die Stromchiffre ChaCha20 besitzt mit einer Schlüssellänge von 256 Bit ohnehin ausreichende Stärke. AES unterstützt Schlüssellängen von 128, 192 und 256 Bit und kann so auch als quantenresistent betrachtet werden. Selbiges gilt für Hashfunktionen (hier geht es um die Länge der Hashwerte) und MAC (sie beziehen ihre Sicherheit je nach Konstruktion aus der Sicherheit der verwendeten Hashfunktionen, Blockchiffren oder Universal Hash-Functions, deren Schlüssel- bzw. Outputlängen einfach vergrößert werden können).

Darüber hinaus setzen AES – wie auch der im Anschluss betrachtete Galois-Counter-Mode – in seinem Design stark auf Operationen im endlichen Körper, welche in diesem Kapitel an mehreren Stellen auftauchen. Im konkreten Fall des AES handelt es sich um den Körper

$$\mathrm{GF}(2^8) = \mathbb{Z}_2[x]/(x^8 + x^4 + x^3 + x + 1) = \mathbb{Z}_2(\alpha) \;,$$

wobei $\alpha^8 = \alpha^4 + \alpha^3 + \alpha + 1$ ist.

Blöcke von 128 Bit (16 Byte) werden dabei als (4×4)-Matrix (State-Array) interpretiert, deren Einträge die 16 Bytes sind. Ein Byte $b_7 b_6 \ldots b_0$ im AES-State-Array lässt sich auch als das Element $b_7 \alpha^7 + b_6 \alpha^6 + \ldots + b_0 \in \mathbb{Z}_2(\alpha)$ verstehen. In dieser Interpretation ist dann die Summe zweier Bytes (in $\mathrm{GF}(2^8)$) nichts anderes als das bitweise XOR der Bytes. Die Multiplikation lässt sich allerdings auf Bitebene nicht mehr so einfach erklären. Dies ist ein wichtiger Punkt, der die Analyse des Verfahrens (im Sinn des Brechens des Verfahrens) schwierig und AES gegen viele Arten von Angriffen resistent macht.

Abb. 16.1 zeigt die Struktur des Algorithmus mit seinen vier verschiedenen Operationen: XOR, SubBytes, ShiftRows und MixColumns. An zwei Stellen setzt AES dabei auf den endlichen Körper $\mathrm{GF}(2^8)$: einmal beim Mischen der Spalten (MixColumns) und einmal für die Erzeugung der S-Box (SubBytes). Das Rotieren der Zeilen (ShiftRows) erfolgt unabhängig von $\mathrm{GF}(2^8)$ nach einem fixen Schema.

16.1.1 MixColumns

Im MixColumns-Schritt wird das State-Array als eine (4×4)-Matrix S, deren Einträge als Elemente von $\mathrm{GF}(2^8)$ interpretiert werden, gemäß

16.1 AES 213

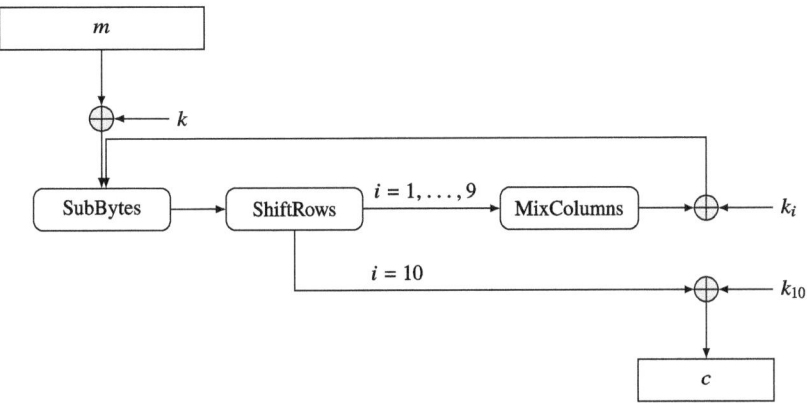

Abb. 16.1 AES-128 – Verarbeitung des Klartextblocks m mit dem Schlüssel k und den daraus abgeleiteten Rundenschlüsseln $k_1, k_2, \ldots, k_{10}$

$$S \leftarrow \begin{pmatrix} \alpha & \alpha+1 & 1 & 1 \\ 1 & \alpha & \alpha+1 & 1 \\ 1 & 1 & \alpha & \alpha+1 \\ \alpha+1 & 1 & 1 & \alpha \end{pmatrix} \cdot S$$

upgedatet.[1] Die Multiplikationen und Additionen sind hier wieder im Körper GF(2^8) gemeint. Durch diese Konstruktion als Matrixmultiplikation lässt sich mathematisch einfach beweisen, dass Änderungen in wenigen Einträgen des State-Array S durch den MixColumns-Schritt stets zu vielen Änderungen im State-Array führen. Diese Eigenschaft wird üblicherweise als Diffusion bezeichnet. Sie sorgt dafür, dass schwerer vom Chiffrat auf den Klartext geschlossen werden kann.

16.1.2 SubBytes

Die S-Box von AES ist in Abb. 16.2 zu sehen. Diese Tabelle wird im SubBytes-Schritt verwendet, um byteweise die Einträge im State-Array zu verändern.[2]

---

[1] Das Rechnen mit Vektoren und Matrizen wird in Kap. 21 behandelt.
[2] Der Vollständigkeit halber sei ergänzt, dass die S-Box auch bei der Berechnung der Rundenschlüssel verwendet wird.

Abb. 16.2 Die AES-S-Box. 0x7c wird zu 0x10

	0	1	2	3	4	5	6	7	8	9	a	b	c	d	e	f
0	63	7c	77	7b	f2	6b	6f	c5	30	01	67	2b	fe	d7	ab	76
1	ca	82	c9	7d	fa	59	47	f0	ad	d4	a2	af	9c	a4	72	c0
2	b7	fd	93	26	36	3f	f7	cc	34	a5	e5	f1	71	d8	31	15
3	04	c7	23	c3	18	96	05	9a	07	12	80	e2	eb	27	b2	75
4	09	83	2c	1a	1b	6e	5a	a0	52	3b	d6	b3	29	e3	2f	84
5	53	d1	00	ed	20	fc	b1	5b	6a	cb	be	39	4a	4c	58	cf
6	d0	ef	aa	fb	43	4d	33	85	45	f9	02	7f	50	3c	9f	a8
7	51	a3	40	8f	92	9d	38	f5	bc	b6	da	21	*10*	ff	f3	d2
8	cd	0c	13	ec	5f	97	44	17	c4	a7	7e	3d	64	5d	19	73
9	60	81	4f	dc	22	2a	90	88	46	ee	b8	14	de	5e	0b	db
a	e0	32	3a	0a	49	06	24	5c	c2	d3	ac	62	91	95	e4	79
b	e7	c8	37	6d	8d	d5	4e	a9	6c	56	f4	ea	65	7a	ae	08
c	ba	78	25	2e	1c	a6	b4	c6	e8	dd	74	1f	4b	bd	8b	8a
d	70	3e	b5	66	48	03	f6	0e	61	35	57	b9	86	c1	1d	9e
e	e1	f8	98	11	69	d9	8e	94	9b	1e	87	e9	ce	55	28	df
f	8c	a1	89	0d	bf	e6	42	68	41	99	2d	0f	b0	54	bb	16

Die Werte dieser S-Box sind nicht willkürlich gewählt. Aus einem Byte $b_7 b_6 \ldots b_0$ wird in zwei Schritten ein Byte $s_7 s_6 \ldots s_0$. Dabei wird zunächst das Byte $b_7 b_6 \ldots b_0$ als Element von $GF(2^8)$ interpretiert und dort sein Kehrwert berechnet,[3] also

$$(b_7 \alpha^7 + \ldots + b_0)^{-1} = y_7 \alpha^7 + \ldots + y_0 \text{ in } GF(2^8) \,.$$

Dann wird das Ergebnis als ein 8-dimensionaler Vektor über dem Körper $\mathbb{Z}_2$ interpretiert und dort der Transformation

$$\begin{pmatrix} s_0 \\ s_1 \\ s_2 \\ s_3 \\ s_4 \\ s_5 \\ s_6 \\ s_7 \end{pmatrix} := \begin{pmatrix} 1 & 0 & 0 & 0 & 1 & 1 & 1 & 1 \\ 1 & 1 & 0 & 0 & 0 & 1 & 1 & 1 \\ 1 & 1 & 1 & 0 & 0 & 0 & 1 & 1 \\ 1 & 1 & 1 & 1 & 0 & 0 & 0 & 1 \\ 1 & 1 & 1 & 1 & 1 & 0 & 0 & 0 \\ 0 & 1 & 1 & 1 & 1 & 1 & 0 & 0 \\ 0 & 0 & 1 & 1 & 1 & 1 & 1 & 0 \\ 0 & 0 & 0 & 1 & 1 & 1 & 1 & 1 \end{pmatrix} \cdot \begin{pmatrix} y_0 \\ y_1 \\ y_2 \\ y_3 \\ y_4 \\ y_5 \\ y_6 \\ y_7 \end{pmatrix} + \begin{pmatrix} 1 \\ 1 \\ 0 \\ 0 \\ 0 \\ 1 \\ 1 \\ 0 \end{pmatrix}$$

unterworfen. Das Ergebnis wird dann wieder als ein Byte $s_7 s_6 \ldots s_0$ gelesen.

Praktisch wird in aller Regel natürlich die Tabelle zum Nachschlagen verwendet, weil dies viel schneller geht.[4] Dennoch hat diese Konstruktion der S-Box ihr Gutes: Da man sie durch einfache Formeln beschreiben kann, lassen sich bestimmte Eigenschaften

---

[3] Für das Byte $00 \cdots 0$ gibt es keinen Kehrwert; es bleibt $00 \cdots 0$.
[4] Mehr noch: Zumeist wird die MixColumns-Operation gleich noch in die SubBytes-Operation integriert. Das führt zu größeren Tabellen, aber deutlich höherer Geschwindigkeit.

einfacher beweisen. So lässt sich beispielsweise nachweisen, dass diese S-Box optimal gegen differenzielle Kryptanalyse schützt.

Beispiel 16.1

Hier rechnen wir den Wert für das Byte `0x7c` in der S-Box kurz nach. Zunächst wird im Körper $\mathbb{Z}_2[x]/(x^8 + x^4 + x^3 + x + 1)$ gerechnet.

Python

```
> from galois import GF
> k = GF( 2**8, irreducible_poly="x^8+x^4+x^3+x+1" )
> b = k(0x7c)
> b**(-1)
GF(161, order=2^8)
> bin(161)
'0b10100001'
```

Das Ergebnis fassen wir nun als Vektor über $\mathbb{Z}_2$ auf und achten darauf, dass die Bits von rechts nach links gelesen werden müssen.

Python

```
> z2 = GF(2)
> y = z2( [1,0,0,0,0,1,0,1] )
> m = z2([[1,0,0,0,1,1,1,1],
          [1,1,0,0,0,1,1,1],
          [1,1,1,0,0,0,1,1],
          [1,1,1,1,0,0,0,1],
          [1,1,1,1,1,0,0,0],
          [0,1,1,1,1,1,0,0],
          [0,0,1,1,1,1,1,0],
          [0,0,0,1,1,1,1,1]])
> c = z2( [1,1,0,0,0,1,1,0] )
> s = m@y + c; s
GF([0, 0, 0, 0, 1, 0, 0, 0], order=2)
```

Das Ergebnis (wieder von rechts nach links gelesen) ist `0b00010000` bzw. `0x10`. ◄

16.2 Der Galois-Counter-Mode (GCM)

In Kap. 8 wurde bereits der Galois-Counter-Mode als ein *Mode-of-Operation* angeführt, der Authenticated Encryption und damit CCA-sichere Verschlüsselung erlaubt. Dieser Mode soll an dieser Stelle ein wenig genauer betrachtet werden.

Abb. 8.3 zeigt den grundsätzlichen Aufbau des GCM. Es lässt sich erkennen, dass es sich zunächst um einen einfachen Counter-Mode handelt. Zusätzlich wird aber über die verschlüsselten Daten ein Authentication-Tag berechnet, der von allen verschlüsselten Blöcken, dem Startwert für den Counter und (optional) zusätzlichen Daten (Authentication-Data) abhängt. Die Berechnung dieses Tag wird über Multiplikationen im Körper $GF(2^{128})$ – in Abb. 8.3 als „$\cdot H$" dargestellt – und Additionen in diesem Körper – in Abb. 8.3 als „$\oplus$" dargestellt – durchgeführt.

Im Körper $\mathbb{Z}_2(\alpha) = GF(2^{128})$ wird modulo $f := x^{128} + x^7 + x^2 + x + 1$ gerechnet. Es werden also nach der Regel $\alpha^{128} = \alpha^7 + \alpha^2 + \alpha + 1$ höhere Potenzen eliminiert. Die Bits eines Blocks werden wieder als Koeffizienten eines Polynoms verstanden. Die Operation „$\cdot H$" multipliziert in $GF(2^{128})$ mit $H := E_k(0)$, d. h. der Wert, der für H verwendet werden soll, ergibt sich als die Verschlüsselung eines Blocks aus lauter 0-Bits mit dem aktuellen Schlüssel. Die XOR-Verknüpfungen mit den Chiffratblöcken sind Additionen in $GF(2^{128})$. Es handelt sich hier also um eine Variante eines CW-MAC.[5] Für die Berechnung des Tag sind damit nur sehr schnelle Multiplikationen und XOR-Operationen erforderlich, was die Berechnung deutlich effizienter macht als die Berechnung eines HMAC oder CMAC. Details entnimmt man am besten dem Standard [42].

16.3 Post-Quantum-Public-Key-Verfahren

Die bisher behandelten Public-Key-Verfahren verlassen sich darauf, dass das Faktorisieren großer Zahlen bzw. das DLP schwierige Probleme sind. Für Quantencomputer gibt es jedoch bereits effiziente Algorithmen zum Lösen dieser Probleme. Im Unterschied zur Quantenkryptographie, wo Quanteneffekte benutzt werden, um beispielsweise die Vertraulichkeit bei der Übertragung von Daten sicherzustellen, sind *Post-Quantum-Verfahren* solche, die auf klassischen Computern ausgeführt werden. Insofern sind sie einfacher und wesentlich billiger zu implementieren als die auf teurer Hardware basierenden Quantenkryptographiesysteme. Derzeit werden als Vorbereitung auf mögliche zukünftige Angriffe mit Quantencomputern solche Post-Quantum-Verfahren entworfen, analysiert und vielversprechende Verfahren standardisiert, um sie auch als Alternativen in Produkte integrieren zu können. Ob sich in absehbarer Zeit Quantencomputer bauen lassen, die tatsächlich auch praktisch in der Lage sind, das Faktorisierungsproblem und

---

[5] Vergleiche Kap. 7.

das DLP zu lösen, ist derzeit nicht gut einschätzbar. Die Sicherheit der Verfahren, die in diesem Abschnitt beschrieben werden, beruht auf Problemen, für die weder Lösungen auf klassischen Computern noch Lösungen auf Quantencomputern bekannt sind. Wir betrachten hier zum einen *Gitterprobleme* und zum anderen die Kollisionsresistenz.

16.3.1 Das Closest-Vector-Problem und Module Learning with Errors

Für diesen und die folgenden beiden Abschnitte wird Basiswissen über das Rechnen mit Vektoren und Matrizen über kommutativen Ringen mit 1 vorausgesetzt. In Kap. 21 wird das benötigte Wissen zusammengefasst. Wie in den vorherigen Kapiteln wird empfohlen, die benötigten Grundlagen entweder sofort nachzulesen oder bei Bedarf nachzuschlagen.

Einleitend betrachten wir Vektoren und Matrizen über dem Ring $\mathbb{Z}$ der ganzen Zahlen. Es sei darauf hingewiesen, dass diese Art von Gittern in den in der Folge beschriebenen Verfahren nicht verwendet wird. Solche Gitter dienen hier dazu, ein Gefühl dafür zu bekommen, was Gitterprobleme sind.

▶ **Definition 16.2** Es sei $M \in \mathbb{Z}^{m \times n}$ eine Matrix, sodass für keinen Vektor $\lambda \in \mathbb{R}^n$ außer dem Nullvektor das Produkt $M \cdot \lambda$ den Nullvektor ergibt. Die Menge

$$\{M \cdot v \mid v \in \mathbb{Z}^n\}$$

heißt dann *Gitter* mit *Basis* M über dem Ring $\mathbb{Z}$.

Abb. 16.3 zeigt zur Veranschaulichung ein einfaches Gitter mit einer Matrix mit 2 Spalten. Liest man die Spalten der Matrix $M = \begin{pmatrix} | & | \\ b_1 & b_2 \\ | & | \end{pmatrix}$ als zwei Vektoren b_1 und b_2, so ergibt sich bspw. für $\alpha := \begin{pmatrix} 3 \\ 2 \end{pmatrix}$ der Vektor $M \cdot \alpha = 3b_1 + 2b_2$ im Gitter.

Wählt man zwei Vektoren α und ε mit kleiner Norm (also kurze Vektoren), so lässt sich einfach $A := M \cdot \alpha + \varepsilon$ berechnen. Dieser Punkt A liegt – wenn ε nicht im Gitter liegt – nicht im Gitter. Umgekehrt ist es sehr schwierig, kurze Vektoren α und ε zu finden, sodass $a = M \cdot \alpha + \varepsilon$, wenn M und a gegeben sind.

Beachte: Irgendwelche Vektoren α' und ε' zu finden, sodass $A = M \cdot \alpha' + \varepsilon'$ gilt, ist sehr einfach: Man wähle irgendeinen kurzen Vektor α' und berechne $\varepsilon' := A - M \cdot \alpha'$. Nur ist der Vektor ε' dann mit großer Wahrscheinlichkeit nicht kurz. Die Aufgabe, zwei kurze Vektoren α und ε zu finden, führt auf ein sogenanntes *Gitterproblem*. Diese Art von Problemen scheint selbst für Quantencomputer schwierig zu lösen zu sein. Darüber hinaus führt die Einschränkung, dass α und ε kurze Vektoren sind, (bei geeigneter Wahl der Parameter) dazu, dass das Gleichungssystem $A = M \cdot \alpha + \varepsilon$ eine eindeutige Lösung besitzt.

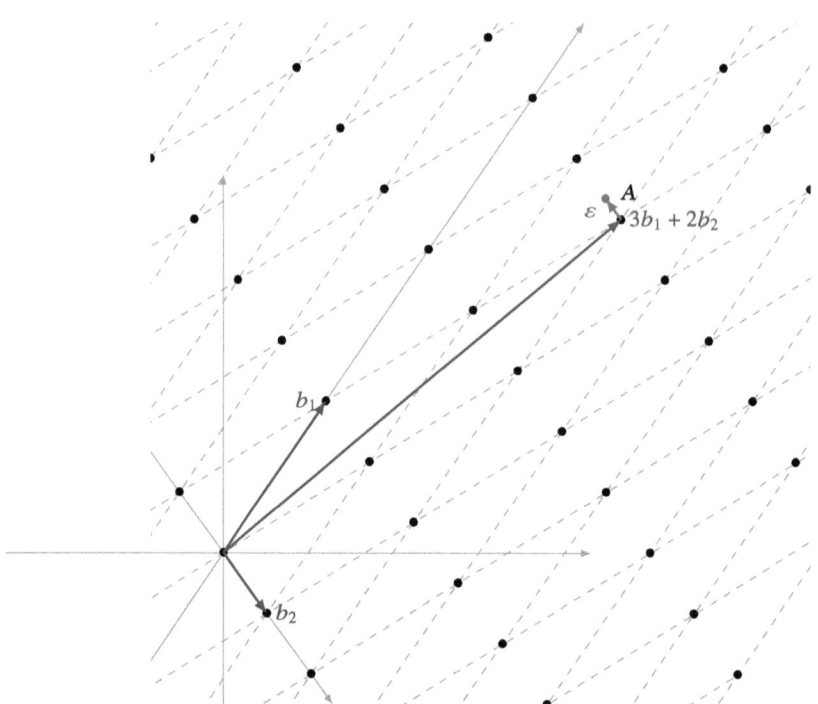

Abb. 16.3 Das von den Vektoren b_1 und b_2 erzeugte Gitter und ein Punkt A nah an einem Gitterpunkt

Ist ε ein kurzer Vektor, dann ist $M \cdot \alpha + \varepsilon$ ein Punkt, der knapp neben einem Gitterpunkt liegt. Das *Closest-Vector-Problem (CVP)* beschreibt die Schwierigkeit, den nächstgelegenen Gitterpunkt zu diesem Punkt (also den Vektor α) zu finden. Bei den in der Folge beschriebenen Verfahren werden nicht beliebige Gitter, sondern Gitter mit spezieller Struktur verwendet. Das dem CVP entsprechende Problem nennt sich *Learning-with-Errors-Problem (LWE)*[6] [54].

Auf andere Ringe übersetzt – beispielsweise die in den folgenden beiden Abschnitten vorgestellten – erhält man das zum LWE verwandte *Module-Learning-with-Errors-Problem (MLWE)*.[7]

In den folgenden Abschnitten werden für kurze Vektoren und für kleine Ringelemente griechische Buchstaben verwendet, damit diese einfacher zu erkennen und von längeren Vektoren und größeren Ringelementen zu unterscheiden sind.

---

[6] Eine recht zugängliche Einführung dazu findet sich bspw. auf https://mark-schultz-wu.github.io/nist-standard-out/ oder in [33].

[7] Eine recht zugängliche Einführung dazu findet sich bspw. auf https://mark-schultz-wu.github.io/nist-standard-out/.

16.3 Post-Quantum-Public-Key-Verfahren

Nun betrachten wir zwei der Verfahren, die 2024 vom NIST als erste in den Bereichen KEM und digitale Signaturen als Standards ausgewählt wurden. In beiden Verfahren wird mit Restklassen von Polynomen über $\mathbb{Z}_q$ ($q \in \mathbb{P}$) modulo dem Polynom $x^{256} + 1$, also in $\mathcal{R} := \mathbb{Z}_q[x]/(x^{256} + 1)$, gerechnet. Dieses Polynom ist nicht irreduzibel, Divisionen sind aber in diesem Fall auch gar nicht erforderlich. Wir haben es bei $\mathcal{R}$ „nur" mit einem kommutativen Ring mit 1 (so wie zuvor $\mathbb{Z}$) zu tun.

Aus diesen Restklassen werden Vektoren ($\mathcal{R}^n$) und Matrizen ($\mathcal{R}^{m \times n}$) gebildet. Als Besonderheit werden Restklassen modulo q nicht als ganze Zahlen zwischen 0 und $q-1$ angeschrieben, sondern als ganze Zahlen zwischen $-q/2$ und $q/2$. Ist $p := a_0 + a_1 x + \cdots + a_{255}x^{255}$ ein Element von $\mathcal{R}$, dann wird dessen *Norm* definiert als der Betrag des Koeffizienten a_i mit dem größten Betrag. Bildet man einen Vektor solcher Polynome, so wird dessen Norm als die größte auftauchende Norm in den Koordinaten des Vektors definiert.[8]

Die in den nächsten Abschnitten betrachteten Verfahren ML-KEM und ML-DSA beziehen ihre Sicherheit – wie alle Public-Key-Verfahren – aus der Schwierigkeit eines mathematischen Problems. In diesem Fall ist es das MLWE-Problem.

16.3.2 Key-Encapsulation: ML-KEM

ML-KEM[9], beschrieben in FIPS 203 [48], ist ein KEM für den sicheren Transport symmetrischer (256-Bit-langer) Schlüssel. Im Folgenden wird die Variante ML-KEM-768 für mittlere Sicherheit (192-Bit-Sicherheit)[10] grob beschrieben, um die dahinter stehende Idee zu vermitteln. Details lassen sich in FIPS 203 nachlesen.

Algorithmus 16.3 (ML-KEM) In diesem Verfahren sind

$$q := 3329 \text{ und } \mathcal{R} := \mathbb{Z}_q[x]/(x^{256} + 1).$$

Schlüsselerzeugung: Alice wählt eine zufällige Matrix $M \in \mathcal{R}^{3 \times 3}$. Weiterhin wählt sie zwei Vektoren $\alpha \in \mathcal{R}^3$ und $\varepsilon \in \mathcal{R}^3$ zufällig, deren Norm höchstens 2 ist, d. h., alle auftretenden Koeffizienten der Polynome sind zwischen -2 und 2. Schließlich berechnet sie

---

[8] Wir können uns die Norm eines Vektors als seine Länge vorstellen.
[9] Der ursprüngliche Name des Verfahrens ist „CRYSTALS-Kyber". Der Name ML-KEM soll klarer auf den Verwendungszweck und das dahinterstehende mathematische Problem hinweisen.
[10] ML-KEM basiert auf dem relativ neuen MLWE-Problem, das noch nicht so lange analysiert wurde wie z. B. die Kollisionsresistenz von Hashfunktionen. Daher wird empfohlen, gleich ein höheres Sicherheitsniveau als unbedingt erforderlich zu wählen, falls in näherer Zukunft doch noch bessere Angriffe gefunden werden.

$$a := M \cdot \alpha + \varepsilon \,.$$

Der Public Key ist dann (M, a). Der dazugehörige Private Key ist α.

Verschlüsseln: Um einen 256-Bit-langen Schlüssel zu verschlüsseln, wird dieser zunächst als jenes Polynom $\kappa \in \mathcal{R}$ dargestellt, dessen Koeffizienten die Schlüsselbits sind. Daraus erhält man $k := \lfloor q/2 \rfloor \cdot \kappa$. (Die Multiplikation von κ mit $\lfloor q/2 \rfloor$ führt dazu, dass die Koeffizienten des Polynoms k entweder den [betragsmäßig] kleinsten Wert 0 oder größten Wert $\lfloor q/2 \rfloor = 1664$ haben. Das hat zur Folge, dass kleine Fehler korrigiert werden können.)

Bob wählt Vektoren $\beta, \zeta \in \mathcal{R}^3$ sowie $\gamma \in \mathcal{R}$ zufällig, deren Norm höchstens 2 ist. Er berechnet nun

$$u := M^\mathsf{T} \cdot \zeta + \beta \,,$$
$$v := a^\mathsf{T} \cdot \zeta + k + \gamma \,.$$

Es ergibt sich als Chiffrat das Paar (u, v).

Entschlüsseln: Alice berechnet

$$k' := v - \alpha^\mathsf{T} \cdot u \,.$$

Beim Entschlüsseln ergeben sich wieder die ursprünglichen Schlüsselbits, denn

$$\begin{aligned}
k' &= v - \alpha^\mathsf{T} \cdot u \\
&= a^\mathsf{T} \cdot \zeta + k + \gamma - \alpha^\mathsf{T} \cdot (M^\mathsf{T} \cdot \zeta + \beta) && \text{(Einsetzen von } u \text{ und } v\text{)} \\
&= a^\mathsf{T} \cdot \zeta + k + \gamma - \alpha^\mathsf{T} \cdot M^\mathsf{T} \cdot \zeta - \alpha^\mathsf{T} \cdot \beta && \text{(Ausmultiplizieren)} \\
&= a^\mathsf{T} \cdot \zeta + k + \gamma - (M \cdot \alpha)^\mathsf{T} \cdot \zeta - \alpha^\mathsf{T} \cdot \beta && (\alpha^\mathsf{T} M^\mathsf{T} = (M\alpha)^\mathsf{T}) \\
&= a^\mathsf{T} \cdot \zeta + k + \gamma - (a - \varepsilon)^\mathsf{T} \cdot \zeta - \alpha^\mathsf{T} \cdot \beta && (a = M\alpha + \varepsilon) \\
&= \cancel{a^\mathsf{T} \cdot \zeta} + k + \gamma - \cancel{a^\mathsf{T} \cdot \zeta} + \varepsilon^\mathsf{T} \cdot \zeta - \alpha^\mathsf{T} \cdot \beta && \text{(Ausmultiplizieren)} \\
&= \lfloor q/2 \rfloor \cdot \kappa + \underbrace{\gamma + \varepsilon^\mathsf{T} \cdot \zeta - \alpha^\mathsf{T} \cdot \beta}_{\text{nur kleine Koeffizienten}} \,.
\end{aligned}$$

In den Ausdrücken γ, $\varepsilon^\mathsf{T} \cdot \zeta$ und $\alpha^\mathsf{T} \cdot \beta$ kommen nur kleine Koeffizienten vor. Werden diese Werte zum Polynom $\lfloor q/2 \rfloor \cdot \kappa$ addiert oder von diesem subtrahiert, können diese kleinen „Fehler" sehr einfach korrigiert werden, um die Schlüsselbits zu erhalten, denn die Koeffizienten von k' liegen dann entweder nahe bei 0 oder nahe bei $\lfloor q/2 \rfloor$.

16.3 Post-Quantum-Public-Key-Verfahren

Für das Ver- und Entschlüsseln sind bei ML-KEM nur wenige Skalarprodukte von Vektoren mit wenigen Koordinaten erforderlich. ML-KEM ist bei gleicher Sicherheit bedeutend schneller als RSA. In Bezug auf die Schlüssellänge ist ML-KEM jedoch RSA deutlich unterlegen. Für 192-Bit-Sicherheit (ML-KEM-768) ergeben sich laut [48] in der optimierten Form für die Schlüsselpaare eine Bitlänge von 9472 Bit für Public Keys und 19.200 Bit für Private Keys.

16.3.3 Digitale Signaturen: ML-DSA

Das ML-DSA-Verfahren[11], beschrieben in FIPS 204 [47], verwendet die grundsätzliche Idee der Schnorr-Signaturen (vgl. Algorithmus 14.8). In dieser Beschreibung werden die für mittlere Sicherheit (192-Bit-Sicherheit) empfohlenen Parameter verwendet.[12] Einige technische Details, insbesondere wenn deren Zweck die Performanceoptimierung ist, werden in dieser Beschreibung ausgelassen, um die zugrunde liegende Idee klarer darzustellen.

Algorithmus 16.4 (ML-DSA) In diesem Verfahren ist

$$q := 8380417 \text{ und } \mathcal{R} := \mathbb{Z}_q[x]/(x^{256} + 1) \, .$$

Schlüsselerzeugung: Alice wählt eine zufällige Matrix $M \in \mathcal{R}^{6 \times 5}$. Weiterhin wählt sie zwei Vektoren $\alpha \in \mathcal{R}^5$ und $\varepsilon \in \mathcal{R}^6$ zufällig, deren Norm höchstens 4 ist, d. h., alle auftretenden Koeffizienten der Polynome sind zwischen -4 und 4. Schließlich berechnet sie

$$a := M \cdot \alpha + \varepsilon \, .$$

Der Public Key ist dann (M, a). Der dazugehörige Private Key ist α.

Signieren: Alice möchte eine Nachricht m signieren (typischerweise ist das der Hashwert einer Nachricht). Sie wählt einen Vektor $k \in \mathcal{R}^5$ zufällig, dessen Norm höchstens 2^{19} ist. Alice berechnet nun $r := \text{high}(M \cdot k)$, die höchstwertigen Bits aller Koeffizienten aller Koordinaten des Vektors $M \cdot k$ (direkt als Bitfolge interpretiert). Nun werden r und

---

[11] Der ursprüngliche Name des Verfahrens ist „CRYSTALS-Dilithium". Der Name ML-DSA soll klarer auf den Verwendungszweck und das dahinterstehende mathematische Problem hinweisen.

[12] ML-DSA basiert auf dem relativ neuen MLWE-Problem, das noch nicht so lange analysiert wurde wie z. B. die Kollisionsresistenz von Hashfunktionen. Daher wird empfohlen, gleich ein höheres Sicherheitsniveau als unbedingt erforderlich zu wählen, falls in näherer Zukunft doch noch bessere Angriffe gefunden werden.

m zusammen gehasht; das Ergebnis wird codiert als ein Polynom $\zeta \in \mathcal{R}$, das genau 49 Koeffizienten hat, die den Wert 1 oder -1 haben und dessen restliche Koeffizienten 0 sind.[13] Schließlich wird $s := k + \zeta \cdot \alpha$ berechnet.

Kompakter also:

$$r := \text{high}(M \cdot k),$$
$$\zeta := H(r, m),$$
$$s := k + \zeta \cdot \alpha.$$

Die Signatur ist (ζ, s).

Verifizieren: Bob prüft, dass die Norm von s nicht zu groß ist und berechnet dann $r := \text{high}(M \cdot s - \zeta \cdot A)$. Damit wird $H(r, m)$ berechnet und abschließend mit ζ verglichen.

Tatsächlich erhält man beim Verifizieren dasselbe r wie beim Signieren, denn

$$M \cdot s - \zeta \cdot a = M \cdot (k + \zeta \cdot \alpha) - \zeta \cdot (M \cdot \alpha + \varepsilon)$$
$$= M \cdot k + \cancel{\zeta \cdot M \cdot \alpha} - \cancel{\zeta \cdot M \cdot \alpha} - \zeta \cdot \varepsilon$$
$$= M \cdot k - \zeta \cdot \varepsilon.$$

Da sowohl in ζ als auch in ε nur kleine Koeffizienten vorkommen, beeinflussen diese die höchstwertigen Bits nicht. Daher ist

$$r = \text{high}(M \cdot s - \zeta \cdot a) = \text{high}(M \cdot k - \zeta \cdot \varepsilon) = \text{high}(M \cdot k).$$

Für das Signieren und Verifizieren von Signaturen sind bei ML-DSA nur wenige Skalarprodukte von Vektoren mit wenigen Koordinaten erforderlich. ML-DSA ist bei gleicher Sicherheit schneller als RSA und ECDSA. In Bezug auf die Schlüssellänge ist ML-DSA diesen Verfahren jedoch unterlegen. Für 192-Bit-Sicherheit (ML-DSA-65) ergeben sich laut [47] in der optimierten Form für die Schlüsselpaare eine Bitlänge von 15.616 Bit für Public Keys und 32.256 Bit für Private Keys. Signaturen sind 26.472 Bit lang und damit wesentlich länger als bei den klassischen Verfahren RSA und ECDSA.

---

[13] Es wird hier nicht darauf eingegangen, wie dies genau geschieht.

16.4 Hashbasierte Signaturverfahren

16.4.1 Lamport-Signaturen

Lamport stellte im Jahr 1979 ein Signaturverfahren vor, für das nur eine (kollisionsresistente) Hashfunktion benötigt wird. Bei diesem Verfahren kann mit einem Private Key nur einmal eine Signatur erstellt werden; es handelt sich um ein sogenanntes *One-Time-Signaturverfahren*. Weiterhin lässt sich mit diesem Verfahren zunächst nur 1 Bit signieren.

Algorithmus 16.5 (Lamport-Signatur)

Schlüsselerzeugung: Wähle eine Hashfunktion H mit 256-Bit-Outputlänge. Der Private Key Pr besteht aus zwei zufällig gewählten Bitfolgen s_0, s_1 der Länge 256 Bit. Der dazugehörige Public Key besteht aus den Hashwerten $p_0 := H(s_0)$ und $p_1 := H(s_1)$. Private Keys und Public Keys sind also je 512 Bit lang.

Signieren: Mit diesem Verfahren kann nur ein einzelnes Bit b signiert werden. Für $b = 0$ ist die Signatur s_0, für $b = 1$ ist die Signatur s_1, oder kürzer:

$$\text{Sign}_{Pr}(b) := s_b \, .$$

Verifizieren: Um zu prüfen, ob die Signatur gültig ist, braucht nur ihr Hashwert berechnet zu werden. Für das Bit $b = 0$ sollte sich p_0, für das Bit $b = 1$ sollte sich p_1 ergeben.

Für längere Nachrichten geht man genauso vor; es wird Bit für Bit signiert; für jedes Bit ist jedoch ein weiteres Schlüsselpaar erforderlich. Um bspw. 256-Bit-lange Hashwerte zu signieren, werden 256-mal 2×256 Bits benötigt (vgl. Abb. 16.4). Private Keys und Public Keys werden in diesem Fall 16 KiB groß. Die Signatur zu einer 256-Bit-langen Nachricht $b_0, \ldots, b_{255}$ ist dann

$$\text{Sign}_{Pr}(b_0, \ldots, b_{255}) := s_{b_0}^{(0)}, s_{b_1}^{(1)}, \ldots, s_{b_{255}}^{(255)} \, .$$

Signaturen sind also 8 KiB groß.

Das Verfahren ist sehr schnell: Signieren erzeugt überhaupt keinen Rechenaufwand, zum Verifizieren sind 256 Hashberechnungen erforderlich. Die Einschränkung, dass ein Schlüssel nur 1-mal verwendet werden kann, ist aber für viele Anwendungen ein Ausschlussgrund.

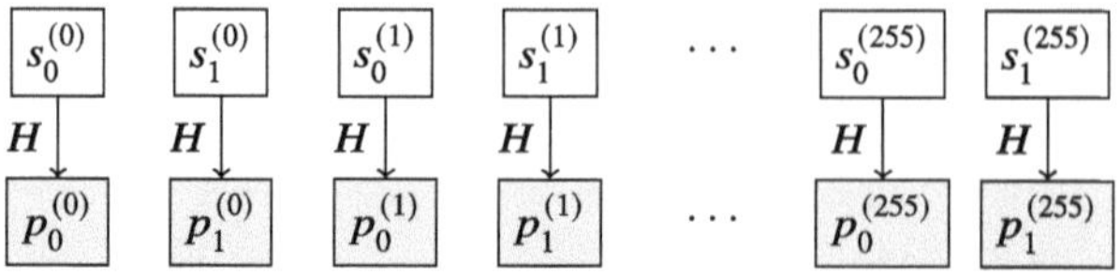

Abb. 16.4 Berechnung des Public Key $((p_0^{(0)}, p_1^{(0)}), \ldots, (p_0^{(255)}, p_1^{(255)}))$ aus dem Private Key $((s_0^{(0)}, s_1^{(0)}), \ldots, (s_0^{(255)}, s_1^{(255)}))$ im Lamport-Verfahren

16.4.2 Winternitz-One-Time-Signatures (WOTS)

Von Winternitz stammt eine Idee, wie Schlüssel und Signaturen im Lamport-Verfahren verkleinert werden können.

Um auszudrücken, dass ein Wert s k-mal hintereinander mit der Hashfunktion H gehasht wird, schreiben wir

$$H^k(s) := \underbrace{H(H(\ldots H(s)))}_{k\text{-mal}} \,.$$

Algorithmus 16.6 (WOTS)

Schlüsselerzeugung: In diesem Verfahren werden 67 Werte $s_0, \ldots, s_{66}$ mit je 256 Bit Länge als Private Key benötigt. Private Keys sind damit nur etwas über 2 KiB lang. Wiederum werden Public Keys durch Hashen aus Private Keys gewonnen, allerdings werden die Private Keys hier 15-mal hintereinander gehasht. Es ist also $p_i := H^{15}(s_i)$ für $i = 0, \ldots, 66$ (vgl. Abb. 16.5). Public Keys sind damit ebenfalls etwas über 2 KiB lang.

Signieren: Zum Signieren einer 256-Bit-langen Nachricht m wird diese in 64 Stücke $m_0, \ldots, m_{63}$ mit je 4 Bit Länge zerlegt. Jeder dieser Werte wird als eine Zahl zwischen 0 und 15 interpretiert. Dann wird der Wert $c := 64 \cdot 15 - (m_0 + m_1 + \cdots + m_{63})$ berechnet. Diese Zahl liegt zwischen 0 und $64 \cdot 15$ und kann binär mit 12 Bits dargestellt werden. Diese 12 Bits werden wieder in drei 4-Bit-Stücke c_0, c_1, c_2 zerlegt, die auch wieder als Zahlen zwischen 0 und 15 interpretiert werden. Insgesamt erhält man so 67 Werte zwischen 0 und 15.

Die Signatur ist nun (vgl. Abb. 16.6)

$$\text{Sign}_{Pr}(m) := (H^{m_0}(s_0), H^{m_1}(s_1), \ldots, H^{m_{63}}(s_{63}),$$
$$H^{c_0}(s_{64}), H^{c_1}(s_{65}), H^{c_2}(s_{66}))$$
$$= (\sigma_0, \sigma_1, \ldots, \sigma_{66}) \,.$$

Signaturen sind somit etwas über 2 KiB lang.

16.4 Hashbasierte Signaturverfahren

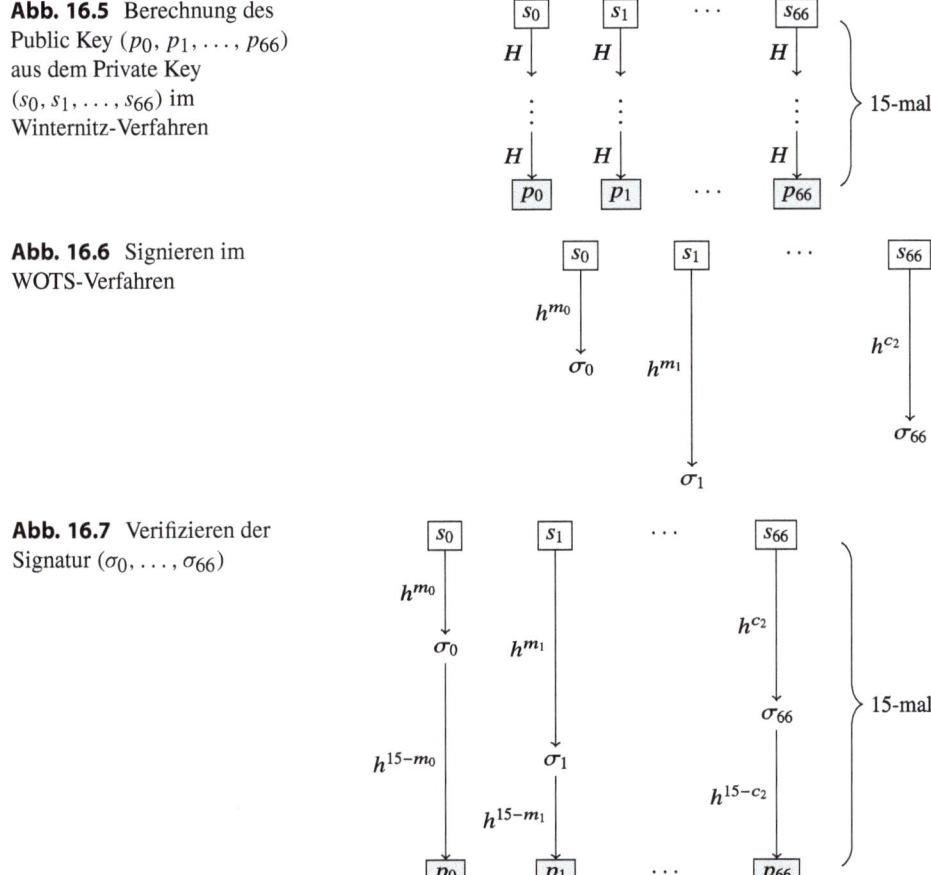

Abb. 16.5 Berechnung des Public Key $(p_0, p_1, \ldots, p_{66})$ aus dem Private Key $(s_0, s_1, \ldots, s_{66})$ im Winternitz-Verfahren

Abb. 16.6 Signieren im WOTS-Verfahren

Abb. 16.7 Verifizieren der Signatur $(\sigma_0, \ldots, \sigma_{66})$

Verifizieren: Zur Verifikation einer Signatur werden $m_0, \ldots, m_{63}$ und c_0, c_1, c_2 wie beim Signieren berechnet. Der erste Wert s_0 wurde beim Signieren m_0-mal gehasht und ergab den Wert σ_0 in der Signatur. Dieses σ_0 wird nun noch weitere $(15 - m_0)$-mal gehasht. Das Ergebnis wird mit p_0 verglichen (vgl. Abb. 16.7). Für die übrigen Blöcke wird analog verfahren.

Die zusätzlichen Bits c_0, c_1, c_2 dienen hier als Prüfbits. Sieht man nämlich eine Signatur z. B. für eine Nachricht mit einem Block m_0, musste für diese Signatur s_0 genau m_0-mal gehasht werden. Es ist dann ganz einfach, eine Signatur für eine Nachricht zu erstellen, wo m_0 um 1 größer ist. Dazu muss man den m_0-mal gehashten Wert aus der Signatur nur noch 1-mal hashen. Der Wert c hilft gegen diesen Angriff. Wird nämlich einer der Werte m_i größer, dann auch deren Summe, und damit wird c kleiner. Daher wird einer der Werte c_0, c_1, c_2 kleiner. Dort kann der passende Hashwert nicht mehr einfach berechnet werden, weil H eine Einwegfunktion ist.

16.5 Stateful Signatures

Merkle-Trees[14] können eingesetzt werden, um aus One-Time-Signaturverfahren gewöhnliche Signaturverfahren zu machen, indem eine große Anzahl an Schlüsselpaaren für One-Time-Signaturen vorbereitet und mit einer Merkle-Root gesichert wird.

16.5.1 Merkle-Signatures

Im Merkle-Signaturverfahren wird das Lamport-Verfahren mit einem Merkle-Tree mit beispielsweise $N = 2^{32}$ Blättern kombiniert.

▶ **Schlüsselerzeugung:** Es werden 2^{32} Lamport-Schlüsselpaare erzeugt. Die Lamport-Private-Keys werden als Signaturschlüssel verwendet. Die Lamport-Public-Keys sind die Datensätze für den Merkle-Tree. Die Merkle-Root ist der Public Key, der zum Verifizieren von Signaturen verwendet wird.

Anstatt die Private Keys zufällig zu erzeugen, werden sie mit einem PRNG aus einem zufällig gewählten Seed generiert. So können sie nach der Erzeugung der Merkle-Root wieder gelöscht und für das Signieren aus dem Seed mit dem PRNG neu berechnet werden.

▶ **Signieren** Für das Signieren muss sichergestellt werden, dass keiner der Lamport-Private-Keys ein zweites Mal verwendet wird. Eine Möglichkeit ist, die Private Keys der Reihe nach zu verwenden. Dann braucht bloß ein Zähler als *State* gespeichert zu werden.

Das Signieren läuft wie beim Lamport-Verfahren ab. Zusätzlich wird der für die Verifikation zu verwendende Lamport-Public-Key an die Signatur angehängt, denn für die Verifikation liegt nur die Merkle-Root vor. Schließlich wird für diesen Datensatz auch noch der Authentication-Path an die Signatur angehängt.

▶ **Verifizieren** Für die Verifikation wird zunächst die Lamport-Signatur mit dem mitgesendeten Lamport-Public-Key geprüft. Dann wird mit diesem Public Key und dem Authentication-Path gegen die Merkle-Root geprüft, die den Signatur-Public-Key bildet.

---

[14] Siehe Kap. 6.

16.5.2 Weitere Verbesserungen

Das Merkle-Signaturverfahren wurde mehrfach erweitert und verbessert. Ein paar dieser Verbesserungen und Erweiterungen werden in diesem Abschnitt vorgestellt.

XMSS

Im XMSS-Verfahren (eXtended Merkle Signature Scheme [13], beschrieben in RFC 8391 [24]) konnte die Länge von Signaturen weiter verkleinert werden. Als One-Time-Signaturverfahren wird eine verbesserte Version des Winternitz-Verfahrens, das sogenannte WOTS+-Verfahren als One-Time-Signaturverfahren eingesetzt; das Verfahren wird so modifiziert, dass für den Nachweis der EU-CMA-Eigenschaft anstatt der Kollisionsresistenz der Hashfunktion nur deren schwache Kollisionsresistenz benötigt wird.

XMSS^{MT}

Die Multi-Tree-Idee von Goldreich erlaubt es, mit kleineren Merkle-Trees zu arbeiten. Anstatt bspw. einen Baum der Tiefe 32 zu verwenden, für dessen Erstellung sofort alle 2^{32} Blätter verwendet und insgesamt $2^{33} - 1$ Hashwerte berechnet werden müssten, werden Bäume der Tiefe 16 verwendet. Die Idee von Goldreich ist, zunächst einen Merkle-Tree der Tiefe 16 für 2^{16} One-Time-Schlüsselpaare für Rootsignaturen zu erstellen. Dann werden die ersten 2^{16} eigentlichen One-Time-Schlüsselpaare erstellt und für die 2^{16} Public Keys wie im Merkle-Verfahren die Merkle-Root berechnet. Diese Merkle-Root wird mit dem 1. Schlüssel aus dem 1. Baum signiert. So werden von diesen vielen Bäumen zu jedem Zeitpunkt nur zwei benötigt, was die Aufwände stark reduziert.

Beim Signieren wird wie im Merkle-Verfahren vorgegangen. Als Signatur werden die One-Time-Signatur der zu signierenden Daten, der Authentication-Path und die Merkle-Root des verwendeten (unteren) Trees sowie die One-Time-Signatur über dessen (untere) Merkle-Root und der Authentication-Path für den (oberen) Merkle-Tree verwendet.

Zur Prüfung solcher Signaturen wird zunächst überprüft, ob die Merkle-Root korrekt ist. Dann kann mit dieser Merkle-Root die Signatur über die Daten (wie im Merkle-Verfahren) überprüft werden.

Der große Vorteil liegt darin, dass anstatt mit einem großen Merkle-Tree mit zwei wesentlich kleineren Merkle-Trees gearbeitet werden kann. Die kleineren Bäume haben nur mehr $2^{16} = 65.536$ Blätter, was alle Berechnungen wesentlich schneller macht.

Sobald 2^{16} Signaturen erstellt worden sind, ist der 1. (untere) Baum aufgebraucht. Nun wird der 2. Schlüssel aus dem oberen Baum verwendet, um die Merkle-Root eines 2. (unteren) Baums zu signieren.

Insgesamt stehen $2^{16} \cdot 2^{16}$, also wieder 2^{32}, Signaturschlüsselpaare zur Verfügung.

Diese Idee kann auch mit mehr als 2 Ebenen von Bäumen umgesetzt werden. Das XMSS^{MT} (eXtended Merkle Signature Scheme with Multiple Trees, beschrieben in

RFC 8391) verwendet beispielsweise 4 Ebenen jeweils mit Bäumen der Tiefe 20. Damit werden 2^{80} Signaturen möglich, also eine praktisch unbegrenzte Menge an Signaturen. Dennoch muss stets nur mit 4 Bäumen mit jeweils 2^{20} Blättern gearbeitet werden.

16.6 Stateless Signatures

Es ist nicht unbedingt vorteilhaft, den Zustand eines Signaturschlüssels immer (sicher) aufbewahren zu müssen. Auch ist ein Drop-in-Replacement von herkömmlichen (nicht quantensicheren) Signaturverfahren in bestehenden Anwendungen und Protokollen somit nicht einfach möglich. Praktischer (und weniger anfällig für Implementierungsfehler) sind zustandslose Signaturverfahren.

16.6.1 HORS und HORST

HORS (Hash to Obtain a Random Subset) [58] ist ein Few-Time-Signaturverfahren. Derselbe Private Key kann mehr als 1-mal, aber nicht beliebig oft verwendet werden.

Private Keys sind in diesem Fall beispielsweise 2^{16} Werte $s_0, \ldots, s_{65535}$ mit jeweils 256 Bit Länge, also 2 MiB groß. Public Keys $p_0, \ldots, p_{65535}$ ergeben sich (wie im Lamport-Verfahren) durch 1-maliges Hashen dieser 256-Bit-Werte; auch sie sind 2 MiB groß.

Um einen 256-Bit-langen (Hash-)Wert m zu signieren, wird er in 16 Blöcke $m_0, \ldots, m_{15}$ mit jeweils 16 Bit Länge zerlegt. Diese werden als Zahlen zwischen 0 und 65.535 interpretiert.

Die Signatur von m ist dann

$$\text{Sign}_{Pr}(m) := (s_{m_0}, \ldots, s_{m_{15}}) .$$

Signaturen sind somit 512 B groß.

Auch dieses Signaturverfahren wird verwendet, um damit Hashwerte zu signieren. Ein Problem mit der Unfälschbarkeit ergäbe sich, wenn ein Schlüssel zum Signieren eines Hashwerts verwendet würde, dessen Signatur aus 16 bereits aus anderen Signaturen bekannten 16-Bit-Blöcken besteht. Die Parameter sind hier so gewählt, dass dies bei weniger als 16 Signaturen mit einer Wahrscheinlichkeit von weniger als 2^{-128} passiert. Solange also wenige Werte signiert werden, treten praktisch keine Kollisionen auf (Few-Time-Signature).

Das HORS-Verfahren kann zum HORST-Verfahren (HORS with Trees) erweitert werden, indem ein Merkle-Tree der Tiefe 16 für die 2^{16} Public Keys verwendet wird.

16.6.2 Stateless Hash-Based Digital Signature Standard (SLH-DSA)

Das SLH-DSA-Verfahren[15], beschrieben in FIPS 205 [49], ist eine Variante bzw. Kombination der bisher genannten hashbasierten Signaturverfahren.

Das Signaturverfahren SLH-DSA[16] [49] ist zustandslos, braucht also keinen Zustand zu speichern, was es in der praktischen Anwendung flexibler macht. Dazu wird anstatt eines One-Time-Signaturverfahrens zum Signieren einer Nachricht das HORST-Few-Time-Signaturverfahren eingesetzt. Welcher Schlüssel zum Signieren einer Nachricht verwendet wird, wird nicht in einem State festgehalten, stattdessen wird ein Schlüssel zufällig ausgewählt. Somit kommen Schlüssel u. U. auch öfter zum Einsatz, was aber bei dem Few-Time-Signaturverfahren kein Problem mehr darstellt.

Die vielen Public Keys werden wieder in Merkle-Trees gesammelt. Mit der Idee von Goldreich wird wieder eine Kaskade von Merkle-Trees mit WOTS+-Signaturen über Merkle-Roots verwendet. Diese Kombination von HORST mit einer Merkle-Tree-Kaskade nennt sich FORS (Forest of Random Subsets).

Verschiedene mögliche Parameter erlauben es, entweder die Geschwindigkeit oder die Länge der Signaturen zu optimieren. Für 128-Bit-Sicherheit erhält man 256-Bit-lange Public Keys und zwischen 62.848- und 136.704-Bit-lange Signaturen. Im Vergleich zu den anderen Verfahren, die hier betrachtet wurden, sind diese Signaturen mit Abstand am längsten. Dafür ist das Signieren und Verifizieren bei SLH-DSA, das im Wesentlichen aus Hashwertberechnungen besteht, besonders schnell.

16.7 Übungen

Übungsaufgaben

1. Implementiere das Lamport-Signaturverfahren für 1-Byte-lange Nachrichten in der Programmiersprache deiner Wahl.
   a. Implementiere eine Funktion `GenerateKeys`, die Private Key und Public Key retourniert.
   b. Implementiere eine Funktion `Sign`, die eine übergebene Nachricht mit einem übergebenen Private Key signiert.
   c. Implementiere eine Funktion `Verify`, die mithilfe des übergebenen Public Key verifiziert, ob die übergebene Signatur zur übergebenen Nachricht passt.

---

[15] Der ursprüngliche Name des Verfahrens ist „SPHINCS+". Der Name SLH-DSA soll klarer auf den Verwendungszweck und das dahinterstehende mathematische Problem hinweisen.
[16] SL in SLH-DSA steht für „stateless".

2. Du hast eine Winternitz-Signatur für die Nachricht "Ich␣hasse␣dich" (codiert in Latin-1) vorliegen, bei der auf die Prüfbits c_0, c_1, c_2 am Ende verzichtet wurde.
   a. Kannst du daraus ohne Kenntnis des Private Key eine Signatur für die Nachricht "Ich␣küsse␣dich" erzeugen? Wenn ja, wie? Wenn nein, wieso nicht?
   b. Kannst du daraus ohne Kenntnis des Private Key eine Signatur für die Nachricht "Ich␣liebe␣dich" erzeugen? Wenn ja, wie? Wenn nein, wieso nicht?

Rückblick

Du hast einen Eindruck davon bekommen, wie und wo endliche Körper im *AES* und für die Erstellung des Authentication-Tag im *Galois-Counter-Mode (GCM)* eingesetzt werden. Mit den *Post-Quantum-Verfahren ML-DSA* für digitale Signaturen und *ML-KEM* für Key-Agreement kannst du zwei Public-Key-Verfahren aus dem Bereich der gitterbasierten Kryptographie beschreiben, die auch gegenüber Angriffen mit Quantencomputern Sicherheit bieten. Du kannst die Einschränkungen von *One-Time-Signaturen* und *Few-Time-Signaturen* erklären und weißt, wie *Merkle-Trees* verwendet werden können, um aus solchen Verfahren vollständige und effiziente Signaturverfahren zu machen. Du kannst *Stateful* und *Stateless* Signaturverfahren unterscheiden. Mit dem Signaturverfahren *SLH-DSA* kennst du ein Post-Quantum-Signaturverfahren, dessen Sicherheit allein auf der Kollisionsresistenz einer Hashfunktion beruht.

Teil VI

Mathematische Grundlagen

Wahrscheinlichkeit   17

Wie in vielen Bereichen der Informationssicherheit geht es in der Kryptographie auch oft um Risiken und darum, diese auf ein vertretbares Niveau zu senken. In der Kryptographie werden Risiken – ganz klassisch mathematisch – als Wahrscheinlichkeiten behandelt.

Ziele

In diesem Kapitel lernst du,

- was *Experimente* sowie *Ergebnisse* und *Ereignisse* bei Experimenten sind,
- wie du *Wahrscheinlichkeiten* für verschiedene Ereignisse bei Münzwurf- und Würfelexperimenten berechnen kannst,
  - durch Zählen und die Methode *„günstig durch möglich"*,
  - durch Zerlegen eines Experiments in einfachere Teilexperimente,
  - durch Berechnen der Wahrscheinlichkeit des *„Gegenereignisses"*,
- dass Ereignisse bei einem Experiment voneinander *abhängig* oder *unabhängig* sein können und dass es bei voneinander abhängigen Ereignissen interessant sein kann, die *bedingte Wahrscheinlichkeit* eines von einem anderen Ereignis abhängigen Ereignisses zu berechnen.

Beim Berechnen von Wahrscheinlichkeiten sprechen wir von einem *Experiment*, das durchgeführt wird, und dieses Experiment liefert (vom Zufall abhängige) *Ergebnisse*. Wir interessieren uns oft nicht für das konkrete Ergebnis, sondern nur dafür, ob das Ergebnis eine bestimmte Form hat. Dies nennen wir *Ereignis*. Wir möchten die *Wahrscheinlichkeit* berechnen, mit der sich bei einem bestimmten Experiment (X) ein bestimmtes Ereignis (E) ergibt. Diese Wahrscheinlichkeit bezeichnen wir mit

$$\Pr_X[E].$$

Wenn klar ist, welches Experiment durchgeführt wird, lässt man diese Information auch weg und schreibt einfacher

$$\Pr[E].$$

Das folgende Beispiel zeigt ein nicht ganz einfaches Experiment. In diesem Experiment Wahrscheinlichkeiten exakt zu bestimmen, ist nicht einfach. In dem Beispiel soll es zunächst nur darum gehen, die Begriffe „Experiment", „Ergebnis" und „Ereignis" anschaulich zu machen.

Beispiel 17.1

Wir betrachten das folgende *Experiment* „Passwortraten":

> Alice wählt ein Passwort. Eve versucht, zu erraten, was Alices Passwort ist.

Es handelt sich hierbei um ein Experiment, bei dem auch Zufall mitspielt. Alice wählt (hoffentlich) nicht ein ganz bestimmtes Passwort, sondern wählt eines „zufällig". Sie wird das nicht ganz perfekt hinkriegen; manche Zeichenkombinationen wird sie eher wählen als andere. Eve berücksichtigt dies auch so gut sie kann. Sie versucht einzuschätzen, wie Alice ihre Passwörter wählt. Am Ende wählt sie auch ein wenig zufällig aus den möglichen Passwortkandidaten.

In diesem Fall lassen sich die *Ergebnisse* als Paare von Passwörtern – ein Passwort, das Alice gewählt hat, und ein Passwort, auf das Eve tippt – darstellen. Jedes dieser Paare tritt mit einer gewissen Wahrscheinlichkeit auf. Wie groß die Wahrscheinlichkeiten genau sind, hängt davon ab, wie genau Alice und Eve bei der Wahl vorgehen.

Ein praktisch interessantes *Ereignis* wäre:

> „Der Tipp von Eve ist genau das von Alice gewählte Passwort."

Hier wird der Unterschied zwischen Ergebnissen und Ereignissen deutlich. Für das untersuchte Ereignis ist es egal, welche Passwörter Alice und Eve sich ausgesucht haben – es geht nur darum, ob die beiden Passwörter gleich sind, genauer, um die Wahrscheinlichkeit dafür, dass dieses Ereignis auftritt, also

$$\Pr_{\text{„Passwortraten"}}[\text{„Eve errät Alices Passwort"}].$$

Regeln zur Wahl von Passwörtern sollten eigentlich dazu dienen, die Wahrscheinlichkeit für dieses Ereignis so klein wie möglich zu machen. ◄

Beispiel 17.2

Wird bei einem Experiment (D6) ein 6-seitiger Würfel geworfen, so sind die Ergebnisse die Werte 1 bis 6 (⚀, ⚁, ⚂, ⚃, ⚄ und ⚅). Uns könnte das Ereignis „das Ergebnis ist gerade" interessieren. Nachdem die Hälfte der Ergebnisse gerade ist, ist

$$\Pr_{D6}\left[\text{„das Ergebnis ist gerade"}\right] = 1/2.$$

◀

Beispiel 17.3

Soll 1 Bit zufällig gewählt werden, stellen wir uns vor, dass 1 faire Münze geworfen wird, und mit einer Wahrscheinlichkeit von genau 50 % ergibt sich „Kopf" und mit 50 % „Zahl".

Die Ereignisse, die hier von Interesse sein könnten, sind z. B.:

- „Kopf": Das Ergebnis ist „Kopf".
- „Zahl": Das Ergebnis ist „Zahl".

Wir können also schreiben

$$\Pr_{1\text{ Münze}}\left[\text{„Kopf"}\right] = 1/2 \quad \text{und}$$

$$\Pr_{1\text{ Münze}}\left[\text{„Zahl"}\right] = 1/2.$$

◀

17.1 „Günstig durch möglich"

Die natürlichste Art, Wahrscheinlichkeiten zu bestimmen, ist die Methode *„günstig durch möglich"* nach Huygens, Bernoulli und Laplace. Diese Methode funktioniert immer dann, wenn alle Ergebnisse mit der gleichen Wahrscheinlichkeit auftreten.[1] Wir zählen dazu, wie viele Ergebnisse eines Zufallsexperiments X es geben kann („möglich") und wie viele davon dem zu betrachtenden Ereignis E entsprechen („günstig"). Wenn alle Ergebnisse

---

[1] Es klingt hier ein wenig seltsam, von den Wahrscheinlichkeiten der Ergebnisse zu sprechen, wenn wir eigentlich definieren wollen, was Wahrscheinlichkeit ist. In vielen Fällen ist es aber recht einfach, diese Wahrscheinlichkeiten anzugeben. Bei einem Münzwurf gibt es (sozusagen aus Symmetriegründen) keinen Anlass, zu denken, dass die Wahrscheinlichkeit für „Kopf" größer sein sollte als die für „Zahl" (und umgekehrt). Aus diesem Grund müssen die beiden Wahrscheinlichkeiten jeweils 0,5 sein. Ebenso lässt sich bei einem fairen 6-seitigen Würfel argumentieren.

mit der gleichen Wahrscheinlichkeit auftreten, dann lässt sich die Wahrscheinlichkeit des betrachteten Ereignisses berechnen als

$$\Pr_X[E] := \frac{\text{„günstig"}}{\text{„möglich"}}.$$

Beispiel 17.4

Für eine Münze können wir sagen: Es gibt 2 mögliche Ergebnisse („Kopf" und „Zahl"), die beide gleich wahrscheinlich sind. Eines davon ist „Kopf". Daher ist die Wahrscheinlichkeit für dieses Ergebnis

$$\Pr_{1\text{ Münze}}[\text{„Kopf"}] = \frac{1}{2}.$$

◀

Beispiel 17.5

Betrachten wir 2 zufällige Bits (2 Münzwürfe), so können wir Wahrscheinlichkeiten ebenfalls auf diese Art bestimmen. Beim Werfen von 2 Münzen können sich 4 Ergebnisse einstellen: „Kopf + Kopf", „Kopf + Zahl", „Zahl + Kopf" und „Zahl + Zahl". Der Einfachheit halber schreiben wir statt „Kopf" und „Zahl" ab jetzt die Bitwerte 0 und 1. Die möglichen Ergebnisse sind 00, 01, 10 und 11. Jedes dieser Ergebnisse ist gleich wahrscheinlich.

Somit ergibt sich (beispielsweise)

$$\Pr_{2\text{ Münzen}}[00] = \frac{1}{4}.$$

Das Ereignis „die beiden Bits sind gleich" hat die Wahrscheinlichkeit

$$\Pr_{2\text{ Münzen}}[\text{„die beiden Bits sind gleich"}] = \frac{2}{4},$$

denn von den 4 möglichen Ergebnissen sind 2 günstig. ◀

Beispiel 17.6

Die Wahrscheinlichkeit, beim Werfen von 4 Münzen öfter Kopf als Zahl zu werfen, ist

$$\Pr_{4\text{ Münzen}}[\text{„öfter Kopf als Zahl"}] = \frac{5}{16},$$

denn von den 16 möglichen Ergebnissen sind 0000, 0001, 0010, 0100 und 1000 die 5 günstigen. ◀

17.2 „Nicht" (Gegenwahrscheinlichkeit)

Manchmal ist es einfacher, die Wahrscheinlichkeit zu berechnen, dass ein Ereignis A nicht eintritt. Damit lässt sich auch die Wahrscheinlichkeit für das Ereignis A berechnen, denn

$$\Pr\left[\text{„Ereignis} A \text{ tritt nicht ein"}\right] = 1 - \Pr[A].$$

Man spricht beim Ereignis „A tritt nicht ein" auch vom *Gegenereignis* von A und bei dessen Wahrscheinlichkeit von der *Gegenwahrscheinlichkeit von A*.

Beispiel 17.7

Betrachten wir noch einmal 4 zufällige Bits (4 Münzwürfe). Die Wahrscheinlichkeit, dass alle Bits 0 sind, ist

$$\Pr_{\text{4 Münzen}}[0000] = \frac{1}{16}.$$

Die Wahrscheinlichkeit, dass dies nicht passiert, ist damit einfach

$$\Pr_{\text{4 Münzen}}\left[\text{„wenigstens 1 Bit ist 1"}\right] = 1 - \frac{1}{16} = \frac{15}{16}.$$

Selbstverständlich lässt sich diese Wahrscheinlichkeit auch direkt durch Zählen und die „Günstig-durch-möglich-Regel" bestimmen, allerdings mit mehr Aufwand. ◄

Beispiel 17.8

Es werden 4 Münzen geworfen, dann werden die erste und die letzte Münze umgedreht. Die Wahrscheinlichkeit, dass nun alle Münzen Kopf zeigen, ist

$$\Pr_{\text{4 Münzen}}\left[0000 \mid \text{erste und letzte umgedreht}\right] = \Pr_{\text{4 Münzen}}[1001] = \frac{1}{16}.$$

Tatsächlich ändern sich Wahrscheinlichkeiten nicht, wenn unabhängig vom Ergebnis fixe Münzen umgedreht werden. ◄

17.3 „Und"

Das Werfen zweier Münzen (Experiment X) kann man auch als 2 Experimente sehen: Zunächst wird die erste geworfen (Experiment X_1), dann die zweite (Experiment X_2). In diesem Fall sind die beiden Experimente voneinander unabhängig, das Ergebnis des ersten hat keinen Einfluss auf das Ergebnis des zweiten Experiments. Im Fall von unabhängigen

Experimenten lassen sich Wahrscheinlichkeiten oft noch etwas einfacher (mit weniger Zählen) berechnen.

Wenn wir uns beim 2-maligen Münzwurf z. B. für das Ereignis „beide Ergebnisse sind 0", also „das 1. Ergebnis ist 0" *und* „das 2. Ergebnis ist 0" interessieren, so lässt sich die Wahrscheinlichkeit dafür nach der Formel

$$\Pr_X[A \text{ und } B] = \Pr_{X_1}[A] \cdot \Pr_{X_2}[B]$$

berechnen.

Die Wahrscheinlichkeit für das Ereignis 00 wäre demnach

$$\Pr_X[\text{„1. Münze 0" und „2. Münze 0"}] =$$

$$= \Pr_{X_1}[\text{„1. Münze 0"}] \cdot \Pr_{X_2}[\text{„2. Münze 0"}] = \frac{1}{2} \cdot \frac{1}{2} = \frac{1}{4}.$$

Der Vorteil dieser Art der Berechnung ist, dass die Experimente X_1 und X_2 einfacher sind als das Gesamtexperiment X. Für diese Experimente lassen sich die Wahrscheinlichkeiten damit (hoffentlich) auch einfacher bestimmen.

Beispiel 17.9

Die Wahrscheinlichkeit, beim Würfeln mit 5 Würfeln lauter Einsen zu würfeln, ist

$$\Pr_{5\,D6}[⚀⚀⚀⚀⚀] = \frac{1}{6} \cdot \frac{1}{6} \cdot \frac{1}{6} \cdot \frac{1}{6} \cdot \frac{1}{6} = \frac{1}{6^5} \approx 0{,}0001286.$$

◀

Beispiel 17.10

Die Wahrscheinlichkeit, beim Werfen von 4 Würfeln 4 verschiedene Zahlen zu werfen, lässt sich mit diesem Trick berechnen. Hier kann man die 4 Würfe als Experimente X_1, X_2, X_3 und X_4 betrachten. Für das Ereignis „alle 4 Zahlen sind verschieden" können wir berechnen:

$$\Pr_{X_1}[\text{„Würfel 1 passt"}] = \frac{6}{6},$$

denn jedes Ergebnis ist günstig;

$$\Pr_{X_2}[\text{„Würfel 2 passt"}] = \frac{5}{6},$$

denn jedes Ergebnis außer dem, das der 1. Würfel zeigt, ist günstig;

$$\Pr_{X_3}[\text{„Würfel 3 passt"}] = \frac{4}{6},$$

denn jedes Ergebnis außer den beiden der ersten beiden Würfel ist günstig;

$$\Pr_{X_4}[\text{„Würfel 4 passt"}] = \frac{3}{6},$$

denn jedes Ergebnis außer jenen der ersten 3 Würfel ist günstig;

$$\Pr_{X}[\text{„alle 4 Zahlen sind verschieden"}] = \frac{6}{6} \cdot \frac{5}{6} \cdot \frac{4}{6} \cdot \frac{3}{6} \approx 0{,}278.$$

◂

Beachte, dass sich ein Experiment – je nachdem, an welchem Ereignis man interessiert ist – nicht immer einfach in einfachere Teilexperimente aufteilen lässt.

Beispiel 17.11

Die Wahrscheinlichkeit, dass das Würfeln mit 3 Würfeln die Augensumme 7 ergibt, lässt sich nicht so einfach durch Aufteilen auf die einzelnen Würfe bestimmen. Die Würfe sind nicht unabhängig: Gibt der 1. Wurf eine Sechs, dann kann die Augensumme gar nicht mehr 7 ergeben, ist der 1. Wurf eine Fünf, dann nur, wenn alle anderen Würfel eine Eins zeigen, usw.

In diesem Fall ist „günstig durch möglich" u. U. die einfachste Lösung: „Günstig" sind die Ergebnisse ⚀⚁⚃, ⚀⚃⚁, ⚁⚀⚃, ⚁⚃⚀, ⚃⚀⚁, ⚃⚁⚀, ⚀⚁⚂, ⚀⚂⚁, ⚁⚀⚂, ⚁⚂⚀, ⚂⚀⚁, ⚂⚁⚀, ⚀⚂⚂, ⚂⚀⚂ und ⚂⚂⚀. Das sind 15 Ergebnisse. Insgesamt sind $6 \cdot 6 \cdot 6$ Ergebnisse „möglich"; das sind 216.

Die Wahrscheinlichkeit, die Augensumme 7 mit 3 Würfeln zu werfen, ist also

$$\Pr_{3\,D6}[\text{„Augensumme 7"}] = \frac{15}{216} \approx 0{,}0694.$$

◂

Wie man im letzten Beispiel sieht, kann es mühsam werden, die günstigen Ergebnisse zu zählen, insbesondere wenn es sehr viele gibt. Der Bereich der Kombinatorik in der Mathematik beschäftigt sich damit, Formeln zu finden, die man zum raschen Zählen verwenden kann. Wir werden für unsere Zwecke nicht auf die Kombinatorik zurückgreifen müssen.

17.4 Bedingte Wahrscheinlichkeit

Manchmal interessieren wir uns für die Wahrscheinlichkeit eines Ereignisses unter bestimmten Bedingungen. Wir beschreiben solche sogenannten *bedingten Wahrscheinlichkeiten* folgendermaßen:

$$\Pr_X[A \mid B],$$

die „Wahrscheinlichkeit, dass beim Experiment X Ereignis A eintritt, wenn wir schon wissen, dass B eingetreten ist".

Beispiel 17.12

Von 2 zufällig gewählten Bits ist eines 0. Wie groß ist die Wahrscheinlichkeit, dass beide Bits 0 sind?

Die Wahrscheinlichkeit berechnet sich in diesem Fall nicht anders. Wir können bspw. wieder zum Zählen greifen. Unter der Bedingung, dass ein Bit Null ist, kommen von den ursprünglich 4 möglichen Ergebnissen 00, 01, 10 und 11 nur mehr die Ergebnisse 00, 01 und 10 infrage. Jedes dieser Ergebnisse ist aber nach wie vor gleich wahrscheinlich. Eines dieser Ergebnisse (00) ist günstig. Als Wahrscheinlichkeit erhalten wir gemäß „günstig durch möglich"

$$\Pr\left[\text{„beide Bits sind 0"} \mid \text{„wenigstens 1 Bit ist 0"}\right] = 1/3.$$

◀

Mit bedingten Wahrscheinlichkeiten lässt sich auch beschreiben, was passiert, wenn ein Experiment in Teilexperimente zerlegt wird, deren Ereignisse nicht unabhängig sind. Das folgende Beispiel zeigt so einen Fall.

Beispiel 17.13

Ich soll 10 zufällige Bits durch Werfen einer Münze bestimmen. Nach den ersten 5 Münzen wird es mir langweilig, und ich beschließe:

0. „Ergibt der nächste Münzwurf eine 0, dann werfe ich noch 5-mal die Münze, um 10 zufällige Bits zu erhalten."
1. „Ergibt der nächste Münzwurf eine 1, dann verwende ich die ersten 5 Bits einfach noch einmal. Das könnte ja auch zufällig passiert sein."

Wie groß ist die Wahrscheinlichkeit, dass so 10 Bits herauskommen, bei denen die ersten 5 genauso aussehen wie die letzten 5?

17.4 Bedingte Wahrscheinlichkeit

0. In diesem Fall sind alle 10 Bits zufällig, und die Wahrscheinlichkeit, dass sich die ersten 5 Bits wiederholen, ist

$$\Pr\left[\text{Wiederholung} \mid \text{„Fall 0"}\right] = \frac{1}{2} \cdot \frac{1}{2} \cdot \frac{1}{2} \cdot \frac{1}{2} \cdot \frac{1}{2} = \frac{1}{32}.$$

1. In diesem Fall wiederholen sich die ersten 5 Bits mit Sicherheit, also

$$\Pr\left[\text{Wiederholung} \mid \text{„Fall 1"}\right] = 1.$$

Diese beiden Wahrscheinlichkeiten können wir nun kombinieren und die Gesamtwahrscheinlichkeit wie folgt berechnen.

$$\Pr\left[\text{Wiederholung}\right] = \Pr\left[\text{Wiederholung} \mid \text{„Fall 0"}\right] \cdot \Pr\left[\text{„Fall 0"}\right]$$
$$+ \Pr\left[\text{Wiederholung} \mid \text{„Fall 1"}\right] \cdot \Pr\left[\text{„Fall 1"}\right]$$
$$= \frac{1}{32} \cdot \frac{1}{2} + 1 \cdot \frac{1}{2} = \frac{33}{64}.$$

◀

Für das Ausrechnen der Wahrscheinlichkeit hat diese Notation keine Bedeutung; es ist nur oft hilfreich, die Bedingungen explizit hinzuschreiben – schließlich ergeben sich in „Fall 0" und „Fall 1" ja auch verschiedene Wahrscheinlichkeiten, die man auch unterscheiden können sollte – und dafür ist diese Schreibweise weitverbreitet und geeignet, nicht zuletzt, weil sie recht kompakt ist.

> **Rückblick**
> Du kannst *Wahrscheinlichkeiten* für verschiedene *Ereignisse* bei *Zufallsexperimenten* berechnen. Du kennst die *„Günstig-durch-möglich-Methode"* durch *Zählen* der Ergebnisse und weißt, dass manchmal ein *Zerlegen* eines Experiments in mehrere Schritte die Berechnungen vereinfachen kann. Darüber hinaus hast du mit dem *Gegenereignis* noch eine weitere Option der Vereinfachung. Du kannst die Wahrscheinlichkeit für Ereignisse, die sich aus *unabhängigen Teilereignissen* zusammensetzen lassen, aus den Wahrscheinlichkeiten für die Teilereignisse berechnen. Du weißt, wie man mit *bedingten Wahrscheinlichkeiten* arbeiten kann, um auch bei *nicht unabhängigen Teilereignissen* Wahrscheinlichkeiten aus den Teilereignissen zu berechnen.

Rechnen mit Restklassen 18

Ziele

Am Ende des Kapitels wirst du die folgenden Begriffe und Symbole kennen und damit umgehen können:

- Quotient, Rest, mod, Teiler, Primzahl, $\mathbb{P}$, relativ prim, Primfaktor, ggT, $\equiv_n$, $[x]_n$, Restklasse, eulersche φ-Funktion, Sätze von Euler und Fermat, chinesischer Restsatz.

Du wirst folgende Rechentechniken beherrschen:

- Division mit Rest, Berechnen des ggT mit dem euklidischen Algorithmus, erweiterter euklidischer Algorithmus, Grundrechenarten mit Restklassen (Addition, Subtraktion, Multiplikation, Division), Potenzieren mit Square-and-Multiply.

In diesem Kapitel spazieren wir durch die Welt der ganzen Zahlen. Manche Probleme, die auf den ersten Blick kompliziert aussehen, werden sich ganz leicht lösen lassen. Andere werden ganz leicht aussehen, sich aber als ganz schwierig herausstellen. Manche dieser schwierigen Probleme können als Basis für kryptographische Verfahren dienen. Dieses Kapitel behandelt keine kryptographischen Verfahren, sondern ausschließlich die allernötigsten mathematischen Grundlagen für die Verfahren, die in den Teilen I bis V genauer behandelt werden. In diesen Kapiteln wird auf die jeweils benötigten Resultate verwiesen.

18.1 Der euklidische Algorithmus

In diesem Kapitel beschäftigen wir uns „nur" mit ganzen Zahlen. Die Menge der ganzen Zahlen bezeichnen wir mit $\mathbb{Z}$. Die Menge der positiven ganzen Zahlen, also der natürlichen Zahlen, bezeichnen wir mit $\mathbb{N}$, die Menge der positiven Zahlen inklusive 0 mit $\mathbb{N}_0$ (also $\mathbb{N}_0 = \mathbb{N} \cup \{0\}$).

Wir erinnern uns kurz an die gute alte Zeit, als es noch keine Brüche gab. Wollte man eine ganze Zahl durch eine andere teilen, so ging das nicht immer; manchmal „blieb ein Rest". Wir beschreiben das exakt.

Theorem 18.1 *Es seien $a \in \mathbb{Z}$ und $b \in \mathbb{N}$. Dann gibt es zwei eindeutig bestimmte ganze Zahlen q (Quotient) und r (Rest), sodass*

$$a = bq + r \quad \text{und} \quad 0 \leq r < b.$$

Beweis
- Zunächst zur Existenz von solchen Zahlen q und r:
  - Es sei zunächst angenommen, dass $a \geq 0$ ist. Betrachten wir alle möglichen Vielfachen bk von b mit $k \geq 0$. Diese Vielfachen bilden eine aufsteigende Kette $0 < b < 2b < 3b < 4b < \ldots$ Das 1. Glied dieser Kette ist jedenfalls kleiner oder gleich a. Das Glied $(a+1)b$ ist jedenfalls größer als a. Zwischen diesen beiden Vielfachen von b gibt es ein größtes, welches nicht größer als a ist. Es sei bq dieses Vielfache. Dann sind $a - bq \geq 0$ und $a - b(q+1) < 0$. Es sei nun $r := a - bq$. Dann sind $r = a - bq \geq 0$ und $r = a - bq = \underbrace{a - b(q+1)}_{<0} + b < b$.
  - Ist $a < 0$, so ist $-a > 0$, und es lässt sich als $-a = bq + r$ schreiben, wobei $0 \leq r < b$. Ist $r = 0$, dann ist $a = b(-q) + 0$. Ist $r > 0$, so sind $a = b(-q) - r = b(-q - 1) + (b - r)$ und $0 < b - r < b$.
- Nun zur Eindeutigkeit:
  Angenommen, $a = bq_1 + r_1$ und $a = bq_2 + r_2$ wären zwei gültige Darstellungen. Dann wäre

$$(bq_1 + r_1) - (bq_2 + r_2) = 0, \quad \text{also}$$
$$b(q_1 - q_2) + r_1 - r_2 = 0 \quad \text{bzw.}$$
$$b(q_1 - q_2) = r_2 - r_1.$$

18.1 Der euklidische Algorithmus

Wäre $q_1 = q_2$, dann folgte daraus, dass $r_1 = r_2$. Es bleibt demnach zu zeigen, dass $q_1 = q_2$. Angenommen, $q_1 > q_2$.[1] Dann wäre $b(q_1 - q_2) \geq b$. Da aber $0 \leq r_1 < b$ und $0 \leq r_2 < b$, ist $r_2 - r_1 < b$. Somit wäre $b(q_1 - q_2) \neq r_2 - r_1$.

□

Notation 18.2 (mod) Sind a und b ganze Zahlen, dann bezeichnet man den nach Theorem 18.1 eindeutig bestimmten Rest bei der Division von a durch b auch mit $a \bmod b$.

Beispiel 18.3

Wir berechnen Quotient und Rest in *Python*.

Python

Quotient und Rest berechnet man in *Python* mit:

```
> 100 // 7
14
> 100 % 7
2
```

◀

Manchmal geht sich die Division auch ohne Rest (also mit $r = 0$) aus.

▶ **Definition 18.4 (Teilt, Teiler, Vielfaches)** Es seien a und b zwei ganze Zahlen. Wir sagen, *b teilt a* (oder *b* ist ein *Teiler* von *a* oder *a* ist ein *Vielfaches* von *b*), und schreiben $b \mid a$, wenn es eine ganze Zahl q gibt, sodass $a = bq$.

Beispiel 18.5

- Die Teiler von 18 sind ± 1, ± 2, ± 3, ± 6, ± 9 und ± 18.
- Die Teiler von -4 sind ± 1, ± 2 und ± 4.
- Jede ganze Zahl ist Teiler von 0.

◀

---

[1] Im Fall $q_1 < q_2$ kann man die beiden gültigen Darstellungen einfach tauschen.

Lemma 18.6 *Es seien* $a, b, t, v \in \mathbb{Z}$ *und es gelte*

$$t \mid a \text{ und } t \mid b.$$

Dann gilt:

$$t \mid a+b, \quad t \mid a-b \quad \text{und} \quad t \mid a \cdot v.$$

Beweis Es gibt ganze Zahlen q_a und q_b, sodass $a = tq_a$ und $b = tq_b$. Daher sind $a+b = tq_a + tq_b = t(q_a + q_b)$ ein Vielfaches von t und ebenfalls $a - b = tq_a - tq_b = t(q_a - q_b)$ und $a \cdot v = t(q_a v)$. □

Lemma 18.7 *Sind* $d \in \mathbb{N}$, $t \in \mathbb{N}$, $z \in \mathbb{Z}$ *und ist* d *ein Teiler von* t, *so gilt*

$$z \bmod d = (z \bmod t) \bmod d. \tag{18.1}$$

Beweis Es seien q_t und r_t Quotient und Rest bei der Division von z durch t. Dann ist $z = t \cdot q_t + r_t$ bzw. $r_t = z - t \cdot q_t$. Weiterhin seien q_d und r_d Quotient und Rest bei der Division von r_t durch d. Dann ist $r_t = d \cdot q_d + r_d$ bzw. $r_d = r_t - d \cdot q_d$. Dieses r_d ist genau die rechte Seite in Gl. (18.1). Es ist also zu zeigen, dass $r_d = z \bmod d$.

Da d Teiler von t ist, gibt es eine ganze Zahl v, sodass $t = d \cdot v$. Nun ist

$$\begin{aligned} r_d &= r_t - d \cdot q_d \\ &= (z - t \cdot q_t) - d \cdot q_d \\ &= z - dv \cdot q_t - d \cdot q_d \\ &= z - d(v \cdot q_t - q_d). \end{aligned}$$

Da $0 \leq r_d < d$, folgt aus der Eindeutigkeit des Rests bei der Division, dass $z \bmod d = r_d$. □

▶ **Definition 18.8 (Prim, Primzahl)** Sei $a \in \mathbb{N}$ und $a > 1$. Sind ± 1 und $\pm a$ die einzigen Teiler von a, so heißt a *prim* oder *Primzahl*. Wir vereinbaren, dass 1 keine Primzahl ist. Die Menge aller Primzahlen bezeichnen wir mit $\mathbb{P}$.

Lemma 18.9 *Jede Zahl* $n \in \mathbb{N}$, *die größer ist als 1, besitzt einen kleinsten Teiler, der größer ist als 1. Dieser kleinste Teiler ist eine Primzahl.*

Beweis Die Zahl n ist selbst Teiler von sich, besitzt also jedenfalls einen Teiler, der größer ist als 1. Daher besitzt sie auch einen kleinsten Teiler p, der größer ist als 1. Angenommen, p wäre keine Primzahl. Dann wäre $n = pv$ ein Vielfaches von p. Ließe sich p als Produkt $p = a \cdot b$ mit $a, b \in \mathbb{N}$ und $1 < a \leq b < p$ schreiben, dann wäre $n = abv$, womit a ein

18.1 Der euklidische Algorithmus

Teiler von n wäre, der größer ist als 1. Dies steht aber im Widerspruch zur Annahme, dass p der kleinste solche Teiler von n ist. Also ist p eine Primzahl. □

Lemma 18.10 *Es seien $a, b \in \mathbb{N}$ und $p \in \mathbb{P}$. Wenn $a < p$ und $b < p$, dann ist p kein Teiler von ab.*

Beweis Angenommen, p ist ein Teiler von ab. Sei $c \in \mathbb{N}$ die kleinste Zahl, sodass p ein Teiler von ac ist. So eine Zahl gibt es, denn b ist ja so eine Zahl (wenn auch vielleicht nicht die kleinste). Jedenfalls ist $c \leq b < p$. Darüber hinaus ist $c \neq 1$, denn wäre $c = 1$, so wäre p ein Teiler von a, also keinesfalls größer als a. Es seien nun q und r Quotient und Rest bei der Division von p durch c. Dann sind $p = cq + r$ und $0 \leq r < c$. Da p eine Primzahl ist und $1 < c < p$, ist c kein Teiler von p, d. h., $r > 0$. Weiterhin ist $ar = a(p - cq) = ap - (ac)q$. Da p Teiler von ap und von ac ist, ist p nach Lemma 18.6 Teiler von ar. Da $0 < r < c$, steht dies im Widerspruch zur Annahme, dass c die kleinste Zahl ist, sodass p ein Teiler von ac ist (r ist ja kleiner), und somit zur Annahme, dass p ein Teiler von ab ist. □

Lemma 18.11 *Es seien $a, b \in \mathbb{N}$ und $p \in \mathbb{P}$. Ist p ein Teiler von ab, dann ist p ein Teiler von a oder ein Teiler von b.*

Beweis Angenommen, p teilt weder a noch b. Dann seien q_a und r_a Quotient und Rest bei der Division von a durch p und q_b und r_b Quotient und Rest bei der Division von b durch p, also $a = pq_a + r_a$ und $b = pq_b + r_b$. Sowohl r_a als auch r_b sind größer als 0 und kleiner als p. Nun ist

$$r_a r_b = (a - pq_a)(b - pq_b)$$
$$= ab - apq_b - bpq_a + p^2 q_a q_b$$
$$= ab - p(pq_b + bq_a - pq_a q_b).$$

Wäre p ein Teiler von ab, so wäre nach Lemma 18.6 p ein Teiler von $r_a r_b$ im Widerspruch zu Lemma 18.10. □

Ganze Zahlen lassen sich immer als Produkt von Primzahlen schreiben. Dies ist eine Tatsache, die noch so wichtig werden wird, dass wir sie hier in einem Theorem festhalten.

Theorem 18.12 (Hauptsatz der Zahlentheorie) *Jede natürliche Zahl $n > 1$ lässt sich in der Form*

$$n = p_1 \cdot p_2 \cdots p_r$$

für ein $r \in \mathbb{N}$ darstellen, wobei $p_1, p_2, \ldots, p_r \in \mathbb{P}$ und $p_1 \leq p_2 \leq \cdots \leq p_r$ gelten. Diese Darstellung als Produkt von Primzahlen ist eindeutig; sie heißt **Primfaktorzerlegung** *von n.*

Beweis

- Zunächst zur Existenz einer solchen Zerlegung: Angenommen, es gibt natürliche Zahlen (außer 1), die sich nicht als Produkt von (Potenzen von) Primzahlen schreiben lassen. Dann gibt es eine kleinste solche Zahl n. Nach Lemma 18.9 hat n einen kleinsten Teiler p, der größer ist als 1, und dieser Teiler p ist eine Primzahl. Sei nun $m \geq 1$ so, dass $n = pm$. Wäre $m = 1$, so wäre n selbst eine Primzahl, und $n = p$ wäre eine Primfaktorzerlegung von n. Somit ist $1 < m < n$, und da n die kleinste Zahl ohne Primfaktorzerlegung ist, lässt sich m in der Form $m = p_1 \cdot p_2 \cdots p_r$ schreiben. Damit lässt sich aber auch $n = p \cdot p_1 \cdot p_2 \cdots p_r$ als Produkt von Primzahlen schreiben (die Primzahl p muss nur an die richtige Stelle verschoben werden).
- Zum Nachweis der Eindeutigkeit einer Primfaktorzerlegung sei angenommen, dass es eine natürliche Zahl gibt, deren Primfaktorzerlegung nicht eindeutig ist. Dann gibt es eine kleinste solche Zahl n. Weiterhin seien $n = p_1 \cdot p_2 \cdots p_r$ und $n = q_1 \cdot q_2 \cdots q_s$ zwei unterschiedliche Primfaktorzerlegungen von n. Dann ist p_1 ein Teiler von n, also ein Teiler von $q_1 \cdot q_2 \cdots q_s$. Nach Lemma 18.11 ist p_1 dann Teiler von zumindest einem q_i. Da q_i prim ist, muss dann $p_1 = q_i$ sein. Somit besitzt die Zahl $n' := n/p_1$ die beiden Primfaktorzerlegungen $n' = p_2 \cdots p_r$ und $n' = q_1 \cdots q_{i-1} \cdot q_{i+1} \cdots q_s$. Da n die kleinste Zahl mit nicht eindeutiger Primfaktorzerlegung und $n' < n$ ist, ist die Primfaktorzerlegung von n' eindeutig. Damit stimmen aber auch, im Widerspruch zur Annahme, die Primfaktorzerlegungen von n überein.

□

Korollar 18.13 *Jede natürliche Zahl $n > 1$ lässt sich eindeutig in der Form*

$$n = p_1^{e_1} \cdots p_s^{e_s}$$

für ein $s \in \mathbb{N}$, $p_1, p_2, \ldots, p_s \in \mathbb{P}$ mit $p_1 < \cdots < p_s$ und $e_1, e_2, \ldots, e_s \in \mathbb{N}$ darstellen.

Beweis Die Aussage ergibt sich direkt aus Theorem 18.12, indem man gleiche Primzahlen in der Primfaktorzerlegung von n zu Potenzen dieser Primzahlen zusammenfasst. □

Die Primzahlen, die in der Primfaktorzerlegung von n vorkommen, nennt man *Primfaktoren* von n. Eine Primfaktorzerlegung kann man zumindest für kleine Zahlen durch Probieren finden.

$$4200 = 2 \cdot 2100$$
$$= 2 \cdot 2 \cdot 1050$$
$$= 2 \cdot 2 \cdot 2 \cdot 525$$
$$= 2 \cdot 2 \cdot 2 \cdot 3 \cdot 175$$

18.1 Der euklidische Algorithmus

$$= 2 \cdot 2 \cdot 2 \cdot 3 \cdot 5 \cdot 35$$
$$= 2 \cdot 2 \cdot 2 \cdot 3 \cdot 5 \cdot 5 \cdot 7.$$

Kennt man die Primfaktorzerlegung einer Zahl, so kennt man bereits alle Teiler.

Korollar 18.14 *Es sei $n = p_1^{e_1} \cdots p_s^{e_s}$ die Primfaktorzerlegung von $n \in \mathbb{N} \setminus \{1\}$. Dann sind die Teiler von n genau die Zahlen $t = p_1^{t_1} \cdots p_s^{t_s}$, wobei $t_1, t_2, \ldots, t_r \in \mathbb{N}_0$ und $t_1 \leq e_1, \ldots, t_r \leq e_r$.*

Beweis Offensichtlich sind alle angegebenen t Teiler von n. Es ist also lediglich zu zeigen, dass alle Teiler von dieser Form sind.

Es sei d ein Teiler von n, und $v \in \mathbb{Z}$ sei so, dass $n = dv$. Zunächst zeigen wir, dass alle Primfaktoren von d in $\{p_1, p_2, \ldots, p_s\}$ zu finden sind. Angenommen, $p \in \mathbb{P}$ ist ein Teiler von d. Nach Lemma 18.11 ist p dann ein Teiler von einem der $p_1, p_2, \ldots, p_s$. Da alle p_i Primzahlen sind, muss p eine der Zahlen $p_1, p_2, \ldots, p_s$ sein. Damit hat d eine Primfaktorzerlegung $d = p_1^{d_1} \cdots p_s^{d_s}$.

Es ist noch zu zeigen, dass für alle $i \in \{1, \ldots, s\}$ gilt, dass $d_i \leq e_i$. Es sei also i so, dass $d_i > e_i$, und somit $d_i - e_i > 0$. Dann sind sowohl d als auch n durch $p_i^{e_i}$ teilbar. Es seien nun $d' := d/p_i^{e_i}$ und $n' := n/p_i^{e_i}$. Dann sind

$$n' = \frac{n}{p_i^{e_i}} = \frac{dv}{p_i^{e_i}} = d'v$$

und somit d' ein Teiler von n'. Nun sind $d' = p_1^{d_1} \cdots p_i^{d_i - e_i} \cdots p_s^{d_s}$ und $n' = p_1^{d_1} \cdots p_i^{0} \cdots p_s^{d_s}$. Offenbar hat d' den Primteiler p_i. Wie zuvor müsste p_i auch in der Primfaktorzerlegung von n' vorkommen; das tut es jedoch nicht. □

▶ **Definition 18.15 (ggT, relativ prim)** Sind $a, b \in \mathbb{Z}$ und ist $a \neq 0$ oder $b \neq 0$, so nennen wir die größte ganze Zahl, die sowohl a als auch b teilt, den *größten gemeinsamen Teiler* von a und b. Wir schreiben dafür ggT(a, b). Ist ggT$(a, b) = 1$, so heißen a und b *relativ prim* oder *teilerfremd*. Weiterhin nennen wir die kleinste natürliche Zahl, die sowohl von a als auch von b geteilt wird, das *kleinste gemeinsame Vielfache* von a und b.

Beispiel 18.16

Der größte gemeinsame Teiler von 18 und 60 ist 6. ◀

Kleinste gemeinsame Vielfache (kgV) zweier Zahlen lassen sich immer durch größte gemeinsame Teiler (ggT) ausdrücken. Das zugrunde liegende Resultat dafür ist das folgende.

Lemma 18.17 *Es seien $a, b, c \in \mathbb{N}$. Dann gilt*

1. $a \cdot b = \mathrm{ggT}(a, b) \cdot \mathrm{kgV}(a, b)$.
2. *Wenn $a \mid c$ und $b \mid c$, dann gilt auch $\mathrm{kgV}(a, b) \mid c$.*
3. *Sind $d := \mathrm{ggT}(a, b)$, $a' := a/d$ und $b' := b/d$, dann ist $\mathrm{ggT}(a', b') = 1$.*

Beweis

1. Zunächst halten wir fest, dass für alle $x, y \in \mathbb{Z}$ gilt:

$$\min(x, y) + \max(x, y) = x + y.$$

Es seien nun $p_1, p_2, \ldots, p_n$ alle verschiedenen Primfaktoren, die in a und/oder b vorkommen. Weiterhin seien $a = \prod_{i=1}^{n} p_i^{\alpha_i}$, $b = \prod_{i=1}^{n} p_i^{\beta_i}$ und $c = \prod_{i=1}^{n} p_i^{\gamma_i}$ die Primfaktorzerlegungen von a, b und c.[2] Dann ist:

$$a \cdot b = \prod_{i=1}^{n} p_i^{\alpha_i} \cdot \prod_{i=1}^{n} p_i^{\beta_i} = \prod_{i=1}^{n} p_i^{\alpha_i + \beta_i},$$

und wegen Korollar 18.14 sind

$$\mathrm{ggT}(a, b) = \prod_{i=1}^{n} p_i^{\min(\alpha_i, \beta_i)} \quad \text{und} \tag{18.2}$$

$$\mathrm{kgV}(a, b) = \prod_{i=1}^{n} p_i^{\max(\alpha_i, \beta_i)}. \tag{18.3}$$

Daher ist

$$\mathrm{ggT}(a, b) \cdot \mathrm{kgV}(a, b) = \prod_{i=1}^{n} p_i^{\min(\alpha_i, \beta_i)} \cdot \prod_{i=1}^{n} p_i^{\max(\alpha_i, \beta_i)}$$

$$= \prod_{i=1}^{n} p_i^{\min(\alpha_i, \beta_i) + \max(\alpha_i, \beta_i)}$$

$$= \prod_{i=1}^{n} p_i^{\alpha_i + \beta_i}.$$

---

[2] Die Primfaktorzerlegungen werden dabei um fehlende Faktoren p_i^0 ergänzt, wo p_i nicht in der Primfaktorzerlegung vorkäme, damit in allen drei Zerlegungen dieselben Primfaktoren vorkommen.

18.1 Der euklidische Algorithmus

2. Da $a \mid c$, folgt aus Korollar 18.14, dass für jedes $i \in \{1, \ldots, s\}$ $\alpha_i \leq \gamma_i$ und $\beta_i \leq \gamma_i$ und somit $\max(\alpha_i, \beta_i) \leq \gamma_i$. Aus Gl. (18.3) folgt mit Korollar 18.14, dass $\text{kgV}(a, b)$ ein Teiler von c ist.

3. Es seien wieder $p_1, p_2, \ldots, p_n$ alle verschiedenen Primfaktoren, die in a und/oder b vorkommen. Dann hat d eine Primfaktorzerlegung $d = \prod_{i=1}^n p_i^{\delta_i}$, und für alle $i \in \{1, \ldots, n\}$ ist $\delta_i = \min(\alpha_i, \beta_i)$. Somit ist für jeden Primfaktor p_i entweder $\delta_i = \alpha_i$ oder $\delta_i = \beta_i$. Nun sind

$$a' = \frac{\prod_{i=1}^n p_i^{\alpha_i}}{\prod_{i=1}^n p_i^{\delta_i}} = \prod_{i=1}^n p_i^{\alpha_i - \delta_i} \quad \text{und}$$

$$b' = \frac{\prod_{i=1}^n p_i^{\beta_i}}{\prod_{i=1}^n p_i^{\delta_i}} = \prod_{i=1}^n p_i^{\beta_i - \delta_i}.$$

Hätten a' und b' einen gemeinsamen Teiler, dann nach Lemma 18.9 auch einen kleinsten, der größer ist als 1, und dieser Teiler wäre eine Primzahl. In den Primfaktorzerlegungen von a' und b' taucht aber jeder Primfaktor nur in einer der Zerlegungen auf. Somit ist $\text{ggT}(a', b') = 1$.

□

Zu einer gegebenen Zahl $n \in \mathbb{Z}$ andere Teiler als ± 1 und $\pm n$ zu finden, kann für große n sehr schwierig sein. Die Sicherheit der RSA-Trapdoor-Permutation, die in Abschn. 10.2 behandelt wird, beruht auf dieser Schwierigkeit. Allein herauszufinden, ob es sich bei n um eine Primzahl handelt, ist nicht ganz einfach. Überraschenderweise ist es jedoch sehr einfach, den größten gemeinsamen Teiler zweier Zahlen a und b zu finden. Die Methode, die einem zuerst einfällt, ist, zunächst die Primfaktorzerlegungen von a und von b zu bestimmen, und daraus wie in Gl. (18.2) den größten gemeinsamen Teiler zu berechnen.

Beispiel 18.18

Für $a = 7056 = 2^4 \cdot 3^2 \cdot 7^2$ und $b = 37800 = 2^3 \cdot 3^3 \cdot 5^2 \cdot 7$ ist $\text{ggT}(a, b) = 2^3 \cdot 3^2 \cdot 7 = 504$.

◄

Offenbar ist das aber zumindest genauso schwierig wie das Finden aller Teiler von a und von b. Der im Folgenden beschriebene, sogenannte *euklidische Algorithmus* erledigt das Berechnen eines größten gemeinsamen Teilers schneller. Er beruht auf den folgenden Beobachtungen, die sich bereits in Aufzeichnungen des Euklid von Alexandria (ca. 300 v. Chr.) finden und als eine der ersten Beschreibungen eines Algorithmus zur Lösung eines Problems gelten:

Lemma 18.19 *Es seien $a, b \in \mathbb{Z}$ und $b \neq 0$. Dann gelten:*

1. $\text{ggT}(a, b) = \text{ggT}(b, a)$,
2. $\text{ggT}(0, b) = |b|$ *und*
3. $\text{ggT}(a, b) = \text{ggT}(a \bmod b, b)$.

Beweis Dass $\text{ggT}(a, b) = \text{ggT}(b, a)$, ist klar aufgrund der Definition. Der größte Teiler von b ist $|b|$. Diese Zahl ist auch ein Teiler von 0. Daher ist $\text{ggT}(0, b) = |b|$.

Für den Beweis der letzten Behauptung seien q und r Quotient und Rest bei der Division von a durch b, also $a = bq + r$. Es soll gezeigt werden, dass jeder gemeinsame Teiler von a und b auch ein gemeinsamer Teiler von r und b ist. Ist t ein gemeinsamer Teiler von a und b, dann ist t wegen Lemma 18.6 auch Teiler von $r = a - bq$. Ist umgekehrt t ein gemeinsamer Teiler von r und b, dann ist t wegen Lemma 18.6 auch ein Teiler von $a = bq + r$. Nachdem alle gemeinsamen Teiler gleich sind, sind auch die größten gemeinsamen Teiler gleich. □

Wir formulieren den euklidischen Algorithmus anhand eines Beispiels. Über den Gleichheitszeichen ist jeweils angegeben, welche der Aussagen aus Lemma 18.19 verwendet wird.

Beispiel 18.20 (Euklidischer Algorithmus)

Wir berechnen $\text{ggT}(805, 5649)$.

$$\text{ggT}(805, 5649) =^{1.} \text{ggT}(5649, 805) =^{3.} \text{ggT}(14, 805)$$
$$=^{1.} \text{ggT}(805, 14) =^{3.} \text{ggT}(7, 14)$$
$$=^{1.} \text{ggT}(14, 7) =^{3.} \text{ggT}(0, 7) =^{2.} 7.$$

Kürzer können wir schreiben:

$$5649$$
$$805$$
$$14$$
$$7$$
$$0.$$

Dabei ergibt sich jede der Zahlen als der Rest bei der Division der beiden Zahlen darüber. Die letzte Zahl vor der Null ist der größte gemeinsame Teiler. ◄

Schön zu erkennen ist, dass sich der größte gemeinsame Teiler allein durch eine Folge von Divisionen mit Rest berechnen lässt.

18.1 Der euklidische Algorithmus

Beispiel 18.21

Um zu testen, ob $2^{32}+1$ einen Teiler besitzt, der kleiner ist als 1000, kann man entweder durch alle Zahlen bis 1000 probeweise dividieren oder $\mathrm{ggT}(1000!, 2^{32}+1)$ berechnen.

Python

Um mit *Python* $\mathrm{ggT}(1000!, 2^{32}+1)$ zu berechnen, bedient man sich des Moduls math, das u. a. die mathematischen Funktionen gcd (ggT) und factorial (Faktorielle) zur Verfügung stellt.

```
> import math
> p = math.factorial(1000)
> q = 2**32+1
> math.gcd(p,q)
641
```

◄

Der euklidische Algorithmus lässt sich noch kompakter aufschreiben und etwas erweitern. So ergibt sich der *erweiterte euklidische Algorithmus*. Wir betrachten Beispiel 18.20 noch einmal:

Beispiel 18.22 (Erweiterter euklidischer Algorithmus)

		5649	805	
I	5649	1	0	
II	805	0	1	
III	14	1	−7	III = I − 7 · II
IV	7	−57	400	IV = II − 57 · III
V	0			V = III − 2 · IV

Zu lesen ist diese Tabelle wie folgt:

- Die ersten beiden Zeilen lassen sich verstehen als die Gleichungen

$$5649 = 1 \cdot 5649 + 0 \cdot 805 \quad \text{und}$$

$$805 = 0 \cdot 5649 + 1 \cdot 805.$$

- In der 3. Zeile ist die Zahl 14 der Rest der Division von 5649 durch 805. Genauer gesagt ist $14 = 5649 - 7 \cdot 805$. Berechnen wir nun die Werte in den anderen beiden Spalten auf dieselbe Art ($1 - 7 \cdot 0 = 1$ und $0 - 7 \cdot 1 = -7$), so repräsentieren diese Zahlen die Gleichung

$$14 = 1 \cdot 5649 + (-7) \cdot 805,$$

welche wir aus den ersten beiden Gleichungen durch die Äquivalenzumformung „Subtraktion des Siebenfachen der 2. von der 1. Gleichung" erhalten.
- Auf dieselbe Art und Weise erhält man die 4. Zeile aus der 2. und 3. usw.
- In Zeile IV finden wir den größten gemeinsamen Teiler (7) von 5649 und 805.
- Darüber hinaus können wir Zeile IV ebenfalls wieder als eine Gleichung lesen, nämlich als

$$7 = (-57) \cdot 5649 + 400 \cdot 805.$$

◂

Damit ist auch bereits erklärt, wie sich das folgende Lemma einfach beweisen lässt:

Theorem 18.23 (Lemma von Bézout) *Seien $a, b \in \mathbb{Z}$. Dann gibt es ganze Zahlen x und y, sodass*

$$\mathrm{ggT}(a, b) = ax + by,$$

und der erweiterte euklidische Algorithmus berechnet die Zahlen x und y.

Diese Darstellung des ggT wird in Abschn. 18.3 noch sehr wichtig. Abschließend noch einmal ein Beispiel, möglichst kompakt aufgeschrieben.

Beispiel 18.24

Zu bestimmen ist der größte gemeinsame Teiler der Zahlen 1035 und 336.

	1035	336	
1035	1	0	
336	0	1	3
27	1	−3	12
12	−12	37	2
3	25	−77	4
0			

Der größte gemeinsame Teiler von 1035 und 336 ist 3. Weiterhin gilt

$$3 = 25 \cdot 1035 + (-77) \cdot 336.$$

◂

18.2 Restklassen

Steht man um 7:00 Uhr früh auf und arbeitet 8 h, so ist man um 3:00 Uhr am Nachmittag fertig – klar: $7 + 8 = 15$, aber 15:00 Uhr und 3:00 Uhr ist dasselbe. Spielt man nun 8 h Tennis, so kann man um 11:00 Uhr abends zu Bett gehen – auch klar: $3 + 8 = 11$. Schläft man jetzt 8 h, dann kann man um 7:00 Uhr wieder aufstehen. $11 + 8 = 19$, aber 19:00 Uhr und 7:00 Uhr ist ja dasselbe. In diesem Abschnitt fassen wir dieses Phänomen mathematisch.

▶ **Definition 18.25 (kongruent, $\equiv_n$)** Es sei $n \in \mathbb{N}$. Für beliebige Zahlen $a, b \in \mathbb{Z}$ schreiben wir

$$a \equiv_n b \text{ genau dann, wenn } n \mid a - b,$$

und sagen dann, a und b sind *kongruent modulo n*.

Beispiel 18.26

Je zwei gerade Zahlen sind kongruent modulo 2. Je zwei ungerade Zahlen sind kongruent modulo 2. Weiterhin gelten $7 \equiv_4 3$ und $2 \equiv_5 7 \equiv_5 -3$. ◀

Theorem 18.27 Sind $a, b \in \mathbb{Z}$ und $n \in \mathbb{N}$, dann gilt $a \equiv_n b$ genau dann, wenn $(a \bmod n) = (b \bmod n)$.

Beweis Es seien $a = nq_a + r_a$ und $b = nq_b + r_b$ die eindeutigen Quotienten und Reste bei der Division von a und b durch n. Dann sind $r_a = a \bmod n$ und $r_b = b \bmod n$.

Ist $a \equiv_n b$, dann ist $a - b$ ein Vielfaches von n. Somit ist

$$r_a - r_b = a - nq_a - (b - nq_b) = (a - b) - n(q_a - q_b)$$

nach Lemma 18.6 ein Vielfaches von n. Da $|r_a - r_b| < n$ (vgl. den Beweis von Theorem 18.1) ist $r_a - r_b = 0$, also $r_a = r_b$.

Ist umgekehrt $r_a = r_b$, dann ist

$$a - b = nq_a + \cancel{r_a} - (nq_b + \cancel{r_b}) = n(q_a - q_b)$$

ein Vielfaches von n. □

Für ein fixes $n \in \mathbb{N}$ sammeln wir nun alle ganzen Zahlen, die kongruent modulo n sind.

▶ **Definition 18.28** Es seien $n \in \mathbb{N}$ und $a \in \mathbb{Z}$. Dann ist die *Restklasse von a modulo n* die Menge

$$[a]_n := \{z \in \mathbb{Z} \mid a \equiv_n z\}.$$

Lemma 18.29 *Seien $n \in \mathbb{N}$ und $a, b \in \mathbb{Z}$. Dann gilt:*

1. $[a]_n = \{a, a \pm n, a \pm 2n, a \pm 3n, \ldots\} = \{a + nv \mid v \in \mathbb{Z}\}$.
2. $b \in [a]_n \iff [a]_n = [b]_n$.
3. $a \equiv_n b \iff [a]_n = [b]_n \iff a \bmod n = b \bmod n$.

Beweis
1. Die ganzen Zahlen, die zu a kongruent modulo n sind, sind per definitionem genau jene, deren Differenz zu a ein Vielfaches von n ist, womit die erste Aussage bewiesen ist.
2. Sei $b \in [a]_n$, dann ist $b = a + nv$ für eine ganze Zahl v. Sei weiterhin $z \in [a]_n$, dann ist $z = a + nv'$ für eine ganze Zahl v'. Somit sind $z = b - nv + nv' = b + n(v' - v)$, also $z \in [b]_n$, und somit $[a]_n \subseteq [b]_n$. Analog dazu zeigt man $[b]_n \subseteq [a]_n$. Damit ist $[a]_n = [b]_n$ gezeigt.
3. Die 3. Aussage fasst lediglich die bisherigen Resultate zusammen.

□

Beispiel 18.30

Die Restklassen modulo 4 sind:

$$[0]_4 := \{0, \pm 4, \pm 8, \pm 12, \ldots\},$$
$$[1]_4 := \{\ldots, -11, -7, -3, 1, 5, 9, 13, \ldots\},$$
$$[2]_4 := \{\ldots, -10, -6, -2, 2, 6, 10, 14, \ldots\},$$
$$[3]_4 := \{\ldots, -9, -5, -1, 3, 7, 11, 15, \ldots\}.$$

Weiterhin ist

$$[127]_4 = \{\ldots, -135, -131, -127, -123, \ldots\}$$
$$= \{\ldots, -9, -5, -1, 3, 7, 11, 15, \ldots\} = [3]_4 \quad \text{bzw.}$$
$$[127]_4 = [127 \bmod 4]_4 = [3]_4.$$

◀

18.2 Restklassen

Anstatt mit ganzen Zahlen rechnen wir jetzt mit den Restklassen, nämlich folgendermaßen:

▶ **Definition 18.31 (Arithmetische Operationen für Restklassen)** Es seien $n, k \in \mathbb{N}$, $a, b \in \mathbb{Z}$. Dann definieren wir

$$[a]_n + [b]_n := [a + b]_n,$$
$$[a]_n - [b]_n := [a - b]_n,$$
$$[a]_n \cdot [b]_n := [a \cdot b]_n,$$
$$[a]_n^k := [a^k]_n.$$

Beispiel 18.32

- $[6]_{12} + [7]_{12} = [13]_{12} = [1]_{12}$,
- $[3]_9 \cdot [7]_9 = [21]_9 = [3]_9$,
- $[2]_5 - [7]_5 = [-5]_5 = [0]_5$.

◀

Wir werden, wenn möglich, die Restklassen als Restklassen möglichst kleiner nicht negativer Zahlen schreiben, also $[1]_{12}$ statt $[13]_{12}$, $[4]_5$ statt $[-1]_5$ und $[0]_4$ statt $[-328]_4$.

Das Rechnen mit Restklassen könnte eine Gefahr bergen: Wenn wir $[a]_n + [b]_n$ berechnen, rechnen wir $[a + b]_n$ aus. Wir könnten die Restklassen aber auch als $[a']_n$ und $[b']_n$ schreiben, indem wir einfach irgendwelche anderen $a' \equiv_n a$ und $b' \equiv_n b$ wählen. Das Ergebnis wird dann $[a' + b']_n$ sein. Wenn nun $[a+b]_n \neq [a'+b']_n$ wäre, dann wüssten wir nicht, was nun das richtige Ergebnis ist; die Addition wäre nicht „wohldefiniert". Dieses Problem tritt aber glücklicherweise nicht auf, weder bei der Addition, noch bei der Subtraktion, der Multiplikation oder beim Potenzieren.

Theorem 18.33 *Es seien $n, k \in \mathbb{N}$, $a, b, a', b' \in \mathbb{Z}$, sodass $a \equiv_n a'$ und $b \equiv_n b'$. Dann gilt*

1. $a + b \equiv_n a' + b'$,
2. $a - b \equiv_n a' - b'$,
3. $a \cdot b \equiv_n a' \cdot b'$ und
4. $a^k \equiv_n (a')^k$.

Beweis Die Zahlen a, b, a', b' sind so gewählt, dass $n \mid a - a'$ und $n \mid b - b'$. Es existieren also ganze Zahlen $v, w \in \mathbb{Z}$, sodass $a - a' = nv$ und $b - b' = nw$.

Dann ist $(a + b) - (a' + b') = (a - a') + (b - b') = n(v + w)$ ein Vielfaches von n, also gilt 1.

Ebenso ist $(a - b) - (a' - b') = (a - a') - (b - b') = n(v - w)$ ein Vielfaches von n, also gilt 2.

Schließlich ist $(ab - a'b') = ab - (a - nv)(b - nw) = \cancel{ab} - \cancel{ab} + anw + bnv - n^2vw = n(aw + bv - nvw)$ ein Vielfaches von n, also gilt 3.

Die letzte Aussage erhält man aus 3. mittels vollständiger Induktion. Für $k = 1$ ist die Aussage trivialerweise richtig. Es sei nun angenommen, dass die Aussage für $k \in \mathbb{N}$ gilt. Dann sind $a^{k+1} = a^k \cdot a$ und $(a')^{k+1} = (a')^k \cdot a'$, und die Aussage folgt aus 3. □

Rechnen modulo n heißt rechnen mit Restklassen. Für die Menge der Restklassen modulo n schreiben wir ab sofort $\mathbb{Z}_n$, also ist $\mathbb{Z}_n := \{[0]_n, [1]_n, \ldots, [n-1]_n\}$. Die Elemente der Menge $\mathbb{Z}_n$ sind Mengen. Weil wir damit aber rechnen können, nennen wir sie auch Zahlen in $\mathbb{Z}_n$.

Der Trick mit den Uhrzeiten ist also ganz einfach. Wir rechnen anstatt mit ganzen Zahlen einfach mit den Restklassen modulo 12 (bzw. 24). Weil die Schreibweise mit den Restklassen auf die Dauer etwas umständlich wird, vereinbaren wir:

Notation 18.34 Für $n, k \in \mathbb{N}$, $a, b, c \in \mathbb{Z}$ verwenden wir nach Belieben eine der folgenden Schreibweisen:

Restklassen	Relation	Alternative Schreibweise	Abgefahrene Schreibweise
$[a]_n + [b]_n = [c]_n$	$a + b \equiv_n c$	$a + b = c \pmod{n}$	$a + b = c$
$[a]_n - [b]_n = [c]_n$	$a - b \equiv_n c$	$a - b = c \pmod{n}$	$a - b = c$
$[a]_n \cdot [b]_n = [c]_n$	$a \cdot b \equiv_n c$	$a \cdot b = c \pmod{n}$	$a \cdot b = c$
$[a]_n^k = [c]_n$	$a^k \equiv_n c$	$a^k = c \pmod{n}$	$a^k = c$

Beispiel 18.35

Eine kryptographische Anwendung des Rechnens mit Restklassen ist die sogenannte Caesar-Chiffre.[3] Wir stellen uns die Buchstaben von A bis Z durch die Zahlen $A = 0, B = 1, \ldots, Z = 25$ dargestellt vor. Die Substitution

$$A \to U, \ B \to V, \ldots, F \to Z, \ G \to A, \ H \to B, \ldots$$

---

[3] An dieser Stelle soll betont werden, dass es sich dabei um keine im heutigen Sinne sichere Verschlüsselungsmethode handelt.

lässt sich nun einfach durch die Formel $x \mapsto (x + 20 \mod 26)$ beschreiben. Allgemein sind

$$x \mapsto (x + e \mod 26)$$

alle Caesar-Substitutionen; e ist der Schlüssel, der zum Verschlüsseln verwendet wird. Das Entschlüsseln funktioniert ähnlich wie das Verschlüsseln mit der Formel $x \mapsto (x - e \mod 26)$. Es handelt sich um ein symmetrisches Verfahren, denn wer verschlüsseln kann (den Schlüssel e kennt), kann auch entschlüsseln. ◂

18.3 Divisionen mit Restklassen

Das Rechnen mit Restklassen ist nicht viel schwieriger als das Rechnen mit ganzen Zahlen. Die von den ganzen Zahlen bekannten Rechenregeln gelten weiterhin. Divisionen machen typischerweise Probleme in $\mathbb{Z}$, woraus sich die Attraktivität der rationalen Zahlen erklärt. Wie sieht es mit dem Dividieren modulo n aus?

Beispiel 18.36

In $\mathbb{Z}$ lässt sich $5/8$ nicht (ohne Rest) berechnen. Mit anderen Worten: Es gibt keine ganze Zahl q, sodass $8 \cdot q = 5$. Wie sieht es mit den Restklassen modulo n aus?

- $n = 15$:

$$\frac{[5]_{15}}{[8]_{15}} = [10]_{15}, \text{ denn } [8]_{15} \cdot [10]_{15} = [5]_{15}.$$

- $n = 11$:

$$\frac{[5]_{11}}{[8]_{11}} = [2]_{11}, \text{ denn } [8]_{11} \cdot [2]_{11} = [5]_{11}.$$

- $n = 24$:

$$\frac{[5]_{24}}{[8]_{24}} \quad \text{geht nicht, denn}$$

$[8]_{24} \cdot [0]_{24} = [0]_{24}, \; [8]_{24} \cdot [1]_{24} = [8]_{24}, \; [8]_{24} \cdot [2]_{24} = [16]_{24},$

$[8]_{24} \cdot [3]_{24} = [0]_{24}, \; [8]_{24} \cdot [4]_{24} = [8]_{24}, \; [8]_{24} \cdot [5]_{24} = [16]_{24},$

$[8]_{24} \cdot [6]_{24} = [0]_{24}, \; [8]_{24} \cdot [7]_{24} = [8]_{24}, \; [8]_{24} \cdot [8]_{24} = [16]_{24}.$

◂

Manchmal lässt sich also mit Restklassen dividieren, manchmal aber auch nicht. Bringen wir etwas Ordnung in dieses Durcheinander.

Theorem 18.37 *Es seien $n \in \mathbb{N}$ und $a \in \mathbb{Z}$. Ist ggT$(n, a) = 1$, dann gibt es eine Zahl $q \in \mathbb{Z}$, sodass $[1]_n = [a]_n \cdot [q]_n$. Die Restklasse $[q]_n$ ist eindeutig bestimmt. Ist ggT$(n, a) > 1$, so gibt es keine Zahl $q \in \mathbb{Z}$, sodass $[1]_n = [a]_n \cdot [q]_n$.*

Beweis Ist ggT$(n, a) = 1$, dann lassen sich nach Theorem 18.23 mit dem erweiterten euklidischen Algorithmus Zahlen $x, y \in \mathbb{Z}$ berechnen, sodass $1 = nx + ay$. Bestimmt man in dieser Gleichung auf beiden Seiten den Rest modulo n, so sind auch diese Reste gleich, d. h., $1 = ay \pmod{n}$. Dies bedeutet aber, dass $[a]_n \cdot [y]_n = [ay]_n = [1]_n$. Somit ist y ein passendes q.

Zum Beweis der Eindeutigkeit sei nun angenommen, dass $[q]_n$ und $[q']_n$ zwei Restklassen sind, sodass $[a]_n \cdot [q]_n = [a]_n \cdot [q']_n = [1]_n$. Dann ist

$$[q]_n = \underbrace{[a]_n \cdot [q']_n}_{=[1]_n} \cdot [q]_n = \underbrace{[a]_n \cdot [q]_n}_{=[1]_n} \cdot [q']_n = [q']_n.$$

Die Restklasse $[q]_n$ ist in diesem Fall also eindeutig bestimmt.

Ist ggT$(n, a) = d > 1$, dann ist $[a]_n \cdot [q]_n = [aq]_n = \{aq \pm nv \mid v \in \mathbb{Z}\}$. Da d sowohl a als auch n teilt, teilt d nach Lemma 18.6 auch jede der Zahlen $aq \pm nv$. Daher ist $1 \notin \{aq \pm nv \mid v \in \mathbb{Z}\}$, denn d teilt 1 nicht. Somit ist nach Lemma 18.29 $[a]_n \cdot [q]_n \neq [1]_n$. □

▶ **Definition 18.38 (Kehrwert einer Restklasse)** Es seien $n \in \mathbb{N}$, $a \in \mathbb{Z}$ und $k \in \mathbb{N}$. Ist ggT$(n, a) = 1$, so schreiben wir für die eindeutig bestimmte Restklasse $[q]_n$, für die $[1]_n = [a]_n \cdot [q]_n$ gilt, $[a]_n^{-1}$ und nennen $[a]_n^{-1}$ den *Kehrwert* von $[a]_n$.

Beispiel 18.39

Wir berechnen den Kehrwert von 12 modulo 17.

	17	12	
17	1	0	
12	0	1	1
5	1	−1	2
2	−2	3	2
1	5	−7	2
0			

Tatsächlich ist ggT$(17, 12) = 1$. Weiterhin ist

18.3 Divisionen mit Restklassen

$$1 = 17 \cdot 5 + 12 \cdot (-7).$$

Modulo 17 ist also $1 = 12 \cdot (-7)$, und der Kehrwert von 12 modulo 17 ist $-7 \equiv_{17} 10$. Zur Probe berechnen wir $12 \cdot 10 = 120 \equiv_{17} 1$.

Es fällt auf, dass zwei Spalten im erweiterten euklidischen Algorithmus gar nicht benötigt werden. Die Berechnungen dieser Spalten können auch weggelassen werden, wenn ein Kehrwert berechnet wird. ◄

Beispiel 18.40

Auch mit *Python* lassen sich Kehrwerte einfach berechnen.

Python
Den Kehrwert von 311 modulo 727 berechnet man mit der Funktion pow wie folgt.

```
> pow(311,-1,727)
180
```

◄

Besitzt a einen Kehrwert modulo n, dann lässt sich modulo n jede Zahl durch a dividieren gemäß der Rechenregel $\frac{b}{a} \equiv_n b \cdot a^{-1}$. Wir definieren genauer:

▶ **Definition 18.41** Es sei $n \in \mathbb{N}$. Dann definieren wir

$$\mathbb{Z}_n^* := \{[a]_n \in \mathbb{Z}_n \mid \mathrm{ggT}(n, a) = 1\}.$$

Sind $a, b \in \mathbb{Z}$, sodass $\mathrm{ggT}(n, a) = 1$. Dann sei

$$\frac{[b]_n}{[a]_n} := [b]_n \cdot [a]_n^{-1}.$$

Neben Divisionen hat es jetzt auch Sinn, Potenzen mit negativen (ganzzahligen) Exponenten zu definieren.

▶ **Definition 18.42** Es seien $n \in \mathbb{N}$, $a \in \mathbb{Z}_n^*$ und $k \in \mathbb{Z}$, sodass $k < 0$. Dann definieren wir

$$[a]_n^k := \left([a_n^{-1}]\right)^{-k}.$$

Schließlich sei $[a]_n^0 := [1]_n$.

Für das Potenzieren von Restklassen in $\mathbb{Z}_n^*$ gelten nun die bekannten Rechenregeln. Der Beweis dafür wird (für einen allgemeineren Fall) für Theorem 20.5 geführt.

Lemma 18.43 *Es seien $n \in \mathbb{N}$, $a \in \mathbb{Z}_n^*$ und $k, l \in \mathbb{Z}$. Dann gilt*

$$[a]_n^k \cdot [a]_n^l = [a]_n^{k+l},$$

$$\frac{[a]_n^k}{[a]_n^l} = [a]_n^{k-l} \quad \text{und}$$

$$\left([a]_n^k\right)^l = [a]_n^{k \cdot l}.$$

Beispiel 18.44

Die Kehrwerte modulo 5 sind $[1]_5^{-1} = [1]_5$, $[2]_5^{-1} = [3]_5$, $[3]_5^{-1} = [2]_5$, $[4]_5^{-1} = [4]_5$. Damit lässt sich weiterrechnen: $\frac{4}{3} = 4 \cdot 3^{-1} = 4 \cdot 2 = 3 \pmod 5$. ◀

Mengen von „Zahlen", mit denen man beliebig addieren, subtrahieren, multiplizieren und (mit Ausnahme der Null) dividieren kann und wo die „üblichen" Rechengesetze gelten, werden *Körper* genannt. Als mathematische Definition geht so etwas nicht durch, also noch einmal exakt.

▶ **Definition 18.45 (Kommutativer Ring mit 1)** Ein *kommutativer Ring mit 1* (oder einfacher: *Ring*) ist eine Menge R zusammen mit zwei Abbildungen $+ : R \times R \to R$ und $\cdot : R \times R \to R$ mit den folgenden Eigenschaften:

1. $|R| > 1$.
2. Für alle $a, b, c \in R$ gilt $a + (b + c) = (a + b) + c$
   (Assoziativität der Addition).
3. Für alle $a, b, c \in R$ gilt $a + b = b + a$
   (Kommutativität der Addition).
4. Es gibt ein Element $0 \in R$, sodass für jedes $a \in R$ gilt: $0 + a = a$
   (additiv neutrales Element; Null).
5. Zu jedem Element $a \in R$ gibt es ein Element $-a \in R$, sodass gilt: $(-a) + a = 0$
   (additiv inverses Element).

18.3 Divisionen mit Restklassen

6. Für alle $a, b, c \in R$ gilt $a \cdot (b \cdot c) = (a \cdot b) \cdot c$
   (Assoziativität der Multiplikation).
7. Für alle $a, b \in R$ gilt $a \cdot b = b \cdot a$
   (Kommutativität der Multiplikation).
8. Es gibt ein Element $1 \in R$, sodass für jedes $a \in R$ gilt: $1 \cdot a = a$
   (multiplikativ neutrales Element; Eins).
9. Für alle $a, b, c \in R$ gilt $(a + b) \cdot c = a \cdot c + b \cdot c$
   (Distributivität).

▶ **Definition 18.46 (Körper)** Ein *Körper* K ist ein kommutativer Ring mit 1, für den zusätzlich gilt:

10. $0 \neq 1$.
11. Zu jedem Element $a \in K \setminus \{0\}$ gibt es ein Element $a^{-1} \in K$, sodass gilt: $(a)^{-1} \cdot a = 1$
    (Kehrwert).

Beispiel 18.47

1. Die ganzen Zahlen $\mathbb{Z}$ zusammen mit Addition und Multiplikation bilden einen Ring.
2. Für jedes $n \in \mathbb{N}$ ist die Menge $\mathbb{Z}_n$ zusammen mit der Addition und der Multiplikation von Restklassen ein Ring.
3. Ist p eine Primzahl, so ist die Menge $\mathbb{Z}_p$ zusammen mit der Addition und der Multiplikation von Restklassen ein Körper.

◀

Die Körper $\mathbb{Z}_p$ sind außergewöhnlich, denn sie enthalten nur p verschiedene Elemente. Daher nennt man sie auch *endliche Körper*. Neben $\mathbb{Z}_p$ gibt es noch weitere endliche Körper; wir werden noch alle kennenlernen. Unendliche Körper gibt es viele, z. B. $\mathbb{R}$, $\mathbb{Q}$, $\mathbb{C}$ und unzählige andere. Für unendliche Körper werden wir uns nicht interessieren.

Die Null in einem Körper hat besondere Eigenschaften bzgl. der Multiplikation.

Lemma 18.48 *Es sei K ein Körper mit Einselement 1 und Nullelement 0 und es seien $a, b \in K$. Dann gilt:*

1. *$a \cdot 0 = 0$.*
2. *Ist $a \neq 0$ und $b \neq 0$, dann ist $a \cdot b \neq 0$.*

Beweis

1. Zunächst ist

$$a \cdot 0 = a \cdot (0+0) = a \cdot 0 + a \cdot 0.$$

Addition von $-(a \cdot 0)$ auf beiden Seiten ergibt

$$-(a \cdot 0) + a \cdot 0 = -(a \cdot 0) + a \cdot 0 + a \cdot 0,$$
$$0 = 0 + a \cdot 0,$$
$$0 = a \cdot 0.$$

2. Da $a \neq 0$, gibt es ein $a^{-1} \in K$, sodass $a^{-1} \cdot a = 1$. Angenommen, $a \cdot b = 0$. Dann ist

$$b = 1 \cdot b = a^{-1} \cdot a \cdot b = a^{-1} \cdot 0 = 0.$$

□

18.4 Die eulersche φ-Funktion

Wie viele Zahlen zwischen 0 und $n-1$ sind relativ prim zu n? Wie viele Restklassen modulo n besitzen einen Kehrwert? Das war nach Theorem 18.37 zweimal dieselbe Frage. Diese Frage wollen wir jetzt beantworten.

▶ **Definition 18.49** Es sei φ die Funktion

$$\varphi : \mathbb{N} \to \mathbb{N},$$
$$n \mapsto |Z_n^*|.$$

Ist n eine Primzahl oder das Produkt zweier verschiedener Primzahlen, so lässt sich $\varphi(n)$ einfach laut Theorem 18.50 berechnen. Diese beiden Fälle sind auch für kryptographische Verfahren von besonderem Interesse. Ein allgemeineres Resultat, das es erlaubt, für beliebige $n \in \mathbb{N}$ den Wert $\varphi(n)$ zu bestimmen, wird noch in Theorem 18.57 bewiesen.

18.4 Die eulersche φ-Funktion

Theorem 18.50

1. Ist $p \in \mathbb{P}$, dann ist

$$\varphi(p) = p - 1.$$

2. Sind $p \neq q \in \mathbb{P}$, dann ist

$$\varphi(pq) = (p-1)(q-1).$$

Beweis

1. Ist $n \in \mathbb{P}$, so ist $\varphi(n) = n - 1$, denn für alle $1 \leq k < n$ ist $\mathrm{ggT}(n,k) = 1$.
2. Im Fall $n = p \cdot q$, wobei $p, q \in \mathbb{P}$ und $p \neq q$, ist $\varphi(n)$ ebenfalls recht einfach zu ermitteln. Dazu zählt man jene $k \in \{0, \ldots, n-1\}$, für welche $\mathrm{ggT}(n, k) > 1$ ist. Zum einen sind dies p und Vielfache davon, also $p, 2p, 3p, \ldots, (q-1)p$. Das nächstgrößere Vielfache qp ist bereits gleich n und damit größer als $n-1$. Zum anderen sind es die Vielfachen $q, 2q, 3q, \ldots, (p-1)q$ von q. Sind p und q verschieden, so gibt es auch keine gemeinsamen Vielfachen; das kleinste gemeinsame Vielfache wäre nach Lemma 18.17 $pq = n$. Weitere Kandidaten für k mit $\mathrm{ggT}(n, k) > 1$ gibt es nicht, denn n besitzt nur 2 Primfaktoren (p und q). Als ggT kommen daher nur die Werte $1, p, q$ und $pq = n$ infrage, für k demnach nur Vielfache von p oder q. Alle so gefundenen k sind verschieden. Es gibt in Summe $q - 1 + p - 1 = p + q - 2$ Vielfache. Da die Null noch nicht gezählt wurde, ergeben sich $p + q - 1$ Zahlen k mit $\mathrm{ggT}(n, k) > 1$. Mithin ist $\varphi(pq) = pq - (p + q - 1)$, was sich schöner in der Form $\varphi(pq) = (p-1)(q-1)$ schreiben lässt.

□

Die folgende Eigenschaft der φ-Funktion wird in Kap. 20 benötigt.

Lemma 18.51 *Sei $n \in \mathbb{N}$. Dann ist*

$$\sum_{d \mid n} \varphi(d) = n.$$

Beweis Zunächst wird die Menge $\{0, \ldots, n-1\}$ aufgeteilt in die disjunkten Mengen

$$T_d := \{k \mid \mathrm{ggT}(n, k) = d\}.$$

Es wird nun für jedes $d > 0$ die Anzahl t_d der Elemente der Menge T_d bestimmt.

Ist d kein Teiler von n, dann ist $t_d = 0$. Für $d = 1$ ist $T_1 = \{k \mid \mathrm{ggT}(n, k) = 1\}$, also ist $t_1 = \varphi(n)$.

Sei nun d ein Teiler von n und $d > 1$. Sei $k \in \mathbb{N}$ eine natürliche Zahl, sodass $\mathrm{ggT}(n,k) = d$. Dann sind k und n durch d teilbar. Seien $k' := k/d$ und $n' := n/d$. Wegen Lemma 18.17 ist $\mathrm{ggT}(n',k') = 1$. Die Mengen T_d und $\{k' \mid \mathrm{ggT}(n',k') = 1\}$ haben gleich viele Elemente, denn zu jedem $k \in T_d$ gibt es ein eindeutiges $k' = k/d \in T'_d$. Also ist $t_d = \varphi(n') = \varphi(n/d)$.

Addiert man die Zahl der Elemente aller Mengen, so erhält man n. Mit anderen Worten:

$$n = \sum_{d\mid n} t_d = \sum_{d\mid n} \varphi(n/d).$$

Durchläuft d alle Teiler von n, so auch n/d. Daher ist

$$\sum_{d\mid n} \varphi(n/d) = \sum_{d\mid n} \varphi(d),$$

und man erhält das gewünschte Resultat. □

Eine hilfreiche Voraussetzung in Theorem 18.57, um $\varphi(n)$ berechnen zu können, ist, Faktoren – am besten Primfaktoren – von n zu kennen. Für den im RSA-Verfahren so wichtigen Fall $n = pq$ überlegen wir nun noch, dass es sich um eine notwendige Voraussetzung handelt.

Theorem 18.52 *Es seien $p, q \in \mathbb{P}$ und $n = pq$. Sind die Primfaktoren von n unbekannt, kann $\varphi(n)$ nicht berechnet werden.*

Beweis Um dies zu beweisen, wird angenommen, dass $\varphi(n)$ (wie auch immer) berechnet werden kann, und gezeigt, dass aus der Kenntnis von n und $\varphi(n)$ einfach die Primfaktoren p und q berechnet werden können.

Es seien also n und $\varphi(n)$ bekannt. Weiterhin sei bekannt, dass n das Produkt zweier Primzahlen p und q ist. Dann gelten

$$pq = n \quad \text{und} \quad (p-1)(q-1) = \varphi(n).$$

Multiplikation der zweiten Gleichung mit p ergibt

$$(p-1)(pq - p) = p\varphi(n), \quad \text{und damit}$$
$$(p-1)(n - p) = p\varphi(n).$$

Nun lässt sich diese Gleichung (in einer Variablen p) umformen.

$$np - n - p^2 + p = p\varphi(n),$$
$$p^2 + p(\varphi(n) - n - 1) + n = 0.$$

Diese quadratische Gleichung in p lässt sich einfach lösen, da n und $\varphi(n)$ bekannt sind:

$$p_{1,2} = -\frac{\varphi(n) - n - 1}{2} \pm \sqrt{\left(\frac{\varphi(n) - n - 1}{2}\right)^2 - n}.$$

□

Somit ist das Berechnen von $\varphi(n)$ bestimmt nicht einfacher als das Faktorisieren von n.

18.5 Der chinesische Restsatz

Das Rechnen modulo n hat u. a. den Vorteil, dass man immer mit kleinen Zahlen rechnen kann, weil man ja immer den Rest modulo n nehmen darf, wenn man will. Das Ergebnis erfährt man dafür aber auch nur modulo n. Dies lässt sich ändern.

Beispiel 18.53

Die Reduktion modulo n ist eine recht einfache Operation; schnell ergibt sich

$$42 \bmod 3 = 0,$$
$$42 \bmod 4 = 2,$$
$$42 \bmod 5 = 2.$$

Umgekehrt stellen wir uns jetzt die Frage, ob und wie sich aus den Restklassengleichungen

$$z = 0 \pmod{3},$$
$$z = 2 \pmod{4},$$
$$z = 2 \pmod{5}$$

z bestimmen lässt. ◄

Dieses Problem ist effizient lösbar und der erweiterte euklidische Algorithmus ist – wieder einmal – das Werkzeug der Wahl.

Theorem 18.54 (Chinesischer Restsatz für zwei Gleichungen) *Es seien $m, n \in \mathbb{N}$, sodass $\mathrm{ggT}(m, n) = 1$. Weiterhin seien a und b ganze Zahlen. Dann erhält man alle Lösungen des Restklassengleichungssystems*

$$z \equiv a \pmod{m},$$
$$z \equiv b \pmod{n}, \qquad (18.4)$$

auf folgende Weise:

1. Berechne $N := m \cdot n$.
2. Berechne mithilfe des erweiterten euklidischen Algorithmus ganze Zahlen x und y, sodass $mx + ny = 1$.
3. Berechne

$$z := any + bmx \bmod N.$$

Dieses z ist die eindeutige Lösung des Restklassengleichungssystems modulo N. Die Menge aller ganzzahligen Lösungen ist $\{z + vN \mid v \in \mathbb{Z}\} = [z]_N$. Die Funktion

$$m : \mathbb{Z}_{mn} \to \mathbb{Z}_m \times \mathbb{Z}_n,$$
$$z \mapsto (z \bmod m, z \bmod n)$$

ist dann eine eindeutige Zuordnung zwischen den Elementen von $\mathbb{Z}_{mn}$ und jenen von $\mathbb{Z}_m \times \mathbb{Z}_n$.

Beweis Es ist zu beweisen, dass $z := any + bmx$ eine Lösung des Restklassengleichungssystems in Gl. (18.4) ist und dass jede Lösung dieses Restklassengleichungssystems modulo N gleich z ist.

Um zu beweisen, dass das angegebene z eine Lösung ist, braucht nur überprüft zu werden, ob es die Gl. (18.4) erfüllt. Nun ist

$$z \bmod m = ((any + bmx) \bmod N) \bmod m$$
$$= (any + bmx) \bmod m \qquad \text{(nach Lemma 18.7)}$$
$$= ((any \bmod m) + \underline{(bmx \bmod m)}) \bmod m$$
$$= (any \bmod m) + 0.$$

Da $mx + ny = 1$ ist, ist $ny = 1 - mx$, also

$$z \bmod m = (a(1 - \cancel{mx}) \bmod m)$$
$$\equiv a \pmod{m}.$$

Analog erhält man $z \bmod n \equiv b \pmod{n}$.

18.5 Der chinesische Restsatz

Zum Nachweis der Eindeutigkeit der Lösung modulo N sei angenommen, z' wäre eine weitere Lösung. Dann ist $z' - a$ ein Vielfaches von m und auch $z - a$ ist ein Vielfaches von m. Daher ist die Differenz $(z' - a) - (z - a) = z' - z$ ein Vielfaches von m. Analog erhält man, dass $z' - z$ ein Vielfaches von n ist. Da $\mathrm{ggT}(m, n) = 1$ ist, ist $z' - z$ nach Lemma 18.17 auch ein Vielfaches von $mn = N$. Dies bedeutet, dass $z' = z \pmod{N}$. Somit gibt es modulo N nur 1 Lösung.

Die Eindeutigkeit der Zuordnung durch die Funktion m ergibt sich direkt daraus, dass die Mengen $\mathbb{Z}_{mn}$ und $\mathbb{Z}_m \times \mathbb{Z}_n$ gleich viele Elemente haben und jedes Element von $\mathbb{Z}_m \times \mathbb{Z}_n$ mit der obigen Konstruktion genau einem Element von $\mathbb{Z}_{mn}$ entspricht. □

Für Restklassengleichungssysteme mit mehr als 2 Gleichungen kann man mit 2 Gleichungen beginnen und dann nach und nach je 1 Gleichung hinzunehmen. Schneller geht es mit dem folgenden Rezept; der Beweis verläuft ganz analog zum Fall von 2 Gleichungen.

Algorithmus 18.55 (Chinesischer Restsatz) Es seien $n_1, n_2, \ldots, n_s$ paarweise teilerfremde natürliche Zahlen. Weiterhin seien $z_1, z_2, \ldots, z_s$ ganze Zahlen. Dann erhält man alle Lösungen des Restklassengleichungssystems

$$z = z_1 \pmod{n_1},$$
$$z = z_2 \pmod{n_2},$$
$$\vdots$$
$$z = z_s \pmod{n_s}$$

auf folgende Weise:

1. Berechne $N := n_1 \cdot n_2 \cdots n_s$. Modulo N ist die Lösung des Restklassengleichungssystems eindeutig.
2. Berechne für $i = 1, \ldots, s$ die (natürlichen) Zahlen

$$q_i := \frac{N}{n_i}.$$

3. Jedes q_i ist relativ prim zu n_i und besitzt daher ein inverses Element modulo n_i. Berechne für $i = 1, \ldots, s$ das inverse Element r_i von q_i modulo n_i (mit dem erweiterten euklidischen Algorithmus), also

$$r_i := q_i^{-1} \bmod n_i.$$

4. Berechne

$$z := z_1 q_1 r_1 + z_2 q_2 r_2 + \cdots + z_s q_s r_s \mod N.$$

Dieses z ist die eindeutige Lösung des Restklassengleichungssystems modulo N. Die Menge aller Lösungen ist $[z]_N$.

Beispiel 18.56 (Fortsetzung von Beispiel 18.53)

Wir lösen das Restklassengleichungssystem

$$z = 0 \pmod{3},$$
$$z = 2 \pmod{4},$$
$$z = 2 \pmod{5}.$$

1. $n_1 = 3$, $n_2 = 4$ und $n_3 = 5$, also ist $N = 3 \cdot 4 \cdot 5 = 60$.
2. $q_1 = 20$, $q_2 = 15$, $q_3 = 12$.
3. $q_1^{-1} \mod 3 = 2^{-1} \mod 3 = 2$, $q_2^{-1} \mod 4 = 3^{-1} \mod 4 = 3$ und $q_3^{-1} \mod 5 = 2^{-1} \mod 5 = 3$, also sind $r_1 = 2$, $r_2 = 3$ und $r_3 = 3$.
4. $z = 0 \cdot 20 \cdot 2 + 2 \cdot 15 \cdot 3 + 2 \cdot 12 \cdot 3 = 162 = 42 \mod 60$.

Der mit Abstand aufwendigste Teil des Algorithmus ist Schritt 3. Man beachte jedoch, dass die Schritte 1–3 nicht erneut durchgeführt werden müssen, solange sich im Restklassengleichungssystem die Werte $n_1, \ldots, n_s$ nicht ändern.

Mit dem chinesischen Restsatz lässt sich nun auch die folgende Erweiterung von Theorem 18.50 beweisen.

Theorem 18.57 *Der Wert $\varphi(n)$ lässt sich effizient berechnen, wenn man die Primfaktorzerlegung von n kennt, denn es gilt:*

1. Ist $p \in \mathbb{P}$, dann ist

$$\varphi(p) = p - 1.$$

2. Sind $p \in \mathbb{P}$ und $d \in \mathbb{N}$, dann ist

$$\varphi(p^d) = p^{d-1}(p-1) = p^d(1 - 1/p).$$

18.5 Der chinesische Restsatz

3. Sind $m, n \in \mathbb{N}$ und $\mathrm{ggT}(m, n) = 1$, dann ist

$$\varphi(m \cdot n) = \varphi(m) \cdot \varphi(n).$$

4. Sind $p_1, p_2, \ldots, p_s$ die verschiedenen Primfaktoren von n, dann ist

$$\varphi(n) = n \cdot \left(1 - \frac{1}{p_1}\right) \cdots \left(1 - \frac{1}{p_s}\right).$$

Beweis

1. Wurde bereits in Theorem 18.50 bewiesen.
2. Hat ein k mit $0 \leq k < p^d$ einen größten gemeinsamen Teiler mit p^d, der größer ist als 1, so ist dieser ein Vielfaches von p. Zwischen 0 und $p^d - 1$ sind dies genau $0, p, 2p, \ldots, (p^{d-1} - 1)p$; dies sind genau p^{d-1} verschiedene Zahlen. Daher ist $\varphi(p^d) = p^d - p^{d-1} = p^{d-1}(p - 1)$.
3. Nach Theorem 18.54 ist die Funktion

$$m : \mathbb{Z}_{mn} \to \mathbb{Z}_m \times \mathbb{Z}_n,$$

$$z \mapsto (z \bmod m, z \bmod n)$$

eine eindeutige Zuordnung zwischen den Elementen von $\mathbb{Z}_{mn}$ und jenen von $\mathbb{Z}_m \times \mathbb{Z}_n$. Wir zeigen nun, dass die Funktion

$$m' : \mathbb{Z}_{mn}^* \to \mathbb{Z}_m^* \times \mathbb{Z}_n^*,$$

$$z \mapsto (z \bmod m, z \bmod n)$$

eine eindeutige Zuordnung zwischen den Elementen von $\mathbb{Z}_{mn}^*$ und jenen von $\mathbb{Z}_m^* \times \mathbb{Z}_n^*$ ist. Dazu zeigen wir:

a. Ist $z \notin \mathbb{Z}_{mn}^*$, dann ist $(z \bmod m) \notin \mathbb{Z}_m^*$ oder $(z \bmod n) \notin \mathbb{Z}_n^*$.

- Ist $z \notin \mathbb{Z}_{mn}^*$, so ist $\mathrm{ggT}(z, mn) = d > 1$. Dieses d besitzt wenigstens 1 Primfaktor $p \in \mathbb{P}$. Dieses p ist ein Teiler von mn. Wegen Lemma 18.11 ist p dann ein Teiler von m oder ein Teiler von n. Wir nehmen an, dass m und n so gewählt sind, dass p ein Teiler von m ist. Nun ist $\mathrm{ggT}(z \bmod m, m) = \mathrm{ggT}(z, m)$. Da p ein Teiler von z und von m ist, ist p nach Lemma 18.19 auch ein Teiler von $\mathrm{ggT}(z, m)$, und daher ist $\mathrm{ggT}(z, m) > 1$.

b. Ist $(a, b) \notin \mathbb{Z}_m^* \times \mathbb{Z}_n^*$, dann gilt für jenes laut chinesischem Restsatz (Theorem 18.54) eindeutig bestimmte z, für welches $(z \bmod m, z \bmod n) = (a, b)$, dass $z \notin \mathbb{Z}_{mn}^*$.

- Angenommen $(a, b) \notin \mathbb{Z}_m^* \times \mathbb{Z}_n^*$, dann ist $a \notin \mathbb{Z}_m^*$ oder $b \notin \mathbb{Z}_n^*$. Wir nehmen an, dass $a \notin \mathbb{Z}_m^*$ (sonst tauschen a und b bzw. m und n die Rollen). Dann ist $\text{ggT}(a, m) = d > 1$. Dieses d besitzt wenigstens 1 Primfaktor $p \in \mathbb{P}$. Dieses p ist ein Teiler von m. Es gibt nach dem chinesischen Restsatz (Theorem 18.54) ein eindeutiges $z \in \mathbb{Z}_{mn}^*$, sodass $(z \bmod m, z \bmod n) = (a, b)$. Es seien q und r Quotient bei der Division von z durch m; dann sind $z = qm+r$ und $r = z \bmod m$. Da p ein Teiler von m und von $z \bmod m$ ist, ist nach Lemma 18.19 p auch ein Teiler von z und ein Teiler von mn. Somit ist $\text{ggT}(z, mn) \geq p > 1$, und damit $z \notin \mathbb{Z}_{mn}^*$.

4. Die letzte Aussage ergibt sich direkt aus den Aussagen 2 und 3.

□

18.6 Potenzieren von Restklassen

Beispiel 18.58

Die Zahl 53^{37} lässt sich mit 36 Multiplikationen berechnen.

$$53^{37} = \underbrace{53 \cdot 53 \cdots 53}_{37\text{-mal}}$$

$$= 6283580383636683322486356945483938304940731973668146791149026213.$$

◀

Ein Blick auf Beispiel 18.58 zeigt, dass einfaches Aufmultiplizieren bei großen Exponenten keine passable Lösung ist, weil dann zu viele Multiplikationen erforderlich sind. Das folgende Beispiel soll illustrieren, wie effizienteres Potenzieren mit der sogenannten *Square-and-Multiply-Methode* funktioniert.

Beispiel 18.59

Um 53^{37} zu berechnen, werden zunächst Potenzen, deren Exponenten Zweierpotenzen sind, berechnet.

$$53^{2^0} = 53^1 = 53,$$
$$53^{2^1} = 53^2 = 2809,$$
$$53^{2^2} = 53^4 = (53^2)^2 = 2809^2 = 7890481,$$

18.6 Potenzieren von Restklassen 273

$$53^{2^3} = 53^8 = (53^4)^2 = 7890481^2 = 62259690411361,$$

$$53^{2^4} = 53^{16} = (53^8)^2 = 62259690411361^2 = 3876269050118516845397872321,$$

$$53^{2^5} = 53^{32} = (53^{16})^2 =$$
$$= 15025461748906708859452861070130993269553796873817927041.$$

In jedem Schritt ist dafür nur 1 Multiplikation (Quadrieren) erforderlich. Mit diesen Ergebnissen lässt sich aber auch 53^{37} schneller berechnen. Es ist $37 = 32 + 4 + 1 = 2^5 + 2^2 + 2^0$. Somit ist

$$53^{37} = 53^{2^5} \cdot 53^{2^2} \cdot 53^{2^0} =$$
$$= 15025461748906708859452861070130993269553796873817927041 \cdot 7890481 \cdot 53$$
$$= 6283580383636683322486356945483938304940731973668146791149026213.$$

Für diese Berechnung waren 5 Multiplikationen in Schritt 1 und 2 Multiplikationen in Schritt 2 nötig, in Summe also 7 Multiplikationen. ◄

Dieses Beispiel zeigt jedoch auch, dass das Potenzieren – selbst mit kleinen Zahlen – schnell zu sehr großen Zahlen führt. Sollen Restklassen potenziert werden, so könnte $[x]_n^e$ berechnet werden, indem man zunächst x^e berechnet und dann den Rest bei der Division durch n bestimmt. Auch wenn das Endergebnis der Berechnung bestimmt kleiner als n ist, können Zwischenergebnisse extrem groß werden, was die Berechnung ineffizient macht.

Nun sehen wir uns an, wie eine Berechnung $[x]_n^e$, also „x^e mod n", effizienter durchgeführt werden kann. Dies erfolgt (wie zuvor) in 2 Schritten. Zunächst werden Potenzen $[x]^e$ für Exponenten e, die Potenzen von 2 sind, berechnet. In einem 2. Schritt werden diese Ergebnisse benutzt, um allgemeine Potenzen zu berechnen. Da mit Restklassen modulo n gearbeitet wird, lassen sich alle Zwischenergebnisse als Zahlen zwischen 0 und $n-1$ darstellen.

1. Ist $e = 2^k$, so kann $[y]_n := [x]_n^e$ durch k-maliges Quadrieren von x berechnet werden:

$$[x]_n^{2^k} = \underbrace{\left(\left((x^2)^2\right)^2 \ldots\right)^2}_{k\text{-mal quadrieren}}.$$

2. Ist $(b_m b_{m-1} \cdots b_0) \in \{0,1\}^{m+1}$ die Binärdarstellung von e, also $e = \sum_{k=0}^{m} b_k \cdot 2^k$, dann ist

$$[x]_n^e = [x]_n^{\sum_{k=0}^m b_k \cdot 2^k} = \prod_{k=0}^{m} [x]_n^{b_k \cdot 2^k} = \prod_{k=0}^{m} \left([x]_n^{2^k}\right)^{b_k}.$$

Es sind also alle jene Potenzen $[x]_n^{2^k}$ zu multiplizieren, wo $b_k = 1$ ist.

Dies führt zu folgendem Algorithmus.

Algorithmus 18.60 (Square-and-Multiply) Gegeben sind $x \in \mathbb{Z}$ und $n, e \in \mathbb{N}$. Gesucht ist $y = x^e \bmod n$.

1. Bestimme die Binärdarstellung $e = \sum_{k=0}^m b_k \cdot 2^k$ ($b_0, \ldots, b_m \in \{0, 1\}$) von e.
2. Berechne durch fortgesetztes Quadrieren die Zahlen $x, x^2, x^{2^2}, x^{2^3}, \ldots, x^{2^m}$ (jeweils modulo n).
3. Multipliziere (modulo n) die Potenzen x^{2^k} von x, für jene k, für die $b_k = 1$.

Im Beispiel RSA ist eigentlich die Potenz einer Restklasse modulo n zu berechnen. Daher ist es gestattet, auch alle Zwischenergebnisse als Restklassen modulo n zu behandeln, d. h. den Rest bei der Division durch n weiterzuverwenden. Dies führt dazu, dass die Zahlen, mit denen zu rechnen ist, kleiner (jedenfalls kleiner als n) werden.

Beispiel 18.61

Um $53^{37} \bmod 77$ zu berechnen, werden zunächst Potenzen für Zweierpotenzen berechnet. Dabei wird sofort modulo 77 reduziert.

$$53^{2^0} = 53^1 = 53,$$
$$53^{2^1} = 53^2 = 37 \pmod{77},$$
$$53^{2^2} = 53^4 = (53^2)^2 = 37^2 = 60 \pmod{77},$$
$$53^{2^3} = 53^8 = (53^4)^2 = 60^2 = 58 \pmod{77},$$
$$53^{2^4} = 53^{16} = (53^8)^2 = 58^2 = 53 \pmod{77},$$
$$53^{2^5} = 53^{32} = (53^{16})^2 = 53^2 = 37 \pmod{77}.$$

Mit diesen Ergebnissen lässt sich nun $53^{37} \bmod 77$ berechnen. Es ist $37 = 32+4+1 = 2^5 + 2^2 + 2^0$. Die Binärdarstellung von 37 ist $(100101)_2$. Somit ist

$$53^{37} = 53^{2^5} \cdot 53^{2^2} \cdot 53^{2^0} = 37 \cdot 60 \cdot 53 = 4 \pmod{77}.$$

18.6 Potenzieren von Restklassen

Für diese Berechnung waren (wie zuvor) 5 Multiplikationen in Schritt 1 und 2 Multiplikationen in Schritt 2 nötig, in Summe also 7 Multiplikationen (modulo 77), allerdings mit wesentlich kleineren Zahlen.

> **Python**
>
> In *Python* lassen sich modulare Potenzen einfach mit der Funktion pow berechnen.
>
> ```
> > pow( 53, 37, 77 )
> 4
> ```

◀

In Algorithmus 18.60 muss eine Reihe von Zwischenergebnissen (aus Schritt 2) gespeichert werden. Dies lässt sich vermeiden. Algorithmus 18.2 beschreibt, wie.

Algorithmus 18.2 (Square-and-Multiply)

Input: x, b, n
Output: $z = x^b \bmod n$
$z = 1$
while $b \neq 0$ do
    while $b \equiv_2 0$ do
        $b = b/2$
        $x = x^2 \bmod n$
    end
    $b = b - 1$
    $z = z \cdot x \bmod n$
end

Allgemein lässt sich erkennen: Ist die Binärdarstellung des Exponenten $m + 1$ Bits lang und enthält w Einsen, so sind im 1. Schritt m und im 2. Schritt $w - 1$ Multiplikationen erforderlich. Verdoppelt sich die Bitlänge des Exponenten, so steigt der Aufwand für das Potenzieren auf das Doppelte.

Der Aufwand für eine einzelne Multiplikation hängt ebenfalls von der Größe der Zahlen ab. Für bis zu 64-Bit-lange Zahlen kann eine Multiplikation mit nur 1 Instruktion durchgeführt werden. Für längere Zahlen kann die Multiplikation von 64-Bit-Zahlen als das „kleine Einmaleins" aufgefasst werden. Dann muss jede (64-Bit-)Ziffer der 1. mit jeder der 2. Zahl multipliziert werden. Verdoppelt sich die Länge der zu multiplizierenden Zahlen, so steigt damit der Aufwand auf das Vierfache.

Kann man also (durch die Reduktion modulo n) mit kleineren Zahlen rechnen, dann geht dies schneller. Allerdings müssen dann auch nach jedem Rechenschritt Modulo-Operationen – also Divisionen mit Rest – durchgeführt werden. Wie bei den Multiplikationen steigt auch hier mit doppelter Länge der Zahlen der Aufwand auf das Vierfache.

Auch der Aufwand für Additionen steigt mit der Länge der Zahlen. Allerdings wächst dieser Aufwand weniger stark; bei einer Verdopplung der Länge der Zahlen verdoppelt sich der Aufwand nur. Nach Additionen ist auch die Modulo-Operation weniger aufwendig. Werden zwei Zahlen addiert, die kleiner sind als n, so ist ihre Summe kleiner als $2n$. Es braucht hier keine Division durchgeführt zu werden: Ist die Summe kleiner als n, dann ist nichts zu tun. Ist die Summe größer als n, muss nur n subtrahiert werden. Im Vergleich zu Multiplikationen fallen Additionen daher nicht sehr ins Gewicht, und es reicht, sich mit den Multiplikationen zu beschäftigen.

18.7 Die Sätze von Fermat und Euler

Ein wichtiges Resultat im Zusammenhang mit dem Potenzieren von Restklassen ist der folgende Satz.

Theorem 18.63 (Satz von Euler) *Ist $n \in \mathbb{N}$, ist $z \in \mathbb{Z}$ und ist $\mathrm{ggT}(z, n) = 1$, dann gilt*

$$z^{\varphi(n)} = 1 \pmod{n}.$$

Beweis Die Menge $\mathbb{Z}_n^*$ enthält genau $\varphi(n)$ Elemente.

Zunächst überlegen wir uns: Sind $[a]_n, [b]_n, [z]_n \in \mathbb{Z}_n^*$ und $[a]_n \neq [b]_n$, dann ist auch $[a]_n[z]_n \neq [b]_n[z]_n$. Wäre $[a]_n[z]_n = [b]_n[z]_n$, dann wäre $[a]_n = [a]_n[z]_n[z]_n^{-1} = [b]_n[z]_n[z]_n^{-1} = [b]_n$.

Außerdem ist $[a]_n[z]_n$ ebenfalls ein Element von $\mathbb{Z}_n^*$, denn $[z]_n^{-1}[a]_n^{-1}$ ist der Kehrwert von $[a]_n[z]_n$.

Berechnet man

$$\prod_{[a]_n \in \mathbb{Z}_n^*} [a]_n[z]_n,$$

so erhält man das Produkt von $\varphi(n)$ verschiedenen Elementen von $\mathbb{Z}_n^*$. Dies ist also das Produkt aller Elemente von $\mathbb{Z}_n^*$. Somit ist

$$\prod_{[a]_n \in \mathbb{Z}_n^*} [a]_n[z]_n = \prod_{[a]_n \in \mathbb{Z}_n^*} [a]_n,$$

18.7 Die Sätze von Fermat und Euler

und weiter

$$[z]_n^{\varphi(n)} \cdot \prod_{[a]_n \in \mathbb{Z}_n^*} \cancel{[a]_n} = \prod_{[a]_n \in \mathbb{Z}_n^*} \cancel{[a]_n}.$$

Multipliziert mit $\prod_{[a]_n \in \mathbb{Z}_n^*} [a]_n^{-1}$ erhält man

$$[z]_n^{\varphi(n)} = [1]_n.$$

□

Theorem 18.63 bedeutet für das Potenzieren von Restklassen, dass nicht beliebig große Exponenten berücksichtigt werden müssen.

Korollar 18.64 *Sind* $n \in \mathbb{N}$ *und* $z, a, b \in \mathbb{Z}$ *und ist* $\mathrm{ggT}(z, n) = 1$*, dann gilt:*

1. *Ist* $a \equiv b \pmod{\varphi(n)}$*, dann ist* $z^a \equiv z^b \pmod{n}$.
2. $z^a \equiv z^{a \bmod \varphi(n)} \pmod{n}$.

Beweis

1. Nach Lemma 18.29 gibt es eine ganze Zahl $v \in \mathbb{Z}$, sodass $a = b + v \cdot \varphi(n)$. Damit ist

$$z^a = z^{b + v \cdot \varphi(n)}$$
$$= z^b \cdot (z^{\varphi(n)})^v$$
$$\equiv z^b \pmod{n}.$$

2. Diese Aussage folgt direkt aus der ersten.

□

Beispiel 18.65

Da $77 = 7 \cdot 11$, ist $\varphi(77) = 6 \cdot 10 = 60$. Daher ist

$$[53]_{77}^{73} = [53]_{77}^{73 \bmod 60} = [53]_{77}^{13}.$$

Exponenten können hier modulo 60 reduziert werden. Der größte Exponent, der praktisch auftreten kann, ist damit 59. Da $13 = 8 + 4 + 1$, lässt sich das Potenzieren nun mit 3-maligem Quadrieren und 2 Multiplikationen noch schneller als zuvor erledigen. ◂

Ein Sonderfall von Theorem 18.63, der noch öfter relevant wird, wurde bereits vor dem Satz von Euler von Fermat bewiesen.

Korollar 18.66 (Kleiner Satz von Fermat) *Ist $p \in \mathbb{P}$, ist $z \in \mathbb{Z}$ und ist $\mathrm{ggT}(z, p) = 1$, dann gilt*

$$z^{p-1} = 1 \pmod{p}.$$

Nach Korollar 18.66 ist $g^{p-1} = 1 \pmod{p}$ für jedes $g \in \mathbb{Z}_p^*$. Daher gibt es jeweils auch ein kleinstes $\omega \in \mathbb{N}$, sodass $g^\omega = 1 \pmod{p}$.

▶ **Definition 18.67** Es seien $p \in \mathbb{P}$ und $g \in \mathbb{Z}_p^*$. Die kleinste natürliche Zahl ω, sodass $g^\omega = 1 \pmod{p}$, heißt *Ordnung von g* und wird bezeichnet mit $\mathrm{ord}(g)$.

Theorem 18.68 *Es seien $p \in \mathbb{P}$ und $g \in \mathbb{Z}_p^*$. Dann ist $\omega := \mathrm{ord}(g)$ ein Teiler von $p - 1$.*

Beweis Es seien q und r Quotient und Rest bei der Division von $p - 1$ durch ω. Dann ist $0 \leq r < \omega$, und es gilt

$$1 = g^{p-1} = g^{q\omega + r} = g^{q\omega} \cdot g^r = (g^\omega)^q \cdot g^r = 1^q \cdot g^r = g^r \pmod{p}.$$

Wäre $r > 0$, so wäre ω nicht die kleinste Potenz von g, die 1 ergibt. Somit sind $r = 0$ und daher ω ein Teiler von $p - 1$. □

Elemente von $(\mathbb{Z}_p^*, \cdot)$ mit der Ordnung $p - 1$ heißen auch *erzeugende Elemente von* $\mathbb{Z}_p^*$ oder *Primitivwurzeln modulo p*. Alle Potenzen $g, g^2, \ldots, g^{p-1}$ einer Primitivwurzel g sind verschieden.[4] Es lässt sich daher jedes Element von $\mathbb{Z}_p^*$ als Potenz von g schreiben.

Wir überlegen nun noch, wie viele Elemente einer bestimmten Ordnung es in $\mathbb{Z}_p^*$ gibt. Insbesondere werden wir sehen, dass es sehr viele erzeugende Elemente gibt. Für den Beweis des folgenden Theorems wird ein Ergebnis aus Kap. 20 (Theorem 20.10) benötigt. Dennoch soll dieses Theorem samt Beweis an dieser Stelle präsentiert werden.

Theorem 18.69 *Es seien $p \in \mathbb{P}$ und $d \in \mathbb{N}$ ein Teiler von $p - 1$. Dann gibt es genau $\varphi(d)$ Elemente der Ordnung d in $\mathbb{Z}_p^*$. Insbesondere gibt es genau $\varphi(p - 1)$ erzeugende Elemente in $\mathbb{Z}_p^*$.*

---

[4] Einen Beweis dafür werden wir in Theorem 20.8 sehen.

18.7 Die Sätze von Fermat und Euler

Beweis Wir beweisen, dass es in $\mathbb{Z}_p^*$ genau $\varphi(d)$ Elemente der Ordnung d gibt, falls es zumindest 1 Element der Ordnung d gibt. Zunächst ist einfach zu sehen, dass alle Elemente der Ordnung d Lösung der Gleichung

$$x^d = 1 \pmod{p} \qquad (18.5)$$

sind. Diese Gleichung besitzt nach Korollar 19.16 höchstens d verschiedene Lösungen. Angenommen, a ist ein Element der Ordnung d. Dann sind $a, a^2, a^3, \ldots, a^d$ (jeweils mod p) nach Theorem 20.8 d verschiedene Elemente, die Lösungen der Gl. (18.5) sind, denn für jedes $i \in \{1, \ldots, d\}$ ist $(a^i)^d = (a^d)^i = 1^i = 1 \pmod{p}$. Unter den Potenzen von a finden sich also alle Elemente der Ordnung d in $\mathbb{Z}_p^*$. Theorem 20.10 klärt, für welche Exponenten m die Potenz g^m mod p die Ordnung d hat: jene m, für die ggT$(m, d) = 1$. Von diesen gibt es genau $\varphi(d)$.

Nun ist aus Theorem 18.68 bekannt, dass es nur für Teiler d von $p - 1$ Elemente der Ordnung d in $\mathbb{Z}_p^*$ gibt. Zählen wir alle Elemente von $\mathbb{Z}_p^*$ sortiert nach ihrer Ordnung, so erhalten wir maximal $\sum_{d|p-1} \varphi(d)$, nämlich dann, wenn es für jeden Teiler d von $p - 1$ zumindest 1 Element der Ordnung d (und damit $\varphi(d)$ verschiedene solche Elemente) gibt. Laut Lemma 18.51 ist

$$\sum_{d|p-1} \varphi(d) = p - 1.$$

Da bekannt ist, dass es in $\mathbb{Z}_p^*$ genau $p - 1$ Elemente gibt, muss also das Maximum tatsächlich erreicht werden, d. h., es muss für jeden Teiler d von $p - 1$ ein Element (und damit $\varphi(d)$ Elemente) der Ordnung d geben. □

Abschließend soll hier noch ein Resultat (ohne Beweis) erwähnt werden, das zeigt, dass es sehr viele erzeugende Elemente modulo p gibt.

Theorem 18.70 *Falls $n \geq 5$, so gilt*

$$\varphi(n) \geq n/(6 \ln \ln n).$$

Somit ist die Wahrscheinlichkeit, dass ein zufällig ausgewähltes $g \in \mathbb{Z}_p^*$ eine Primitivwurzel ist, zumindest $1/6 \ln \ln n$. Abb. 18.1 zeigt, dass für 1000- bis 15.000-Bitlange Primzahlen die Wahrscheinlichkeit, dass ein zufällig ausgewähltes Element in $\mathbb{Z}_p^*$ eine Primitivwurzel ist, stets deutlich über 1 % bleibt.

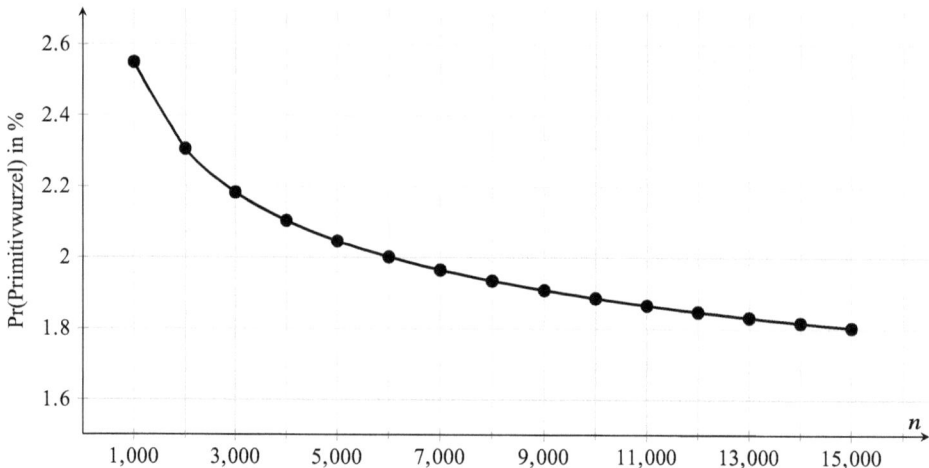

Abb. 18.1 Untere Grenze für die Wahrscheinlichkeit, bei n-Bit-langem p zufällig eine Primitivwurzel aus $\mathbb{Z}_p^*$ zu ziehen, laut Theorem 18.70

18.8 Komplexität der Rechenoperationen

In diesem abschließenden Abschnitt wird zusammengefasst, wie aufwendig die verschiedenen bisher untersuchten Rechenoperationen sind. Es werden hier nicht die im Sinne der Komplexitätstheorie besten bekannten Verfahren vorgestellt, sondern einfach verständliche, ausreichend effiziente Verfahren genannt.

Dabei beschränken wir uns darauf, zu beschreiben, wie sich der Aufwand mit der Länge der Zahlen ändert.

- Bei Verfahren mit (in der Länge der Zahlen) linearer Komplexität steigt der Aufwand bei doppelt so langen Zahlen auf das Doppelte, bei 5-mal so langen Zahlen auf das Fünffache.
- Bei Verfahren mit (in der Länge der Zahlen) quadratischer Komplexität steigt der Aufwand bei doppelt so langen Zahlen auf das Vierfache, bei 5-mal so langen Zahlen auf das 25fache.
- Bei Verfahren mit (in der Länge der Zahlen) kubischer Komplexität steigt der Aufwand bei doppelt so langen Zahlen auf das Achtfache, bei 5-mal so langen Zahlen auf das 125fache.

Wir werden in der Folge Verfahren mit linearer, quadratischer, kubischer und auch noch höherer Komplexität identifizieren.

18.8.1 Ganze Zahlen

Addition und Subtraktion

Die Komplexität der Addition und Subtraktion zweier n-Bit-langer ganzer Zahlen nach der klassischen Methode (wie mit der Hand) ist linear in n. Es müssen hier einfach Ziffer für Ziffer beide Zahlen durchgegangen werden.

Multiplikation und Division mit Rest

Für die Multiplikation zweier n-Bit-langer ganzer Zahlen nach der klassischen Methode (wie mit der Hand) ist die Komplexität quadratisch in n. Jede Ziffer der einen muss mit jeder Ziffer der anderen Zahl multipliziert werden.[5]

Euklidischer Algorithmus

Die Anzahl der benötigten Schritte für den (erweiterten) euklidischen Algorithmus lässt sich recht gut abschätzen. Auf Beweise für die nächsten beiden Resultate wird an dieser Stelle verzichtet.

Theorem 18.71 (Lamé, 1844) *Sind a und b natürliche Zahlen, ist $a > b$ und ist n die Bitlänge von b, so endet der euklidische Algorithmus zur Berechnung von $\text{ggT}(a, b)$ nach spätestens $17 \cdot n$ Schritten.*

Die Anzahl der Schritte im euklidischen Algorithmus ist also maximal linear in n. Im Durchschnitt geht es bedeutend schneller (aber immer noch mit in n linearem Aufwand) [27, S. 356].

Theorem 18.72 *Es sei c eine natürliche Zahl mit n Bit Länge. Für zufällig gewählte Zahlen a und b zwischen 1 und c ist die erwartete Anzahl an Schritten zur Berechnung von $\text{ggT}(a, b)$ mit dem euklidischen Algorithmus $0{,}584 \cdot n + 0{,}06$.*

Da die Zahlen im euklidischen Algorithmus stets kleiner werden, liegt der Hauptaufwand in den ersten Modulo-Operationen.

18.8.2 Restklassen

Addition, Subtraktion und Multiplikation

Für die Addition, Subtraktion und Multiplikation von Restklassen modulo m ist die naheliegende Methode Addition, Subtraktion und Multiplikation gemäß Definition, gefolgt von einer Modulo-Operation durchzuführen.

---

[5] Es gibt Methoden mit etwas geringerer Komplexität, wie z. B. die Karatsuba-Methode. Diese sind allerdings praktisch nicht immer unbedingt schneller.

Sind $0 \leq a, b < m$, so ist $0 \leq a + b < 2m$. Die anschließende Modulo-Operation fällt hier ganz einfach aus: Ist $a + b < m$, so ist nichts zu tun. Ist $a + b \geq m$, dann ist $m \leq a + b < 2m$, und damit ist $a + b \bmod m = a + b - m$.

Ist $0 \leq b \leq a < m$, dann ist $0 \leq a - b < m$, somit ist nichts zu tun. Ist $0 \leq a < b < m$, dann ist $0 < a - b + m < m$, und damit ist $a - b \bmod m = a - b + m$.

Die Aufwände für Addition und Subtraktion sind demnach linear in der Länge von m.

Das Ergebnis der Multiplikation zweier n-Bit-langer Zahlen ist $2n$ Bit lang. Hier kann auch bei der Modulo-Operation nicht mehr gespart werden. Es bleibt aber insgesamt bei einem in n quadratischen Aufwand.

Division

Zur Division von Restklassen führen wir eine Berechnung des Kehrwerts mit dem erweiterten euklidischen Algorithmus, gefolgt von einer Multiplikation (von Restklassen) durch.

Die Anzahl der Schritte im erweiterten euklidischen Algorithmus ist nach Theorem 18.72 linear in n. In jedem Schritt ist eine Division mit Rest mit quadratischer Komplexität in n durchzuführen. Dies führt zu einer kubischen Komplexität für die Berechnung eines Kehrwerts. Zusammen mit der darauffolgenden Multiplikation bleibt die Komplexität kubisch in n.

Potenzieren

Beim Potenzieren soll hier zwischen der Länge n des Moduls und der Länge k des Exponenten unterschieden werden.

Beim Potenzieren mit dem Square-and-Multiply-Algorithmus (Algorithmus 18.2) ist die Zahl der Schritte linear in k, und in jedem Schritt ist eine Multiplikation von Restklassen mit in n quadratischer Komplexität erforderlich.

18.9 Faktorisieren

Zum Abschluss dieses Kapitels betrachten wir drei Methoden zur Faktorisierung großer Zahlen: die Pollard-$(p-1)$-Methode, das quadratische Sieb und das Faktorisieren mit elliptischen Kurven.

18.9.1 Die Pollard-$(p-1)$-Methode

Mit dieser Methode ist es möglich, einen Primfaktor p einer Zahl n zu finden, wenn in der Primfaktorzerlegung von $p-1$ nur kleine Primzahlpotenzen vorkommen.

Angenommen, die Zahl n habe einen Primfaktor p, sodass alle Primzahlpotenzen, die in der Primfaktorzerlegung von $p-1$ vorkommen, kleiner oder gleich B sind, wobei B

eine nicht allzu große Zahl ist.[6] Wir bilden zunächst das kleinste gemeinsame Vielfache E aller Zahlen, die kleiner oder gleich B sind. Somit ist E sicher ein Vielfaches von $p - 1$, also $E = v(p - 1)$ für ein passendes $v \in \mathbb{N}$.

Nach dem kleinen Satz von Fermat (Korollar 18.66) gilt:

$$a^{p-1} = 1 \pmod{p}, \quad \text{also}$$

$$a^E = a^{v(p-1)} = (a^{p-1})^v = 1^v = 1 \pmod{p}, \quad \text{d.h.}$$

$$p \mid a^E - 1.$$

Also ist $a^E - 1$ ein Vielfaches von p. Falls $a^E - 1$ kein Vielfaches von n ist, dann ist ggT$(a^E - 1, n)$ ein echter Teiler von n. Wir brauchen also nur $a^E - 1$ modulo n zu berechnen und dann ggT$(a^E - 1, n)$. Die Parameter a und B sind hier frei wählbar; a kann zufällig gewählt werden, B muss groß genug sein.

Hat man bei dieser Methode keinen Erfolg ($a^E - 1$ ist ein Vielfaches von n), dann wählt man ein anderes a. Haben mehrere a nicht funktioniert, muss man wahrscheinlich ein größeres B wählen.

Beispiel 18.73

Wir faktorisieren $n = 1241143$ und wählen $B = 13$. Dann ist $E = 2^3 \cdot 3^2 \cdot 5 \cdot 7 \cdot 11 \cdot 13$. Für $a = 2$ erhalten wir $2^E - 1 \mod n = 861525$. Beachte, dass sich $a^E \mod n$ hier einfach als

$$(((((((((a^2)^2)^2)^3)^3)^5)^7)^{11})^{13} \mod n$$

berechnen lässt. Für jede einzelne Potenz geht das recht schnell. Weiterhin ergibt sich

$$\text{ggT}(861525, 1241143) = 547.$$

Schon haben wir einen Teiler von n gefunden. Tatsächlich ist $547 - 1 = 2 \cdot 3 \cdot 7 \cdot 13$, weswegen $B = 13$ auch ausreichend groß war. ◄

18.9.2 Das quadratische Sieb

Die Pollard-$(p - 1)$-Methode ist für nicht allzu große Zahlen eine einfache Faktorisierungsmethode, die allerdings schnell an ihre Grenzen gelangt. Die folgende Methode ist

---

[6] Natürlich kennen wir p nicht. Wir vertrauen blind darauf, dass es einen Primfaktor p gibt, sodass $p - 1$ die gewünschte Eigenschaft besitzt. Ist dies nicht der Fall, führt diese Methode nicht zum Erfolg.

meist noch besser. Dafür brauchen wir aber noch ein bisschen mehr Mathematik. Dem *quadratischen Sieb* liegt folgende Beobachtung zugrunde: Sind x und y ganze Zahlen, sodass

$$x^2 \equiv y^2 \pmod{n} \quad \text{und} \tag{18.6}$$

$$x \not\equiv \pm y \pmod{n}, \tag{18.7}$$

dann ist $1 < \operatorname{ggT}(n, x - y) < n$, denn

$$n \mid x^2 - y^2 = (x+y)(x-y) \quad \text{und}$$

$$n \nmid x+y, \; n \nmid x-y.$$

Dies ist nur möglich, wenn es Zahlen $u, v \in \mathbb{N} \setminus \{1\}$ gibt, sodass $n = uv$ und $u \mid x + y$, $v \mid x - y$. Nun geht es nur noch darum, solche Zahlen x und y zu finden.

Seien $m := \lfloor \sqrt{n} \rfloor$ und $f(x) := (x+m)^2 - n$. Ist x klein, so ist auch $f(x)$ klein, und $f(x)$ sollte sich mit überschaubarem Aufwand in Primfaktoren zerlegen lassen.

Beispiel 18.74

Wir beginnen bescheiden und faktorisieren $n = 3277$. Dann ist $m := \lfloor \sqrt{3277} \rfloor = 57$. Zunächst berechnen wir die Werte

$$f(-2) = 55^2 - 3277 = -252 = (-1) \cdot 2^2 \cdot 3^2 \cdot 7,$$

$$f(-1) = 56^2 - 3277 = -141 = (-1) \cdot 3 \cdot 47,$$

$$f(0) = 57^2 - 3277 = -28 = (-1) \cdot 2^2 \cdot 7,$$

$$f(1) = 58^2 - 3277 = 87 = 3 \cdot 29,$$

$$f(2) = 59^2 - 3277 = 204 = 2^2 \cdot 3 \cdot 17.$$

Daraus lesen wir (u. a.)

$$55^2 \equiv (-1) \cdot 2^2 \cdot 3^2 \cdot 7 \pmod{3277} \quad \text{und}$$

$$57^2 \equiv (-1) \cdot 2^2 \cdot 7 \quad\quad\;\; \pmod{3277}.$$

Multipliziert man die beiden Gleichungen, so erhält man

$$55^2 \cdot 57^2 \equiv (-1) \cdot 2^2 \cdot 3^2 \cdot 7 \cdot (-1) \cdot 2^2 \cdot 7 \pmod{3277} \quad \text{bzw.}$$

$$(55 \cdot 57)^2 \equiv (-1)^2 \cdot 2^4 \cdot 3^2 \cdot 7^2 = (2^2 \cdot 3 \cdot 7)^2 \pmod{3277}.$$

18.9 Faktorisieren

Wir wählen nun $x := 55 \cdot 57 = 3135$ und $y := 2^2 \cdot 3 \cdot 7 = 84$. Tatsächlich sind die Gl. (18.6) und die Ungleichungen, Gl. (18.7) erfüllt. Wir berechnen $x - y = 3051$, und mit $\text{ggT}(3051, 3277) = 113$ ist ein Teiler von n gefunden. ◀

So einfach geht es nicht immer – hier haben wir Glück gehabt. Im Allgemeinen muss man ein bisschen mehr tun. Auf der linken Seite steht immer ein Quadrat, wenn man Gleichungen multipliziert. Es stellt sich die Frage, welche Gleichungen (möglicherweise mehr als 2) multipliziert werden müssen, damit sich auch auf der rechten Seite ein Quadrat ergibt. Wir setzen unser Beispiel fort.

Beispiel 18.75 (Fortsetzung)

Die rechten Seiten sind

$$(-1) \cdot 2^2 \cdot 3^2 \cdot 7, \ (-1) \cdot 4 \cdot 47, \ (-1) \cdot 2^2 \cdot 7, \ 3 \cdot 29 \text{ und } 2^2 \cdot 3 \cdot 17.$$

Wir definieren nun $x_i := 1$, wenn die i-te Gleichung verwendet werden soll, und sonst $x_i := 0$. Multipliziert man nun die Gleichungen, so erhält man auf der rechten Seite

$$\left((-1) \cdot 2^2 \cdot 3^2 \cdot 7\right)^{x_1} \cdot \left((-1) \cdot 3 \cdot 47\right)^{x_2} \cdot \left((-1) \cdot 2^2 \cdot 7\right)^{x_3} \cdot (3 \cdot 29)^{x_4} \cdot \left(2^2 \cdot 3 \cdot 17\right)^{x_5}.$$

Wir sortieren das Ergebnis nach den Basen und erhalten

$$(-1)^{x_1+x_2+x_3} \cdot 2^{2x_1+2x_3+2x_5} \cdot 3^{2x_1+x_2+x_4+x_5} \cdot 7^{x_1+x_3} \cdot 17^{x_5} \cdot 29^{x_4} \cdot 47^{x_2}.$$

Damit ein Quadrat herauskommt, müssen alle Exponenten gerade sein. Es ergibt sich ein lineares Gleichungssystem

$$x_1 + x_2 + x_3 = 0 \pmod{2},$$
$$2x_1 + 2x_3 + 2x_5 = 0 \pmod{2},$$
$$2x_1 + x_2 + x_4 + x_5 = 0 \pmod{2},$$
$$x_1 + x_3 = 0 \pmod{2},$$
$$x_4 = 0 \pmod{2},$$
$$x_5 = 0 \pmod{2},$$
$$x_2 = 0 \pmod{2}$$

über dem Körper $\mathbb{Z}_2$, welches sich wie gewohnt lösen lässt. Besitzt das lineare Gleichungssystem neben der Lösung $x_1 = x_2 = \cdots = x_5 = 0$ eine weitere Lösung, so wissen wir, welche Gleichungen multipliziert werden müssen. In diesem Fall ergeben sich $x_1 = x_3 = 1$ und $x_2 = x_4 = x_5 = 0$. Den Rest kennen wir ja schon. ◀

Die Methode des quadratischen Siebs lässt sich noch verallgemeinern und verbessern zum sogenannten Zahlkörpersieb (*General-Number-Field-Sieve*). Das führt aber zu weit.

18.9.3 Faktorisieren mit elliptischen Kurven

Auch elliptische Kurven[7] lassen sich verwenden, um große Zahlen n zu faktorisieren. Wir sehen uns die *ECM* (Elliptic-Curve-Factorization-Method) von Lenstra an, bei der es sich um eine Verallgemeinerung der Pollard-$(p-1)$-Methode handelt. Diese Methode beruht darauf, dass man Vielfache von Punkten auf einer elliptischen Kurve über $\mathbb{Z}_n$ berechnet. Wenn n nicht prim und damit $\mathbb{Z}_n$ kein Körper ist, geht das mit einer gewissen Wahrscheinlichkeit (bei einer Division, also der Berechnung eines Kehrwerts modulo n) schief. Diese Wahrscheinlichkeit ist bei passenden Vielfachen sehr groß.

Algorithmus 18.76 (Lenstra) Die Zahl n ist zu faktorisieren.

1. Wähle (zufällig) eine elliptische Kurve $\mathcal{E} : y^2 = x^3 + ax + b$ über $\mathbb{Z}_n$ und einen Punkt $P = (x, y)$ auf $\mathcal{E}$.
2. Wähle zwei natürliche Zahlen B_1 und B_2.
3. Setze

$$k := \prod_{p \leq B_1,\ p \in \mathbb{P}} p^{\alpha_p},$$

wobei α_p die größte ganze Zahl ist, für die $p^{\alpha_p} \leq B_2$ ist.
4. Berechne $k \cdot P$. Dabei müssen für Punktadditionen und Punktverdopplungen Zahlen x modulo n invertiert werden. Das funktioniert nicht, wenn x nicht relativ prim zu n ist. Der größte gemeinsame Teiler ggT(n, x) ist dann ein Teiler von n.
5. Ist alles gut gegangen (d. h., es gab keine Probleme beim Berechnen der Kehrwerte), wähle neue $\mathcal{E}$ und P.

Beispiel 18.77

Will man eine 10-stellige Zahl n faktorisieren, wählt man etwa $B_1 = 20$ und $B_2 = 100.700$. Dann ergibt sich $k = 2^{16} \cdot 3^{10} \cdot 5^7 \cdot 7^5 \cdot 11^4 \cdot 13^4 \cdot 17^4 \cdot 19^3$. Wie bei der Pollard-Methode kann auch hier $k \cdot P$ als eine Folge von Punktmultiplikationen berechnet werden. ◀

---

[7] Siehe Kap. 15.

18.9 Faktorisieren

Diese Faktorisierungsmethode ist in etwa so schnell wie das quadratische Sieb. Sie ist aber schneller, wenn n einen kleinen Primfaktor besitzt. Außerdem haben wir gesehen, dass das quadratische Sieb einen sehr großen Speicherbedarf hat – es müssen ja riesige Gleichungssysteme gelöst werden. Dieses Problem hat diese Methode nicht. Schließlich kann man hier mehr Parameter wählen (B_1, B_2 und $\mathcal{E}$). Natürlich kann man dann auch mit verschiedenen Parametern parallel an der Faktorisierung arbeiten.

Das Faktorisierungsproblem ist noch lange nicht vollständig untersucht. Neben den hier vorgestellten gibt es noch eine Vielzahl weiterer Faktorisierungsverfahren.

Rückblick

In diesem Kapitel hast du dir die wichtigsten Grundlagen zum Rechnen mit Restklassen wieder ins Gedächtnis gerufen. Du weißt, wie man *Euklids Algorithmus* zum Berechnen eines *größten gemeinsamen Teilers* oder von *Kehrwerten von Restklassen* benutzt. Du kannst mit dem *chinesischen Restsatz* Restklassengleichungssysteme effizient lösen. Du bist vertraut mit den wichtigsten Rechenregeln zum Potenzrechnen mit Restklassen. Insbesondere die *Square-and-Multiply-Methode* zum Potenzieren ist dir bekannt und du kannst die *Aufwände* für alle Rechenoperationen grob einschätzen. Darüber hinaus kannst du bei Potenzen den *Satz von Euler* bzw. den Satz von Fermat einsetzen und du verstehst den Begriff der *Ordnung* einer Restklasse. Du weißt, was mit den Begriffen *kommutativer Ring mit 1* und *Körper* gemeint ist und kennst Beispiele dafür. Du kennst mit dem *Pollard-($p-1$)-Verfahren*, dem quadratischen Sieb und *ECM* verschiedene Methoden zum Faktorisieren ganzer Zahlen.

Polynome 19

> **Ziele**
>
> Am Ende des Kapitels wirst du die folgenden Begriffe und Symbole kennen und damit umgehen können:
>
> - Polynom, Polynomfunktion, Nullstelle, Restklassen von Polynomen, Galois-Feld.
>
> Du wirst folgende Rechentechniken für Polynome beherrschen:
>
> - Addition, Subtraktion, Multiplikation und Division mit Rest, Berechnen des ggT mit dem euklidischen Algorithmus, erweiterter euklidischer Algorithmus.

19.1 Rechnen mit Polynomen

▶ **Definition 19.1 (Polynom, Grad, Koeffizient, führender Koeffizient)** Es sei K ein Körper. Unter einem *Polynom* über dem Körper K verstehen wir einen Ausdruck der Form $a_n x^n + \cdots + a_1 x + a_0$, wobei $n \in \mathbb{N}_0$ und $a_0, a_1, a_2, \ldots, a_n \in K$. Die Zahlen $a_0, a_1, a_2, \ldots, a_n \in K$ heißen *Koeffizienten* des Polynoms. Ist ein Koeffizient $a_i = 0$, so wird der Summand $a_i x_i$ auch gerne weggelassen.

Die Menge aller *Polynome über dem Körper K* ist

$$K[x] := \{a_n x^n + \cdots + a_1 x + a_0 \mid n \in \mathbb{N}_0 \text{ und } a_0, a_1, a_2, \ldots, a_n \in K\}.$$

Der *Grad* des Polynoms $a_n x^n + \cdots + a_1 x + a_0 \in K[x]$ ist n, falls $a_n \neq 0$. In diesem Fall heißt der Koeffizient a_n *führender Koeffizient* des Polynoms. Der Grad des Polynoms 0 ist $-\infty$. Ist der führende Koeffizient eines Polynoms gleich 1, so heißt das Polynom *normiert*.

Als Koeffizienten kommen rationale und reelle Zahlen, aber auch Restklassen modulo einer Primzahl infrage, je nachdem, welchen Körper K man wählt. Die Reihenfolge, in der die verschiedenen Potenzen angegeben werden, ist beliebig. Üblich ist es, die Potenzen der Größe nach – wahlweise aufsteigend oder absteigend – zu sortieren.

▶ **Definition 19.2 (Addition, Subtraktion, Multiplikation von Polynomen)** Es sei K ein Körper. Es seien $m, n \in \mathbb{N}_0$, $n \geq m$, $k \in K$,

$$a := a_n x^n + \cdots + a_1 x + a_0 \in K[x] \quad \text{und}$$
$$b := b_m x^m + \cdots + b_1 x + b_0 \in K[x].$$

Dann definieren wir

$$k \cdot a := (k a_n) x^n + \cdots + (k a_1) x + (k a_0)$$

und

$$a = a_n x^n + \ldots + a_{m+1} x^{m+1} + \quad a_m x^m + \cdots + \quad a_1 x + \quad a_0,$$
$$b = \phantom{a_n x^n + \ldots + a_{m+1} x^{m+1} +} \quad b_m x^m + \cdots + \quad b_1 x + \quad b_0,$$

$$\overline{}$$

$$a + b := a_n x^n + \ldots + a_{m+1} x^{m+1} + (a_m + b_m) x^m + \cdots + (a_1 + b_1) x + (a_0 + b_0),$$
$$a - b := a_n x^n + \ldots + a_{m+1} x^{m+1} + (a_m - b_m) x^m + \cdots + (a_1 - b_1) x + (a_0 - b_0).$$

Die Multiplikation der Polynome erfolgt gemäß der Potenzrechenregel $x^i \cdot x^j = x^{i+j}$ durch Ausmultiplizieren. Dabei ergibt sich

$$a \cdot b = (a_n x^n + \cdots + a_1 x + a_0) \cdot (b_m x^m + \cdots + b_1 x + b_0)$$
$$= c_{n+m} x^{n+m} + \cdots + c_1 x + c_0$$

mit den Koeffizienten

$$c_k := \sum_{i=0}^{k} a_i b_{k-i} \quad, \text{ für jedes } 0 \leq k \leq n + m.$$

19.1 Rechnen mit Polynomen

Beispiel 19.3

Für die Summe, die Differenz und das Produkt der Polynome

$$a := -\frac{3}{4}x^2 + 2x - \frac{4}{3} \in \mathbb{R}[x] \text{ und } b := 2x^3 - \frac{1}{2}x + 1 \in \mathbb{R}[x]$$

ergibt sich

$$a + b = \left(-\frac{3}{4}x^2 + 2x - \frac{4}{3}\right) + \left(2x^3 - \frac{1}{2}x + 1\right)$$

$$= 2x^3 - \frac{3}{4}x^2 + \frac{3}{2}x - \frac{1}{3},$$

$$a - b = \left(-\frac{3}{4}x^2 + 2x - \frac{4}{3}\right) - \left(2x^3 - \frac{1}{2}x + 1\right)$$

$$= -2x^3 - \frac{3}{4}x^2 + \frac{5}{2}x - \frac{7}{3}$$

und

$$a \cdot b = \left(-\frac{3}{4}x^2 + 2x - \frac{4}{3}\right) \cdot \left(2x^3 - \frac{1}{2}x + 1\right)$$

$$= -\frac{3}{2}x^5 + 4x^4 - \frac{8}{3}x^3 + \frac{3}{8}x^3 - x^2 + \frac{2}{3}x - \frac{3}{4}x^2 + 2x - \frac{4}{3}$$

$$= -\frac{3}{2}x^5 + 4x^4 - \frac{55}{24}x^3 - \frac{7}{4}x^2 + \frac{8}{3}x - \frac{4}{3}.$$

Python

In *Python* kann das Modul numpy.polynomial verwendet werden, um mit Polynomen zu rechnen.

```
> from numpy.polynomial import Polynomial
> a = Polynomial( [-4/3,2,-3/4] )
> b = Polynomial( [1,-1/2,0,2] )
> a
Polynomial([-1.33333333,2.,-0.75], \
    domain=[-1, 1], window=[-1, 1])
> print(b)
1.0 - 0.5·x¹ + 0.0·x² + 2.0·x³
> a+b
Polynomial([-0.33333333,1.5,-0.75,2.], \
    domain=[-1.,1.], window=[-1.,1.])
```

(Fortsetzung)

```
> print(a-b)
-2.333333333333333 + 2.5·x¹ - 0.75·x² - 2.0·x³
> a*b
Polynomial([-1.33333333,2.66666667,-1.75,-2.29166667,4.,-1.5], \
    domain=[-1.,1.], window=[-1.,1.])
```

(Die domain- und window-Parameter können hier ignoriert werden.)

◀

Mit Polynomen lässt sich wie mit ganzen Zahlen rechnen. Zusammen mit der Addition und der Multiplikation bildet auch $K[x]$ einen kommutativen Ring mit 1; es gelten dieselben grundlegenden Rechenregeln wie für die ganzen Zahlen. Im Folgenden werden wir noch mehr Gemeinsamkeiten zwischen den ganzen Zahlen und Polynomen finden.

Auch Polynome lassen sich (zumindest teilweise) nach ihrer Größe sortieren, dazu wird der Grad von Polynomen verwendet: je größer der Grad, desto größer das Polynom.

Lemma 19.4 *Es sei K ein Körper. Sind $f, g \in K[x]$, dann sind*

$$\mathrm{Grad}(f + g) \leq \max(\mathrm{Grad}(f), \mathrm{Grad}(g)),$$

$$\mathrm{Grad}(f - g) \leq \max(\mathrm{Grad}(f), \mathrm{Grad}(g)) \quad und$$

$$\mathrm{Grad}(f \cdot g) = \mathrm{Grad}(f) + \mathrm{Grad}(g).$$

Beweis Bei der Addition und Subtraktion zweier Polynome aus $K[x]$ entstehen keine höheren Potenzen von x. Haben f und g denselben Grad und summieren sich die führenden Koeffizienten zum Nullelement $0 \in K$, dann ist der Grad von $f + g$ sogar kleiner als der Grad der beiden Polynome. Selbiges gilt analog für Differenzen.

Bei der Multiplikation ergibt sich die höchste Potenz von x in $f \cdot g$ aus den höchsten Potenzen von x in f und in g. Nach der Potenzrechenregel $x^m \cdot x^n = x^{m+n}$ ist die höchste auftretende Potenz von x genau die Summe der Grade von f und g. In diesem Fall ergibt sich der führende Koeffizient von $f \cdot g$ als das Produkt der führenden Koeffizienten von f und g. Nach Lemma 18.48 ist dieser nicht 0. □

Wie in $\mathbb{Z}$ kann man auch in $K[x]$ mit Rest dividieren.

Theorem 19.5 *Es seien K ein Körper und $f, g \in K[x]$. Dann gibt es zwei eindeutig bestimmte Polynome q (Quotient) und r (Rest) über K, sodass*

$$f = g \cdot q + r \quad und \quad \mathrm{Grad}(r) < \mathrm{Grad}(g).$$

Die Polynome q und r erhält man durch *Polynomdivision*.

19.1 Rechnen mit Polynomen

Beispiel 19.6

Wir wählen $K = \mathbb{R}$, $f = 2x^3 - 4x^2 + 1$ und $g = x - 1$.

$$2x^3 - 4x^2 \quad + 1 \;:\; x - 1 = 2x^2 - 2x - 2$$
$$\underline{-2x^3 \mp 2x^2}$$
$$- 2x^2$$
$$\underline{\mp 2x^2 \pm 2x}$$
$$-2x + 1$$
$$\underline{\mp 2x \pm 2}$$
$$- 1 \text{ Rest}$$

Also sind $q = 2x^2 - 2x - 2$ und $r = -1$. Weiterhin sind $\mathrm{Grad}(r) = 0$ und $\mathrm{Grad}(g) = 1$.
◂

▶ **Definition 19.7** Ist der Rest bei der Division von f durch g gleich 0, so sagen wir, g ist ein *Teiler* von f bzw. *g teilt f* (und schreiben $g \mid f$).

Wie in $\mathbb{Z}$ gibt es auch wieder einen größten gemeinsamen Teiler.

Theorem 19.8 *Für alle $f, g \in K[x]$ gibt es genau ein normiertes Polynom $d \in K[x]$ größten Grades, das sowohl f als auch g teilt, den größten gemeinsamen Teiler. Wir schreiben dafür* $\mathrm{ggT}(f, g)$. *Weiterhin gibt es Polynome $s, t \in K[x]$, sodass*

$$\mathrm{ggT}(f, g) = s \cdot f + t \cdot g.$$

Beweis Analog zum Beweis von Lemma 18.23. □

Ausrechnen lässt sich all das genau wie in $\mathbb{Z}$. Ein Beispiel zur Illustration.

Beispiel 19.9 (Der erweiterte euklidische Algorithmus für Polynome)

Wir bestimmen $\mathrm{ggT}(x^3 + 2x^2 + x + 2, 2x^2 + x - 6)$ in $\mathbb{Q}[x]$.

	$x^3 + 2x^2 + x + 2$	$2x^2 + x - 6$	
$x^3 + 2x^2 + x + 2$	1	0	
$2x^2 + x - 6$	0	1	$\frac{1}{2}x + \frac{3}{4}$
$\frac{13}{4}x + \frac{13}{2}$	1	$-\frac{1}{2}x - \frac{3}{4}$	$\frac{8}{13}x - \frac{12}{13}$
0			

Die erforderlichen Polynomdivisionen mit Rest sind:

$$x^3 + 2x^2 + x + 2 \;:\; 2x^2 + x - 6 = \frac{1}{2}x + \frac{3}{4}$$

$$x^3 + \frac{1}{2}x^2 - 3x$$

$$\frac{3}{2}x^2 + 4x + 2$$

$$\frac{3}{2}x^2 + \frac{3}{4}x - \frac{9}{2}$$

$$\frac{13}{4}x + \frac{13}{2} \;\text{Rest,}$$

$$2x^2 + x - 6 \;:\; \frac{13}{4}x + \frac{13}{2} = \frac{8}{13}x - \frac{12}{13}$$

$$2x^2 + 4x$$

$$-3x - 6$$

$$-3x - 6$$

$$0 \;\text{Rest.}$$

Der ggT ist definiert als normiertes Polynom. Wir müssen also $\frac{13}{4}x + \frac{13}{2}$ noch normieren, d. h.: dividieren durch den führenden Koeffizienten (bzw. multiplizieren mit dessen Kehrwert). Wir erhalten

$$\text{ggT}(x^3 + 2x^2 + x + 2,\, 2x^2 + x - 6) = \left(\frac{13}{4}x + \frac{13}{2}\right) \cdot \frac{4}{13} = x + 2.$$

Weiterhin lässt sich der ggT – analog zu den ganzen Zahlen – darstellen als

$$x + 2 = \frac{4}{13} \cdot [1 \cdot (x^3 + 2x^2 + x + 2) + \left(-\frac{1}{2}x - \frac{3}{4}\right) \cdot (2x^2 + x - 6)]$$

$$= \underbrace{\frac{4}{13}}_{=:s}(x^3 + 2x^2 + x + 2) + \underbrace{\frac{1}{13}(-2x - 3)}_{=:t}(2x^2 + x - 6).$$

> **Python**
> Die Divisionen mit Rest lassen sich (wie bei den ganzen Zahlen) mit // und % berechnen.
> ```
> > from numpy.polynomial import Polynomial
> > p, q = Polynomial([2,1,2,1]), Polynomial([-6,1,2])
> > print(p)
> 2.0 + 1.0·x¹ + 2.0·x² + 1.0·x³
> > print(p//q)
> 0.75 + 0.5·x¹
> > p%q
> Polynomial([6.5 , 3.25], \
>    domain=[-1.,  1.], window=[-1.,  1.])
> ```

◀

19.2 Polynome über $\mathbb{Z}_p$

Wir haben Polynome recht allgemein definiert, indem wir als Koeffizienten Elemente aus einem beliebigen Körper zugelassen haben. In diesem Abschnitt betrachten wir Polynome mit Koeffizienten aus einem Körper $\mathbb{Z}_p$.

Beispiel 19.10

Für die Polynome

$$p := 2x^5 + 2x^3 + 2x^2 + 2x + 1 \in \mathbb{Z}_3[x] \text{ und } q := x^4 + x^3 + x^2 + 2x + 1 \in \mathbb{Z}_3[x]$$

ergibt sich (Achtung: Die Koeffizienten sind aus $\mathbb{Z}_3$, auch wenn wir sie nicht explizit als Restklassen schreiben!)

$$\begin{aligned}
p + q &= \left(2x^5 + 2x^3 + 2x^2 + 2x + 1\right) + \left(x^4 + x^3 + x^2 + 2x + 1\right) \\
&= 2x^5 + x^4 + x + 2, \\
p \cdot q &= \left(2x^5 + 2x^3 + 2x^2 + 2x + 1\right) \cdot \left(x^4 + x^3 + x^2 + 2x + 1\right) \\
&= 2x^9 + 2x^7 + 2x^6 + 2x^5 + x^4 + 2x^8 + 2x^6 + 2x^5 + 2x^4 + x^3 + \\
&\quad + 2x^7 + 2x^5 + 2x^4 + 2x^3 + x^2 + x^6 + x^4 + x^3 + x^2 + 2x + \\
&\quad + 2x^5 + 2x^3 + 2x^2 + 2x + 1 \\
&= 2x^9 + 2x^8 + x^7 + 2x^6 + 2x^5 + x^2 + x + 1.
\end{aligned}$$

Wir berechnen noch den größten gemeinsamen Teiler.

	$2x^5 + 2x^3 + 2x^2 + 2x + 1$	$x^4 + x^3 + x^2 + 2x + 1$		
$2x^5 + 2x^3 + 2x^2 + 2x + 1$	1	0		
$x^4 + x^3 + x^2 + 2x + 1$	0	1	$2x + 1$	
$2x^3 + x$	1	$x + 2$	$2x + 2$	
$2x^2 + 1$	$x + 1$	x^2	x	
0				

Das Polynom $2x^2 + 1$ muss noch normiert werden. Division durch den führenden Koeffizienten 2 ergibt das Polynom $x^2 + 2$. Also sind

$$\mathrm{ggT}(2x^5 + 2x^3 + 2x^2 + 2x + 1, x^4 + x^3 + x^2 + 2x + 1) = x^2 + 2 \quad \text{und}$$

$$x^2 + 2 = (2x + 2) \cdot (2x^5 + 2x^3 + 2x^2 + 2x + 1) + 2x^2 \cdot (x^4 + x^3 + x^2 + 2x + 1).$$

◂

Speziell von Interesse im Bereich der Informatik sind Polynome über $\mathbb{Z}_2$, aus Gründen, die im folgenden Beispiel klar werden sollten.

Beispiel 19.11

Wir wählen

$$p := x^8 + x^4 + x^2 + 1 \quad \text{und}$$

$$q := x^4 + x + 1$$

aus $\mathbb{Z}_2[x]$. Für das Rechnen mit diesen Polynomen sind die Koeffizienten der Polynome von Bedeutung. Bei Polynomen über $\mathbb{Z}_2$ können diese nur 0 oder 1 sein. Die beiden Polynome lassen sich als Vektoren über $\mathbb{Z}_2$[1] oder als Bitfolgen lesen. (Es bietet sich an, Vektoren bzw. Bitfolgen der gleichen Länge zu benutzen.)

$$p = 100010101 = \begin{pmatrix} 1 & 0 & 0 & 0 & 1 & 0 & 1 & 0 & 1 \end{pmatrix}^\mathsf{T},$$

$$q = 000010011 = \begin{pmatrix} 0 & 0 & 0 & 0 & 1 & 0 & 0 & 1 & 1 \end{pmatrix}^\mathsf{T}.$$

---

[1] Siehe Kap. 21.

19.2 Polynome über $\mathbb{Z}_p$

Die Addition von p und q ergibt:

	Polynom	Vektor	Bitfolge
p	$x^8 + x^4 + x^2 + 1$	$\begin{pmatrix} 1 & 0 & 0 & 0 & 1 & 0 & 1 & 0 & 1 \end{pmatrix}^T$	100010101
q	$x^4 + x + 1$	$\begin{pmatrix} 0 & 0 & 0 & 0 & 1 & 0 & 0 & 1 & 1 \end{pmatrix}^T$	000010011
$p+q$	$x^8 + x^2 + x$	$\begin{pmatrix} 1 & 0 & 0 & 0 & 0 & 0 & 1 & 1 & 0 \end{pmatrix}^T$	100000110

Die Addition von Polynomen über $\mathbb{Z}_2$ entspricht der Addition von Vektoren über $\mathbb{Z}_2$, diese dem bitweisen XOR von Bitfolgen; eine sehr praktische Tatsache für das Rechnen mit solchen Polynomen. Eine andere, verbreitete Bezeichnung für diese Art der Addition ist „Carry-less-Addition". Man kann sich diese Addition als gewöhnliche Addition im Binärsystem vorstellen, bei der auf das Carry-Bit verzichtet wird.

Die Subtraktion von Polynomen über $\mathbb{Z}_2$ entspricht deren Addition; eine weitere angenehme Eigenschaft dieser Polynome.

Für die Multiplikation betrachten wir zunächst die Multiplikation mit Monomen x^k an einem Beispiel.

Polynom	Bitfolge
$(x^8 + x^4 + x^2 + 1) \cdot x$	100010101 · 10
$(x^9 + x^5 + x^3 + x)$	1000101010

Polynom	Bitfolge
$(x^8 + x^4 + x^2 + 1) \cdot x^4$	100010101 · 10000
$(x^{12} + x^8 + x^6 + x^4)$	1000101010000

Die Multiplikation mit x^k entspricht auf Bitebene einem Linksshift um k Bit, das rechte Anhängen von k 0-Bits. Die Multiplikation mit allgemeinen Polynomen ergibt sich aus der Distributivität der arithmetischen Operationen.

$$\begin{aligned}(x^8 + x^4 + x^2 + 1) \cdot (x^4 + x + 1) = &\, (x^8 + x^4 + x^2 + 1) \cdot x^4 \\ &+ (x^8 + x^4 + x^2 + 1) \cdot x \\ &+ (x^8 + x^4 + x^2 + 1) \cdot 1.\end{aligned}$$

Diese Berechnungen lassen sich direkt auf Bitfolgen übersetzen; es handelt sich um Linksshifts und XOR-Operationen.

```
    1 0 0 0 1 0 1 0 1 · 1 0 0 1 1
    ─────────────────────────────
    1 0 0 0 1 0 1 0 1 0 0 0 0
          1 0 0 0 1 0 1 0 1 0
              1 0 0 0 1 0 1 0 1
    ─────────────────────────────
    1 0 0 1 0 0 1 1 0 1 1 1 1           .
```

Das Ergebnis von $p \cdot q$ ist also $x^{12} + x^9 + x^6 + x^5 + x^3 + x^2 + x + 1$. Nicht überraschend wird diese Multiplikation oft als „Carry-less-Multiplication" bezeichnet.

Für die Division (mit Rest) lässt sich ebenso eine Variante für die Darstellung als Bitfolgen finden.

```
    1 0 0 0 1 0 1 0 1 / 1 0 0 1 1 = 1 0 0 1 0
    1 0 0 1 1
    ─────────
    0 0 0 1 0 0 1 0 1
          1 0 0 1 1
          ─────────
          0 0 0 0 1 1    Rest                  .
```

Als Quotient ergibt sich $x^4 + x$, als Rest $x + 1$.

Ist nur der Rest bei der Division von Interesse, betrachtet man also rein die Modulo-Operation, so lässt sich auch in der Polynomdarstellung ein Trick zur Vereinfachung der Berechnungen anwenden. Wird modulo dem Polynom $x^4 + x + 1$ gerechnet, so gilt klarerweise $x^4 + x + 1 = 0$ (mod $x^4 + x + 1$). Diese Gleichung kann man auch lesen als $x^4 = x + 1$ (mod $x^4 + x + 1$). Modulo $x^4 + x + 1$ darf also jedes x^4 durch $x + 1$ ersetzt werden. Demnach ergibt sich

$$x^8 + x^4 + x^2 + 1 = (x^4)^2 + x^4 + x^2 + 1$$
$$= (x + 1)^2 + (x + 1) + x^2 + 1$$
$$= x^2 + 1 + x + 1 + x^2 + 1$$
$$= x + 1 \pmod{x^4 + x + 1}.$$

So ist zur Berechnung des Rests bei der Division gar keine Polynomdivision erforderlich. Auch dies lässt sich mit Bitfolgen realisieren. ◂

19.3 Faktorisieren

Wie in $\mathbb{Z}$ gibt es auch in $K[x]$ Elemente, die sich in Produkte zerlegen lassen, und andere, die dies nicht erlauben.

19.3 Faktorisieren

▶ **Definition 19.12 (Reduzibel, irreduzibel)** Ein Polynom $p \in K[x]$ heißt *reduzibel*, wenn es Polynome f und g gibt, sodass $p = f \cdot g$ und die Grade der Polynome f und g kleiner sind als der Grad von p. Andernfalls heißt p *irreduzibel*.

Die irreduziblen Polynome sind sozusagen die Primzahlen in $K[x]$. Wie in $\mathbb{Z}$ ist auch in $K[x]$ eine eindeutige Zerlegung in Primfaktoren möglich.

Theorem 19.13 *Jedes Polynom $p \in K[x]$ mit $p \neq 0$ lässt sich in der Form*

$$p = a \cdot p_1^{e_1} \cdot p_2^{e_2} \cdots p_r^{e_r}$$

darstellen, wobei $p_1, \ldots, p_r$ verschiedene normierte irreduzible Polynome vom Grad ≥ 1 sind und $a \in K$ der führende Koeffizient von p ist. Diese Darstellung ist bis auf die Reihenfolge eindeutig.

Bislang waren Polynome lediglich symbolische Ausdrücke, für die wir arithmetische Operationen definiert haben; das x in diesen Polynomen ist aber lediglich ein Symbol. Ersetzt man allerdings x durch ein Element des Körpers K, so lässt sich so ein Ausdruck ausrechnen, und man erhält ein Element von K. Dies wird *Einsetzen* für x genannt.

▶ **Definition 19.14** Es seien K ein Körper und $f := a_n x^n + \cdots + a_1 x + a_0 \in K[x]$ und $\alpha \in K$. Dann ist

$$f(\alpha) := a_n \alpha^n + \ldots a_1 \alpha + a_0 \in K.$$

Weiterhin heißt α *Nullstelle von f*, wenn $f(\alpha) = 0$.

Teiler vom Grad 1 eines Polynoms hängen eng mit den Nullstellen des Polynoms zusammen.

Theorem 19.15 *Es seien $f \in K[x]$ ein Polynom und $\alpha \in K$. Dann ist α genau dann eine Nullstelle von f, wenn das Polynom $x - \alpha$ ein Teiler von f ist.*

Beweis Angenommen, $(x - \alpha) \mid f$, dann gibt es ein Polynom q, sodass $f = (x - \alpha) \cdot q$. Dann gilt aber $f(\alpha) = (\alpha - \alpha) \cdot q(\alpha) = 0 \cdot q(\alpha) = 0$.

Sei nun umgekehrt $f(\alpha) = 0$. Wir dividieren f mit Rest durch $(x - \alpha)$ und erhalten $f = q \cdot (x - \alpha) + r$. Einsetzen von α für x ergibt

$$0 = f(\alpha) = q(\alpha)(\alpha - \alpha) + r(\alpha) = r(\alpha),$$

also $r(\alpha) = 0$. Weiterhin ist der Grad von r kleiner als der Grad von $(x - \alpha)$, also kleiner als 1. Das heißt, dass r ein konstantes Polynom sein muss. Da aber $r(\alpha) = 0$, ist r das konstante Nullpolynom, der Rest bei der Division ist also Null, m. a. W., $(x - \alpha)$ ist ein Teiler von f. □

Korollar 19.16 *Es seien $d \in \mathbb{N}_0$, $f \in K[x]$ ein Polynom vom Grad d. Dann besitzt f höchstens d verschiedene Nullstellen.*

Beweis Der Beweis erfolgt durch vollständige Induktion nach dem Grad des Polynoms f. Die Behauptung ist für $d = 0$ und $d = 1$ natürlich richtig. Es sei also angenommen, dass die Behauptung für Polynome vom Grad $< d$ stimmt. Zu zeigen ist, dass sie dann auch für Polynome vom Grad d gilt. Sei also $f \in K[x]$ ein Polynom vom Grad d. Angenommen, α ist eine Nullstelle von f. Nach Theorem 19.15 ist dann $(x - \alpha)$ ein Teiler von f. Das heißt, es gibt ein Polynom $q \in K[x]$, sodass $f = (x - \alpha) \cdot q$. Nach Lemma 19.4 hat q Grad $d-1$. Nach Induktionsvoraussetzung hat das Polynom q damit höchstens $d - 1$ Nullstellen. Die Nullstellen des Polynoms $f = (x - \alpha) \cdot q$ sind neben α also diese maximal $d-1$ Nullstellen von q. Der Grad des Polynoms $x - \alpha$ ist 1. Ist β eine Nullstelle von $(x - \alpha) \cdot q$, dann ist $(\beta - \alpha) \cdot q(\beta) = 0$. Wegen Lemma 18.48 muss entweder $(\beta - \alpha)$ oder $q(\beta)$ gleich Null sein. Diese Nullstellen haben wir bereits gefunden. Somit gibt es keine weiteren Lösungen. □

19.4 Endliche Körper

Im letzten Abschnitt dieses Kapitels überlegen wir, ob nicht auch die Sache mit den Restklassen in $K[x]$ funktioniert. Wir definieren (diesmal für $f, g, h \in K[x]$):

$$g = h \pmod{f} \text{ genau dann, wenn } f \mid g - h. \tag{19.1}$$

Wenig überraschend stellt sich heraus, dass der Satz über das Rechnen mit Restklassen von ganzen Zahlen mutatis mutandis wieder gilt. Für die Menge der Restklassen modulo f schreiben wir $K[x]/(f)$. Bevor es weitergeht, sehen wir uns das einmal an. Wir nehmen uns dazu noch einmal $\mathbb{R}[x]$ vor.

Beispiel 19.17

Das Polynom $f := x^2 + 1$ ist irreduzibel in $\mathbb{R}[x]$. Wir rechnen in $\mathbb{R}[x]/(x^2 + 1)$.

Addition $\quad [(3x + 4)]_f + [(-x + 3)]_f = [3x + 4 - x + 3]_f = [2x + 7]_f.$
Multiplikation $\quad [(3x + 4)]_f \cdot [(-x + 3)]_f = [(3x + 4)(-x + 3)]_f$
$\qquad\qquad\qquad\qquad\qquad\qquad\quad = [-3x^2 + 5x + 12]_f.$

Hier passiert etwas: Wir können den Rest bei Division durch f berechnen, also

19.4 Endliche Körper

$$-3x^2 + 5x + 12 \; : \; x^2 + 1 = -3$$
$$\underline{-3x^2 \quad -3}$$
$$5x + 15 \quad \text{Rest.}$$

Also ist $[(3x+4)]_f \cdot [(-x+3)]_f = [5x+15]_f$.

Division $\quad \frac{[3x+4]_f}{[-x+3]_f} = ?$.

Auch keine Überraschung: erweiterter euklidischer Algorithmus wie in $\mathbb{Z}_p$.

	x^2+1	$-x+3$	
x^2+1	1	0	
$-x+3$	0	1	$-x-3$
10	**1**	**x+3**	$-\frac{1}{10}x + \frac{3}{10}$
0			

Gut, ggT$(3x+4, -x+3) = 1$ und $[-x+3]_f^{-1} = [\frac{1}{10}(3+x)]_f$. Also ist

$$\frac{[3x+4]_f}{[-x+3]_f} = [(3x+4)]_p \cdot [\frac{1}{10}(x+3)]_f = \ldots = [\frac{13}{10}x + \frac{9}{10}]_f.$$

Das Berechnen der Reste ist etwas mühsam; es geht auch bequemer – wie, das wissen wir schon längst. Schaut man genauer hin, so bemerkt man, dass wir hier $\mathbb{C}$, den Körper der komplexen Zahlen, konstruiert haben. Wir brauchen statt x lediglich i zu schreiben. Rechnet man modulo f, so ist $x^2 + 1 = 0 \pmod{f}$, oder mit i: $i^2 + 1 = 0 \pmod{f}$, bzw. $i^2 = -1 \pmod{f}$. Jetzt ist alles klar.

Man kann es auch so sehen: Wir haben einen neuen Körper konstruiert, indem wir zu $\mathbb{R}$ einfach ein neues Element i hinzugefügt haben. Man schreibt daher auch oft $\mathbb{R}(i)$ für diesen Körper und nennt $\mathbb{R}(i)$ *Erweiterungskörper* von $\mathbb{R}$. In $\mathbb{R}(i)$ ist f nicht mehr irreduzibel, denn nun ist $x^2 + 1 = (x+i)(x-i)$. So wie sich aus $\mathbb{Z}$ die Körper $\mathbb{Z}_p$ konstruieren ließen, so lässt sich der Körper $\mathbb{C}$ aus $\mathbb{R}[x]$ konstruieren. ◀

Theorem 19.18 *Sind K ein Körper und f ein irreduzibles Polynom in $K[x]$, dann ist $K[x]/(f)$ ein Körper.*

Das Gleiche versuchen wir jetzt mit dem Körper $K := \mathbb{Z}_2$.

Beispiel 19.19

Das Polynom $f = x^2 + x + 1$ ist irreduzibel in $\mathbb{Z}_2[x]$, denn es hätte sonst einen Teiler vom Grad 1 und somit eine Nullstelle; Offenbar ist aber weder 0 noch 1 eine

Nullstelle von f. Wie vorher rechnen wir am bequemsten, indem wir eine fiktive Lösung α der Gleichung $x^2 + x + 1 = 0$ zu $\mathbb{Z}_2$ hinzufügen; wir erhalten den Körper $\mathbb{Z}_2(\alpha) = \mathbb{Z}_2[x]/(x^2 + x + 1)$. Nun studieren wir diesen Körper.

Wir verzichten gleich auf die Schreibweise als Restklassen und verwenden α. Die Elemente von $\mathbb{Z}_2(\alpha)$ sind

$$0, 1, \alpha, \alpha + 1.$$

$\mathbb{Z}_2(\alpha)$ ist ein Körper mit 4 Elementen. Höhere Potenzen von α treten nicht auf, denn α ist eine Lösung von $x^2 + x + 1 = 0$, und daher ist $\alpha^2 = \alpha + 1$. In $\mathbb{Z}_2(\alpha)$ rechnet man wie folgt:

$+$	0	1	α	$\alpha+1$
0	0	1	α	$\alpha+1$
1	1	0	$\alpha+1$	α
α	α	$\alpha+1$	0	1
$\alpha+1$	$\alpha+1$	α	1	0

$\cdot$	0	1	α	$\alpha+1$
0	0	0	0	0
1	0	1	α	$\alpha+1$
α	0	α	$\alpha+1$	1
$\alpha+1$	0	$\alpha+1$	1	α

◀

In einem dritten Beispiel soll auch gezeigt werden, wie in *Python* mit endlichen Körpern gearbeitet werden kann.

Beispiel 19.20

In diesem Beispiel wählen wir $K = \mathbb{Z}_5$ und $f = x^3 + 3x + 2$. Wir erhalten den Körper $\mathbb{Z}_5(\alpha) = \mathbb{Z}_5[x]/(x^3 + 3x + 2)$. In diesem Körper gilt $\alpha^3 = 2\alpha + 3$. Jetzt sind alle Elemente von der Form

$$a\alpha^2 + b\alpha + c, \text{ wobei } a, b, c \in \mathbb{Z}_5,$$

denn höhere Potenzen von α werden wir wieder los. So ist

$$\alpha^3 = 2\alpha + 3,$$
$$\alpha^4 = \alpha \cdot \alpha^3 = \alpha(2\alpha + 3) =$$
$$= 2\alpha^2 + 3\alpha,$$
$$\alpha^5 = \alpha^2 \cdot \alpha^3 = \alpha^2(2\alpha + 3) =$$
$$= 2\alpha^3 + 3\alpha^2 = 2(2\alpha + 3) + 3\alpha^2 =$$
$$= 3\alpha^2 + 4\alpha + 1 \quad \text{usw.}$$

19.4 Endliche Körper

Diesmal ergeben sich $5 \cdot 5 \cdot 5 = 125$ verschiedene Elemente.

> **Python**
> Das Modul `galois` stellt eine Klasse für endliche Körper und deren Elemente zur Verfügung.
>
> ```
> > from galois import GF
> > k = GF( 5**3, irreducible_poly="x^3+3x+2", repr="poly" )
> > g = k("x^2+3x+1"); g
> GF(α^2 + 3α + 1, order=5^3)
> > g**2 * ( g**2 + 2*g )
> GF(α + 2, order=5^3)
> > g**(-1)
> GF(α^2 + 2, order=5^3)
> ```

◀

Auf die beschriebene Art kann man aus einem Körper $\mathbb{Z}_p$ einen Körper $\mathbb{Z}_p[x]/(f)$ basteln. Ist f ein irreduzibles Polynom vom Grad n, so hat der Körper $\mathbb{Z}_p[x]/(f)$ genau p^n Elemente. Dieser Körper heißt *Galois-Feld* der Ordnung p^n.

> **Rückblick**
> In diesem Kapitel hast du dich mit *Polynomen* und ihren Anwendungen beschäftigt. Du kannst mit Polynomen mit reellen Koeffizienten, aber auch mit Koeffizienten aus anderen Körpern umgehen. Du bist mit den *Grundrechnungsarten* und wichtigen Begriffen (wie z.B. dem *Grad*) vertraut und weißt über die Parallelen zwischen ganzen Zahlen und Polynomen Bescheid. Du bist in der Lage, mit dem *(erweiterten) euklidischen Algorithmus* den *größten gemeinsamen Teiler* zweier Polynome effizient zu berechnen. Du weißt, dass man Polynome auch als *Polynomfunktionen* interpretieren kann. Du weißt, was *Nullstellen* eines Polynoms sind. In diesem Kapitel hast du dich mit den Galois-Feldern, den endlichen Körpern, beschäftigt. Du weißt, wie man *Restklassen von Polynomen* bildet und wie man mit diesen Restklassen rechnet.

Abelsche Gruppen

20

> **Ziele**
>
> In diesem Kapitel lernst du,
>
> - was *Gruppen* sind,
> - welche *Rechenregeln* in Gruppen anwendbar sind,
> - wie in Gruppen *effizient* gerechnet werden kann,
> - was die *Ordnung* einer Gruppe und die Ordnung eines Elements einer Gruppe sind und inwiefern diese Begriffe für die Parameterwahl in kryptographischen Verfahren von Bedeutung sein können.

Dieses Kapitel behandelt – wie die Kap. 18 und 19 – keine kryptographischen Verfahren, sondern ausschließlich die allernötigsten mathematischen Grundlagen für die Verfahren, die beispielsweise in Kap. 12 oder Kap. 15 genauer behandelt werden.

20.1 Rechenregeln in abelschen Gruppen

Beim Diffie-Hellman-Key-Agreement[1] und den Varianten davon wird gerne mit Restklassen modulo p gerechnet. Dabei werden ausschließlich die Multiplikation und iterierte Multiplikation (also das Potenzieren) verwendet, Addition und Subtraktion werden nicht benötigt.

---

[1] Siehe Kap. 12.

Als das zentrale Sicherheitsmoment ergeben sich in den Verfahren das DLP bzw. das DDH. In diesem Abschnitt beschäftigen wir uns mit Alternativen zu $\mathbb{Z}_p^*$, wo diese grundlegenden Operationen genauso möglich sind, womit bspw. Diffie-Hellman-Key-Agreement ebenfalls realisiert werden kann, wo aber möglicherweise das DLP bzw. das CDH/DDH schwieriger sind als in $\mathbb{Z}_p^*$.

Beim Lesen der folgenden Definition denke man bei $\mathbb{G}$ an $\mathbb{Z}_p^*$, bei ∘ an die Multiplikation modulo p, bei $\widehat{a}$ an den Kehrwert von a modulo p und bei ⊥ an die Restklasse $[1]_p$.

▶ **Definition 20.1** Eine *abelsche Gruppe* ist ein Paar $(\mathbb{G}, \circ)$, wobei $\mathbb{G}$ irgendeine Menge ist, ∘ eine Funktion von $\mathbb{G} \times \mathbb{G}$ nach $\mathbb{G}$ und die folgenden Gesetze erfüllt sind (statt $\circ(a, b)$ schreiben wir $a \circ b$):

1. Für alle $a, b \in \mathbb{G}$ gilt: $a \circ b = b \circ a$
   (Kommutativität).
2. Für alle $a, b, c \in \mathbb{G}$ gilt: $(a \circ b) \circ c = a \circ (b \circ c)$
   (Assoziativität).
3. Es gibt ein Element $\bot \in \mathbb{G}$, sodass für alle $a \in \mathbb{G}$ gilt: $\bot \circ a = a \circ \bot = a$ (neutrales Element).
4. Für jedes $a \in \mathbb{G}$ gibt es ein Element $\widehat{a}$, sodass gilt: $a \circ \widehat{a} = \widehat{a} \circ a = \bot$ (inverses Element).

Die Funktion ∘ wird auch als *Verknüpfung* oder *Gruppenoperation* bezeichnet. Das Element $\widehat{a}$ heißt *inverses Element* von a. Das Element $\bot$ der Gruppe wird ihr *neutrales Element* genannt.

Wird auf die erste Eigenschaft ($a \circ b = b \circ a$) verzichtet, so spricht man von einer nicht abelschen Gruppe. Wir werden uns ausschließlich mit abelschen Gruppen beschäftigen und diese kürzer oft einfach als Gruppen bezeichnen. Im Zweifel sind also stets abelsche Gruppen gemeint. Wenn klar ist, welche Verknüpfung mit ∘ gemeint ist, schreiben wir statt $(\mathbb{G}, \circ)$ einfach $\mathbb{G}$.

Die folgenden Beispiele sollen zeigen, dass es eine Vielzahl von Möglichkeiten gibt, Gruppen zu erhalten. Alles, was wir auf den folgenden Seiten über Gruppen erfahren, wird in all diesen Fällen gleichermaßen anwendbar sein.

Beispiel 20.2

Wir kennen schon eine ganze Reihe von abelschen Gruppen.

- $(\mathbb{Z}_p^*, \cdot)$ ist eine abelsche Gruppe. Das neutrale Element ist $[1]_p$. Das zu $[a]_p \in \mathbb{Z}_p^*$ inverse Element ist $[a]_p^{-1}$.
- $(\mathbb{Z}, +)$ ist eine abelsche Gruppe. Das neutrale Element ist 0. Das zu $a \in \mathbb{Z}$ inverse Element ist $-a$.

20.1 Rechenregeln in abelschen Gruppen

- $(\mathbb{R}, +)$ ist eine abelsche Gruppe. Das neutrale Element ist 0. Das zu $a \in \mathbb{R}$ inverse Element ist $-a$.
- $(\mathbb{Z}_n, +)$ ist eine abelsche Gruppe, wir schreiben gerne einfach $\mathbb{Z}_n$. Das neutrale Element ist $[0]_n$. Das zu $[a]_n \in \mathbb{Z}_n$ inverse Element ist $[-a]_n$.
- $(\mathbb{R} \setminus \{0\}, \cdot)$ ist eine abelsche Gruppe. Das neutrale Element ist 1. Das zu $a \in \mathbb{R} \setminus \{0\}$ inverse Element ist $1/a$.
- $(\mathbb{Z}_n^*, \cdot)$ (vgl. Definition 18.49) ist eine abelsche Gruppe. Das neutrale Element ist $[1]_n$. Das zu $[a]_n \in \mathbb{Z}_n^*$ inverse Element ist $[a]_n^{-1}$.
- Elliptische Kurven mit der Punktaddition als Verknüpfung sind abelsche Gruppen. Diese werden in Kap. 15 behandelt.

◂

In Definition 20.1 wird verlangt, dass man in einer Gruppe Elemente miteinander verknüpfen kann, dass so eine Verknüpfung wieder rückgängig gemacht werden kann (durch Verknüpfen mit dem inversen Element) und dass es ein neutrales Element gibt.

Etwas sonderbar mutet zunächst die Forderung 2 (Assoziativität) an. Einer der Gründe (neben vielen anderen), warum diese Eigenschaft so wichtig ist, dass man sie von jeder Gruppe fordert, ist, dass nur mit dieser Eigenschaft die Square-and-Multiply-Methode[2] zum schnellen Potenzieren funktioniert. Da erwartet man beispielsweise, dass sich $x^4 = ((x \circ x) \circ x) \circ x$ auch als $(x^2)^2 = (x \circ x) \circ (x \circ x)$ berechnen lässt (was sich mit einer Verknüpfung weniger erledigen lässt). Dies klappt, denn

$$x^4 = \underbrace{((x \circ x) \circ x) \circ x}_{(a \circ b) \circ c} = \underbrace{(x \circ x) \circ (x \circ x)}_{a \circ (b \circ c)} = \left(x^2\right)^2.$$

Dieser Trick lässt sich jedoch nur anwenden, wenn die Klammern auch anders gesetzt werden dürfen, ohne das Ergebnis zu beeinflussen. Umgekehrt reicht diese Eigenschaft aber aus, damit alle möglichen Potenzen mit der Square-and-Multiply-Methode berechnet werden können. Weiterhin können Klammern damit beliebig gesetzt werden, ohne dabei das Ergebnis zu verändern. Von dieser Tatsache werden wir in der Folge auch oft Gebrauch machen und in vielen Fällen überhaupt auf Klammern verzichten.

Lemma 20.3 *Es seien $(\mathbb{G}, \circ)$ eine Gruppe und $a, b, c \in \mathbb{G}$.*

1. *Ist $a \circ b = a \circ c$, so ist $b = c$.*
2. *Ist $a \circ b = \bot$, so ist $b = \widehat{a}$.*
3. *Ist $a \neq b$, so ist $\widehat{a} \neq \widehat{b}$.*
4. *$\widehat{(\widehat{a})} = a$.*
5. *$\widehat{\bot} = \bot$.*

---
[2] Vergleiche Abschn. 18.6.

Beweis

1. Die Behauptung folgt aus folgenden Überlegungen:
$$b = \bot \circ b = (\widehat{a} \circ a) \circ b = \widehat{a} \circ (a \circ b) = \widehat{a} \circ (a \circ c) = (\widehat{a} \circ a) \circ c = \bot \circ c = c.$$

2. Diese Behauptung ist Behauptung 1 für den Spezialfall $c = \widehat{a}$.
3. Angenommen, $\widehat{a} = \widehat{b}$. Dann wäre
$$a = \bot \circ a = (b \circ \widehat{b}) \circ a = (b \circ \widehat{a}) \circ a = b \circ (\widehat{a} \circ a) = b.$$

4. Nach der Definition inverser Elemente sind $\widehat{a} \circ a = \bot$ und $\widehat{a} \circ \widehat{(\widehat{a})} = \bot$. Wegen Behauptung 1 ist damit $a = \widehat{(\widehat{a})}$.
5. Da $\bot \circ \bot = \bot$ folgt diese Behauptung aus Behauptung 2. □

▶ **Definition 20.4** Besitzt eine Gruppe unendlich viele Elemente (wie z. B. $(\mathbb{Z}, +)$), so nennen wir sie eine *unendliche Gruppe*. Andernfalls heißt die Gruppe *endlich*. Ist $(\mathbb{G}, \circ)$ eine endliche Gruppe, so bezeichnen wir mit $|\mathbb{G}|$ die Anzahl der Elemente der Gruppe und nennen $|\mathbb{G}|$ die *Ordnung* von $\mathbb{G}$.

Ist g ein Element der Gruppe $(\mathbb{G}, \circ)$ und $\alpha \in \mathbb{N}$, so schreiben wir

$$g^\alpha \text{ statt } \underbrace{g \circ g \circ \cdots \circ g}_{\alpha\text{-mal}},$$

$$g^{-\alpha} \text{ statt } \underbrace{\widehat{g} \circ \widehat{g} \circ \cdots \circ \widehat{g}}_{\alpha\text{-mal}} \quad \text{(insbes. } \widehat{g} = g^{-1}\text{) und definieren}$$

$$g^0 := \bot.$$

Theorem 20.5 *Sind $(\mathbb{G}, \circ)$ eine Gruppe und $g \in \mathbb{G}$ und sind $\alpha, \beta \in \mathbb{Z}$, dann gelten die bekannten Potenzrechenregeln*

1. $\widehat{(g^\alpha)} = (\widehat{g})^\alpha = g^{-\alpha}$,
2. $g^\alpha \circ g^\beta = g^{\alpha+\beta}$ und
3. $(g^\alpha)^\beta = g^{\alpha \cdot \beta}$.

Beweis Für den Beweis seien $\alpha' := -\alpha$ und $\beta' := -\beta$.

1. Wir nehmen zunächst an, dass $\alpha \geq 0$ ist. Der Beweis erfolgt durch vollständige Induktion nach α.
   Im Fall $\alpha = 0$ ist die Aussage wegen Behauptung 5 in Lemma 20.3 richtig.
   Es sei angenommen, dass die Aussage für $\alpha - 1$ wahr ist. Es ist dann $\widehat{g}^{\alpha-1} \circ g^{\alpha-1} = \bot$. Zu zeigen ist, dass sie dann auch für α gilt.

20.1 Rechenregeln in abelschen Gruppen

Per definitionem ist $g^{-\alpha} = (\widehat{g})^\alpha$, und das Element $\widehat{(g^\alpha)}$ ist das inverse Element von g^α. Auch $(\widehat{g})^\alpha$ ist inverses Element von g^α, denn

$$(\widehat{g})^\alpha \circ g^\alpha = \underbrace{\widehat{g} \circ \widehat{g} \circ \cdots \circ \widehat{g}}_{\alpha\text{-mal}} \circ \underbrace{g \circ g \circ \cdots \circ g}_{\alpha\text{-mal}}$$

$$= \underbrace{\widehat{g} \circ \widehat{g} \circ \cdots \circ \widehat{g}}_{(\alpha-1)\text{-mal}} \circ \underbrace{\widehat{g} \circ g}_{=\perp} \circ \underbrace{g \circ g \circ \cdots \circ g}_{(\alpha-1)\text{-mal}}$$

$$= \widehat{g}^{\alpha-1} \circ g^{\alpha-1}$$

$$= \perp.$$

Nach Lemma 20.3 sind sie also gleich. Für negative α tauschen lediglich g und $\widehat{g}$ die Rollen.

2. Sind $\alpha \geq 0$ und $\beta \geq 0$, dann ist leicht zu erkennen, dass

$$g^\alpha \circ g^\beta = \underbrace{g \circ g \circ \cdots \circ g}_{\alpha\text{-mal}} \circ \underbrace{g \circ g \circ \cdots \circ g}_{\beta\text{-mal}} = \underbrace{g \circ g \circ \cdots \circ g}_{(\alpha+\beta)\text{-mal}} = g^{\alpha+\beta}.$$

Sind $\alpha < 0$ und $\beta < 0$, so ist

$$g^\alpha \circ g^\beta = \underbrace{\widehat{g} \circ \widehat{g} \circ \cdots \circ \widehat{g}}_{\alpha'\text{-mal}} \circ \underbrace{\widehat{g} \circ \widehat{g} \circ \cdots \circ \widehat{g}}_{\beta'\text{-mal}} = \underbrace{\widehat{g} \circ \widehat{g} \circ \cdots \circ \widehat{g}}_{(\alpha'+\beta')\text{-mal}} = g^{\alpha+\beta}.$$

Stellvertretend für die übrigen Fälle wird hier der Fall $\alpha \geq 0$, $\beta < 0$ und $\alpha \geq \beta'$ betrachtet. Wegen Behauptung 1 ist hier

$$g^\alpha \circ g^\beta = \underbrace{g \circ \cdots \circ g}_{(\alpha-\beta')\text{-mal}} \circ \underbrace{g \circ \cdots \circ g}_{\beta'\text{-mal}} \circ \underbrace{\widehat{g} \circ \widehat{g} \circ \cdots \circ \widehat{g}}_{\beta'\text{-mal}} = \underbrace{g \circ \cdots \circ g}_{(\alpha-\beta')\text{-mal}} = g^{\alpha+\beta}.$$

3. Sind $\alpha \geq 0$ und $\beta \geq 0$, dann ist leicht zu erkennen, dass

$$(g^\alpha)^\beta = \underbrace{\underbrace{g \circ g \circ \cdots \circ g}_{\alpha\text{-mal}} \circ \cdots \circ \underbrace{g \circ g \circ \cdots \circ g}_{\alpha\text{-mal}}}_{\beta\text{-mal}} = \underbrace{g \circ g \circ \cdots \circ g}_{(\alpha \cdot \beta)\text{-mal}}.$$

In den Fällen, wo α, β oder beide negativ sind, verläuft der Beweis analog mit $\widehat{g}$ und ggf. unter Verwendung von Lemma 20.3. □

Das Potenzieren eines Elements in einer Gruppe kann – wie in $\mathbb{Z}_p^*$ – effizient mittels der Square-and-Multiply-Methode (s. Algorithmus 18.60 bzw. Algorithmus 18.2) durchgeführt werden.

20.2 Ordnungen

▶ **Definition 20.6** Besitzt eine Gruppe unendlich viele Elemente (wie z. B. $(\mathbb{Z}, +)$), so nennen wir sie eine *unendliche* Gruppe. Andernfalls heißt die Gruppe *endlich*. Ist $(\mathbb{G}, \circ)$ eine endliche Gruppe, so bezeichnen wir mit $|\mathbb{G}|$ die Anzahl der Elemente der Gruppe und nennen $|\mathbb{G}|$ die *Ordnung* von $\mathbb{G}$.
Die kleinste natürliche Zahl ω, sodass $g^\omega = \bot$, heißt (sofern es so eine Zahl gibt) *Ordnung von g* und wird mit $\mathrm{ord}(g)$ bezeichnet. Gibt es keine solche Zahl, so sagen wir, die Ordnung von g ist unendlich.

Theorem 20.7 *Ist $(\mathbb{G}, \circ)$ eine endliche Gruppe, dann gilt für jedes Element $g \in \mathbb{G}$*

$$g^{|\mathbb{G}|} = \bot.$$

Insbesondere ist die Ordnung keines Elements von $\mathbb{G}$ unendlich, sondern höchstens $|\mathbb{G}|$.

Beweis Ist $\mathbb{G}$ eine endliche abelsche Gruppe mit den paarweise verschiedenen Elementen $g_1, g_2, \ldots, g_n$ und ist $g \in \mathbb{G}$, so sind nach Lemma 20.3 auch $g \circ g_1, \ldots, g \circ g_n$ paarweise verschiedene Elemente – und damit alle Elemente – der Gruppe $\mathbb{G}$. Betrachtet man nun das Ergebnis der Verknüpfung aller Elemente von $\mathbb{G}$, so erhält man

$$g_1 \circ g_2 \circ \cdots \circ g_n = (g \circ g_1) \circ (g \circ g_2) \circ \cdots \circ (g \circ g_n),$$
$$\cancel{g_1 \circ g_2 \circ \cdots \circ g_n} \circ \bot = (\cancel{g_1 \circ g_2 \circ \cdots \circ g_n}) \circ g^n.$$

Aus Lemma 20.3 folgt

$$\bot = g^n. \qquad \square$$

Für die Gruppen $\mathbb{Z}_n^*$ ist Theorem 20.7 gerade der Satz von Fermat (Korollar 18.66), wenn $n \in \mathbb{P}$, bzw. der Satz von Euler (Theorem 18.63) für allgemeine $n \in \mathbb{N}$.

Theorem 20.8 *Es seien $(\mathbb{G}, \circ)$ eine endliche Gruppe, $g \in \mathbb{G}$ ein Element der Ordnung ω und $\gamma \in \mathbb{N}_0$. Dann gilt:*

1. Die Elemente $g, g^2, \ldots, g^\omega$ sind alle verschieden.
2. Ist $g^\gamma = \bot$, dann gilt $\omega \mid \gamma$, und umgekehrt.

20.2 Ordnungen

3. ω *ist ein Teiler von* $|\mathbb{G}|$.
4. $g^\gamma = g^{\gamma \bmod \omega}$.

Beweis

1. Angenommen zwei Potenzen g^α und g^β wären gleich und dabei wäre $0 < \alpha < \beta \leq \omega$. Dann wäre

$$g^\beta = g^\alpha,$$
$$g^\beta \circ g^{-\alpha} = g^\alpha \circ g^{-\alpha},$$
$$g^{\beta-\alpha} = g^0 = \bot.$$

Es wäre dann $\beta - \alpha > 0$ ein Exponent, sodass $g^{\beta-\alpha} = \bot$, der aber kleiner ist als ω. Allerdings ist die Ordnung ω von g der kleinste solche Exponent. Die Potenzen g^α und g^β müssen also verschieden sein.

2. Sei nun $\gamma \in \mathbb{N}_0$ eine ganze Zahl, für die $g^\gamma = \bot$ gilt. Seien q und r Quotient und Rest bei Division von γ durch ω. Dann sind $\gamma = q \cdot \omega + r$ und $0 \leq r < \omega$. Es gilt nach Theorem 20.5

$$\bot = g^\gamma = g^{q \cdot \omega + r} = g^{q \cdot \omega} \circ g^r = (g^\omega)^q \circ g^r. \tag{20.1}$$

Da $\omega = \text{ord}(g)$, ist $g^\omega = \bot$, und somit lässt sich Gl. (20.1) vereinfachen zu $g^r = \bot$. Da $r < \omega$ ist, kann r aber nur 0 sein, denn ω ist ja per definitionem die kleinste positive Zahl, für die $g^\omega = \bot$ gilt. Der Rest r bei der Division von γ durch ω ist also stets gleich 0. Somit ist ω ein Teiler von γ.

Ist umgekehrt $\omega \mid \gamma$, dann gibt es ein $v \in \mathbb{Z}$, sodass $\gamma = v \cdot \omega$. Somit ist $g^\gamma = g^{v \cdot \omega} = (g^\omega)^v = \bot^v = \bot$.

3. Folgt aus Theorem 20.7 und Behauptung 2.
4. Es seien $\gamma \in \mathbb{Z}$ und q und r Quotient und Rest bei Division von γ durch ω. Dann sind $\gamma = q \cdot \omega + r$ und $r = \gamma \bmod \omega$. Es gilt nach Theorem 20.5

$$g^\gamma = g^{q \cdot \omega + r} = g^{q \cdot \omega} \circ g^r = (g^\omega)^q \circ g^r = g^{\gamma \bmod \omega}. \tag{20.2}$$

$\square$

Es kann passieren, dass die Ordnung eines Elements g einer Gruppe $\mathbb{G}$ gleich der Ordnung n der Gruppe ist. In diesem Fall sind die Potenzen $g, g^2, \ldots, g^n$ alle verschieden und somit genau die n verschiedenen Elemente von $\mathbb{G}$. Aus gutem Grund heißt g dann *erzeugendes Element* von $\mathbb{G}$. Die Gruppe $\mathbb{G}$ heißt in diesem Fall *zyklische Gruppe*.

Um zu überprüfen, ob ein Element g einer Gruppe $\mathbb{G}$ die Ordnung α hat, ist folgender Satz nützlich.

Theorem 20.9 *Es seien* $\mathbb{G}$ *eine Gruppe und* $g \in \mathbb{G}$ *ein Element der Ordnung* ω. *Weiterhin sei* $\alpha \in \mathbb{N}$. *Dann gilt:*

1. *Ist* $g^\alpha \neq \bot$, *dann ist* $\alpha \neq \omega$.
2. *Gibt es einen Primfaktor p von α, sodass* $g^{\alpha/p} = \bot$, *dann ist* $\alpha \neq \omega$.
3. *Wenn die Voraussetzungen von Behauptung 1 und 2 nicht zutreffen, dann ist* $\alpha = \omega$.

Beweis Die Behauptungen 1 und 2 folgen aus der Definition der Ordnung von g.

Zum Beweis der Behauptung 3 sei also angenommen, dass $g^\alpha = \bot$ und dass für jeden Primfaktor p von α gilt: $g^{\alpha/p} \neq \bot$.

Nach Theorem 20.8 ist ω ein Teiler von α. Es gibt also ein $q \in \mathbb{N}$, sodass $\alpha = q\omega$. Ist $\alpha \neq \omega$, so ist $q > 1$, und auch q ist Teiler von α. Nach Lemma 18.9 besitzt q einen kleinsten Teiler p, der größer als 1 ist; dieser ist eine Primzahl. Nach Korollar 18.14 ist p auch ein Primfaktor von α. Nun ist $\alpha = \omega \cdot q$, also $\alpha/p = \omega \cdot q/p$. Somit ist

$$g^{\alpha/p} = \left(g^\omega\right)^{q/p} = \bot.$$

□

Ist die Ordnung eines Elements bekannt, so lassen sich die Ordnungen von Potenzen dieses Elements bestimmen.

Theorem 20.10 *Ist* $g \in \mathbb{G}$ *ein Element der Ordnung ω und ist* $\alpha \in \mathbb{N}$, *dann ist*

$$\operatorname{ord}(g^\alpha) = \frac{\omega}{\operatorname{ggT}(\alpha, \omega)}.$$

Beweis Es sei $\tau := \operatorname{ord}(g^\alpha)$, also die kleinste positive ganze Zahl, sodass $(g^\alpha)^\tau = \bot$ gilt. Da $\bot = (g^\alpha)^\tau = g^{\alpha \cdot \tau}$, muss $\alpha \cdot \tau$ nach Theorem 20.8 ein Vielfaches von ω sein. Klarerweise ist $\alpha \cdot \tau$ auch ein Vielfaches von α. Da τ möglichst klein sein soll, muss $\alpha \cdot \tau$ das kleinste gemeinsame Vielfache von α und ω sein.

Daher ist nach Lemma 18.17

$$\alpha \cdot \tau = \operatorname{kgV}(\alpha, \omega) = \frac{\alpha \cdot \omega}{\operatorname{ggT}(\alpha, \omega)} \quad , \text{ und somit}$$

$$\tau = \frac{\omega}{\operatorname{ggT}(\alpha, \omega)}.$$

□

Je größer die Ordnung eines Elements g, desto schwieriger wird es, diskrete Logarithmen bzgl. der Basis g zu berechnen. Offenbar kann die Ordnung eines Elements nicht größer sein als die Ordnung der Gruppe.

20.2 Ordnungen

Rückblick

Du weißt, was eine *abelsche Gruppe* ist und welche *Rechenregeln* in diesen Gruppen anwendbar sind. Du kannst mit den Begriffen *Ordnung*, *neutrales Element* und *inverses Element* einer Gruppe etwas anfangen. Du kannst die Ordnung von Elementen einer Gruppe bestimmen und Elemente einer gewünschten Ordnung in einer Gruppe finden. Du kannst in diesen Gruppen *effizient* rechnen.

Vektoren und Matrizen 21

> **Ziele**
>
> In diesem Kapitel lernst du,
>
> - wie man Elemente eines Rings zu *Vektoren* und *Matrizen* zusammenfassen kann,
> - wie *Additionen* und *Multiplikationen* mit Vektoren und Matrizen sinnvoll durchgeführt werden,
> - welche *Rechenregeln* für das Rechnen mit Vektoren und Matrizen gelten.

In diesem Kapitel ist mit „Ring" durchgehend „kommutativer Ring mit 1" gemeint.

21.1 Vektoren

▶ **Definition 21.1 (Vektoren, $\mathcal{R}^n$, arithmetische Operationen für Vektoren)** Es seien $\mathcal{R}$ ein Ring und $n \in \mathbb{N}$. Dann ist

$$\mathcal{R}^n := \left\{ \begin{pmatrix} x_1 \\ x_2 \\ \vdots \\ x_n \end{pmatrix} \middle| x_1, x_2, \ldots, x_n \in \mathcal{R} \right\}$$

die Menge aller *Spaltenvektoren* über dem Ring $\mathcal{R}$ mit n *Koordinaten*.

Die elektronische Version dieses Kapitels enthält Zusatzmaterial, das berechtigten Benutzern zur Verfügung steht. https://doi.org/10.1007/978-3-662-70845-3_21

Für $v := \begin{pmatrix} x_1 \\ x_2 \\ \vdots \\ x_n \end{pmatrix}$, $w := \begin{pmatrix} y_1 \\ y_2 \\ \vdots \\ y_n \end{pmatrix}$ und $r \in \mathcal{R}$ seien

$$v + w := \begin{pmatrix} x_1 + y_1 \\ x_2 + y_2 \\ \vdots \\ x_n + y_n \end{pmatrix}, \quad v - w := \begin{pmatrix} x_1 - y_1 \\ x_2 - y_2 \\ \vdots \\ x_n - y_n \end{pmatrix} \quad \text{und } r \cdot v := \begin{pmatrix} rx_1 \\ rx_2 \\ \vdots \\ rx_n \end{pmatrix}.$$

Die Addition und Subtraktion von Vektoren sind nur dann definiert, wenn die Zahl der Koordinaten der beiden Vektoren übereinstimmt.

▶ **Definition 21.2 (Skalarprodukt von Vektoren)** Sind $\mathcal{R}$ ein Ring, $n \in \mathbb{N}$ und sind $v := \begin{pmatrix} x_1 \\ x_2 \\ \vdots \\ x_n \end{pmatrix}$, $w := \begin{pmatrix} y_1 \\ y_2 \\ \vdots \\ y_n \end{pmatrix}$ zwei Vektoren über $\mathcal{R}$, dann ist das *Skalarprodukt* von v und w definiert als

$$\langle v, w \rangle := x_1 \cdot y_1 + x_2 \cdot y_2 + \cdots + x_n \cdot y_n.$$

Das Skalarprodukt zweier Vektoren ist nur dann definiert, wenn die Zahl der Koordinaten der beiden Vektoren übereinstimmt.

Beispiel 21.3

Das Skalarprodukt der Vektoren

$$v := \begin{pmatrix} x + 1 \\ 0 \\ x^2 + 1 \end{pmatrix} \quad \text{und} \quad w := \begin{pmatrix} x + 1 \\ x^3 + x^2 + 1 \\ x^2 + x \end{pmatrix}$$

über dem Ring $\mathcal{R} := \mathbb{Z}_2[x]$ ist

$$\langle v, w \rangle = (x+1) \cdot (x+1) + 0 \cdot (x^3 + x^2 + 1) + (x^2 + 1) \cdot (x^2 + x)$$
$$= (x^2 + x + x + 1) + 0 + (x^4 + x^3 + x^2 + x)$$
$$= x^4 + x^3 + x + 1.$$

Beachte, dass die Koeffizienten der Polynome Restklassen modulo 2 sind. ◂

21.2 Matrizen

▶ **Definition 21.4 (Matrix)** Eine *Matrix* über dem Ring $\mathcal{R}$ ist ein rechteckiges Schema von Ringelementen. Eine Matrix mit m Zeilen und n Spalten bezeichnen wir als $m \times n$-*Matrix* (oder als Matrix vom Format $m \times n$). Ist $m = n$, so nennen wir die Matrix *quadratisch*. Wenn A eine $m \times n$-Matrix ist, $i \in \{1, \ldots, m\}$ und $j \in \{1, \ldots, n\}$, so bezeichnen wir mit $A_{i,j}$ den Eintrag, der bei A in der i-ten Zeile und j-ten Spalte steht. Die Menge aller $m \times n$-Matrizen kürzen wir mit $\mathcal{R}^{m \times n}$ ab.

Beispiel 21.5

Wir sehen uns ein paar Matrizen und Vektoren über verschiedenen Ringen an.

1. Die Matrix

$$\begin{pmatrix} 1 & 3 & 5 \\ 7 & 2 & 1 \end{pmatrix} \in \mathbb{Z}^{2 \times 3}$$

   ist eine 2×3-Matrix über dem Ring $\mathbb{Z}$.
2. Die Matrix

$$\begin{pmatrix} [1]_{12} & [2]_{12} \\ [3]_{12} & [5]_{12} \end{pmatrix} \in \mathbb{Z}_{12}^{2 \times 2}$$

   ist eine (quadratische) 2×2-Matrix über dem Ring $\mathbb{Z}_{12}$.
3. Die Matrix

$$\begin{pmatrix} 3x^2 + 2x - \sqrt{6} \\ 4x^5 - 1/2 \end{pmatrix} \in \mathbb{R}[x]^{2 \times 1}$$

   ist eine 2×1-Matrix (oder auch ein Spaltenvektor mit 2 Koordinaten) über dem Ring $\mathbb{R}[x]$.

4. Die Matrix

$$A := \begin{pmatrix} x+3 & 2x^3 + 3x^2 \\ 2x^7 + x + 4 & 4x^2 + 3x \\ 3x^2 + 3 & 4x^2 + 3x + 1 \end{pmatrix} \in \mathbb{Z}_5[x]^{3\times 2}$$

ist eine 3×2-Matrix über dem Ring $\mathbb{Z}_5[x]$. Weiterhin ist $A_{2,1} = 2x^7 + x + 4 \in \mathbb{Z}_5[x]$. Restklassen modulo 5 wurden dabei als ganze Zahlen geschrieben.

5. Die Matrix

$$\begin{pmatrix} 1/3 & 2/7 & -2 \end{pmatrix} \in \mathbb{Q}^{1\times 3}$$

ist eine 1×3-Matrix (oder auch ein Zeilenvektor mit 3 Koordinaten) über dem Ring $\mathbb{Q}$.

Die Matrix aus dem 1. Beispiel kann man als eine Sammlung von 3 Spaltenvektoren mit jeweils 2 Koordinaten verstehen (was wir gelegentlich auch tun werden). Alternativ könnten wir sie auch als eine Sammlung von 2 Zeilenvektoren mit jeweils 3 Koordinaten interpretieren.

Die Beispiele 3 und 5 zeigen, dass Spaltenvektoren und Zeilenvektoren als Spezialfälle von Matrizen angesehen werden können. Auch das ist zuweilen praktisch. ◀

▶ **Definition 21.6 (Addition und Subtraktion von Matrizen)** Zwei Matrizen $A \in \mathcal{R}^{m \times k}$, $B \in \mathcal{R}^{n \times l}$ lassen sich genau dann addieren und subtrahieren, wenn $m = n$ und $k = l$ gelten, d. h., wenn die Matrizen das gleiche Format haben. Die Summe $S := A + B$ und die Differenz $D := A - B$ haben dann auch das Format $m \times k$, und für alle $i \in \{1, \ldots, m\}$ und $j \in \{1, \ldots, k\}$ berechnet man die Einträge $S_{i,j}$ bzw. $D_{i,j}$ durch

$$S_{i,j} := A_{i,j} + B_{i,j} \quad \text{bzw.} \quad D_{i,j} := A_{i,j} - B_{i,j}.$$

Wenn $r \in \mathcal{R}$ und $M \in \mathcal{R}^{m \times n}$, so ist die Matrix $L := r \cdot M$ ebenfalls eine $m \times n$-Matrix. Die Einträge von L sind dadurch gegeben, dass für alle $i \in \{1, \ldots, m\}$ und alle $j \in \{1, \ldots, n\}$

$$L_{i,j} = r \cdot M_{i,j}.$$

Weiterhin ist die *transponierte Matrix* M^T definiert als jene $n \times m$-Matrix, für die für alle $i \in \{1, \ldots, m\}$ und alle $j \in \{1, \ldots, n\}$

$$M^\mathsf{T}_{j,i} = M_{i,j}.$$

Das heißt, beim Transponieren einer Matrix werden ihre Spalten zu Zeilen bzw. ihre Zeilen zu Spalten.

Beispiel 21.7

Die folgenden Beispiele illustrieren das Addieren und Subtrahieren für Matrizen über verschiedenen Ringen.

- Über dem Ring $\mathbb{Z}$ sind

$$\begin{pmatrix} 1 & 3 & 5 \\ 7 & 2 & 1 \end{pmatrix} + \begin{pmatrix} -1 & -2 & 3 \\ 6 & 5 & -3 \end{pmatrix} = \begin{pmatrix} 0 & 1 & 8 \\ 13 & 7 & -2 \end{pmatrix}$$

und

$$\begin{pmatrix} 0 & 1 & 8 \\ 13 & 7 & -2 \end{pmatrix}^\mathsf{T} = \begin{pmatrix} 0 & 13 \\ 1 & 7 \\ 8 & -2 \end{pmatrix}.$$

- Über dem Ring $\mathbb{Z}_6$ ist

$$\begin{pmatrix} 3 & -3 \\ 2 & 5 \end{pmatrix} + \begin{pmatrix} 0 & 1 \\ 5 & 1 \end{pmatrix} = \begin{pmatrix} 3 & 4 \\ 1 & 0 \end{pmatrix}.$$

Restklassen modulo 6 wurden hier der Einfachheit halber als ganze Zahlen geschrieben. Weiterhin ist

$$4 \cdot \begin{pmatrix} 3 & 4 \\ 1 & 0 \end{pmatrix} = \begin{pmatrix} 0 & 4 \\ 4 & 0 \end{pmatrix}.$$

- Über dem Ring $\mathbb{R}$ ist

$$\begin{pmatrix} 1 & 5 \\ 3 & 7 \end{pmatrix} + \begin{pmatrix} 2 & -3 & -4 \\ 0 & 1 & -1 \end{pmatrix}$$

nicht definiert, weil die Zahl der Zeilen und Spalten der beiden Matrizen nicht übereinstimmt.

- Über dem Ring $\mathbb{R}[x]$ ist

$$\begin{pmatrix} x^2+1 & 3x-2 \\ 1 & 0 \end{pmatrix} - \begin{pmatrix} x^2+x & x \\ -x^2+1 & 5 \end{pmatrix} = \begin{pmatrix} -x+1 & 2x-2 \\ x^2 & -5 \end{pmatrix}.$$

◀

▶ **Definition 21.8 (Matrixmultiplikation)** Wenn man eine $k \times m$-Matrix A mit einer $m \times n$-Matrix B multipliziert, so ist das *Produkt* M eine $k \times n$-Matrix. Für $i \in \{1, \ldots, k\}$ und $j \in \{1, \ldots, n\}$ ist der Eintrag $M_{i,j}$ das Skalarprodukt aus der i-ten Zeile von A und der j-ten Spalte von B.

Zwei Matrizen A und B (über demselben Ring) können genau dann miteinander multipliziert werden, wenn A genauso viele Spalten wie die Matrix B Zeilen hat. Eine $k \times l$-Matrix kann also genau dann mit einer $m \times n$-Matrix multipliziert werden, wenn $l = m$ ist.

Beispiel 21.9

- Über dem Ring $\mathbb{Z}$ ist

$$\begin{pmatrix} 3 & 1 & 2 \\ 2 & 5 & 4 \end{pmatrix} \cdot \begin{pmatrix} 3 & 9 & 3 \\ 1 & 8 & 5 \\ 7 & 1 & -4 \end{pmatrix} = \begin{pmatrix} \left\langle \begin{pmatrix} 3 \\ 1 \\ 2 \end{pmatrix}, \begin{pmatrix} 3 \\ 1 \\ 7 \end{pmatrix} \right\rangle & \left\langle \begin{pmatrix} 3 \\ 1 \\ 2 \end{pmatrix}, \begin{pmatrix} 9 \\ 8 \\ 1 \end{pmatrix} \right\rangle & \left\langle \begin{pmatrix} 3 \\ 1 \\ 2 \end{pmatrix}, \begin{pmatrix} 3 \\ 5 \\ -4 \end{pmatrix} \right\rangle \\ \left\langle \begin{pmatrix} 2 \\ 5 \\ 4 \end{pmatrix}, \begin{pmatrix} 3 \\ 1 \\ 7 \end{pmatrix} \right\rangle & \left\langle \begin{pmatrix} 2 \\ 5 \\ 4 \end{pmatrix}, \begin{pmatrix} 9 \\ 8 \\ 1 \end{pmatrix} \right\rangle & \left\langle \begin{pmatrix} 2 \\ 5 \\ 4 \end{pmatrix}, \begin{pmatrix} 3 \\ 5 \\ -4 \end{pmatrix} \right\rangle \end{pmatrix}$$

$$= \begin{pmatrix} 3 \cdot 3 + 1 \cdot 1 + 2 \cdot 7 & 3 \cdot 9 + 1 \cdot 8 + 2 \cdot 1 & 3 \cdot 3 + 1 \cdot 5 + 2 \cdot (-4) \\ 2 \cdot 3 + 5 \cdot 1 + 4 \cdot 7 & 2 \cdot 9 + 5 \cdot 8 + 4 \cdot 1 & 2 \cdot 3 + 5 \cdot 5 + 4 \cdot (-4) \end{pmatrix}$$

$$= \begin{pmatrix} 24 & 37 & 6 \\ 39 & 62 & 15 \end{pmatrix}.$$

- Das Produkt $\begin{pmatrix} x & x^2 & x^3 \end{pmatrix} \cdot \begin{pmatrix} x^2 + 2 & -x + 5 \\ 3 & 7x^3 \end{pmatrix}$ über dem Ring $\mathbb{R}[x]$ ist nicht definiert, da die 1. Matrix 3 Spalten, aber die 2. Matrix 2 Zeilen hat.
- Wenn A eine 2×3- und B eine 3×1-Matrix sind, dann ist das Produkt $A \cdot B$ eine 2×1-Matrix. Das Produkt $B \cdot A$ ist nicht definiert.
- Selbst dann, wenn beide Produkte $A \cdot B$ und $B \cdot A$ definiert sind, müssen die Ergebnisse nicht gleich sein. Über dem Ring $\mathbb{R}$ gilt

$$\begin{pmatrix} 1 & 0 \\ -1 & 1 \end{pmatrix} \cdot \begin{pmatrix} 2 & 3 \\ 0 & 1 \end{pmatrix} = \begin{pmatrix} 2 & 3 \\ -2 & -2 \end{pmatrix}, \quad \text{aber} \quad \begin{pmatrix} 2 & 3 \\ 0 & 1 \end{pmatrix} \cdot \begin{pmatrix} 1 & 0 \\ -1 & 1 \end{pmatrix} = \begin{pmatrix} -1 & 3 \\ -1 & 1 \end{pmatrix}.$$

$$\begin{pmatrix} 1 & 2 & 5 \end{pmatrix} \cdot \begin{pmatrix} 5 \\ 1 \\ 2 \end{pmatrix} = (17), \quad \text{aber} \quad \begin{pmatrix} 5 \\ 1 \\ 2 \end{pmatrix} \cdot \begin{pmatrix} 1 & 2 & 5 \end{pmatrix} = \begin{pmatrix} 5 & 10 & 25 \\ 1 & 2 & 5 \\ 2 & 4 & 10 \end{pmatrix}.$$

Interpretiert man eine 1×1-Matrix als Ringelement, dann ist

$$\begin{pmatrix} 5 & 1 & 2 \end{pmatrix} \cdot \begin{pmatrix} 1 \\ 2 \\ 5 \end{pmatrix} = \left\langle \begin{pmatrix} 5 \\ 1 \\ 2 \end{pmatrix}, \begin{pmatrix} 1 \\ 2 \\ 5 \end{pmatrix} \right\rangle.$$

Das Skalarprodukt lässt sich also auch als Matrixprodukt lesen, und umgekehrt.

◂

21.3 Rechenregeln für Matrizen und Vektoren

Die folgenden Rechenregeln gelten für Matrizen über beliebigen Ringen und insbesondere für Vektoren (interpretiert als $n \times 1$-Matrizen).

Theorem 21.10 *Wenn die Matrizen A, B, C über dem Ring $\mathcal{R}$ passendes Format haben, sodass die Multiplikationen und Additionen definiert sind, dann gelten:*

$$A + B = B + A, \quad \text{(Kommutativität der Addition)}$$
$$(A + B) + C = A + (B + C), \quad \text{(Assoziativität der Addition)}$$
$$(A \cdot B) \cdot C = A \cdot (B \cdot C), \quad \text{(Assoziativität der Multiplikation)}$$
$$(A + B) \cdot C = A \cdot C + B \cdot C, \quad \text{(Linksdistributivität)}$$
$$A \cdot (B + C) = A \cdot B + A \cdot C, \quad \text{(Rechtsdistributivität)}$$
$$(A + B)^\mathsf{T} = A^\mathsf{T} + B^\mathsf{T},$$
$$(A \cdot B)^\mathsf{T} = B^\mathsf{T} \cdot A^\mathsf{T}.$$

Beweis Der Beweis der Aussagen ergibt sich direkt aus den Definitionen der Matrixoperationen und den entsprechenden Rechenregeln mit Ringen. □

> **Rückblick**
> Du kannst *Vektoren* und *Matrizen* aus Elementen aus einem kommutativen Ring mit 1 bilden und mit diesen Matrizen Additionen, Subtraktionen und Multiplikationen durchführen. Du kennst die wichtigsten *Rechenregeln* für das Rechnen mit solchen Vektoren und Matrizen. Du kannst das *Skalarprodukt* von zwei Vektoren berechnen und weißt, wie das Skalarprodukt von Vektoren mit dem Produkt von Matrizen zusammenhängt.

Literaturverzeichnis

1. Abdalla, M., Bellare, M., Rogaway, P.: DHAES: an encryption scheme based on the Diffie-Hellman problem. Cryptology ePrint Archive, Paper 1999/007 (1999). https://eprint.iacr.org/1999/007
2. Alford, W.R., Granville, A., Pomerance, C.: There are infinitely many Carmichael numbers. Ann. Math. **139**, 703–722 (1994)
3. Bellare, M.: New proofs for NMAC and HMAC: security without collision-resistance. Cryptology ePrint Archive, Paper 2006/043 (2006). https://eprint.iacr.org/2006/043
4. Bellare, M., Desai, A., Jokipii, E., Rogaway, P.: A concrete security treatment of symmetric encryption. In: Proceedings 38th Annual Symposium on Foundations of Computer Science, S. 394–403 (1997)
5. Bellare, M., Kilian, J., Rogaway, P.: The security of the cipher block chaining message authentication code. J. Comput. Syst. Sci. **61**, 362–399 (2000)
6. Bellare, M., Rogaway, P., Wagner, D.: EAX: A conventional authenticated-encryption mode. Cryptology ePrint Archive, Paper 2003/069 (2003). https://eprint.iacr.org/2003/069
7. Bellovin, S.M.: Frank Miller: Inventor of the one-time pad. Cryptologia **35**, 203–222 (2011)
8. Bernstein, D.J.: Curve25519: New Diffie-Hellman speed records. In: Yung, M., Dodis, Y., Kiayias, A., Malkin, T. (Hrsg.) Public Key Cryptography - PKC 2006, S. 207–228. Springer, Berlin (2006)
9. Bernstein, D.J., Birkner, P., Joye, M., Lange, T., Peters, C.: Twisted Edwards curves. In: Proceedings of the Cryptology in Africa 1st International Conference on Progress in Cryptology, AFRICACRYPT'08, S. 389–405. Springer, Berlin (2008)
10. Biryukov, A., Dinu, D., Khovratovich, D., Josefsson, S.: Argon2 Memory-Hard Function for Password Hashing and Proof-of-Work Applications. RFC 9106 (2021). https://www.rfc-editor.org/info/rfc9106
11. Blum, L., Blum, M., Shub, M.: A simple unpredictable pseudo-random number generator. SIAM J. Comput. **15**(2) (1986)
12. Boneh, D., Shoup, V.: A Graduate Course in Applied Cryptography (2023). https://toc.cryptobook.us. Zugegriffen am 9.9.2024
13. Buchmann, J., Dahmen, E., Hülsing, A.: XMSS - a practical forward secure signature scheme based on minimal security assumptions. In: Yang, B.Y. (Hrsg.) Post-Quantum Cryptography, S. 117–129. Springer, Berlin (2011)
14. Carter, J.L., Wegman, M.N.: Universal classes of hash functions. In: Proceedings of the Ninth Annual ACM Symposium on Theory of Computing, S. 106–112. ACM, New York (1977)

15. Damgård, I.B.: A design principle for hash functions. In: Brassard, G. (Hrsg.) Advances in Cryptology — CRYPTO' 89 Proceedings, S. 416–427. Springer, New York (1990)
16. Diffie, W., Hellman, M.E.: New directions in cryptography. IEEE Trans. Inf. Theory **IT-22**(6), 644–654 (1976)
17. Ferguson, N., Schneier, B., Kohno, T.: Cryptography Engineering - Design Principles and Practical Applications. Wiley, Hoboken (2010)
18. Frankel, S., Glenn, K.R., Kelly, S.G.: The AES-CBC Cipher Algorithm and Its Use with IPsec. RFC 3602 (2003). https://www.rfc-editor.org/info/rfc3602
19. Gillmor, D.K.: Negotiated Finite Field Diffie-Hellman Ephemeral Parameters for Transport Layer Security (TLS). RFC 7919 (2016). https://www.rfc-editor.org/info/rfc7919
20. Hasse, H.: Zur Theorie der abstrakten elliptischen Funktionenkörper III. Die Struktur des Meromorphismenrings. Die Riemannsche Vermutung. Journal für die reine und angewandte Mathematik **1936**(175), 193–208 (1936). https://doi.org/10.1515/crll.1936.175.193
21. Housley, R.: Using Advanced Encryption Standard (AES) Counter Mode With IPsec Encapsulating Security Payload (ESP). RFC 3686 (2004). https://www.rfc-editor.org/info/rfc3686
22. Housley, R.: Using Advanced Encryption Standard (AES) CCM Mode with IPsec Encapsulating Security Payload (ESP). RFC 4309 (2005). https://www.rfc-editor.org/info/rfc4309
23. Housley, R.: Cryptographic Message Syntax (CMS). RFC 5652 (2009). https://www.rfc-editor.org/info/rfc5652
24. Hülsing, A., Butin, D., Gazdag, S.L., Rijneveld, J., Mohaisen, A.: XMSS: eXtended Merkle Signature Scheme. RFC 8391 (2018). https://www.rfc-editor.org/info/rfc8391
25. Igoe, K., Solinas, J.: AES Galois Counter Mode for the Secure Shell Transport Layer Protocol. RFC 5647 (2009). https://www.rfc-editor.org/info/rfc5647
26. Josefsson, S., Liusvaara, I.: Edwards-Curve Digital Signature Algorithm (EdDSA). RFC 8032 (2017). https://www.rfc-editor.org/info/rfc8032
27. Knuth, D.E.: The Art of Computer Programming, Volume 2: Seminumerical Algorithms. Addison-Wesley, Boston (1977)
28. Kojo, M., Kivinen, T.: More Modular Exponential (MODP) Diffie-Hellman groups for Internet Key Exchange (IKE). RFC 3526 (2003). https://www.rfc-editor.org/info/rfc3526
29. Krawczyk, D.H., Eronen, P.: HMAC-based Extract-and-Expand Key Derivation Function (HKDF). RFC 5869 (2010). https://www.rfc-editor.org/info/rfc5869
30. Krawczyk, D.H., Bellare, M., Canetti, R.: HMAC: Keyed-Hashing for Message Authentication. RFC 2104 (1997). https://www.rfc-editor.org/info/rfc2104
31. Krovetz, T., Rogaway, P.: The OCB Authenticated-Encryption Algorithm. RFC 7253 (2014). https://www.rfc-editor.org/info/rfc7253
32. Langley, A., Chang, W.T., Mavrogiannopoulos, N., Strombergson, J., Josefsson, S.: ChaCha20-Poly1305 Cipher Suites for Transport Layer Security (TLS). RFC 7905 (2016). https://www.rfc-editor.org/info/rfc7905
33. Lyubashevsky, V.: Basic Lattice Cryptography - The concepts behind Kyber (ML-KEM) and Dilithium (ML-DSA). Cryptology ePrint Archive, Paper 2024/1287 (2024). https://eprint.iacr.org/2024/1287
34. Marlinspike, M., Perrin, T.: The X3DH Key Agreement Protocol (2016). https://signal.org/docs/specifications/x3dh/x3dh.pdf. Zugegriffen am 30.9.2024
35. McGrew, D., Bailey, D.: AES-CCM Cipher Suites for Transport Layer Security (TLS). RFC 6655 (2012). https://www.rfc-editor.org/info/rfc6655
36. Miller, G.L.: Riemann's hypothesis and tests for primality. J. Comput. Syst. Sci. **13** (1976)
37. Montgomery, P.L.: Speeding the pollard and elliptic curve methods of factorization. Math. Comput. **48**(177), 243–264 (1987)

38. Moriarty, K., Kaliski, B., Jonsson, J., Rusch, A.: PKCS #1: RSA Cryptography Specifications Version 2.2. RFC 8017 (2016). https://www.rfc-editor.org/info/rfc8017
39. Moriarty, K., Kaliski, B., Rusch, A.: PKCS #5: Password-Based Cryptography Specification Version 2.1. RFC 8018 (2017). https://www.rfc-editor.org/info/rfc8018
40. National Institute of Standards and Technology (NIST): Advanced Encryption Standard (AES). Federal Information Processing Standards Publication (FIPS PUBS) 197 (2001). https://doi.org/10.6028/NIST.FIPS.197-upd1
41. National Institute of Standards and Technology (NIST): Recommendation for Block Cipher Modes of Operation: the CMAC Mode for Authentication. Special Publication (SP) 800-38B (2005). https://doi.org/10.6028/NIST.SP.800-38B
42. National Institute of Standards and Technology (NIST): Recommendation for Block Cipher Modes of Operation: Galois/Counter Mode (GCM) and GMAC. Special Publication (SP) 800-38D (2007). https://doi.org/10.6028/NIST.SP.800-38D
43. National Institute of Standards and Technology (NIST): Secure Hash Standard (SHS). Federal Information Processing Standards Publication (FIPS PUBS) 180-4 (2015). https://doi.org/10.6028/NIST.FIPS.180-4
44. National Institute of Standards and Technology (NIST): SHA-3 Standard: Permutation-Based Hash and Extendable-Output Functions. Federal Information Processing Standards Publication (FIPS PUBS) 202 (2015). https://doi.org/10.6028/NIST.FIPS.202
45. National Institute of Standards and Technology (NIST): Digital Signature Standard (DSS). Federal Information Processing Standards Publication (FIPS PUBS) 186-5 (2023). https://doi.org/10.6028/NIST.FIPS.186-5
46. National Institute of Standards and Technology (NIST): Recommendations for Discrete Logarithm-based Cryptography: Elliptic Curve Domain Parameters. Special Publication (SP) 800-186 (2023). https://doi.org/10.6028/NIST.SP.800-186
47. National Institute of Standards and Technology (NIST): Module-Lattice-Based Digital Signature Standard. Federal Information Processing Standards Publication (FIPS PUBS) 204 (2024). https://doi.org/10.6028/NIST.FIPS.204
48. National Institute of Standards and Technology (NIST): Module-Lattice-based Key-Encapsulation Mechanism Standard. Federal Information Processing Standards Publication (FIPS PUBS) 203 (2024). https://doi.org/10.6028/NIST.FIPS.203
49. National Institute of Standards and Technology (NIST): Stateless Hash-Based Digital Signature Standard. Federal Information Processing Standards Publication (FIPS PUBS) 205 (2024). https://doi.org/10.6028/NIST.FIPS.205
50. Nir, Y., Langley, A.: ChaCha20 and Poly1305 for IETF Protocols. RFC 8439 (2018). https://www.rfc-editor.org/info/rfc8439
51. Percival, C., Josefsson, S.: The scrypt Password-Based Key Derivation Function. RFC 7914 (2016). https://www.rfc-editor.org/info/rfc7914
52. Pohlig, S., Hellman, M.: An improved algorithm for computing logarithms over GF(p) and its cryptographic significance (corresp.). IEEE Trans. Inf. Theory **24**(1), 106–110 (1978)
53. Rabin, M.O.: Probabilistic algorithm for testing primality. J. Number Theory **12**(1), 128–138 (1980)
54. Regev, O.: On lattices, learning with errors, random linear codes, and cryptography (2024). https://arxiv.org/abs/2401.03703
55. Renes, J., Costello, C., Batina, L.: Complete addition formulas for prime order elliptic curves. Cryptology ePrint Archive, Paper 2015/1060 (2015). https://eprint.iacr.org/2015/1060
56. Rescorla, E.: Diffie-Hellman Key Agreement Method. RFC 2631 (1999). https://www.rfc-editor.org/info/rfc2631

57. Rescorla, E.: The Transport Layer Security (TLS) Protocol Version 1.3. RFC 8446 (2018). https://www.rfc-editor.org/info/rfc8446
58. Reyzin, L., Reyzin, N.: Better than BiBa: short one-time signatures with fast signing and verifying. In: Batten, L., Seberry, J. (Hrsg.) Information Security and Privacy, S. 144–153. Springer, Berlin (2002)
59. Salowey, J.A., McGrew, D., Choudhury, A.: AES Galois Counter Mode (GCM) Cipher Suites for TLS. RFC 5288 (2008). https://www.rfc-editor.org/info/rfc5288
60. Schoof, R.: Elliptic Curves Over Finite Fields and the Computation of Square Roots mod p. Math. Comput. **44**, 483–494 (1985)
61. Shanks, D.: Five number-theoretic algorithms. In: Proceedings of the Second Manitoba Conference on Numerical Mathematics, S. 51–70 (1973)
62. Shannon, C.: Communication theory of secrecy systems. Bell Syst. Tech. J. **28**(4) (1949)
63. Viega, J., McGrew, D.: The Use of Galois Message Authentication Code (GMAC) in IPSec ESP and AH. RFC 4543 (2006). https://www.rfc-editor.org/info/rfc4543
64. Whiting, D., Housley, R., Ferguson, N.: Counter with CBC-MAC (CCM). RFC 3610 (2003). https://www.rfc-editor.org/info/rfc3610
65. Winternitz, R.: A secure one-way hash function built from DES. In: Proceedings of the IEEE Symposium on Information Security and Privacy, S. 88–90. IEEE Press, Piscataway (1984)
66. Yao, A.C.: Theory and application of trapdoor functions. In: 23rd Annual Symposium on Foundations of Computer Science (SFCS 1982), S. 80–91 (1982)

Stichwortverzeichnis

A
Advanced Encryption Standard 50
Argon2 106
Authenticated Encryption 96
  with Associated Data 99
Authentication-Path 80
Authentication-Tag 84
Authentizität 119

B
Baby-Step-Giant-Step-Algorithmus 171
Bitfolge 3
  Länge 3
Blockchiffre 43
  MARS 50
  Padding 63
  RC6 50
  Serpent 50
  Twofish 50

C
CCA-sicher 97, 111
CDH-Problem 130, 170
Chiffrat 4, 109
Chiffratraum 4, 109
Chosen-Ciphertext-Attacke 97
Chosen-Plaintext-Attacke 57
Ciphertext-Integrity 96
Computational-Diffie-Hellman-Problem 130, 170
CPA-sicher 57, 110
Curve25519 204

D
Data-Encapsulation-Mechanism 116
DDH-Problem 130, 170
Debiasing 18
Decisional-Diffie-Hellman-Problem 130, 170
Decorrelation 18
Diffie-Hellman-Key-Agreement 127
  Ephemeral- 128
Digitale Signatur 120
  sichere 120
Diskreter Logarithmus 129, 170
Diskretes Logarithmenproblem 129, 170
Domain-Parameter 128, 170, 195, 196
Double-and-add 192

E
Ed25519 198
Ed448 198
EdDSA 198
Einwegfunktion 71
Elliptische Kurve 186
  Punktaddition 188
  Punktmultiplikation 192
  Punktverdopplung 190
Entschlüsselungsfunktion
  asymmetrische 109
  symmetrische 4
Ereignis 233
Euklidischer Algorithmus 251
  erweiterter 253
Existenzielle Unfälschbarkeit unter Chosen-Message-Attacken 84, 120
Exklusives Oder 5

Experiment 233
Extendable Output Function 78

F
Forward Secrecy 132

G
Galois-Feld 303
Gitter 217
Gitterproblem 217
    Closest-Vector-Problem 218
    Learning with Errors 218
    Module Learning with Errors 218
Größter gemeinsamer Teiler 249
Gruppe
    abelsche 306
    endliche 308, 310
    erzeugendes Element 311
    inverses Element 306
    neutrales Element 306
    Verknüpfung 306
    zyklische 311
Gruppenoperation 306

H
Hash-based Key-Derivation-Function 104
Hash-Tree 78
Hashfunktion 69

I
Index-Calculus-Agoritmus 175
Initialisierungsvektor 60
Integrität 69, 119

K
Körper 263
    endlicher 263
Kettenbruch 152
Key-Confirmation 134
Key-Derivation-Function 103
Key-Encapsulation-Mechanism 116
Klartext 4, 109
Klartextraum 4, 109
Kollision 71

kollisionsresistent 71
    schwach 71
    stark 71
kongruent 255

M
MAC 84
    Carter-Wegman-MAC 89, 91
    CMAC 88
    eCBC 87
    HMAC 88
    sicherer 84
Mask-generating Function 115
Matrix 317
    Addition 318
    Multiplikation 320
    Multiplikation mit einer Zahl 318
    quadratische 317
    Subtraktion 318
    transponierte 318
Merkle-Root 80
Merkle-Tree 78
Message-Authentication-Code 84
Miller-Rabin-Test 148
Mode of Operation 55
    (Randomized) Counter-Mode 58
    CCM 99
    Cipherblock-Chaining-Mode 60
    Deterministic-Counter-Mode 56
    EAX 99
    Electronic-Codebook-Mode 56
    Galois-Counter-Mode 99
    Galois-Counter-Mode (GCM) 99
    OCB 99
Montgomery-Ladder 203

N
Nonce 37

O
One-Time-Pad 5
Optimal Asymmetric Encryption-Padding 115
Ordnung
    einer Gruppe 308, 310
    einer Restklasse 278
    eines Gruppenelements 310

P

Password-based Key-Derivation-Function 105
Perfect Secrecy 6, 8
Polynom 289
    Addition 290
    führender Koeffizient 290
    größter gemeinsamer Teiler 293
    Grad 290
    irreduzibles 299
    Koeffizient 289
    Multiplikation 290
    Norm 219
    normiertes 290
    Nullstelle 299
    Quotient 292
    Rest 292
    Subtraktion 290
    teilt 293
Post-Quantum-Verfahren 216
prim 246
Primfaktor 248
Primfaktorzerlegung 247
Primitivwurzel 278
Primzahl 246
Private Key 109, 112
    Ephemeral 128
PRNG 19
Pseudo-Random Function 44
    sichere 45
Pseudo-Random Number-Generator 19
    sicherer 20
    unvorhersagbarer 20
Pseudo-Random Permutation 46
    sichere 47
Pseudoprimzahl 146, 149
Public Key 109, 112
    Ephemeral 128
Public-Key-Verschlüsselung 109

Q

Quotient 244

R

Reduktionsbeweis 24, 34, 36, 48, 49, 85
relativ prim 249
Rest 244

Restklasse 256
    Kehrwert 260
Restklassen
    Addition 257
    Multiplikation 257
    Potenzieren 257
    Subtraktion 257
Ring 262
RSA Probabilistic Signature Scheme 122

S

Schlüssel 4
Schlüsselableitung 103
Schlüsselpaar 109
Schlüsselraum 4, 109
scrypt 105
Secure Hash Algorithm
    SHA-256 77
    SHA-3 77
    SHA-512 77
Secure Shell 98
Seed 19, 32
Semantisch sicher 32
Signatur 120, 121
Signaturschlüssel 120
Skalarprodukt 316
Spaltenvektor 315
Square-and-Multiply 192, 272
SSH 98
Station-to-Station-Protokoll 132
Stromchiffre 32
    ChaCha20 38
    ChaCha20-Poly1305 91
    Grain v1 38
    HC-128 38
    Mickey 2.0 38
    Rabbit 38
    Salsa 20/12 38
    sichere 36
    SOSEMANUK 38
    Trivium 38

T

Teiler 245
Teilerfremd 249
teilt 245

Trapdoor-Permutation 111
   sichere 111
True-Random-Number-Generator 18

U
Universal Hash-Function 89

V
Vektor
   Addition 316
   Subtraktion 316
Verbindlichkeit 119
Verschlüsselung
   asymmetrische 109
   symmetrische 4
Verschlüsselungsoperation
   asymmetrische 109
   symmetrische 4
Verschlüsselungsverfahren
   asymmetrisches 109
   symmetrisches 4
Vielfaches 245
Vorteil 8, 20, 32, 45–47, 57, 70, 84, 98, 110, 111, 120

W
Wahrscheinlichkeit 233
   bedingte 240
   günstig durch möglich 235
   Gegenwahrscheinlichkeit 237
   vernachlässigbar klein 15, 16

X
XMSS 227

MIX
Papier aus verantwortungsvollen Quellen
Paper from responsible sources
FSC® C105338

If you have any concerns about our products,
you can contact us on
ProductSafety@springernature.com

In case Publisher is established outside the EU,
the EU authorized representative is:
**Springer Nature Customer Service Center GmbH
Europaplatz 3, 69115 Heidelberg, Germany**

Printed by Libri Plureos GmbH
in Hamburg, Germany